위험물각론

The details of fire hazard chemicals

「위험물안전관리법 시행령」 [별표1] 해설

제 4 판

김 창 섭 現 **서울강동소방서 소방행정과장**

	소방간부후보생 제13기 수료
소 방 위	중랑소방서 진압주임 · 구조대장, 서울소방재난본부 위험물안전주임
소 방 경	강남소방서 위험물안전팀장, 서울소방학교 전임교수(위험물)
소 방 령	서울소방재난본부 가스위험물안전팀장, 성동소방서 현장대응단장, 동대문소방서 소방행정과장
학 력	강릉고등학교(제28회) 경희대학교 화학공학과(공학사), 경희대학교 경영대학원 산업안전관리학과(공학석사) 세명대학교 소방방재공학과(공학박사) 국립 한국방송통신대학교 생활체육지도과(체육학사)
국가자격	화약류제조기사, 위험물기능사, 위험물산업기사, 위험물기능장 대기환경산업기사, 폐기물처리산업기사, 가스산업기사 소방설비기사(기계분야), 소방설비기사(전기분야), 소방설비산업기사(기계분야) 생활스포츠지도사2급(골프), 노인스포츠지도사(골프), 유소년스포츠지도사(골프) 일반행정사, 스포츠경영관리사, 소방안전교육사
기타자격	국제소방관(FFI, H-A), 화재진화사 2급, 고급현장지휘관 등 다수
주요활동	고용노동부 국가기술자격 정책심의위원(위험물분야, 화공분야) (2020~2026) 소방학교(중앙, 서울, 경기, 인천) 외래교수(2011~2025) 중앙소방학교 소방학 표준교재 개발 실무/집필 위원(2008~2016) 고용노동부 NCS 위험물분야 개발/집필위원(2014~2015) 한국소방안전원 외래교수(2007~2015) 등 다수
주요저서	위험물각론 제1판(2007), 위험물각론 제2판(2008), 위험물각론 제3판(2014) 소방학개론 제1판(2011, 공저), 소방학개론 제2판(2016, 공저) 소방관계법규 제1판(2009), 소방관계법규 제2판(2010), 소방간부후보생(2010, 공저) 소방현장지휘 및 안전관리(2009, 공저, 서울소방학교) 화재진압대원 인증교범(2009, 공저, 서울소방재난본부) 위험물안전관리법(2012), 2016 재난 및 안전관리 기본법의 이해(2016, 공저) 위험물 출입검사 실무(2019, 서울소방재난본부)
상훈/상장	대통령표창, 지식경제부장관표창, 서울특별시장표창(2회), 국회의원표창, 행정자치부장관상, 서울특별시장상, 소방방재청장상(2회), 중앙소방학교장상(2회), 국립소방연구원장상, 서울소방학교장상(3회), 국립국어원장상

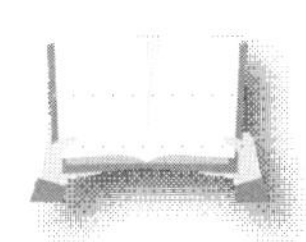

위험물각론 제4판을 출판하며

위험물 분야는 소방의 전통적 기초분야이며
소방시설, 화재조사와 함께 소방공학의 중심이다.

2007년 4월 초판 출간 후 17년 이상의 숙성을 거친 위험물각론 제4판은
저자의 연구 · 강의 · 현장경험 등을 기록으로 남기는 동시에
위험물의 성질과 상태에 관한 기본서로서 역할을 할 수 있도록 집필하였다.

위험물의 성상에 관한 지식은 위험물 안전관리의 출발점이자 종착점이다.
위험물 자체의 기본적 성질과 상태를 알고 있어야만
평상시 사고 예방을 위한 법령체계, 시설기준 등을 이해할 수 있으며
사고 발생 시에도 과학적인 대응을 할 수 있기 때문이다.

안전하고 행복한 사회를 위하여 묵묵히 헌신하는 소방관 동료들과
이 분야를 사랑하고 아끼는 모든 분께 도움이 되었으면 한다.

2025. 1. 19. 김 창 섭

미리 알아두어야 할 사항 몇 가지

위험물이란 법적 용어는 1958년도에 출생하였으니 58년 개띠다.
은퇴할 시기가 지났다는 의미이기도 하다.
일반 국민에게 이 용어를 설명하려면 시간이 걸린다.
시대 흐름에 맞게 이해하기 쉬운 대체 용어가 필요하다.

위험물 분류기준은 일본의 것을 받아들여
독자적인 발전을 이루어왔으나 여전히 일본의 틀을 벗어나지 못하고 있어 안타깝다.
판정시험 기준 역시 마찬가지이다.
수출입에 의존하는 우리나라의 특성상 위험물 분류 · 판정 기준은
국제적인 흐름에 따라가야 장기적으로 기회비용을 줄일 수 있다.

위험물 판정기관은 현실적으로 두 곳으로 한정되어있고
소방청장이 지정하는 기관은 한 군데도 없어
화재위험성을 모르는 채 유통되는 화학물질이 매년 증가하고 있음에도
기업들은 정보를 은폐하는 것에 익숙해 있고 그 피해는 고스란히 국민의 몫이다.
부분적으로라도 공인시험이 가능한 기관을 확대하고 이를 홍보할 필요가 있다.

온도와 관련된 수치들(인화점, 발화점, 끓는점, 녹는점, 분해온도 등)은
실험조건(기압, 바람, 습도, 실험 온도 등)에 따라 다르게 나타나며,
시료 상태(순도, 보관상태, 저장기간 등) 및 실험 오차(실험장비, 측정오차)에 따라
다양한 결과가 나올 수 있다.
초판부터 제3판까지 수록했던 온도 수치들은
수십 년간 소방조직의 선배들이 축적해온 자료를 기초로 하였으나
새롭게 발견된 근거자료와 발전된 이론에 따라 일부 수정하였다.

위험물의 화학반응 역시
가장 널리 알려진 반응식과 경험적 사례를 인용하였으나
위험물은 현실적으로 정확한 실험 증명이 불가능한 경우가 많아
부가 반응이나 이유를 알 수 없는 결과도 고려할 필요가 있다.

마지막으로 **화학물질의 명명법**은 대한화학회에서 정하는 바에 기초한다.
일본식, 독일식, 출처를 알 수 없는 정체불명의 관용명들, 상품명 등이 혼합되어
위험물에 대한 접근을 어렵게 만들어왔다.
화학물질에 대한 올바른 명명법은 위험물학습의 시작이다.

CONTENTS

Ⅰ 위험물의 개념과 분류

Ⅱ 위험물 각론

Ⅲ 부 록

119
해설

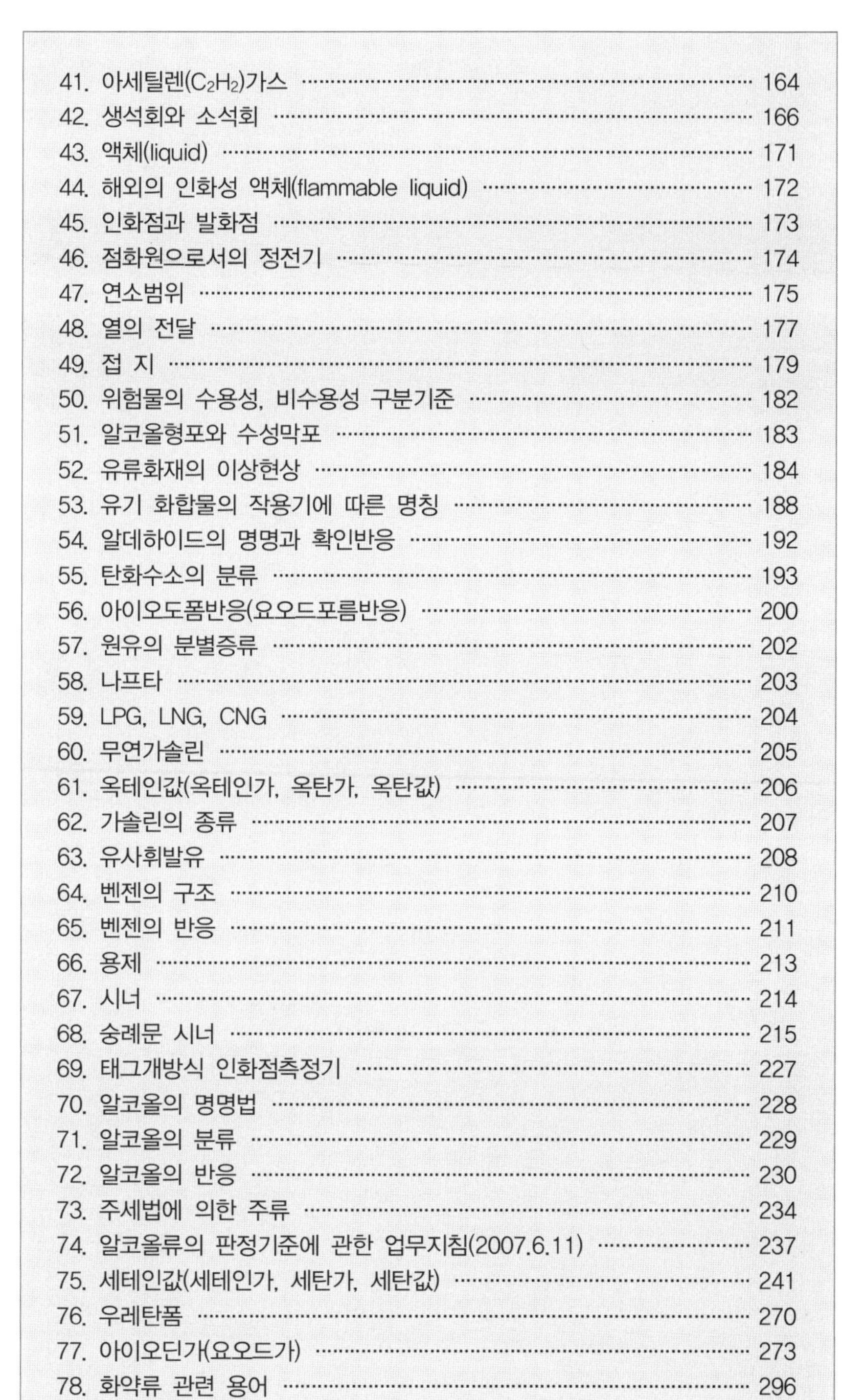

119
해 설

성공하는 자는 할 수 있는 방법을 찾아내지만
실패하는 자는 할 수 없는 이유를 찾아낸다.

Ⅰ 위험물의 개념과 분류

1 위험물의 개념

2003년 대구지하철 참사는 위험물[휘발유]을 이용한 방화사건으로 192명의 사망자를 발생시킨 대한민국 역사상 가장 인명 피해가 큰 철도 사고였으며, 1995년 대구 상인동 가스폭발 사고(사망자 101명)와 삼풍백화점 붕괴 사고(사망자 502명) 이후 2014년 세월호 참사(사망자 295명) 이전까지 역대 최대 규모의 인위 재난으로 기록되었다.[1)] 이 참사를 계기로 소방방재청이 신설되었고, 「재난 및 안전관리 기본법」이 제정되었으며, NSC 국가위기대응실무매뉴얼이 수립되는 등 국가의 재난관리체계를 통째로 바꾼 역사적인 사건이었다.

2015년 중국 텐진항 폭발사고(사망자 165명)도 위험물[질산염류]에 의한 대형 사고였으며, 역사상 최악의 폭발사고로 기록되고 있는 **2020년 레바논 베이루트 폭발사고**(사망자 207명)도 역시 텐진항 사고와 유사한 위험물에 의한 사고였다.[2)] 베이루트 폭발사고의 피해액은 2019년 레바논 GDP의 30% 정도였다고 하며, 도시의 절반 이상이 피해를 입었다.

인류가 경험한 역사적인 재난은 화재위험성 물질과 관련된 사고로부터 발단된 것이 대단히 많으며, 미래에도 인간이란 종족이 멸망하기 전까지는 화학물질의 화재위험성과 관련한 재난은 반드시 일어날 수밖에 없다.

「위험물안전관리법」의 '위험물' 이란 용어는 화재가 발생하기 쉽거나 화재가 발생하였을 때 위험성이 높아 취급에 특별한 주의가 필요한 물질을 뜻한다.

가장 먼저 '위험물' 이란 용어를 조문에 사용했던 법령은 1949년 5월 13일 대통령령 제104호로 개정된 「우편규칙」으로 검색되며, 그 이후 「소방법」 제정 전까지 「항만시설사용규칙」(교통부령 제11호, 1950.2.18. 제정), 「행형법」(법률 제105호, 1950.3.2. 제정), 「국립박물관진열품관람규정」(문교부령 제5호, 1950.3.4. 제정), 「경찰관직무집행법」(법률 제299호, 1953.12.14. 제정), 「근로기준법시행령」(대통령령 제889호, 1954.4.7. 제정)에서 사용되었으나 별도의 정의 없이 일반적인 의미로 사용되었다.

---

1) 위키백과, '대구 지하철 화재 참사'
2) 위키백과, '2015년 텐진항 폭발사고', '2020년 베이루트 폭발사고'

1958년 3월 11일 「소방법」 제정 시에 '위험물'이란 법률상 용어가 등장하여 최초로 정의되었는데 "위험물이라 함은 대통령령으로 정하는 발화성 또는 인화성물품을 말한다."라고 명문화하였다. 이 조항은 약 34년간 유지되다가 12차 「소방법」 개정 시(1991.12.14.)에 "위험물이라 함은 대통령령이 정하는 인화성 또는 발화성 등의 물품을 말한다."로 수정되었다. 이 정의는 「소방법」이 폐지될 때까지 그 골격이 그대로 유지되다가 2003년 「위험물안전관리법」이 분리·독립되면서 「"위험물"이라 함은 인화성 또는 발화성 등의 성질을 가지는 것으로서 대통령령이 정하는 물품을 말한다.」로 수식어의 위치만 변경되었다.

1958년 「소방법」이 제정된 시대적 여건을 짐작해보면, 1960년대 말까지는 기체 연료에 대한 개념이 없었던지라, 화재위험성을 갖는 액체 또는 고체로 위험물이 한정될 수밖에 없었을 것이다. 이후 70년대 가스연료가 우리나라에 도입되었고[3] 이에 대한 관리를 위하여 기체 상태의 위험물은 「고압가스 안전관리법」 등 가스 3법[4]이 제정되면서 별도의 규제영역이 생기게 되었다.

70년대 중반 이후 산업사회가 발전하면서 중화학공업의 추진 등 급격한 산업화에 따라 물질 자체의 화재위험성 외에 근로자의 작업장에서 발생하는 건강 위험성이 대두되기 시작하였는데 근로자의 보건상 특히 해롭다고 인정되는 물질을 '유해물질'로 정하여 법제화한 것이 1981년 제정된 「산업안전보건법」이다. 유해물질은 다시 유해인자,위험물질 등으로 변경되었다.

이후 80년대 후반, 사회적으로 환경오염 문제가 대두되자 국민 보건 및 환경보전을 위하여 독성이 있는 '유해화학물질'을 규제하기 위한 「유해화학물질관리법」이 1990년에 제정되었다. 유해화학물질은 유독물, 관찰물질, 취급제한물질 등으로 분류되다가 유독물질, 사고대비물질 등으로 다시 개편하였고 현재는 인체급성유해성물질, 인체만성유해성물질, 생태유해성물질 및 사고대비물질로 세부 분류되고 있다.

이처럼 위험한 화학물질은 국내에서는 여러 법령에 의하여 그 행정규제의 목적에 따라 적절한 명칭을 정하고, 사회현상을 반영하여 필요에 따라 그 명칭을 변경하거나 세부 분류를 개편해오고 있지만, 소방분야에서는 '위험물'이라는 포괄적인 명칭과 변함없는 세부 분류기준을 60여 년 동안 사용하고 있다.

---

3) 서울시에서는 1970년 10월 1일 도시가스사업소를 발족시키고 이듬해 1월부터 용산구 동부이촌동의 아파트 단지에 처음으로 도시가스의 시험공급을 개시하였다.(두산백과, 도시가스의 역사)
4) 1973년 제정된 「고압가스 안전관리법」, 1978년 제정된 「도시가스사업법」, 1983년 제정된 「액화석유가스의 안전관리 및 사업법」을 가스 3법이라 부른다.

현행 「위험물안전관리법」 제2조제1항제1호에서는 **"인화성 또는 발화성 등의 성질을 가지는 것으로서 대통령령이 정하는 물품"** 을 "위험물" 로 정의하고 있고, 같은 법 시행령 [별표 1]에서 크게 6가지 "유별" 로 구분하고 있으며. 같은 법 시행규칙 제3조에는 제1류, 제3류, 제5류, 제6류의 품명을 추가하고 있다.

간단히 말하면 위험물이란 '화재위험성이 높은 액체 또는 고체' 로서 소방기관에서 화재 예방을 위하여 관리하는 **화재위험물질**을 말한다.

2 위험물의 분류(시행령 별표1, 시행규칙 제3조)

❶ 위험물안전관리법 시행령 [별표 1] 〈개정 2024. 4. 30.〉

위험물			지정수량
유별	성질	품명	
제1류	산화성 고체	1. 아염소산염류	50킬로그램
		2. 염소산염류	50킬로그램
		3. 과염소산염류	50킬로그램
		4. 무기과산화물	50킬로그램
		5. 브로민산염류	300킬로그램
		6. 질산염류	300킬로그램
		7. 아이오딘산염류	300킬로그램
		8. 과망가니즈산염류	1,000킬로그램
		9. 다이크로뮴산염류	1,000킬로그램
		10. 그 밖에 행정안전부령으로 정하는 것 11. 제1호부터 제10호까지의 어느 하나에 해당하는 위험물을 하나 이상 함유한 것	50킬로그램, 300킬로그램 또는 1,000킬로그램
제2류	가연성 고체	1. 황화인	100킬로그램
		2. 적린	100킬로그램
		3. 황	100킬로그램
		4. 철분	500킬로그램
		5. 금속분	500킬로그램
		6. 마그네슘	500킬로그램
		7. 그 밖에 행정안전부령으로 정하는 것 8. 제1호부터 제7호까지의 어느 하나에 해당하는 위험물을 하나 이상 함유한 것	100킬로그램 또는 500킬로그램
		9. 인화성고체	1,000킬로그램
제3류	자연 발화성 물질 및 금수성 물질	1. 칼륨	10킬로그램
		2. 나트륨	10킬로그램
		3. 알킬알루미늄	10킬로그램
		4. 알킬리튬	10킬로그램
		5. 황린	20킬로그램
		6. 알칼리금속(칼륨 및 나트륨을 제외한다) 및 알칼리토금속	50킬로그램

		7. 유기금속화합물(알킬알루미늄 및 알킬리튬을 제외한다)		50킬로그램
		8. 금속의 수소화물		300킬로그램
		9. 금속의 인화물		300킬로그램
		10. 칼슘 또는 알루미늄의 탄화물		300킬로그램
		11. 그 밖에 행정안전부령으로 정하는 것 12. 제1호 내지 제11호의 1에 해당하는 어느 하나 이상을 함유한 것		10킬로그램, 20킬로그램, 50킬로그램 또는 300킬로그램
제4류	인화성 액체	1. 특수인화물		50리터
		2. 제1석유류	비수용성액체	200리터
			수용성액체	400리터
		3. 알코올류		400리터
		4. 제2석유류	비수용성액체	1,000리터
			수용성액체	2,000리터
		5. 제3석유류	비수용성액체	2,000리터
			수용성액체	4,000리터
		6. 제4석유류		6,000리터
		7. 동식물유류		10,000리터
제5류	자기 반응성 물질	1. 유기과산화물		제1종: 10킬로그램 제2종: 100킬로그램
		2. 질산에스터류		
		3. 나이트로화합물		
		4. 나이트로소화합물		
		5. 아조화합물		
		6. 다이아조화합물		
		7. 하이드라진 유도체		
		8. 하이드록실아민		
		9. 하이드록실아민염류		
		10. 그 밖에 행정안전부령으로 정하는 것		
		11. 제1호부터 제10호까지의 어느 하나에 해당하는 위험물을 하나 이상 함유한 것		
제6류	산화성 액체	1. 과염소산		300킬로그램
		2. 과산화수소		300킬로그램
		3. 질산		300킬로그램
		4. 그 밖에 행정안전부령으로 정하는 것		300킬로그램
		5. 제1호 내지 제4호의 1에 해당하는 어느 하나 이상을 함유한 것		300킬로그램

비고

1. "산화성고체"라 함은 고체[액체(1기압 및 섭씨 20도에서 액상인 것 또는 섭씨 20도 초과 섭씨 40도 이하에서 액상인 것을 말한다. 이하 같다)또는 기체(1기압 및 섭씨 20도에서 기상인 것을 말한다)외의 것을 말한다. 이하 같다]로서 산화력의 잠재적인 위험성 또는 충격에 대한 민감성을 판단하기 위하여 소방청장이 정하여 고시(이하 "고시"라 한다)하는 시험에서 고시로 정하는 성질과 상태를 나타내는 것을 말한다. 이 경우 "액상"이라 함은 수직으로 된 시험관(안지름 30밀리미터, 높이 120밀리미터의 원통형유리관을 말한다)에 시료를 55밀리미터까지 채운 다음 당해 시험관을 수평으로 하였을 때 시료액면의 선단이 30밀리미터를 이동하는데 걸리는 시간이 90초 이내에 있는 것을 말한다.
2. "가연성고체"라 함은 고체로서 화염에 의한 발화의 위험성 또는 인화의 위험성을 판단하기 위하여 고시로 정하는 시험에서 고시로 정하는 성질과 상태를 나타내는 것을 말한다.
3. 황은 순도가 60중량퍼센트 이상인 것을 말하며, 순도측정을 하는 경우 불순물은 활석 등 불연성물질과 수분으로 한정한다.
4. "철분"이라 함은 철의 분말로서 53마이크로미터의 표준체를 통과하는 것이 50중량퍼센트 미만인 것은 제외한다.
5. "금속분"이라 함은 알칼리금속·알칼리토류금속·철 및 마그네슘외의 금속의 분말을 말하고, 구리분·니켈분 및 150마이크로미터의 체를 통과하는 것이 50중량퍼센트 미만인 것은 제외한다.
6. 마그네슘 및 제2류제8호의 물품중 마그네슘을 함유한 것에 있어서는 다음 각목의 1에 해당하는 것은 제외한다.
   가. 2밀리미터의 체를 통과하지 아니하는 덩어리 상태의 것
   나. 지름 2밀리미터 이상의 막대 모양의 것
7. 황화인·적린·황 및 철분은 제2호에 따른 성질과 상태가 있는 것으로 본다.
8. "인화성고체"라 함은 고형알코올 그 밖에 1기압에서 인화점이 섭씨 40도 미만인 고체를 말한다.

9. "자연발화성물질 및 금수성물질"이라 함은 고체 또는 액체로서 공기 중에서 발화의 위험성이 있거나 물과 접촉하여 발화하거나 가연성가스를 발생하는 위험성이 있는 것을 말한다.

10. 칼륨·나트륨·알킬알루미늄·알킬리튬 및 황린은 제9호의 규정에 의한 성상이 있는 것으로 본다.

11. "인화성액체"라 함은 액체(제3석유류, 제4석유류 및 동식물유류의 경우 1기압과 섭씨 20도에서 액체인 것만 해당한다)로서 인화의 위험성이 있는 것을 말한다. 다만, 다음 각 목의 어느 하나에 해당하는 것을 법 제20조제1항의 중요기준과 세부기준에 따른 운반용기를 사용하여 운반하거나 저장(진열 및 판매를 포함한다)하는 경우는 제외한다.

가. 「화장품법」 제2조제1호에 따른 화장품 중 인화성액체를 포함하고 있는 것

나. 「약사법」 제2조제4호에 따른 의약품 중 인화성액체를 포함하고 있는 것

다. 「약사법」 제2조제7호에 따른 의약외품(알코올류에 해당하는 것은 제외한다) 중 수용성인 인화성액체를 50부피퍼센트 이하로 포함하고 있는 것

라. 「의료기기법」에 따른 체외진단용 의료기기 중 인화성액체를 포함하고 있는 것

마. 「생활화학제품 및 살생물제의 안전관리에 관한 법률」 제3조제4호에 따른 안전확인대상생활화학제품(알코올류에 해당하는 것은 제외한다) 중 수용성인 인화성액체를 50부피퍼센트 이하로 포함하고 있는 것

12. "특수인화물"이라 함은 이황화탄소, 디에틸에테르 그 밖에 1기압에서 발화점이 섭씨 100도 이하인 것 또는 인화점이 섭씨 영하 20도 이하이고 비점이 섭씨 40도 이하인 것을 말한다.

13. "제1석유류"라 함은 아세톤, 휘발유 그 밖에 1기압에서 인화점이 섭씨 21도 미만인 것을 말한다.

14. "알코올류"라 함은 1분자를 구성하는 탄소원자의 수가 1개부터 3개까지인 포화1가 알코올(변성알코올을 포함한다)을 말한다. 다만, 다음 각목의 1에 해당하는 것은 제외한다.

가. 1분자를 구성하는 탄소원자의 수가 1개 내지 3개의 포화1가 알코올의 함유량이 60중량퍼센트 미만인 수용액

나. 가연성액체량이 60중량퍼센트 미만이고 인화점 및 연소점(태그개방식인화점측정

기에 의한 연소점을 말한다. 이하 같다)이 에틸알코올 60중량퍼센트 수용액의 인화점 및 연소점을 초과하는 것

15. "제2석유류"라 함은 등유, 경유 그 밖에 1기압에서 인화점이 섭씨 21도 이상 70도 미만인 것을 말한다. 다만, 도료류 그 밖의 물품에 있어서 가연성 액체량이 40중량퍼센트 이하이면서 인화점이 섭씨 40도 이상인 동시에 연소점이 섭씨 60도 이상인 것은 제외한다.

16. "제3석유류"란 중유, 크레오소트유, 그 밖에 1기압에서 인화점이 섭씨 70도 이상 섭씨 200도 미만인 것을 말한다. 다만, 도료류 그 밖의 물품은 가연성 액체량이 40중량퍼센트 이하인 것은 제외한다.

17. "제4석유류"라 함은 기어유, 실린더유 그 밖에 1기압에서 인화점이 섭씨 200도 이상 섭씨 250도 미만의 것을 말한다. 다만 도료류 그 밖의 물품은 가연성 액체량이 40중량퍼센트 이하인 것은 제외한다.

18. "동식물유류"라 함은 동물의 지육(枝肉: 머리, 내장, 다리를 잘라 내고 아직 부위별로 나누지 않은 고기를 말한다) 등 또는 식물의 종자나 과육으로부터 추출한 것으로서 1기압에서 인화점이 섭씨 250도 미만인 것을 말한다. 다만, 법 제20조제1항의 규정에 의하여 행정안전부령으로 정하는 용기기준과 수납·저장기준에 따라 수납되어 저장·보관되고 용기의 외부에 물품의 통칭명, 수량 및 화기엄금(화기엄금과 동일한 의미를 갖는 표시를 포함한다)의 표시가 있는 경우를 제외한다.

19. "자기반응성물질"이란 고체 또는 액체로서 폭발의 위험성 또는 가열분해의 격렬함을 판단하기 위하여 고시로 정하는 시험에서 고시로 정하는 성질과 상태를 나타내는 것을 말하며, 위험성 유무와 등급에 따라 제1종 또는 제2종으로 분류한다.

20. 제5류제11호의 물품에 있어서는 유기과산화물을 함유하는 것 중에서 불활성고체를 함유하는 것으로서 다음 각목의 1에 해당하는 것은 제외한다.
   가. 과산화벤조일의 함유량이 35.5중량퍼센트 미만인 것으로서 전분가루, 황산칼슘2수화물 또는 인산수소칼슘2수화물과의 혼합물
   나. 비스(4-클로로벤조일)퍼옥사이드의 함유량이 30중량퍼센트 미만인 것으로서 불활성고체와의 혼합물
   다. 과산화다이쿠밀의 함유량이 40중량퍼센트 미만인 것으로서 불활성고체와의 혼합물
   라. 1·4비스(2-터셔리뷰틸퍼옥시아이소프로필)벤젠의 함유량이 40중량퍼센트 미만인

것으로서 불활성고체와의 혼합물

마. 사이클로헥산온퍼옥사이드의 함유량이 30중량퍼센트 미만인 것으로서 불활성고체와의 혼합물

21. "산화성액체"라 함은 액체로서 산화력의 잠재적인 위험성을 판단하기 위하여 고시로 정하는 시험에서 고시로 정하는 성질과 상태를 나타내는 것을 말한다.

22. 과산화수소는 그 농도가 36중량퍼센트 이상인 것에 한하며, 제21호의 성상이 있는 것으로 본다.

23. 질산은 그 비중이 1.49 이상인 것에 한하며, 제21호의 성상이 있는 것으로 본다.

24. 위 표의 성질란에 규정된 성상을 2가지 이상 포함하는 물품(이하 이 호에서 "복수성상물품"이라 한다)이 속하는 품명은 다음 각목의 1에 의한다.

가. 복수성상물품이 산화성고체의 성상 및 가연성고체의 성상을 가지는 경우: 제2류제8호의 규정에 의한 품명

나. 복수성상물품이 산화성고체의 성상 및 자기반응성물질의 성상을 가지는 경우: 제5류제11호의 규정에 의한 품명

다. 복수성상물품이 가연성고체의 성상과 자연발화성물질의 성상 및 금수성물질의 성상을 가지는 경우: 제3류제12호의 규정에 의한 품명

라. 복수성상물품이 자연발화성물질의 성상, 금수성물질의 성상 및 인화성액체의 성상을 가지는 경우: 제3류제12호의 규정에 의한 품명

마. 복수성상물품이 인화성액체의 성상 및 자기반응성물질의 성상을 가지는 경우: 제5류제11호의 규정에 의한 품명

25. 위 표의 지정수량란에 정하는 수량이 복수로 있는 품명에 있어서는 당해 품명이 속하는 유(類)의 품명 가운데 위험성의 정도가 가장 유사한 품명의 지정수량란에 정하는 수량과 같은 수량을 당해 품명의 지정수량으로 한다. 이 경우 위험물의 위험성을 실험·비교하기 위한 기준은 고시로 정할 수 있다.

26. 위 표의 기준에 따라 위험물을 판정하고 지정수량을 결정하기 위하여 필요한 실험은 「국가표준기본법」 제23조에 따라 인정을 받은 시험·검사기관, 기술원, 국립소방연구원 또는 소방청장이 지정하는 기관에서 실시할 수 있다. 이 경우 실험 결과에는 실험한 위험물에 해당하는 품명과 지정수량이 포함되어야 한다.

❷ 위험물안전관리법 시행규칙 제3조 〈개정 2024. 5. 20.〉

제3조(위험물 품명의 지정) ①「위험물안전관리법 시행령」(이하 "영"이라 한다) 별표 1 제1류의 품명란 제10호에서 "행정안전부령으로 정하는 것"이라 함은 다음 각호의 1에 해당하는 것을 말한다.

1. 과아이오딘산염류
2. 과아이오딘산
3. 크로뮴, 납 또는 아이오딘의 산화물
4. 아질산염류
5. 차아염소산염류
6. 염소화아이소사이아누르산
7. 퍼옥소이황산염류
8. 퍼옥소붕산염류

② 영 별표 1 제3류의 품명란 제11호에서 "행정안전부령으로 정하는 것"이라 함은 염소화규소화합물을 말한다.

③ 영 별표 1 제5류의 품명란 제10호에서 "행정안전부령으로 정하는 것"이라 함은 다음 각호의 1에 해당하는 것을 말한다.

1. 금속의 아지화합물
2. 질산구아니딘

④ 영 별표 1 제6류의 품명란 제4호에서 "행정안전부령으로 정하는 것"이란 할로젠간화합물을 말한다.

3 위험물의 판정시험

❶ 위험물 판정시험의 근거와 절차

물질의 명칭으로만 위험물을 판정해오다가 2003년 「위험물안전관리법」이 독립 제정된 후 2004년 7월 10일 '소방방재청고시' 로 「위험물안전관리에 관한 세부기준」(이하 "세부기준")이 제정되면서 판정시험에 의한 위험물판정제도가 도입되었다.

「위험물안전관리법 시행령」 [별표 1]의 비고1, 2, 19, 21에서 "소방청장이 정하여 고시하는 시험에서 고시로 정하는 성질과 상태를 나타내는 것" 이 언급되었고, 이에 따라 세부기준 제2조~제6조에서는 제1류 산화성 고체에 대한 시험방법 및 판정기준, 제7조~제9조에서는 제2류 가연성 고체에 대한 시험방법 및 판정기준, 제17조~제21조에서는 제5류 자기반응성 물질에 대한 시험방법 및 판정기준, 제22조~제23조에서는 제6류 산화성 액체에 대한 시험방법 및 판정기준을 규정하고 있다.

제3류와 제4류에 대한 시험방법 및 판정기준은 상위법령에 구체적인 위임근거 없이 세부기준 제10조~제16조에 기술하고 있다.

[표 1] 위험물 판정시험의 근거

구 분	위험물안전관리법 시행령 [별표1]	위험물안전관리에 관한 세부기준 (고시)
제1류	비고 1. 고시로 정함	제2조 ~ 제6조
제2류	비고 2. 고시로 정함	제7조 ~ 제9조
제3류	언급 없음	제10조 ~ 제12조
제4류	언급 없음	제13조 ~ 제16조
제5류	비고 19. 고시로 정함	제17조 ~ 제21조
제6류	비고 21. 고시로 정함	제22조 ~ 제23조

세부기준상의 시험 종류와 시험 항목 등은 다음 [표 2]와 같이 정리할 수 있다.

[표 2] 「위험물안전관리에 관한 세부기준」상 유별에 따른 시험 항목

<table>
<tr><th>구 분</th><th>시험 종류</th><th>시험 항목</th><th>시험 장비</th></tr>
<tr><td rowspan="4">제1류</td><td rowspan="2">산화성 시험</td><td>분립상 물품: 연소시험</td><td>연소 시험기</td></tr>
<tr><td>분립상 외의 물품: 대량연소시험</td><td>대량연소 시험기</td></tr>
<tr><td rowspan="2">충격민감성 시험</td><td>분립상 물품: 낙구타격감도시험</td><td>낙구식 타격감도 시험기</td></tr>
<tr><td>분립상 외의 물품: 철관시험</td><td>철관 시험기</td></tr>
<tr><td rowspan="2">제2류</td><td>착화성 시험</td><td>작은 불꽃 착화시험</td><td>작은 불꽃 착화시험기</td></tr>
<tr><td>인화성 시험</td><td>인화점 측정시험</td><td>신속평형법 인화점측정기</td></tr>
<tr><td rowspan="2">제3류</td><td>자연발화성 시험</td><td>자연발화성 시험</td><td>자연발화성 시험대</td></tr>
<tr><td>금수성 시험</td><td>물과의 반응성 실험</td><td>물과의 반응성 시험기</td></tr>
<tr><td rowspan="5">제4류</td><td rowspan="4">인화성 시험</td><td rowspan="3">인화점 측정시험</td><td>태그(Tag)밀폐식 인화점측정기</td></tr>
<tr><td>신속평형법 인화점측정기</td></tr>
<tr><td>클리브랜드(Cleaveland)개방컵
인화점측정기</td></tr>
<tr><td>동점도 측정시험</td><td>점도계</td></tr>
<tr><td>수용성 시험</td><td>수용성 액체 판단시험</td><td>메스실린더</td></tr>
<tr><td rowspan="2">제5류</td><td>폭발성 시험</td><td>열분석 시험</td><td>시차주사(示差走査)열량측정장치(DSC)
또는 시차(示差)열분석장치(DTA)</td></tr>
<tr><td>가열분해성 시험</td><td>압력용기 시험</td><td>압력용기 시험장치</td></tr>
<tr><td>제6류</td><td>산화성 시험</td><td>연소시간 측정시험</td><td>연소시험기</td></tr>
</table>

또한 위험물 판정기관에서 이루어지고 있는 위험물 판정절차는 실무상으로 **한국소방산업기술원**과 **국립소방연구원**에서 다음 [그림 1]과 같이 진행된다.

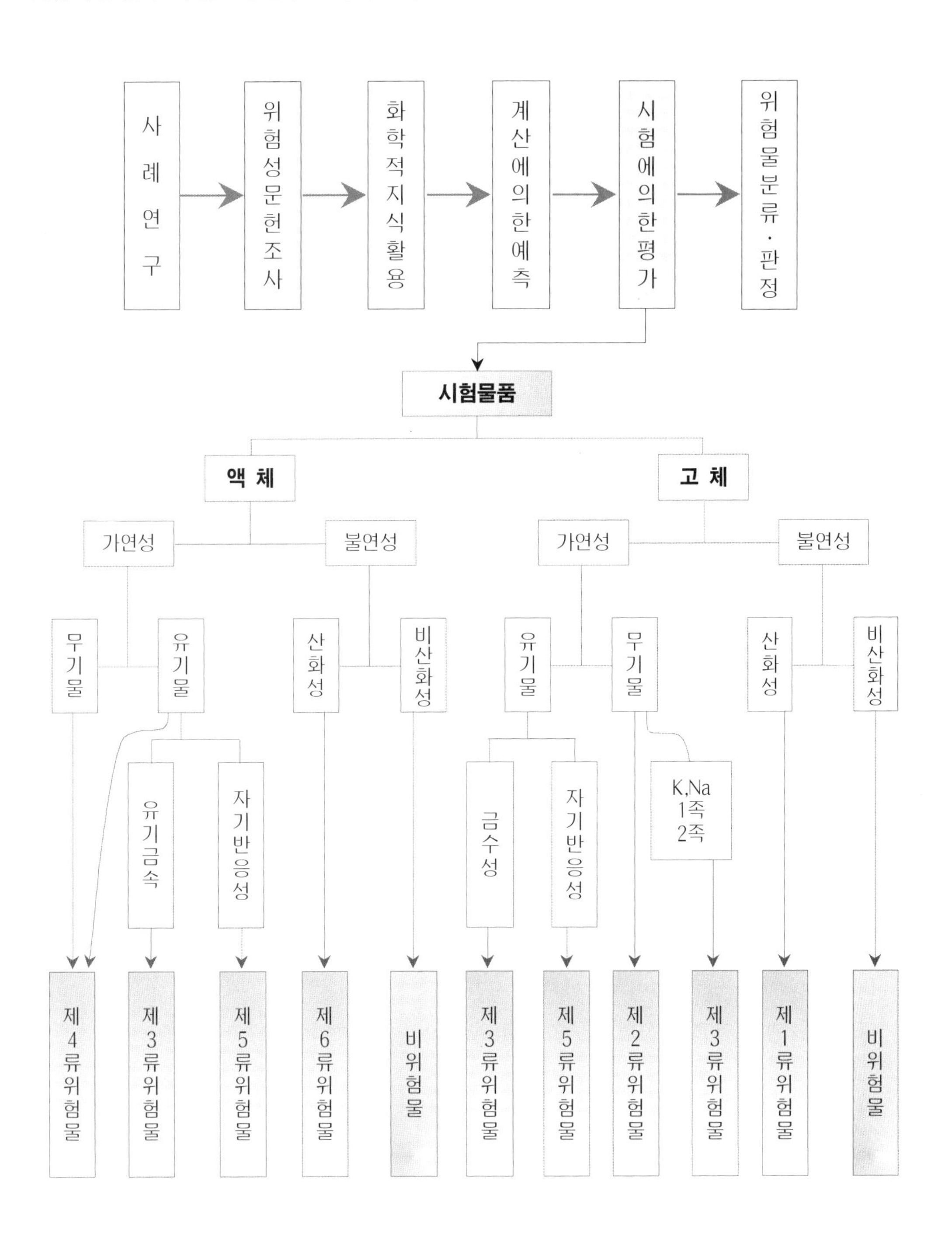

❶ 위험물 판정시험 방법(현행법령 조문)

「위험물안전관리에 관한 세부기준」 제2장 위험물의 시험 및 판정 [2024.11.11. 일부개정]

제2장 위험물의 시험 및 판정

제2조(산화성고체의 시험방법 및 판정기준) 「위험물안전관리법 시행령」(이하 "영"이라 한다) 별표 1 비고 제1호의 규정에 따른 산화성고체에 해당하는 산화성의 시험방법 및 판정기준은 제3조 및 제4조의 규정에 의하며, 충격에 대한 민감성의 시험방법 및 판정기준은 제5조 및 제6조의 규정에 따른다.

제3조(산화성 시험방법) ① 분립상(매분당 160회의 타진을 받으며 회전하는 2㎜의 체를 30분에 걸쳐 통과하는 양이 10중량% 이상인 것을 말한다. 이하 같다) 물품의 산화성으로 인한 위험성의 정도를 판단하기 위한 시험은 연소시험으로 하며 다음 각 호에 의한다.

1. 표준물질의 연소시험
   가. 표준물질(시험에 있어서 기준을 정하는 물질을 말한다. 이하 같다)로서 150㎛ 이상 300㎛ 미만(입자의 크기의 측정방법은 매분당 160회의 타진을 받으며 30분간 회전하는 해당 규격의 체를 통과하는지 여부를 확인하여 행한다. 이하 같다)인 과염소산칼륨과 250㎛ 이상 500㎛ 미만인 목분(木粉)을 중량비 1:1로 섞어 혼합물 30g을 만들 것
   나. 혼합물을 온도 20℃, 1기압의 실내에서 높이와 바닥면의 직경비가 1:1.75가 되도록 원추형으로 무기질의 단열판 위에 쌓고 직경 2㎜의 원형 니크롬선에 통전(通電)하여 온도 1,000℃로 가열 된 것을 점화원으로 하여 원추형 혼합물의 아랫부분에 착화할 때까지 접촉할 것
   다. 착화부터 불꽃이 없어지기까지의 시간을 측정할 것
   라. 가목 내지 다목의 시험을 5회 이상 반복하여 평균연소시간을 구할 것
2. 시험물품의 연소시험
   가. 시험물품(시험을 하고자 하는 물품을 말한다. 이하 같다)을 직경 1.18㎜ 미만으로 부순 것과 250㎛ 이상 500㎛ 미만인 목분을 중량비 1:1 및 중량비 4:1로 섞어 혼합물 30g을 각각 만들 것
   나. 두 혼합물을 제1호나목 내지 라목의 방법에 의하여 각각 평균연소시간을 구한 다

음, 둘 중 짧은 연소시간을 택할 것

② 분립상 외의 물품의 산화성으로 인한 위험성의 정도를 판단하기 위한 시험은 대량연소시험으로 하며 그 방법은 다음 각 호에 의한다.

1. 표준물질의 대량연소시험
   가. 표준물질로서 150㎛ 이상 300㎛ 미만인 과염소산칼륨과 250㎛ 이상 500㎛ 미만인 목분을 중량비 4:6으로 섞어 혼합물 500g을 만들 것
   나. 혼합물을 온도 20℃, 1기압의 실내에서 높이와 바닥면의 직경비가 1:2가 되도록 원추형으로 무기질의 단열판 위에 쌓고 점화원으로 원추형 혼합물의 아랫부분에 착화할 때까지 접촉할 것
   다. 제1항제1호다목 및 라목에 의할 것
2. 시험물품의 대량연소시험
   가. 시험물품과 250㎛ 이상 500㎛ 미만인 목분을 체적비 1:1로 섞어 혼합물 500g을 만들 것
   나. 제1호나목 및 다목에 의할 것

제4조(산화성 판정기준) 산화성으로 인하여 산화성고체에 해당하는 것은 다음 각 호와 같다.

1. 분립상 물품에 있어서는 제3조제1항제2호의 시험에 의한 연소시간이 동항제1호의 시험에 의한 연소시간 이하인 것
2. 분립상 외의 물품에 있어서는 제3조제2항제2호의 시험에 의한 연소시간이 동항제1호의 시험에 의한 연소시간 이하인 것

제5조(충격민감성 시험방법) ① 분립상 물품의 민감성으로 인한 위험성의 정도를 판단하기 위한 시험은 낙구타격감도시험으로 하며 그 방법은 다음 각 호에 의한다.

1. 표준물질의 낙구타격감도시험
   가. 온도 20℃, 1기압의 실내에서 직경 및 높이 12㎜의 강제(鋼製) 원기둥 위에 적린(180㎛ 미만인 것. 이하 같다) 5㎎을 쌓고 그 위에 표준물질로서 질산칼륨(150㎛ 이상 300㎛ 미만인 것. 이하 같다) 5㎎을 쌓은 후 직경 40㎜의 쇠구슬을 10㎝의 높이에서 혼합물의 위에 직접 낙하시켜 발화 여부를 관찰할 것. 이 경우에 폭발음, 불꽃 또는 연기를 발생하는 경우에는 폭발한 것으로 본다.
   나. 가목에 의한 결과 폭발한 경우에는 낙하높이(H, 강제의 원기둥의 상면에서 강구의 하단까지의 높이)를 당해 낙하높이의 상용대수(logH)와 비교하여 상용대수의 차가 0.1이 되는 높이로 낮추고, 폭발하지 않는 경우에는 낙하높이를 당해 낙하높이의 상용대수와 비교하여 상용대수의 차가 0.1이 되는 높이로 높이는 방법(Up-down법)에

의하여 연속 40회 이상(최초로 폭발될 때부터 폭발되지 않을 때 또는 폭발되지 않을 때부터 폭발이 될 때까지의 횟수) 반복하여 강구를 낙하시켜 폭점산출법으로 표준물질과 적린과의 혼합물의 50% 폭점(폭발확률이 50%가 되는 낙하높이를 말한다. 이하 같다)을 구할 것. 다만, 낙하높이의 상용대수의 표준편차가 0.05에서 0.2까지의 범위 내에 있지 않는 경우에는 시험을 반복한다.

다. 50% 폭점(H50, 단위 cm) 및 상용대수의 표준편차(S)는 다음 식으로 산출할 것

$$\log H_{50} = C + d\,(A/Ns \pm 0.5)$$

$$Ns = \sum n, \quad A = \sum (i \times n)$$

i : 낙하높이의 순차치

(최저 낙하높이를 0으로 하여 낙하높이의 순차에 따라 1씩 증가한다.

n : 폭발의 횟수 또는 폭발하지 않은 횟수

(전체 낙하에서 발생횟수의 합계가 적은 쪽으로 한다)

C : 시험을 행한 최저 낙하높이(i=0에 대한 낙하높이)의 수치의 상용대수

d : $\log H$의 간격(=0.1)

± : n이 폭발한 횟수인 때는 "-" 부호를, 폭발하지 않은 횟수인 때는 "+" 부호를 쓴다.

$$S = 1.62d\{(Ns \cdot B - A^2)/Ns^2 + 0.029\}$$

$$B = \sum (i^2 \times n)$$

2. 시험물품의 낙구타격감도시험

가. 시험물품을 직경 1.18㎜ 미만으로 부순 것을 제1호가목에 의하여 시험을 10회 실시할 것. 이 경우 제1호나목에서 구한 50% 폭점을 낙하높이로 한다.

나. 가목에 의한 시험결과 폭발하는 경우 및 폭발하지 아니하는 경우가 모두 발생하는 경우에는 추가로 30회 이상의 시험을 실시할 것

다. 가목 및 나목에 의하여 시험물품과 적린과의 혼합물이 폭발하는 확률을 구할 것

② 분립상 외의 물품의 민감성으로 인한 위험성의 정도를 판단하기 위한 시험은 철관시험으로 하며 그 방법은 다음 각 호에 의한다.

1. 아랫부분을 강제마개(외경 60㎜, 높이 38㎜, 바닥두께 6㎜)로 용접한 외경 60㎜, 두께 5㎜, 길이 500㎜의 이음매 없는 철관에 플라스틱제의 포대를 넣을 것
2. 시험물품(건조용 실리카 젤을 넣은 데시케이터 속에 온도 24℃로 24시간 이상 보존되어 있는 것)을 적당한 크기로 부수어 셀룰로오스분(건조용 실리카겔을 넣은 데시케이터 속에 온도 24℃로 24시간 이상 보존되어 있는 것으로 53㎛ 미만의 것)과 중량비 3:1로 혼합하여 제1호의 포대에 균일하게 되도록 넣고 50g의 전폭약(傳爆藥 ; 트라이메틸렌

트라이나이트로아민과 왁스를 중량비 19:1로 혼합한 것을 150MPa의 압력으로 직경 30㎜, 높이 45㎜의 원주상에 압축 성형한 것을 말한다. 제4호에서 같다)을 삽입할 것

3. 구멍이 있는 나사 플러그의 뚜껑을 철관에 부착할 것
4. 뚜껑의 구멍을 통해 전폭약의 구멍에 전기뇌관을 삽입할 것
5. 철관을 모래 중에 매설하여 기폭 할 것
6. 제1호 내지 제5호의 시험을 3회 이상 반복하고, 1회 이상 철관이 완전히 파열하는지 여부를 관찰할 것

③ 제2항에도 불구하고 분립상 외의 물품을 분립상으로 만들어 제1항의 시험을 하는 경우 제2항에 따른 시험을 한 것으로 본다.

제6조(충격민감성 판정기준) 충격에 대한 민감성으로 인하여 산화성고체에 해당하는 것은 다음 각 호와 같다.

1. 분립상 물품에 있어서는 제5조제1항제2호의 시험에 의한 폭발 확률이 50% 이상인 것
2. 분립상 외의 물품에 있어서는 제5조제2항의 시험에 의하여 철관이 완전히 파열하는 것

제7조(가연성고체의 시험방법 및 판정기준) 영 별표 1 비고 제2호의 규정에 따른 가연성고체에 해당하는 착화의 위험성의 시험방법 및 판정기준은 제8조의 규정에 의하며, 인화의 위험성의 시험방법은 제9조의 규정에 따른다.

제8조(착화의 위험성 시험방법 및 판정기준) ① 착화의 위험성의 시험방법은 작은 불꽃 착화시험에 의하며 그 방법은 다음 각 호에 의한다.

1. 시험장소는 온도 20℃, 습도 50%, 1기압, 무풍의 장소로 할 것
2. 두께 10㎜ 이상의 무기질의 단열판 위에 시험물품(건조용 실리카 젤을 넣은 데시케이터 속에 온도 20℃로 24시간 이상 보존되어 있는 것) 3㎤ 정도를 둘 것. 이 경우 시험물품이 분말상 또는 입자상이면 무기질의 단열판 위에 반구상(半球狀)으로 둔다.
3. 액화석유가스의 불꽃[선단이 봉상(棒狀)인 착화기구의 확산염으로서 화염의 길이가 당해 착화기구의 구멍을 위로 향한 상태로 70㎜가 되도록 조절한 것]을 시험물품에 10초간 접촉(화염과 시험물품의 접촉면적은 2㎠로 하고 접촉각도는 30° 로 한다) 시킬 것
4. 제2호 및 제3호의 조작을 10회 이상 반복하여 화염을 시험물품에 접촉할 때부터 시험물품이 착화할 때까지의 시간을 측정하고, 시험물품이 1회 이상 연소(불꽃 없이 연소하는 상태를 포함한다)를 계속하는지 여부를 관찰할 것

② 제1항의 방법에 의한 시험결과 불꽃을 시험물품에 접촉하고 있는 동안에 시험물품이 모두 연소하는 경우, 불꽃을 격리시킨 후 10초 이내에 연소물품의 모두가 연소한 경우

또는 불꽃을 격리시킨 후 10초 이상 계속하여 시험물품이 연소한 경우에는 가연성고체에 해당하는 것으로 한다.

제9조(고체의 인화 위험성 시험방법) 인화의 위험성 시험은 인화점측정에 의하며 그 방법은 다음 각 호에 의한다.<2013. 12. 17.개정>

1. 시험장치는 「페인트, 바니쉬, 석유 및 관련제품 - 인화점 시험방법 - 신속평형법」(KS M ISO 3679)에 의한 인화점측정기 또는 이에 준하는 것으로 할 것
2. 시험장소는 1기압의 무풍의 장소로 할 것
3. 다음 그림의 신속평형법 시료컵을 설정온도(시험물품이 인화하는지의 여부를 확인하는 온도를 말한다. 이하 같다)까지 가열 또는 냉각하여 시험물품(설정온도가 상온보다 낮은 온도인 경우에는 설정온도까지 냉각시킨 것) 2g을 시료컵에 넣고 뚜껑 및 개폐기를 닫을 것

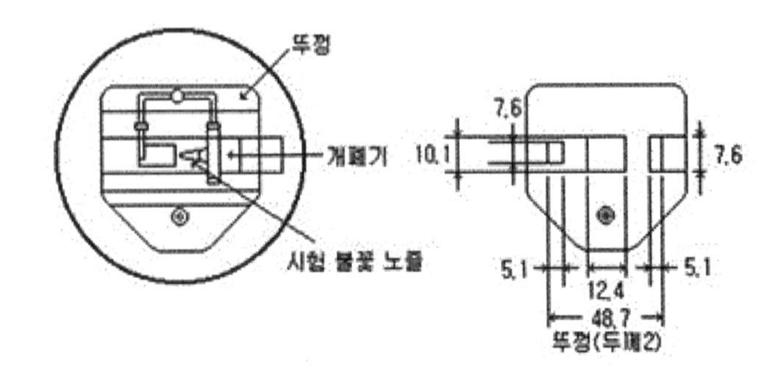

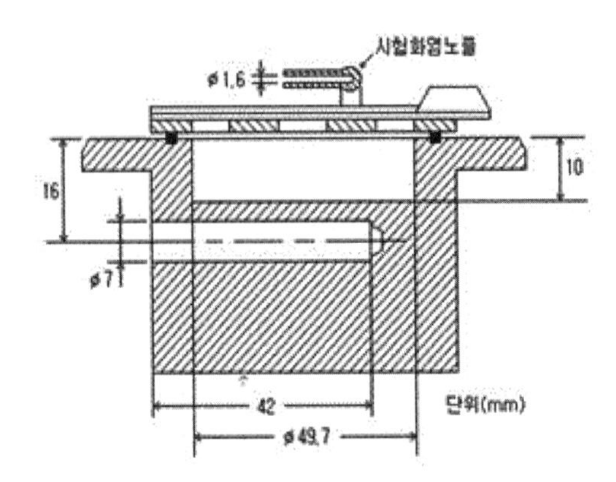

4. 시료컵의 온도를 5분간 설정온도로 유지할 것
5. 시험불꽃을 점화하고 화염의 크기를 직경 4㎜가 되도록 조정할 것
6. 5분 경과 후 개폐기를 작동하여 시험불꽃을 시료컵에 2.5초간 노출시키고 닫을 것. 이 경우 시험불꽃을 급격히 상하로 움직이지 아니하여야 한다.

7. 제6호의 방법에 의하여 인화한 경우에는 인화하지 않게 될 때까지 설정온도를 낮추고, 인화하지 않는 경우에는 인화할 때까지 높여 제3호 내지 제6호의 조작을 반복하여 인화점을 측정할 것

제10조(자연발화성물질 및 금수성물질의 시험방법 및 판정기준) 영 별표 1 비고 제9호의 자연발화성물질의 시험방법 및 판정기준은 제11조의 규정에 의하며 금수성물질의 시험방법 및 판정기준은 제12조의 규정에 따른다.

제11조(자연발화성의 시험방법 및 판정기준) ① 고체의 공기중 발화의 위험성의 시험방법 및 판정기준은 다음 각 호에 의한다. 〈2015. 5. 6 개정〉

1. 시험장소는 온도 20℃, 습도 50%, 기압 1기압, 무풍의 장소로 할 것
2. 시험물품(300㎛의 체를 통과하는 분말) 1㎤를 직경 70㎜인 화학분석용 자기 위에 설치한 직경 90㎜인 여과지의 중앙에 두고 10분 이내에 자연발화 하는지 여부를 관찰할 것. 이 경우 자연발화하지 않는 경우에는 같은 조작을 5회 이상 반복하여 1회 이상 자연발화 하는지 여부를 관찰한다.
3. 분말인 시험물품이 제2호의 방법에 의하여 자연발화하지 않는 경우에는 시험물품 2㎤를 무기질의 단열판 위에 1m의 높이에서 낙하시켜 낙하 중 또는 낙하 후 10분 이내에 자연발화 여부를 관찰할 것. 이 경우 자연발화하지 않는 경우에는 같은 조작을 5회 이상 반복하여 1회 이상 자연발화 하는지 여부를 관찰한다.
4. 제1호 내지 제3호의 방법에 의한 시험결과 자연발화 하는 경우에는 자연발화성물질에 해당하는 것으로 할 것

② 액체의 공기중 발화의 위험성의 시험방법 및 판정기준은 다음 각 호에 의한다.

1. 시험장소는 온도 20℃, 습도 50%, 1기압, 무풍의 장소로 할 것
2. 시험물품 0.5㎤를 직경 70㎜인 자기에 20㎜의 높이에서 전량을 30초간 균일한 속도로 주사기 또는 피펫을 써서 떨어뜨리고 10분 이내에 자연발화 하는지 여부를 관찰할 것. 이 경우 자연발화 하지 않는 경우에는 같은 조작을 5회 이상 반복하여 1회 이상 자연발화 하는지 여부를 관찰한다.
3. 제2호의 방법에 의하여 자연발화 하지 않는 경우에는 시험물품 0.5㎤를 직경 70㎜인 자기 위에 설치한 직경 90㎜인 여과지에 20㎜의 높이에서 전량을 30초간 균일한 속도로 주사기 또는 피펫을 써서 떨어뜨리고 10분 이내 자연발화 하는지 또는 여과지를 태우는지 여부(여과지가 갈색으로 변하면 태운 것으로 본다. 이하 이 호에서 같다)를 관찰할 것. 이 경우 자연발화하지 않는 경우 또는 여과지를 태우지 않는 경우에는 같은 조작을 5회 이상 반복하여 1회 이상 자연발화 하는지 또는 여과지를 태우는지 여부

를 관찰한다.

4. 제1호 내지 제3호의 방법에 의한 시험결과 자연발화 하는 경우에 또는 여과지를 태우는 경우에는 자연발화성물질에 해당하는 것으로 할 것

제12조(금수성의 시험방법 및 판정기준) ① 물과 접촉하여 발화하거나 가연성가스를 발생할 위험성의 시험방법은 다음 각 호에 의한다.

1. 시험장소는 온도 20℃, 습도 50%, 1기압, 무풍의 장소로 할 것
2. 용량 500㎤의 비이커 바닥에 여과지 침하방지대를 설치하고 그 위에 직경 70㎜의 여과지를 놓은 후 여과지가 뜨도록 침하방지대의 상면까지 20℃의 순수한 물을 넣고 시험물품 50㎣를 여과지의 중앙에 둔(액체 시험물품에 있어서는 여과지의 중앙에 주사한다) 상태에서 발생하는 가스가 자연발화 하는지 여부를 관찰할 것. 이 경우 자연발화하지 않는 경우에는 같은 방법으로 5회 이상 반복하여 1회 이상 자연발화 하는지 여부를 관찰한다.
3. 제2호의 방법에 의하여 발생하는 가스가 자연발화하지 않는 경우에는 당해 가스에 화염을 가까이하여 착화하는지 여부를 관찰할 것
4. 제2호의 방법에 의하여 발생하는 가스가 자연발화하지 않거나 가스의 발생이 인지되지 않는 경우 또는 제3호의 방법에 의하여 착화되지 않는 경우에는 시험물품 2g을 용량 100㎤의 원형 바닥의 플라스크에 넣고 이것을 40℃의 수조에 넣어 40℃의 순수한 물 50㎤를 신속히 가한 후 직경 12㎜의 구형의 교반자 및 자기교반기를 써서 플라스크내를 교반하면서 가스 발생량을 1시간마다 5회 측정할 것
5. 1시간마다 측정한 시험물품 1kg당의 가스 발생량의 최대치를 가스 발생량으로 할 것
6. 발생하는 가스에 가연성가스가 혼합되어 있는지 여부를 검지관, 가스크로마토그래피 등에 의하여 분석할 것

② 제1항의 방법에 의한 시험결과 자연발화 하는 경우, 착화하는 경우 또는 가연성 성분을 함유한 가스의 발생량이 200L 이상인 경우에는 금수성물질에 해당하는 것으로 한다. 〈2006. 8. 3 개정〉

제13조(인화성액체의 인화점 시험방법 등) ① 영 별표 1 비고 제11호의 규정에 따른 인화성액체의 인화점 측정은 제14조의 규정에 따른 방법으로 측정한 결과에 따라 다음 각 호에 정한 것에 의한다.

1. 측정결과가 0℃ 미만인 경우에는 당해 측정결과를 인화점으로 할 것
2. 측정결과가 0℃ 이상 80℃ 이하인 경우에는 동점도 측정을 하여 동점도가 10㎟/s 미만인 경우에는 당해 측정결과를 인화점으로 하고, 동점도가 10㎟/s 이상인 경우에는

제15조의 규정에 따른 방법으로 다시 측정할 것

3. 측정결과가 80℃를 초과하는 경우에는 제16조의 규정에 따른 방법으로 다시 측정할 것

② 영 별표 1의 인화성액체 중 수용성액체를 판단하기 위한 시험은 다음 각호에 의한다.

1. 온도 20℃, 1기압의 실내에서 50㎖ 메스실린더에 증류수 25㎖를 넣은 후 시험물품 25㎖를 넣을 것
2. 메스실린더의 혼합물을 1분에 90회 비율로 5분간 혼합할 것
3. 혼합한 상태로 5분간 유지할 것
4. 층분리가 되는 경우 비수용성 그렇지 않은 경우 수용성으로 판단 할 것. 다만, 증류수와 시험물품이 균일하게 혼합되어 혼탁하게 분포하는 경우에도 수용성으로 판단한다.

제14조(태그밀폐식인화점측정기에 의한 인화점 측정시험) 태그(Tag)밀폐식인화점측정기에 의한 인화점 측정시험은 다음 각 호에 정한 방법에 의한다.

1. 시험장소는 1기압, 무풍의 장소로 할 것
2. 「원유 및 석유 제품 인화점 시험방법 - 태그 밀폐식시험방법」(KS M 2010)에 의한 인화점측정기의 시료컵에 시험물품 50㎤를 넣고 시험물품의 표면의 기포를 제거한 후 뚜껑을 덮을 것
3. 시험불꽃을 점화하고 화염의 크기를 직경이 4㎜가 되도록 조정할 것
4. 시험물품의 온도가 60초간 1℃의 비율로 상승하도록 수조를 가열하고 시험물품의 온도가 설정온도보다 5℃ 낮은 온도에 도달하면 개폐기를 작동하여 시험불꽃을 시료컵에 1초간 노출시키고 닫을 것. 이 경우 시험불꽃을 급격히 상하로 움직이지 아니하여야 한다.
5. 제4호의 방법에 의하여 인화하지 않는 경우에는 시험물품의 온도가 0.5℃ 상승할 때마다 개폐기를 작동하여 시험불꽃을 시료컵에 1초간 노출시키고 닫는 조작을 인화할 때까지 반복할 것
6. 제5호의 방법에 의하여 인화한 온도가 60℃ 미만의 온도이고 설정온도와의 차가 2℃를 초과하지 않는 경우에는 당해 온도를 인화점으로 할 것
7. 제4호의 방법에 의하여 인화한 경우 및 제5호의 방법에 의하여 인화한 온도와 설정온도와의 차가 2℃를 초과하는 경우에는 제2호 내지 제5호에 의한 방법으로 반복하여 실시할 것
8. 제5호의 방법 및 제7호의 방법에 의하여 인화한 온도가 60℃ 이상의 온도인 경우에는 제9호 내지 제13호의 순서에 의하여 실시할 것
9. 제2호 및 제3호와 같은 순서로 실시할 것
10. 시험물품의 온도가 60초간 3℃의 비율로 상승하도록 수조를 가열하고 시험물품의 온

도가 설정온도보다 5℃ 낮은 온도에 도달하면 개폐기를 작동하여 시험불꽃을 시료컵에 1초간 노출시키고 닫을 것. 이 경우 시험불꽃을 급격히 상하로 움직이지 아니하여야 한다.

11. 제10호의 방법에 의하여 인화하지 않는 경우에는 시험물품의 온도가 1℃ 상승마다 개폐기를 작동하여 시험불꽃을 시료컵에 1초간 노출시키고 닫는 조작을 인화할 때까지 반복할 것
12. 제11호의 방법에 의하여 인화한 온도와 설정온도와의 차가 2℃를 초과하지 않는 경우에는 당해 온도를 인화점으로 할 것
13. 제10호의 방법에 의하여 인화한 경우 및 제11호의 방법에 의하여 인화한 온도와 설정온도와의 차가 2℃를 초과하는 경우에는 제9호 내지 제11호와 같은 순서로 반복하여 실시할 것

제15조(신속평형법인화점측정기에 의한 인화점 측정시험) 신속평형법인화점측정기에 의한 인화점 측정시험은 다음 각 호에 정한 방법에 의한다.

1. 시험장소는 1기압, 무풍의 장소로 할 것
2. 신속평형법인화점측정기의 시료컵을 설정온도까지 가열 또는 냉각하여 시험물품(설정온도가 상온보다 낮은 온도인 경우에는 설정온도까지 냉각한 것) 2㎖를 시료컵에 넣고 즉시 뚜껑 및 개폐기를 닫을 것
3. 시료컵의 온도를 1분간 설정온도로 유지할 것
4. 시험불꽃을 점화하고 화염의 크기를 직경 4㎜가 되도록 조정할 것
5. 1분 경과 후 개폐기를 작동하여 시험불꽃을 시료컵에 2.5초간 노출시키고 닫을 것. 이 경우 시험불꽃을 급격히 상하로 움직이지 아니하여야 한다.
6. 제5호의 방법에 의하여 인화한 경우에는 인화하지 않을 때까지 설정온도를 낮추고, 인화하지 않는 경우에는 인화할 때까지 설정온도를 높여 제2호 내지 제5호의 조작을 반복하여 인화점을 측정할 것

제16조(클리브랜드개방컵인화점측정기에 의한 인화점 측정시험) 클리브랜드(Cleaveland)개방컵인화점측정기에 의한 인화점 측정시험은 다음 각 호에 정한 방법에 의한다.

1. 시험장소는 1기압, 무풍의 장소로 할 것
2. 「인화점 및 연소점 시험방법 - 클리브랜드 개방컵 시험방법」(KS M ISO 2592)에 의한 인화점측정기의 시료컵의 표선(標線)까지 시험물품을 채우고 시험물품의 표면의 기포를 제거할 것
3. 시험불꽃을 점화하고 화염의 크기를 직경 4㎜가 되도록 조정할 것

4. 시험물품의 온도가 60초간 14℃의 비율로 상승하도록 가열하고 설정온도보다 55℃ 낮은 온도에 달하면 가열을 조절하여 설정온도보다 28℃ 낮은 온도에서 60초간 5.5℃의 비율로 온도가 상승하도록 할 것
5. 시험물품의 온도가 설정온도보다 28℃ 낮은 온도에 달하면 시험불꽃을 시료컵의 중심을 횡단하여 일직선으로 1초간 통과시킬 것. 이 경우 시험불꽃의 중심을 시료컵 위쪽 가장자리의 상방 2㎜ 이하에서 수평으로 움직여야 한다.
6. 제5호의 방법에 의하여 인화하지 않는 경우에는 시험물품의 온도가 2℃ 상승할 때마다 시험불꽃을 시료컵의 중심을 횡단하여 일직선으로 1초간 통과시키는 조작을 인화할 때까지 반복할 것
7. 제6호의 방법에 의하여 인화한 온도와 설정온도와의 차가 4℃를 초과하지 않는 경우에는 당해 온도를 인화점으로 할 것
8. 제5호의 방법에 의하여 인화한 경우 및 제6호의 방법에 의하여 인화한 온도와 설정온도와의 차가 4℃를 초과하는 경우에는 제2호 내지 제6호와 같은 순서로 반복하여 실시할 것

제17조(자기반응성물질의 시험방법 및 판정기준) 영 별표 1 비고 제19호의 규정에 따른 자기반응성물질에 해당하는 것의 시험방법 및 판정기준은 제18조 내지 제21조에 의한다.

제18조(폭발성 시험방법) 폭발성으로 인한 위험성의 정도를 판단하기 위한 시험은 열분석시험으로 하며 그 방법은 다음 각 호에 의한다.

1. 표준물질의 발열개시온도 및 발열량(단위 질량당 발열량을 말한다. 이하 같다)
   가. 표준물질인 2,4-다이나이트로톨루엔 및 기준물질인 산화알루미늄을 각각 1㎎씩 파열압력이 5MPa 이상인 스테인레스강재의 내압성 쉘에 밀봉한 것을 시차주사(示差走査)열량측정장치(DSC) 또는 시차(示差)열분석장치(DTA)에 충전하고 2,4-다이나이트로톨루엔 및 산화알루미늄의 온도가 60초간 10℃의 비율로 상승하도록 가열하는 시험을 5회 이상 반복하여 발열개시온도 및 발열량의 각각의 평균치를 구할 것
   나. 표준물질인 과산화벤조일 및 기준물질인 산화알루미늄을 각각 2㎎씩으로 하여 가목에 의할 것
2. 시험물품의 발열개시온도 및 발열량 시험은 시험물질 및 기준물질인 산화알루미늄을 각각 2㎎씩으로 하여 제1호가목에 의할 것

제19조(폭발성 판정기준) 폭발성으로 인하여 자기반응성물질에 해당하는 것은 다음 각 호에 의한다.

1. 발열개시온도에서 25℃를 뺀 온도(이하 "보정온도"라 한다)의 상용대수를 횡축으로 하고 발열량의 상용대수를 종축으로 하는 좌표도를 만들 것
2. 제1호의 좌표도상에 2,4-다이나이트로톨루엔의 발열량에 0.7을 곱하여 얻은 수치의 상용대수와 보정온도의 상용대수의 상호대응 좌표점 및 과산화벤조일의 발열량에 0.8을 곱하여 얻은 수치의 상용대수와 보정온도의 상용대수의 상호대응 좌표점을 연결하여 직선을 그을 것
3. 시험물품의 발열량의 상용대수와 보정온도(1℃ 미만일 때에는 1℃로 한다)의 상용대수의 상호대응 좌표점을 표시할 것
4. 제3호에 의한 좌표점이 제2호에 의한 직선상 또는 이 보다 위에 있는 것을 위험성이 있는 것으로 할 것

제20조(가열분해성 시험방법) 가열분해성으로 인한 위험성의 정도를 판단하기 위한 시험은 압력용기시험으로 하며 그 방법은 다음 각 호에 의한다.

1. 압력용기시험의 시험장치는 다음 각목에 의할 것

   가. 압력용기는 다음 그림과 같이 할 것

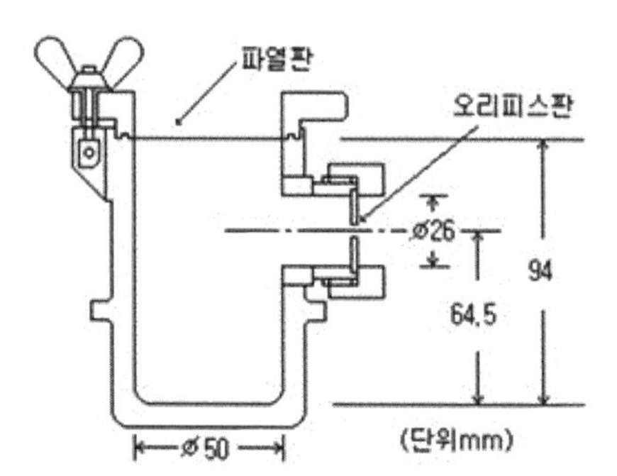

   나. 압력용기는 그 측면 및 상부에 각각 불소고무제 등의 내열성의 가스켓을 넣어 구멍의 직경이 1㎜ 또는 9㎜인 오리피스판 및 파열판을 부착하고 그 내부에 시료용기를 넣을 수 있는 내용량 200㎤의 스테인레스강재로 할 것

   다. 시료용기는 내경30㎜, 높이50㎜, 두께0.4㎜의 것으로 바닥이 평면이고 상부가 개방된 알루미늄제의 원통형의 것으로 할 것

   라. 오리피스판은 구멍의 직경이 1㎜ 또는 9㎜이고 두께가 2㎜인 스테인레스강재로 할 것

   마. 파열판은 알루미늄 기타 금속제로서 파열압력이 0.6MPa인 것으로 할 것

   바. 가열기는 출력 700W 이상의 전기로를 사용할 것

2. 압력용기의 바닥에 실리콘유 5g을 넣은 시료용기를 놓고 당해 압력용기를 가열기로

가열하여 당해 실리콘유의 온도가 100℃에서 200℃의 사이에서 60초간에 40℃의 비율로 상승하도록 가열기의 전압 및 전류를 설정할 것

3. 가열기를 30분 이상에 걸쳐 가열을 계속할 것
4. 파열판의 상부에 물을 바르고 압력용기를 가열기에 넣고 시료용기를 가열할 것
5. 제2호 내지 제4호에 의하여 10회 이상 반복하여 1/2 이상의 확률로 파열판이 파열되는지 여부를 관찰할 것

제21조(가열분해성 판정기준 등) 가열분해성으로 인하여 자기반응성물질에 해당하는 것은 제20조에 의한 시험결과 파열판이 파열되는 것으로 하되, 그 등급은 다음 각 호와 같다(2 이상에 해당하는 경우에는 등급이 낮은 쪽으로 한다).

1. 구멍의 직경이 1㎜인 오리피스판을 이용하여 파열판이 파열되지 않는 물질 : 등급Ⅲ
2. 구멍의 직경이 1㎜인 오리피스판을 이용하여 파열판이 파열되는 물질 : 등급Ⅱ
3. 구멍의 직경이 9㎜인 오리피스판을 이용하여 파열판이 파열되는 물질 : 등급Ⅰ

제21조의2(자기반응성물질 판정기준 등) 제19조에 따른 열분석시험의 결과 및 제21조에 따른 압력용기시험의 결과를 종합하여 자기반응성물질은 아래 표와 같이 구분한다.

압력용기시험 / 열분석시험	등급Ⅰ	등급Ⅱ	등급Ⅲ
위험성 있음	제1종	제2종	제2종
위험성 없음	제1종	제2종	비위험물

제22조(산화성액체의 시험방법 및 판정기준) 영 별표 1 비고 제21호의 규정에 따른 산화성의 시험방법 및 판정기준은 제23조에 따른다.

제23조(연소시간의 측정시험) ① 목분(수지분이 적은 삼에 가까운 재료로 하고 크기는 500㎛의 체를 통과하고 250㎛의 체를 통과하지 않는 것), 질산 90% 수용액 및 시험물품을 사용하여 온도 20℃, 습도 50%, 1기압의 실내에서 제2항 및 제3항의 방법에 의하여 실시한다. 다만, 배기를 행하는 경우에는 바람의 흐름과 평행하게 측정한 풍속이 0.5m/s 이하이어야 한다.

② 질산 90% 수용액에 관한 시험순서는 다음 각 호와 같다.

1. 외경 120㎜의 평저증발접시[「화학분석용 자기증발접시」(KS L 1561)] 위에 목분(온도 105℃에서 4시간 건조하고 건조용 실리카 젤을 넣은 데시케이터 속에 온도 20℃로 24

시간 이상 보존되어 있는 것. 이하 이 조에서 같다) 15g을 높이와 바닥면의 직경의 비가 1:1.75가 되도록 원추형으로 만들어 1시간 둘 것
2. 제1호의 원추형 모양에 질산 90% 수용액 15g을 주사기로 상부에서 균일하게 떨어뜨려 목분과 혼합할 것
3. 점화원(둥근 바퀴모양으로 한 직경 2㎜의 니크롬선에 통전하여 온도 약 1,000℃로 가열되어 있는 것)을 위쪽에서 제2호의 혼합물 원추형체적의 바닥부 전 둘레가 착화할 때까지 접촉할 것. 이 경우 점화원의 당해 바닥부에의 접촉시간은 10초로 한다.
4. 연소시간(혼합물에 점화한 경우 제2호의 원추형 모양의 바닥부 전 둘레가 착화하고 나서 발염하지 않게 되는 시간을 말하며 간헐적으로 발염하는 경우에는 최후의 발염이 종료할 때까지의 시간으로 한다. 이하 이 조에서 같다)을 측정할 것
5. 제1호부터 제4호까지의 조작을 5회 이상 반복하여 연소시간의 평균치를 질산 90% 수용액과 목분과의 혼합물의 연소시간으로 할 것
6. 5회 이상의 측정에서 1회 이상의 연소시간이 평균치에서 ±50%의 범위에 들어가지 않는 경우에는 5회 이상의 측정결과가 그 범위에 들어가게 될 때까지 제1호 내지 제5호의 조작을 반복할 것

③ 시험물품에 관한 시험순서는 다음 각 호와 같다.
1. 외경 120㎜ 및 외경 80㎜의 평저증발접시의 위에 목분 15g 및 6g을 높이와 바닥면의 직경의 비가 1:1.75가 되도록 원추형으로 만들어 1시간 둘 것
2. 제1호의 목분 15g 및 6g의 원추형의 모양에 각각 시험물품 15g 및 24g을 주사기로 상부에서 균일하게 주사하여 목분과 혼합할 것
3. 제2호의 각각의 혼합물에 대하여 제2항제3호 내지 제6호와 같은 순서로 실시할 것. 이 경우 착화 후에 소염하여 훈염 또는 발연상태로 목분의 탄화가 진행하는 경우 또는 측정종료 후에 원추형의 모양의 내부 또는 착화위치의 위쪽에 목분이 연소하지 않고 잔존하는 경우에는 제2항제1호 내지 제4호와 같은 조작을 5회 이상 반복하고, 총 10회 이상의 측정에서 측정회수의 1/2 이상이 연소한 경우에는 그 연소시간의 평균치를 연소시간으로 하고, 총 10회 이상의 측정에서 측정회수의 1/2 미만이 연소한 경우에는 연소시간이 없는 것으로 한다.
4. 시험물품과 목분과의 혼합물의 연소시간은 제3호에서 측정된 연소시간 중 짧은 쪽의 연소시간으로 할 것

④ 시험물품과 목분과의 혼합물의 연소시간이 표준물질(질산 90% 수용액)과 목분과의 혼합물의 연소시간 이하인 경우에는 산화성액체에 해당하는 것으로 한다.

위험물 각론

The details of fire hazard chemicals
Fourth revised edition

★ 위험물 안전관리 업무 흐름

위험물의 고유한 성질과 상태를 아는 것은 위험물학습과 현장행정의 시작이자 끝이다. 위험물 사고 예방을 위한 일선 소방관서의 위험물행정은 다음과 같은 cycle을 갖는다.

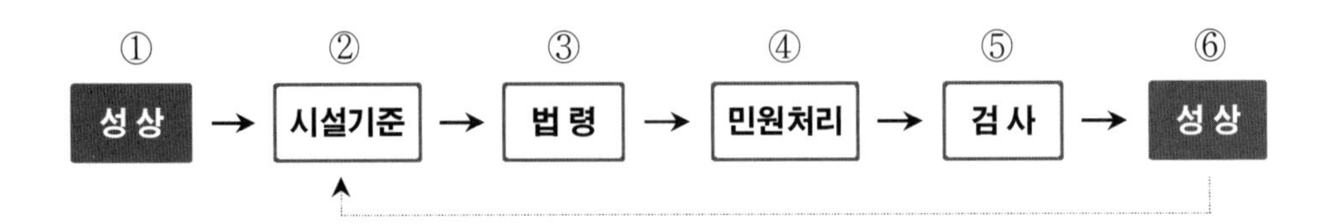

① 위험물의 정의, 분류에 따른 개별적인 성질과 상태
② 위험물의 성상에 근거한 안전한 시설의 이해
③ 위험물 안전관리를 위한 최소한의 인적 · 물적 · 감독적 규제사항
④ 법령에 근거한 허가, 등록, 신고, 상담 등의 처리
⑤ 제조소등과 일반장소 및 운반용기 등에 대한 위법 여부 검사 및 결과 조치
⑥ 새로운 물질 및 미지 물질에 대한 위험물 해당 여부 판정

1 제1류 위험물

● 산화성 고체(oxidizing solids)이다.

⇨ 고체(액체 또는 기체 외의 것)로서
산화력의 잠재적인 위험성 또는 충격에 대한 민감성을 가진 것

○ 액체: 1기압, 20℃에서 액상인 것 또는 20℃초과 ~ 40℃이하에서 액상인 것
○ 기체: 1기압, 20℃에서 기상인 것
○ 액상: 수직으로 된 안지름 30㎜, 높이 120㎜의 원통형 유리관에
시료를 55㎜까지 채운 다음 해당 시험관을 수평으로 하였을 때
시료액면의 선단이 30㎜를 이동하는 데 걸리는 시간이 90초 이내에 있는 것

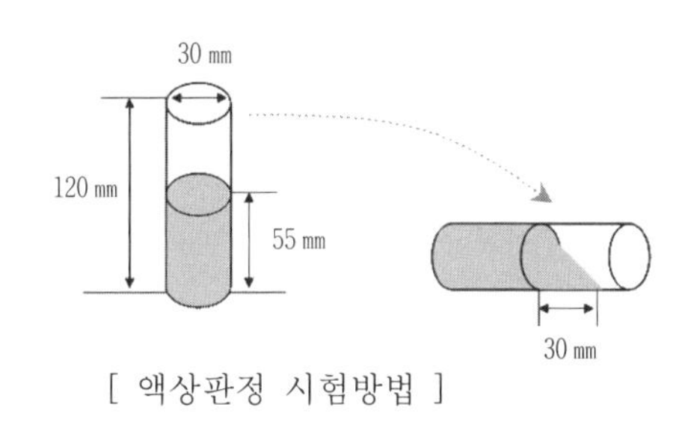

[액상판정 시험방법]

1 품명 및 지정수량

품 명	지정수량[*1]	설 명
1. 아염소산염류	50 kg	**아염소산**($HClO_2$)의 수소가 금속 또는 양성원자단으로 치환된 화합물
2. 염소산염류	50 kg	**염소산**($HClO_3$)의 수소가 금속 또는 양성원자단으로 치환된 화합물
3. 과염소산염류	50 kg	**과염소산**($HClO_4$)의 수소가 금속 또는 양성원자단으로 치환된 화합물
4. 무기과산화물	50 kg	**알칼리금속**의 과산화물, **알칼리토금속**의 과산화물 등
5. 브로민산염류	300 kg	**브로민산**($HBrO_3$)의 수소가 금속 또는 양성원자단으로 치환된 화합물
6. 질산염류	300 kg	**질산**(HNO_3)의 수소가 금속 또는 양성원자단으로 치환된 화합물
7. 아이오딘산염류	300 kg	**아이오딘산**(HIO_3)의 수소가 금속 또는 양성원자단으로 치환된 화합물
8. 과망가니즈산염류	1,000 kg	**과망가니즈산**($HMnO_4$)의 수소가 금속 또는 양성원자단으로 치환된 화합물
9. 다이크로뮴산염류	1,000 kg	**다이크로뮴산**($H_2Cr_2O_7$)의 수소가 금속 또는 양성원자단으로 치환된 화합물
10. 그 밖에 행정안전부령으로 정하는 것	50 kg	차아염소산염류
	300 kg	과아이오딘산염류 과아이오딘산 크로뮴, 납 또는 아이오딘의 산화물 아질산염류 염소화아이소사이아누르산 퍼옥소이황산염류 퍼옥소붕산염류
11. 위의 어느 하나에 해당하는 위험물을 하나 이상 함유한 것	50 kg, 300 kg 또는 1,000 kg	

위험등급[*2] I - 지정수량이 50 kg인 것
위험등급 II - 지정수량이 300 kg인 것
위험등급 III - 지정수량이 1,000 kg인 것

※ 제1류 위험물 요약

품 명	지정수량	위험등급
차아염소산염류, 아염소산염류, 염소산염류, 과염소산염류, 무기과산화물	50 kg	I
브로민산염류, 아질산염류, 질산염류, 아이오딘산염류, 과아이오딘산, 과아이오딘산염류, 크로뮴·납·아이오딘의 산화물, 염소화아이소시아누르산, 퍼옥소이황산염류, 퍼옥소붕산염류	300 kg	II
과망가니즈산염류, 다이크로뮴산염류	1,000 kg	III

1. 지정수량

1. 지정수량이란

위험물을 저장 · 취급하는 위험물제조소등(제조소, 저장소, 취급소)을 설치하기 위하여 사전에 행정청의 허가를 받아야 하는 최저의 기준이 되는 수량으로 위험물의 종류별로 위험성을 고려하여 대통령령으로 정하는 수량이다.

지정수량이 작은 물품은 큰 물품보다 더 위험하다. 다만, 지정수량을 초과했다고 하여 갑자기 위험성이 생기는 것은 아니며 위험물로서의 취급난이도, 예방 · 진압상의 대책, 경제적 부담 등의 대체적인 균형에 따라 전체를 조정한 양이다.

저장 · 취급량이 지정수량 이상이면 위험물안전관리법령에서 정하는 기준에 따라 제조소등에서 저장 · 취급하도록 하고, 지정수량 미만의 위험물은 시 · 도의 조례로 정하는 저장 · 취급기준에 따르도록 하고 있다. (단, 위험물을 운반하는 경우에는 지정수량 미만이라도 위험물안전관리법의 적용을 받는다)

ex) 휘발유(지정수량 200 L)가 150 L 저장되고 있다면, 150/200=0.75 배
⇒ 지정수량 미만이므로 시 · 도 조례의 규제를 받는다.

2. 지정수량의 배수 계산

서로 다른 품명의 위험물을 같은 장소 또는 시설에서 제조, 저장 또는 취급하는 경우에는 품명별로 지정수량으로 나누어 얻은 수를 합산하여 지정수량의 배수를 계산한다.

동일 장소에 위험물 저장 · 취급 시 지정수량의 배수 계산 =

$$\frac{\text{A품명의 수량}}{\text{A품명의 지정수량}} + \frac{\text{B품명의 수량}}{\text{B품명의 지정수량}} + \frac{\text{C품명의 수량}}{\text{C품명의 지정수량}} + \cdots\cdots$$

3. 지정수량의 표시

고체의 양은 'kg'으로 질량(온도나 압력 변화에도 일정한 물질 고유의 성질)으로 표시하고, 액체는 직접 그 질량을 측정하기가 불편하고 통상 용기에 수납하므로 'L' 단위로 용량을 표시하는 것이 일반적이다. 위험물의 지정수량 표시는 제4류 위험물의 경우에만 L로 표시하고 그 외의 위험물은 실용상 편의에 따라 고체이던 액체이던 상관 없이 kg 단위로 표시한다.

기체는 위험물안전관리법령의 규제 대상이 아니다.

2. 위험등급

1. 위험등급은 위험물의 위험성에 따라 정해지며, 운반 시에는 운반용기 외부에 표시하여야 한다. 지정수량이 작을수록 위험성이 높아 Ⅰ등급에 가까우며, Ⅰ등급에서 Ⅲ등급으로 분류한다.

2. 위험물의 위험등급(시행규칙 별표19. Ⅴ. 관련)

구분	Ⅰ등급	Ⅱ등급	Ⅲ등급
제1류	지정수량이 50 kg인 것	지정수량이 300 kg인 것	그 외
제2류	없음	지정수량이 100 kg인 것	그 외
제3류	지정수량이 10 kg 또는 20 kg인 것	지정수량이 50 kg인 것	그 외
제4류	특수인화물	제1석유류, 알코올류	그 외
제5류	지정수량이 10 kg인 것(제1종)	그 외 모두(제2종)	없음
제6류	모두 Ⅰ등급	없음	없음

2 일반성질

1) 대부분 산소를 포함하는 무기 화합물[*3]이다.(염소화아이소시아누르산은 제외)
2) 반응성이 커서 가열, 충격, 마찰 등으로 분해하여 O_2를 발생한다.(강산화제[*4])
3) 자신은 불연성 물질이지만 가연성 물질의 연소를 돕는다(지연성[支燃性], 조연성)
4) 대부분이 무색 결정이거나 백색 분말이다.
5) 물보다 무거우며 물에 녹는 것이 많다. 수용액[水溶液] 상태에도 산화성이 있다.
6) 조해성[5]이 있는 것도 있다.
7) 단독으로 분해 · 폭발하는 경우는 적지만 가연물이 혼합하고 있을 때는 연소 · 폭발한다.
8) 물과 반응하여 위험성이 높아지는 것도 있다.
   - 무기과산화물, 퍼옥소붕산염류 등은 물과 반응하여 산소를 방출하고 발열한다. 특히, 알칼리금속의 과산화물은 물과 격렬히 급격히 반응한다.
   - 삼산화크로뮴은 물과 반응하여 부식성이 강한 크로뮴산이 되며 발열한다.

5) 공기 중에 수분을 흡수하여 스스로 녹아내리는 성질, 주로 Na 성분이 포함된 물질들이 조해성이 많다.

3. 무기 화합물

무기물(無機物)이라고도 하며 탄소 이외의 원소만으로 이루어지는 화합물 및 탄소를 함유하는 화합물 중에서도 비교적 간단한 것을 총칭한다.

탄소화합물 중에서 비교적 간단한 것으로는 산화물(일산화탄소 CO, 이산화탄소 CO_2 등), 사이안화물(사이안화칼륨 KCN 등), 탄산염(탄산나트륨 $Na_2CO_3 \cdot 10H_2O$ 등) 등이 이에 해당한다.

옥살산염(옥살산나트륨 $Na_2C_2O_4$ 등) · 아세트산염(아세트산나트륨 CH_3COONa 등) 등과 같이 무기 화합물 · 유기 화합물의 어느 쪽으로도 분류되는, 구별하기 어려운 것도 있고, 사염화탄소(CCl_4)나 이황화탄소(CS_2)와 같이 간단한 탄소화합물이지만 유기 화합물로 분류되는 것도 있어, 그 구별이 반드시 엄격한 것은 아니다.

그러나 간단히 쉽게 구분하자면 무기 화합물은 '탄소화합물'의 반대라고 할 수 있다. 탄소화합물의 예전 명칭은 '유기 화합물'로 예전에는 유기체 내에서만 만들어진다고 생각하여 유기 화합물이라 불렀으나 1828년 독일의 뵐러가 실험실에서 무기 화합물인 사이안산암모늄(NH_4CNO)을 가열하여 유기 화합물인 요소($(NH_2)_2CO$)를 만들기도 하였다.

4. 산화, 산화력, 산화제

- 산화(oxidation): 넓은 의미로는 원자, 분자, 이온 등이 전자를 잃는 것
  어떤 물질이 산소와 화합하거나 수소화합물이 수소를 잃는 것
- 환원(reduction): 산소화합물이 산소를 잃거나 어떤 물질이 수소와 결합하는 것

- 산화력: 산소를 방출하여 다른 물질을 산화시키는 힘
- 산화제: 자신이 환원(산소를 방출)하면서 다른 물질을 산화시키는 물질
- 환원제: 자신이 산화(산소와 결합)하면서 다른 물질을 환원시키는 물질 ≑ 가연물(타는 물질)

예) $2H_2 + O_2 \rightarrow 2H_2O$ (수소와 산소가 반응하여 물이 되는 반응식)
이 식에서 수소(H_2)는 산화되었고 산소(O_2)는 환원되었다.
이때 산소를 산화제, 수소는 환원제라 한다.

3 저장 및 취급 방법

1) 가열금지, 화기엄금, 직사광선 차단, 충격 · 타격 · 마찰 금지
2) 용기가 굴러떨어지거나 넘어지지 않도록 조치할 것
3) 공기, 습기, 물, 가연성 물질과 혼합, 혼재 방지, 환기가 잘되는 냉암소에 저장
4) 강산*6과의 접촉 및 타류 위험물과 혼재 금지
5) 분해촉매, 이물질과의 접촉 방지, 조해성 물질은 방습, 용기는 밀봉한다.

※ 제1류 위험물의 안전관리 관련 법령상 표현

(위험물안전관리법 시행규칙 별표18.Ⅱ.1. '**저장 · 취급의 공통기준**')

가연물과의 접촉 · 혼합이나 분해를 촉진하는 물품과의 접근 또는 과열 · 충격 · 마찰 등을 피하는 한편, 알칼리금속의 과산화물 및 이를 함유한 것에 있어서는 물과의 접촉을 피하여야 한다.

(위험물안전관리법 시행규칙 별표4.Ⅲ.2.라. '**제조소등의 게시판**에 표시하는 주의사항')

알칼리금속의 과산화물 또는 이를 함유한 것 ⇒ "물기엄금"(청색바탕에 백색문자)
그 밖의 것 ⇒ 주의사항 표시 없음

(위험물안전관리법 시행규칙 별표19.Ⅱ.5. '**적재 시** 일광의 직사 또는 빗물의 침투 방지조치')

제1류 위험물 ⇒ 차광성 있는 피복으로 가릴 것
제1류 위험물 중 알칼리금속의 과산화물 또는 이를 함유한 것 ⇒ 방수성이 있는 피복으로 덮을 것

(위험물안전관리법 시행규칙 별표19.Ⅱ.6.[부표2] '**적재 시** 혼재기준')

지정수량의 1/10을 초과하여 적재하는 경우, 제1류 위험물은 제2류 · 제3류 · 제4류 · 제5류 위험물과 혼재할 수 없으며, 제6류 위험물과는 혼재할 수 있다.

(위험물안전관리법 시행규칙 별표19.Ⅱ.8. '**운반용기 외부**에 표시하는 주의사항')

알칼리금속의 과산화물 또는 이를 함유한 것 ⇒ "화기 · 충격주의", "물기엄금" 및 "가연물접촉주의"
그 밖의 것 ⇒ "화기 · 충격주의" 및 "가연물접촉주의"

4 화재진압 방법

1) 알칼리금속의 과산화물 및 이를 함유한 것은 물을 절대로 사용하여서는 안 된다.
   ⇒ 초기 단계에서 탄산수소염류 등을 사용한 분말소화기6), 마른모래 또는 소화질석[*5]을 사용한 질식소화[*7]가 유효하다.
2) 폭발위험이 크므로 충분한 안전거리를 확보하고 보호장비를 착용하여야 한다.
3) 가연물과 격리하는 것이 우선이며, 격리가 곤란한 경우, 물과 급격히 반응하지 않는 것은 다량의 물로 냉각소화가 가능하다.
4) 소화잔수도 산화성이 있으므로 오염 건조된 가연물은 연소성이 증가할 수 있다.

5. 소화질석

○ 소화질석 - 팽창질석 및 팽창진주암을 말한다.

- 팽창질석: 질석을 약 1,000~1,400℃에서 고온 처리하여 10~15배 팽창시킨 비중이 아주 작은 것으로 발화점이 낮은 알킬알루미늄(제3류 위험물) 등의 화재에 사용하는 불연성 고체이다. 매우 가벼우므로 가연물 위에 부착하여 질식소화한다.
- 팽창진주암: 질석 대신 진주암을 이용한 것으로 팽창질석과 유사하다.

☞ 36 참조(p136)

6) 탄산수소염류 등을 사용한 분말소화약제는 탄산수소나트륨($NaHCO_3$)을 주성분으로 하는 제1종 분말, 탄산수소칼륨($KHCO_3$)을 주성분으로 하는 제2종 분말, 탄산수소칼륨과 요소($(NH_2)_2CO$)가 혼합된 제4종 분말이 있다.

※ 제1류 위험물의 소화설비 적응성 관련 법령상 표현

(위험물안전관리법 시행규칙 별표17. I .4. '소화설비의 적응성')

소화설비의 구분			건축물·그 밖의 공작물	전기설비	제1류 위험물: 알칼리금속과산화물등	제1류 위험물: 그 밖의 것	제2류 위험물: 철분·금속분·마그네슘등	제2류 위험물: 인화성고체	제2류 위험물: 그 밖의 것	제3류 위험물: 금수성물품	제3류 위험물: 그 밖의 것	제4류 위험물	제5류 위험물	제6류 위험물
옥내소화전 또는 옥외소화전설비			○			○		○	○		○		○	○
스프링클러설비			○			○		○	○		○	△	○	○
물분무등소화설비	물분무소화설비		○	○		○		○	○		○	○	○	○
물분무등소화설비	포소화설비		○			○		○	○		○	○	○	○
물분무등소화설비	불활성가스소화설비			○				○				○		
물분무등소화설비	할로젠화합물소화설비			○				○				○		
물분무등소화설비	분말소화설비	인산염류등	○	○		○		○	○			○		○
물분무등소화설비	분말소화설비	탄산수소염류등		○	○		○	○		○		○		
물분무등소화설비	분말소화설비	그 밖의 것			○		○			○				
대형·소형수동식소화기	봉상수(棒狀水)소화기		○			○		○	○		○		○	○
대형·소형수동식소화기	무상수(霧狀水)소화기		○	○		○		○	○		○		○	○
대형·소형수동식소화기	봉상강화액소화기		○			○		○	○		○		○	○
대형·소형수동식소화기	무상강화액소화기		○	○		○		○	○		○	○	○	○
대형·소형수동식소화기	포소화기		○			○		○	○		○	○	○	○
대형·소형수동식소화기	이산화탄소소화기			○				○				○		△
대형·소형수동식소화기	할로젠화합물소화기			○				○				○		
대형·소형수동식소화기	분말소화기	인산염류소화기	○	○		○		○	○			○		○
대형·소형수동식소화기	분말소화기	탄산수소염류소화기		○	○		○	○		○		○		
대형·소형수동식소화기	분말소화기	그 밖의 것			○		○			○				
기타	물통 또는 수조		○			○		○	○		○		○	○
기타	건조사				○	○	○	○	○	○	○	○	○	○
기타	팽창질석 또는 팽창진주암				○	○	○	○	○	○	○	○	○	○

비고)

1. "○"표시는 해당 소방대상물 및 위험물에 대하여 소화설비가 적응성이 있음을 표시하고, "△"표시는 ...(생략)
2. 인산염류등은 인산염류, 황산염류 그 밖에 방염성이 있는 약제를 말한다.
3. 탄산수소염류등은 탄산수소염류 및 탄산수소염류와 요소의 반응생성물을 말한다.
4. 알칼리금속과산화물등은 알칼리금속의 과산화물 및 알칼리금속의 과산화물을 함유한 것을 말한다.
5. 철분 · 금속분 · 마그네슘등은 철분 · 금속분 · 마그네슘과 철분 · 금속분 또는 마그네슘을 함유한 것을 말한다.

 6. 산과 염기

1. 산: 수용액에서 이온화하여 H^+를 내는 물질

2. 염기: 수용액에서 이온화하여 OH^-를 내는 물질 또는 H^+를 받아들일 수 있는 물질

3. 산과 염기의 성질

산	염 기
신맛이 있다. 푸른 리트머스 종이를 붉게 변색시킨다. 금속과 반응하여 수소(H^+)를 발생한다. 염기와 중화 반응을 한다.	쓴맛이 있고 미끈미끈하다. 붉은 리트머스를 푸르게 변색시킨다. 페놀프탈레인 용액을 붉게 변색시킨다. 산과 중화 반응을 한다.

4. 산과 염기의 세기

산과 염기의 세기는 양성자(H^+)를 주는 경향과 받는 경향에 의존하는데, 일반적으로 이온화도나 이온화상수가 크면(이온화가 잘되면) 강한 산, 강한 염기이다.

염화나트륨, 염산과 같이 물에 녹아 이온화하기 때문에 전기를 통하는 물질을 전해질이라고 하며, 설탕과 같이 이온화를 하지 않아 전기를 통하지 않는 물질을 비전해질이라고 한다.

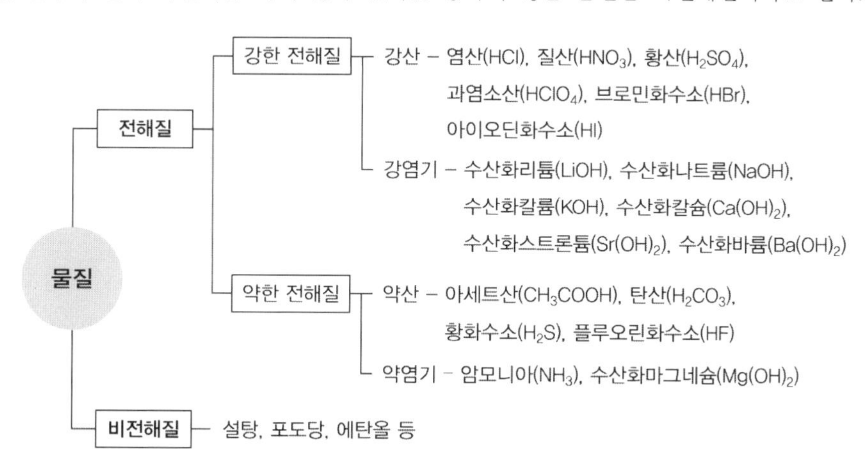

5. 할로젠의 산소산 명칭

할로젠원소는 플루오린(F)을 제외하고 모두 산소산을 만드는데, 이들은 산화제로 사용되며 산소수가 많을수록 강한 산이다. 대표적으로 염소는 다음과 같은 4개의 산이 있다.

$HClO_4$ 과염소산 (perchloric acid, 아주 강한 산)
$HClO_3$ 염소산 (chloric acid, 강한 산)
$HClO_2$ 아염소산 (chlorous acid, 중간 정도의 산)
HClO 차아염소산 (hypochlorous acid, 하이포염소산, 약한 산)

7. 소화약제의 소화효과

1. 소화 ~ 연소의 요소 중에서 어느 하나 이상을 없애는 것

   ※ 연소의 4요소 - 가연물, 산소, 점화원, 연쇄반응 ⇒ 불꽃이 있는 연소(유염연소)

   ※ 연소의 3요소 - 가연물, 산소, 점화원 ⇒ 불꽃이 없는 연소(무염연소)

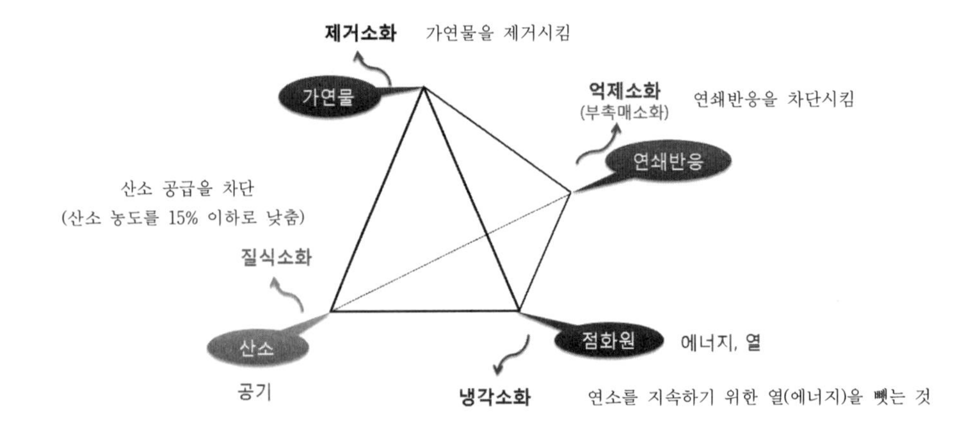

2. 소화약제의 필요조건

   ① 연소의 4요소 중 한 가지 이상을 제거할 수 있는 능력(소화성능)이 있을 것
   ② 인체에 대한 독성이 없을 것
   ③ 저장할 때 변질 등이 발생하지 않고 안정성이 있을 것
   ④ 환경에 대한 오염이 적을 것
   ⑤ 가격이 저렴할 것

3. 위험물시설에 설치하는 소화약제의 종류
   (위험물안전관리에 관한 세부기준 제127조~제136조)

   ○ 옥내소화전설비, 옥외소화전설비, 스프링클러설비, 물분무소화설비: 물 소화약제
   ○ 포소화설비: 포 소화약제
   ○ 불활성가스소화설비: 이산화탄소, IG-100, IG-55, IG-541
   ○ 할로젠화합물소화설비: 하론2402, 하론1211, 하론1301
     HFC-23, HFC-125, HFC-227ea, FK-5-1-12
   ○ 분말소화설비: 제1종 분말, 제2종 분말, 제3종 분말, 제4종 분말, 제5종 분말

   ※ "제5종 분말" ~ 특정의 위험물에 적응성이 있는 것으로 인정되는 것(제136조제3호)

5 제1류 위험물 각론

1) 아염소산염류(Chlorite) - 50 kg

- 아염소산($HClO_2$)의 수소가 금속 또는 양성원자단[*8]으로 치환[7]된 화합물의 총칭
- 대부분 황색 또는 무색을 띤다.
- 알칼리 금속과 알칼리 토금속의 염[*9]은 공통적으로 표백성이 있다.(락스의 원료)
- Ag(은), Pb(납), Hg(수은)염을 제외하고는 물에 잘 녹는다.
- 하이포아염소산염(차아염소산염)보다는 안정되나 염소산염보다는 불안정하여 급속히 가열하거나 산을 가하면 위험한 ClO_2를 발생하고 폭발하는 것이 있다.
- 중금속염[*9]은 민감한 폭발성이 있어 기폭제[8]로 이용된다.

① 아염소산나트륨(Sodium chlorite, $NaClO_2$, $NaClO_2 \cdot 3H_2O$, 아염소산소다)

· 섬유, 펄프(목재의 섬유소)의 표백, 우지(쇠기름)의 표백, 살균제, 염색의 산화제, 발염제(천의 바탕색을 빼는 약제), 반도체의 표면처리제 등으로 사용된다.

· 무색의 결정성 분말로 조해성이 있으며 물에 잘 녹는다. 용해도 39(17 ℃)[*10]

· 녹는점 175 ℃, 끓는점 112 ℃, 비중 2.47

· 순수한 무수물[9]의 분해온도[*11] 350 ℃ 이상(수분이 포함될 경우 180~200 ℃)

· 가열, 충격, 마찰에 의해 폭발적으로 분해한다.

$$NaClO_2 \longrightarrow NaCl + O_2\uparrow$$

아염소산나트륨 염화나트륨

· 산을 가할 경우는 ClO_2(이산화염소, 흡입 시 메타헤모글로빈을 생성하여 기도와 폐에 영향을 줌)가스가 발생하며 Cl_2(염소가스)와 같은 독성을 갖는다.

· 햇빛에 의해 ClO_2를 발생한다.

· 수용액 상태의 경우 물의 증발을 막아야 한다.

· 피부에 접촉 시에는 화상을 입으며, 흡입 시에는 코피, 폐 자극, 기침, 호흡장애, 폐부종을 일으킨다. 5~6 g정도 먹으면 생명이 위험하다.

---

7) 치환: 화합물을 구성하는 성분 중 일부가 다른 원자나 원자단으로 바뀜
8) 기폭제: 점화용 화약
9) 무수물: 결정 속에 물 분자가 포함되어 있지 않은 상태

해설 8. 양성원자단

1. 원자

물질을 이루는 가장 기본적인 입자로서 전자, 양성자, 중성자 등으로 이루어져 있다.

2. 분자

물질의 특성을 갖는 가장 작은 입자로서 원자 1개 이상이 화학적으로 결합한 것이다.

기체 또는 용액에서 독립적으로 존재할 수 있으며 분자를 구성하는 성분 원자와는 전혀 다른 성질을 나타낸다.

- 1원자 분자: 헬륨(He), 네온(Ne), 아르곤(Ar)
- 2원자 분자: 수소(H_2), 산소(O_2), 염화수소(HCl), 염화아이오딘(ICl)
- 3원자 분자: 오존(O_3), 물(H_2O), 이산화탄소(CO_2)
- 4원자 분자: 인(P_4), 암모니아(NH_3)
- 고분자: 녹말, 수지

3. 원자단 - 원자 2개 이상이 모인 것으로 분자와는 별도의 개념이다.

4. 이온

전하를 띈 원자나 원자단, 원자와 분자는 전하를 띠지 않는 중성 입자들이다. 이들이 전자를 잃거나, 얻는 경우 또는 전하를 띈 입자와 결합하는 경우에 이온이 형성된다.

- 양이온: 전자를 잃고 (+)전하를 띠는 입자

  Na^+(나트륨 이온), Mg^{2+}(마그네슘 이온), Al^{3+}(알루미늄 이온), K^+(칼륨 이온), Ca^{2+}(칼슘 이온), NH_4^+(암모늄 이온), H_3O^+(옥소늄 이온), H^+(수소 이온) 등

- 음이온: 전자를 얻어 (-)전하를 띠는 입자

  Cl^-(염화 이온), S^{2-}(황화 이온), NO_3^-(질산 이온), SO_4^{2-}(황산 이온), CO_3^{2-}(탄산 이온), PO_4^{3-}(인산 이온), OH^-(수산화 이온) 등

5. 다원자 이온(원자단 이온)

NH_4^+, H_3O^+, NO_3^-, SO_4^{2-}등과 같은 이온은 산이나 염기에서 H^+나 OH^-가 떨어져 나가면서 생성되는데, 이들을 다원자 이온 또는 라디칼 이온(radical ion)이라고 한다. 수용액 속에서 전체로서 존재하며 깨어지지 않는다.

6. 양성원자단

양이온이면서 원자 2개 이상으로 이루어진 것, 주로 암모늄 이온(NH_4^+) 등이 해당된다.

9. 염

1. 염(salt)

- 염기의 양이온과 산의 음이온이 결합하여 이루어진 이온성 물질
- 산의 H^+가 염기의 양이온(금속이온이나 NH^+)으로 치환된 화합물이거나, 염기의 OH^-가 산의 음이온(비금속 이온이나 SO_4^{2-}같은 산기)으로 치환된 화합물이다.

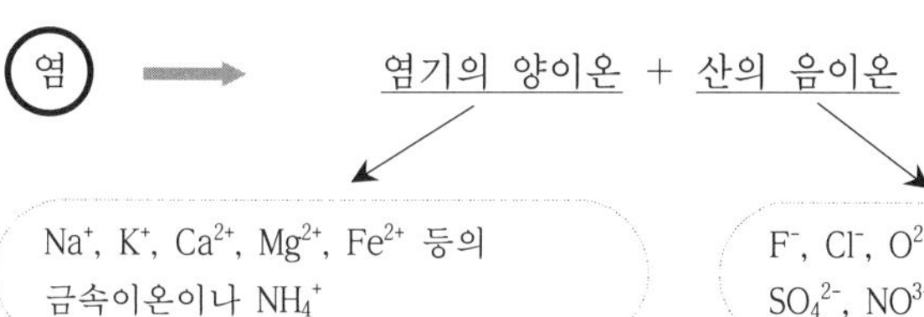

F^-, Cl^-, O^{2-}, S^{2-} 등의 비금속 이온이나 SO_4^{2-}, NO^{3-}, CO_3^{2-}, CH_3COO^- 등

2. 염의 생성

① 산과 염기가 중화 반응할 때 물과 함께 생성

산 + 염기 ⟶ 염 + 물　　$HCl + NaOH \longrightarrow NaCl + H_2O$
(염산, 수산화나트륨, 염화나트륨, 물)

② 금속과 산의 반응　　$Zn + 2HCl \longrightarrow ZnCl_2 + H_2$
(아연, 염산, 염화아연, 수소)

③ 금속과 비금속의 직접반응　　$2Na + Cl_2 \longrightarrow 2NaCl$
(나트륨, 염소, 염화나트륨)

④ 산성 산화물과 염기성 산화물의 반응　　$CO_2 + CaO \longrightarrow CaCO_3$
(이산화탄소, 산화칼슘(생석회), 탄산칼슘)

⑤ 산과 염기성 산화물의 반응　　$2HCl + CaO \longrightarrow CaCl_2 + H_2O$
(염산, 산화칼슘, 염화칼슘, 물)

⑥ 염기와 산성 산화물의 반응　　$2NaOH + CO_2 \longrightarrow Na_2CO_3 + H_2O$
(수산화나트륨, 이산화탄소, 탄산나트륨, 물)

3. 중금속염

- 염을 구성하는 염기의 양이온이 중금속인 것
- 중금속(Heavy Metal) - 비중이 약 4 이상인 금속

  금(Au), 은(Ag), 구리(Cu), 납(Pb), 수은(Hg), 아연(Zn), 철(Fe), 카드뮴(Cd), 코발트(Co), 니켈(Ni), 망간(Mn), 바나듐(V), 주석(Sn), 바륨(Ba), 크롬(Cr) 등

10. 용해도

- 용매 100 g에 녹을 수 있는 용질의 최대 그램수
- 일정한 온도에서 일정량의 용매에 녹을 수 있는 용질의 최대량
  - 용매(溶媒, solvent): 용질을 녹여 용액을 만드는 물질
    일반적으로 용매는 액체인 경우가 대부분이며, 액체와 액체로 이루어진 용액에서는 둘 중 양이 더 많은 액체를 용매로, 더 적은 액체를 용질로 본다.
  - 용질(溶質, solute): 용매에 용해하여 용액을 만드는 물질
- 고체의 용해도는 압력의 영향은 거의 받지 않으나 온도가 상승함에 따라 증가하는 경우가 많다.

$$\text{고체의 용해도} = \frac{\text{용질의 질량}}{\text{용매의 질량}} \times 100 \text{ (단, 포화용액일 때)}$$

ex) "용해도 39(17 ℃)"의 의미: 17 ℃의 물 100 g에 39 g까지 녹을 수 있다

11. 녹는점과 분해온도

- 녹는점(melting point, MP): 고체가 액체가 되는 온도(상태변화 ⇒ 물리적 변화)
  끓는점(boiling point, BP): 액체가 기체가 되는 온도(상태변화 ⇒ 물리적 변화)
- 분해온도: 분자가 분해되어 다른 물질이 되는 온도(화학적 변화)
  ※ 분해온도와 녹는점은 전혀 다르다.

② **아염소산칼륨**(Potassium chlorite, **$KClO_2$**)

· 무색의 침상[針狀]결정으로 분석용 시약으로 사용된다.
· 가열하면 160 ℃에서 분해하여 O_2를 발생시킨다.
· 햇빛, 가열, 충격에 의해 폭발의 위험이 있다.
· 조해성이 있다.

2) 염소산염류(Chlorate) - 50 kg

- 염소산($HClO_3$)의 수소가 금속 또는 양성원자단으로 치환된 화합물의 총칭
- 가열 · 충격 · 강산과의 혼합으로 폭발한다.
- 황 · 목탄 · 마그네슘 · 알루미늄 등의 분말, 유기물질 등과 혼합하면 위험성이 크며 급격한 연소 또는 폭발의 위험이 있다.
- 폭약, 폭죽, 성냥, 소독약, 살충제, 제초제 등의 원료

① 염소산나트륨(Sodium chlorate, $NaClO_3$, 클로로산나트륨, Soda chlorate))

· 무색, 무취의 주상柱狀결정으로 물, 알코올, 글리세린에 잘 녹는다.
· 표백, 염색, 불꽃류, 살충제, 화장품 등의 원료
· 녹는점 248 ℃, 끓는점 106 ℃, 비중 2.49, 증기비중 3.7, 용해도 100(20 ℃)
· 조해성이 크므로 섬유, 먼지, 나무 조각에 침투되기 때문에 용기는 밀전(密栓, 마개로 막음), 밀봉(密封, 단단히 봉함)해야 한다.
· 248 ℃에서 분해하기 시작하여 산소를 발생한다.

$$\underset{\text{염소산나트륨}}{2NaClO_3} \longrightarrow \underset{\text{염화나트륨}}{2NaCl} + 3O_2\uparrow$$

· 산과 반응하면 폭발성 물질이 되며 유독한 ClO_2(이산화염소)를 발생한다.
· 철을 잘 부식시키므로 철제용기에 저장할 수 없다.
· 분진 상태로 대기 중에 오래 방치하면 피부, 눈, 점막 등을 다치게 한다.
· 피부접촉 시엔 화상을 입으며, 흡입 시엔 폐를 강하게 자극한다.

② **염소산칼륨**(Potassium chlorate, **$KClO_3$**, 염소산포타슘)

· 무색 판상板狀결정 또는 백색 분말로 인체에 유독하다.

· 성냥, 화약, 불꽃놀이 폭죽, 폭약, 산화제, 살충제, 표백제, 인쇄잉크 등의 원료

· 녹는점 368℃, 끓는점 400℃, 용해도 7.3(25℃), 비중*12 2.32

· 상온에서는 안정하나 가연물이 혼재되었을 경우 약간의 자극으로 폭발한다.

· 이산화성 물질[10]과 강산, 중금속염과 혼합되었을 경우 폭발하여 유독한 ClO_2를 발생한다.

· 황산과의 접촉으로 격렬하게 반응하여 ClO_2를 발생하고 발열 · 폭발한다.

$$\underset{\text{염소산칼륨}}{4KClO_3} + \underset{\text{황산}}{4H_2SO_4} \rightarrow \underset{\text{황산수소칼륨}}{4KHSO_4} + \underset{\text{이산화염소}}{4ClO_2\uparrow} + O_2\uparrow + 2H_2O$$

또는

$$\underset{\text{염소산칼륨}}{6KClO_3} + \underset{\text{황산}}{3H_2SO_4} \rightarrow \underset{\text{과염소산}}{2HClO_4} + \underset{\text{황산칼륨}}{3K_2SO_4} + \underset{\text{이산화염소}}{4ClO_2} + 2H_2O$$

· 온수, 글리세린에는 잘 녹으나 냉수 및 알코올에는 녹기 어렵다.

· 400℃에서 분해되기 시작하여 과염소산칼륨이 되며 540~560℃에서 본격적인 분해로 과염소산칼륨이 분해되어 염화칼륨과 산소를 방출한다. 610℃에서 완전분해한다.

(분해촉매인 MnO_2이산화망간이 혼합되면 200℃정도에서 완전분해)

$$\underset{\text{염소산칼륨}}{2KClO_3} \rightarrow \underset{\text{과염소산칼륨}}{KClO_4} + KCl + O_2\uparrow \Rightarrow KClO_4 \rightarrow \underset{\text{염화칼륨}}{KCl} + 2O_2\uparrow$$

$$\underset{\text{염소산칼륨}}{2KClO_3} \rightarrow \underset{\text{염화칼륨}}{2KCl} + 3O_2$$

· 인체 중 혈액에 작용하여 신장에 침해하여 오줌에 피가 섞이며 소변의 양이 줄어들고 심하면 심신경련을 일으키고 사망한다. 1g 이상 먹으면 유독하며, 치사량은 어른 15g, 어린이 2g이다.

· 피부접촉 시엔 화상을 입으며, 흡입 시엔 폐를 강하게 자극한다.

· 건조분쇄한 염소산칼륨(80%)에 피마자유(8%)와 나이트로화합물(12%)를 가하여 가공하면 혼합 화약류가 만들어진다.

---

10) 이산화성 물질: 易燃性 물질, 연소가 잘되는 물질 - 황, 적린, 암모니아, 유기물 등

12. 비 중

- 비중(Specific gravity): 기준물질의 밀도에 대한 상대 물질의 밀도(물질 고유의 특성)
- 액체의 비중: 4℃의 순수한 물의 밀도(1 g/㎤)에 대한 상대 물질의 밀도(단위가 없다)

$$\text{액체의 비중} = \frac{\text{상대물질의 밀도}}{4℃\ \text{순수한 물의 밀도}} = \frac{\rho\ sub.}{\rho\ H_2O} = \frac{\rho\ sub.}{1}$$

- 기체의 비중: 공기의 평균 분자량(29)에 대한 상대 물질의 분자량(단위가 없다)

$$\text{기체의 비중} = \frac{\text{상대물질의 분자량}}{\text{공기의 분자량}} = \frac{\rho\ gas}{\rho\ air} = \frac{M\,gas}{M\,air} = \frac{M\,gas}{29}$$

ex) '비중 2.3'의 의미: 물보다 2.3배 무겁다.
'기체비중 2.3 또는 증기비중 2.3'의 의미: 공기보다 2.3배 무겁다.

※ 증기: 액체 또는 고체가 증발하여 기체로 변화한 것

※ 증기비중(증기밀도): 표준상태(0℃, 1기압)에서 그 증기의 분자량을 22.4 L로 나눈 값(g/L)

③ **염소산암모늄**(Ammonium chlorate, **NH_4ClO_3**)

- 폭발성기(NH_4)와 산화성기(ClO_3)로 된 물질로 자신이 폭발성이다.
- 무색 결정, 분해온도 약 100℃
- 100℃에서 폭발하여 다량의 기체를 발생하며 화약, 불꽃류의 원료로 이용된다.

$$\underset{\text{염소산암모늄}}{2NH_4ClO_3} \longrightarrow \underset{\text{질소}}{N_2\uparrow} + \underset{\text{염소}}{Cl_2} + \underset{\text{산소}}{O_2\uparrow} + \underset{\text{수증기}}{4H_2O\uparrow}$$

- 장기간 보관 시는 분해하여 아염소산암모늄이 생성되고, 생성된 아염소산암모늄은 폭발이 용이하며 일광에 의해서 분해가 촉진된다.

$$\underset{\text{염소산암모늄}}{2NH_4ClO_3} \longrightarrow \underset{\text{아염소산암모늄}}{2NH_4ClO_2} + O_2\uparrow$$

$$\underset{\text{아염소산암모늄}}{2NH_4ClO_2} \longrightarrow N_2\uparrow + Cl_2 + 4H_2O\uparrow$$

- 조해성이 있고, 수용액은 산성이며 산화성이 있다.
- 장기간 보관 시 직사광선을 피한다.
- 금속 부식성이 크고, 피부에 장기간 접촉되면 염증을 일으킨다.

④ 그 밖의 염소산염류

· 불안정하고 산소를 방출하기 쉬우며 100~250℃정도로 가열할 때 분해 폭발한다.

염소산은($AgClO_3$) - 백색 · 무취의 결정, 분해온도 250℃

염소산탈륨($TlClO_3$)

염소산수은($Hg(ClO_3)_2$) - 무색 · 무취의 결정

염소산납($Pb(ClO_3)_2 \cdot H_2O$)

염소산바륨($Ba(ClO_3)_2 \cdot H_2O$) - 무색 · 무취의 분말, 비중 3.18, 분해온도 250℃, 녹는점 414℃

염소산아연($Zn(ClO_3)_2$) - 조해성의 황색 · 무취의 분말, 비중 2.15, 분해온도 60℃, 녹는점 60℃

염소산칼슘($Ca(ClO_3)_2$) - 백색 · 무취의 투명한 분말, 비중 2.71, 녹는점 340℃

염소산구리($Cu(ClO_3)_2$) - 무색 · 무취의 결정

염소산마그네슘($Mg(ClO_3)_2 \cdot 6H_2O$) - 백색의 고체, 비중 1.8, 녹는점 35℃ 용해도 0.9

염소산스트론튬($Sr(ClO_3)_2$) - 무색 · 무취의 결정, 비중 3.15, 녹는점 120℃

3) 과염소산염류(Perchlorate) - 50 kg

- 과염소산($HClO_4$)의 수소가 금속 또는 양성원자단으로 치환된 화합물의 총칭
- 염소산염보다는 안정하지만, 인 · 황 · 숯가루 등 가연물과 혼합하고 있을 때는 약간의 외력으로 연소 내지 폭발한다.
- 염소산염류 계통에서 산화력이 가장 세다.
- 강산을 가하면 불안정한 과염소산($HClO_4$)를 생성하고 가열 · 충격 · 마찰에 의해 폭발한다.

① **과염소산나트륨**(Sodium perchlorate, **$NaClO_4$**, 과염소산소다)

· 무색 또는 백색의 무취 결정으로 수용성이며 조해성이 있다.
· 화약, 폭약, 로켓연료, 나염, 산화제, 과염소산($HClO_4$)의 제조
· 녹는점 482 ℃, 비중 2.02, 용해도 210(25 ℃)
· 유기물, 금속 미분 등과 혼합하면 폭발성 혼합물이 된다.
· 50 ℃ 이하에서는 1수화염($NaClO_4 \cdot H_2O$)의 결정으로 존재하며, 50 ℃ 이상에서 무수물(무수염)*13이 생긴다.
· 130 ℃ 이상으로 가열하면 분해하여 산소를 방출한다.

$$NaClO_4 \longrightarrow NaCl + 2O_2\uparrow$$

과염소산나트륨 → 염화나트륨 + 산소

· 피부, 눈, 호흡기 등을 자극한다.

13. 결정수와 무수물

○ 결정수(結晶水): 물질의 결정 속에 일정한 화합비로 들어있는 물,
고체결정이 결합할 때 필요한 물
(water of crystallization, combined water)

○ 무수물(無水物): 화합물에서 물 분자가 빠져나간 형태의 것(anhydride)

○ $NaClO_4 \cdot H_2O$에서 물이 빠지면서 $NaClO_4$가 된다. 이 때 물은 결정수이며 $NaClO_4$는 무수물이다. $Pb(ClO_3)_2 \cdot H_2O$, $LiClO_4 \cdot 8H_2O$, $Zn(BrO_3)_2 \cdot 6H_2O$, $Ba(BrO_3)_2 \cdot H_2O$, $Mg(BrO_3)_2 \cdot 6H_2O$, $CaO_2 \cdot 8H_2O$ 등과 같이 결정수(H_2O)의 화합비는 물질마다 다르다.

② **과염소산칼륨**(Potassium perchlorate, **$KClO_4$**, 과염소산칼리, 과클로로산칼리)

· 무색, 무취의 결정으로 물에는 난용성*14이며, 알코올 · 에터에는 불용이다.

· 화약, 폭약, 산화제, 시약, 의약, 불꽃류, 섬광제, 사진약 등에 사용된다.

· 염소산칼륨보다는 안정하나 유기물, 금속 미분 등과 혼합하면 폭발성 혼합물이 되며, 가열, 충격, 마찰에 의해 폭발한다.

· 분해온도 400℃, 녹는점 610℃(분해), 용해도 1.8(20℃), 비중 2.52

· 400℃에서 분해되기 시작하여 610℃에서 완전 분해되어 산소를 방출한다.

$$\underset{\text{과염소산칼륨}}{KClO_4} \longrightarrow \underset{\text{염화칼륨}}{KCl} + \underset{\text{산소}}{2O_2}\uparrow$$

· 종이, 나무 조각, 목탄 및 에터와의 혼합물은 상온상압[11]에서 습기 및 일광으로 인하여 발화한다.

· 강산을 가하면 불안정한 과염소산($HClO_4$)를 낸다.

· 피부에 접촉하면 염증을 일으키므로 물로 충분히 씻는다.

---

11) 상온상압(평상시의 온도와 압력): 20 ℃, 1기압(atm)
공학계산에서 기준이 되는 온도와 압력은 표준온도압력(STP: standard temperature and pressure, 0 ℃, 1atm)이지만, 위험물관리측면에서는 평상시의 온도와 압력이 중요한 기준이 된다.

③ **과염소산마그네슘**(Magnesium perchlorate, **$Mg(ClO_4)_2 \cdot 6H_2O$**)

· 백색 · 무취의 괴상 또는 주상결정으로 조해성이 강하고 물에 녹기 쉽다.
· 녹는점 147℃, 비중 2.2, 분해온도 250℃ 이상
· 250℃로 가열하면 무수물이 된다.
· 무수염과 3수화염은 건조제로 사용된다.

④ **과염소산바륨**(Barium perchlorate, **$Ba(ClO_4)_2$**, 바륨 과염소산염)

· 백색의 결정 또는 분말로 건조제로 사용된다.
· 녹는점 505℃, 비중 3.2
· 물, 에탄올, 아세톤에 녹으며 다이에틸에터에 거의 녹지 않는다.

⑤ **과염소산암모늄**(Ammonium perchlorate, **NH_4ClO_4**)

· 무색, 무취의 수용성[*14] 결정이다.
· 물, 알코올, 아세톤에는 잘 녹으나 에테르에는 녹지 않는다.
· 폭약, 성냥, 나염 등에 이용된다.
· 분해온도 130℃, 끓는점 130℃, 비중 1.95
· 강산과 접촉하거나 가연물 또는 산화성 물질 등과 혼합 시 폭발의 위험이 있다.
· 130℃ 이상 가열하면 분해하여 산소를 방출하고, 300℃ 이상 가열하거나 강한 충격을 주면 급격히 분해 · 폭발한다.(녹기 전에 분해한다)

$$NH_4ClO_4 \longrightarrow NH_4Cl + 2O_2\uparrow$$
과염소산암모늄　　염화암모늄

$$2NH_4ClO_4 \longrightarrow N_2\uparrow + Cl_2\uparrow + 2O_2\uparrow + 4H_2O\uparrow$$
과염소산암모늄

· 강알칼리에 의해 NH_3(암모니아)를 발생한다.

⑥ 그 밖의 과염소산염류

과염소산리튬($LiClO_4 \cdot 8H_2O$)
과염소산구리($Cu(ClO_4)_2 \cdot 6H_2O$)
과염소산은($AgClO_4 \cdot H_2O$)
과염소산칼슘($Ca(ClO_4)_2$)
과염소산스트론튬($Sr(ClO_4)_2$) - 흰색 분말
과염소산납($Pb(ClO_4)_2$)
과염소산루비듐($RbClO_4$)

14. 수용성, 난용성, 불용성

○ 수용성(水溶性): 물에 용해되는 성질 ↔ 지용성(脂溶性): 기름에 용해되는 성질

○ 물질의 용해성 구분(구분하는 취지에 따라 다를 수 있음)

· 가용성: 물 100 mL에 1 g 이상이 녹는 물질
· 난용성: 물 100 mL에 0.1~1 g 정도 녹는 물질
· 불용성: 물 100 mL에 0.1 g 미만이 녹는 물질

※ 위험물의 수용성, 비수용성 구분은 위험물안전관리법령에 의한 별도 기준에 따른다.

☞ 해설 50 참조(p182)

4) 무기과산화물(Inorganic Peroxides) - 50 kg

- 과산화수소(H_2O_2)[12]의 수소가 금속으로 치환된 화합물
- 알칼리금속의 과산화물[*15] ⇒ M_2O_2의 형태(Li_2O_2, Na_2O_2, K_2O_2)
  알칼리토금속의 과산화물 ⇒ MO_2의 형태(MgO_2, CaO_2, BaO_2)
- 분자 중에 있는 산소원자 간의 -O-O- 결합력이 약하여 불안정하므로 안정한 상태로 되려는 성질이 있다.

$$\underset{\text{불안정}}{M\text{-}O\text{-}O\text{-}M} \longrightarrow \underset{\text{안정}}{M\text{-}O\text{-}M} + \underset{\text{강산화성 발생기 산소}}{[O]}$$

이때 분리된 발생기 산소는 반응성이 강하고 산소보다 산화력이 더 강하다.
또한 물과 격렬히 반응하여 산소를 방출하고 발열한다.

· 알칼리금속 과산화물: $2M_2O_2 + 2H_2O \longrightarrow 4MOH + O_2\uparrow$ + 발열
· 알칼리토금속 과산화물: $2MO_2 + 2H_2O \longrightarrow 2M(OH)_2 + O_2\uparrow$ + 발열

15. 과산화물(peroxide)

○ 분자 내 -O-O- 결합(2가의 O_2기)을 가진 물질

○ **무기과산화물**(inorganic peroxide, **제1류**)과 **유기과산화물**(organic peroxide, **제5류**)로 나뉘며 불안정하고 분해하여 쉽게 산소를 방출한다. 특히 무기과산화물 중 알칼리금속의 과산화물은 물과 심하게 반응하여 발열과 함께 산소를 방출한다.
(알칼리금속의 과산화물 ⇒ **물기엄금**)

12) 제6류 위험물 과산화수소 참조, p.329

① **과산화나트륨**(Sodium peroxide, **Na_2O_2**, 나트륨퍼옥사이드)

· 무취 · 담황색의 과립상(顆粒狀) 또는 분말(순수한 것은 백색 분말)
· 산화제, 표백제, 살균제, 소독제, CO_2 · CO 제거제, 왁스, 정수, 유지(동식물에서 얻는 기름)공업, 제약, 염색, 나염 등에 사용된다.
· 녹는점 460℃, 끓는점 657℃, 비중 2.8, 분해온도 600℃
· 에틸알코올(에탄올)에 잘 녹지 않으나 산에 녹아 H_2O_2를 발생한다.

$$\underset{\text{과산화나트륨}}{Na_2O_2} + \underset{\text{아세트산}}{2CH_3COOH} \longrightarrow \underset{\text{아세트산나트륨}}{2CH_3COONa} + \underset{\text{과산화수소}}{H_2O_2} \uparrow$$

$$\underset{\text{과산화나트륨}}{Na_2O_2} + \underset{\text{염산}}{2HCl} \longrightarrow \underset{\text{염화나트륨}}{2NaCl} + \underset{\text{과산화수소}}{H_2O_2} \uparrow$$

· 강한 산화제로서 가열하면 쉽게 산소를 방출한다.

$$\underset{\text{과산화나트륨}}{2Na_2O_2} \longrightarrow \underset{\text{산화나트륨}}{2Na_2O} + O_2 \uparrow$$

· 상온에서 물과 접촉하면 산소와 열을 발생한다.

$$\underset{\text{과산화나트륨}}{2Na_2O_2} + \underset{\text{물}}{2H_2O} \longrightarrow \underset{\text{수산화나트륨}}{4NaOH} + O_2 \uparrow + \text{열}$$

따라서 역으로 금속분(Al분, Mg분), 황, 인 같은 이연성(易燃性) 물질과 Na_2O_2를 혼합한 뒤 약간의 물을 접촉시키면 O_2와 발열에너지에 의해 가연물을 태우면서 연소하고 연소속도는 매우 빠르고 경우에 따라 폭발한다.

· 황, 알루미늄, 목탄, 인 등의 가연물과 혼합한 것은 가열, 충격, 마찰에 의해 폭발한다.
· CO_2와 반응하여 O_2을 방출한다.(CO_2제거제)

$$\underset{\text{과산화나트륨}}{2Na_2O_2} + 2CO_2 \longrightarrow \underset{\text{탄산나트륨}}{2Na_2CO_3} + O_2 \uparrow$$

· CO와 반응하여 CO를 흡수한다.(CO제거제)

$$\underset{\text{과산화나트륨}}{Na_2O_2} + \underset{\text{일산화탄소}}{CO} \longrightarrow \underset{\text{탄산나트륨}}{2Na_2CO_3}$$

· 자신이 부식성일 뿐만 아니라 물과 반응하여 생긴 NaOH가 부식성이므로 소화작업 시에는 반드시 방호의, 고무장갑, 고무장화로 피부를 보호하여야 하며, 절대 주수엄금, CO_2 · 할론소화 불가, 소화질석[*5] · 마른모래로 질식소화한다.

② **과산화칼륨**(Potassium peroxide, K_2O_2)

· 무색 또는 오렌지색의 분말로 흡습성이 있으며 에탄올에 용해한다.
· 산화제, 표백제, 살균제, 소독제, 제약, 염색, 시약, 산소발생제로 사용된다.
· 녹는점 490 ℃, 비중 2.9
· 가열하면 분해하여 산소를 방출한다.

$$2K_2O_2 \longrightarrow 2K_2O + O_2\uparrow$$

과산화칼륨 산화칼륨

· 물과 반응하여 수산화칼륨과 산소를 발생하며 대량의 경우 폭발한다.

$$2K_2O_2 + 2H_2O \longrightarrow 4KOH + O_2\uparrow + \text{발열}$$

과산화칼륨 수산화칼륨

· 이산화탄소와 반응하여 산소를 방출한다.

$$2K_2O_2 + 2CO_2 \longrightarrow 2K_2CO_3 + O_2\uparrow$$

과산화칼륨 이산화탄소 탄산칼륨

· 아세트산과 반응하여 과산화수소를 생성한다.

$$K_2O_2 + 2CH_3COOH \longrightarrow 2CH_3COOK + H_2O_2$$

과산화칼륨 아세트산(초산) 아세트산칼륨 과산화수소

· 염산과 반응하여 과산화수소를 생성한다.

$$K_2O_2 + 2HCl \longrightarrow 2KCl + H_2O_2$$

과산화칼륨 염산 염화칼륨 과산화수소

· 가연물과 혼합되어 있으면 마찰이나 충격 및 소량의 물과 접촉으로 발화한다.
· 주수소화는 금하고 CO_2나 마른모래, 탄산수소염류 분말소화약제[13]로 소화한다.
· 피부, 눈, 호흡기 등을 자극하며, 피부를 부식시킨다.

③ **과산화마그네슘**(Magnesium peroxide, MgO_2, 과산화마그네시아)

· 무취의 백색 분말이며 물에 녹지 않는다.
· 산화제, 표백제, 살균제, 소독제 등으로 쓰이며 시판품은 15~25 %의 MgO_2 함유
· 가열하면 산소를 방출한다.

$$2MgO_2 \longrightarrow 2MgO + O_2\uparrow$$

과산화마그네슘 산화마그네슘

13) 탄산수소염류 분말소화약제: 제1종 분말(탄산수소나트륨), 제2종 분말(탄산수소칼륨), 제4종(탄산수소칼륨+요소)

· 물, 습기와 반응하여 산소를 방출한다.

$$2MgO_2 + 2H_2O \longrightarrow 2Mg(OH)_2 + O_2\uparrow$$

과산화마그네슘 수산화마그네슘

또는 $MgO_2 + H_2O \longrightarrow Mg(OH)_2 + [O]\uparrow$

과산화마그네슘 수산화마그네슘 발생기산소

· 산과 반응하여 과산화수소를 발생한다.

$$MgO_2 + 2HCl \longrightarrow MgCl_2 + H_2O_2$$

과산화마그네슘 염산 염화마그네슘 과산화수소

· 가연물과 혼합하고 있을 때 가열, 충격, 마찰에 의해 폭발한다.

· 피부에 접촉하면 염증을 일으키며 눈에 들어가면 시력이 떨어지며 분진을 흡입하면 심한 기침을 일으킨다.

④ **과산화칼슘**(Calcium peroxide, **CaO_2**, 과산화석회)

· 무취의 백색 또는 담황색의 무정형 분말로 물에는 극히 적게 녹으며 더운물에서 분해한다.

· 과산화석회라고도 하며 표백제, 산화제, 소독제로 이용된다.

· 에틸알코올, 에터에 녹지 않는다.

· 녹는점 692℃, 비중 1.7

· 가열하면 100℃에서 결정수를 잃고 275℃(분해온도)에서 폭발적으로 산소를 방출한다.

$$2CaO_2 \longrightarrow 2CaO + O_2\uparrow$$

과산화칼슘 산화칼슘

· 산과 반응하여 과산화수소를 생성한다.

$$CaO_2 + 2HCl \longrightarrow CaCl_2 + H_2O_2$$

과산화칼슘 염산 염화칼슘 과산화수소

· 수화물($CaO_2 \cdot 8H_2O$)를 가열하면 130℃ 부근에서 무수물이 되고 분해온도 이상이 되면 폭발적으로 산소를 발생한다.

· 가연물, 환원제와 혼합 시 가열, 충격, 마찰에 의해 연소폭발한다.

· 인체 유해성은 과산화마그네슘과 비슷하다.

⑤ **과산화바륨**(Barium peroxide, **BaO_2**, 과산화중토, 이산화중토)

· 무취의 회백색 분말로 표백제, 산화제, 과산화수소 제조, 매염제[14], 테르밋[15]의 점화제로 사용된다.

· 분해온도 840℃, 녹는점 450℃, 끓는점 450℃, 비중 4.95

· 알칼리토금속의 과산화물 중 가장 안정하다.

· 가열하면 산소를 분해방출한다.

$$2BaO_2 \longrightarrow 2BaO + O_2\uparrow$$

과산화바륨 산화바륨

· 냉수에 약간 녹고 온수에서는 분해하며 묽은 산에 녹는다.

$$2BaO_2 + 2H_2O \longrightarrow 2Ba(OH)_2 + O_2\uparrow$$

과산화바륨 수산화바륨

$$BaO_2 + 2HCl \longrightarrow BaCl_2 + H_2O_2$$

과산화바륨 염산 염화바륨 과산화수소

· 환원제, 습한 종이, 섬유와 혼합하면 발화할 수 있다.

· 피부접촉 시 염증을 일으키며 눈에 들어가면 실명의 우려가 있다.

⑥ 그 밖의 무기과산화물

과산화아연(ZnO_2) - 무취의 흰색 분말, 녹는점 212℃, 비중 1.57

초산화칼륨(KO_2, 이산화칼륨) - 연노란색의 분말, 녹는점 560℃

과산화리튬(Li_2O_2) - 베이지색의 분말

과산화루비듐(Rb_2O_2)

과산화세슘(Cs_2O_2)

과산화스트론튬(SrO_2) - 무취의 흰색 고체, 비중 4.56

과산화베릴륨(BeO_2)

삼산화이칼륨(K_2O_3)

---

14) 매염제: 섬유에 염색이 되지 않는 염료를 섬유에 연결하여 염색을 완성하는 약제

15) 테르밋: 순수한 산화철과 Al 분말을 혼합한 것으로 이것에 점화하면 상호 작용하면서 약 3,000 ℃로 가열되어 용융상태의 철이 된다. ($2Al + Fe_2O_3 \rightarrow Al_2O_3 + 2Fe$)

테르밋용접: 테르밋반응을 이용한 철제의 접합 방법으로, 용접 열원을 외부로부터 가하는 것이 아니라 테르밋반응에 의해 생성되는 열을 이용하여 금속을 용접하는 방법

5) 브로민산염류(Bromate, 브롬산염류) - 300 kg

- 브로민산($HBrO_3$)의 수소가 금속 또는 양성원자단으로 치환된 화합물의 총칭
- 대부분 백색 또는 무색의 결정이며 물에 녹기 쉬운 것이 많다.
- 가열 분해 시 산소를 방출하며 염소산염류($MClO_3$)와 성질이 비슷하다.
- 취소산염류라고도 하며 분석시약이나 의약품의 원료로 사용된다.

① **브로민산나트륨**(Sodium bromate, **$NaBrO_3$**, 브롬산나트륨, 브롬산소다)

· 분석시약으로 쓰이는 무색 · 무취의 결정성 분말로 물에 잘 녹는다.
· 녹는점 381℃, 끓는점 1,390℃, 비중 3.34

② **브로민산칼륨**(Potassium bromate, **$KBrO_3$**, 브롬산칼륨, 브롬산칼리)

· 백색의 결정 또는 결정성 분말로 물에 잘 녹으나 알코올에는 용해하기 힘들다.
· 녹는점 350℃, 비중 3.26
· 분석시약, 산화제로 쓰이며 녹는점 이상 가열하면 분해하여 산소를 발생한다.

$$\underset{\text{브로민산칼륨}}{2KBrO_3} \longrightarrow \underset{\text{브로민화칼륨}}{2KBr} + 3O_2\uparrow$$

· 산화력이 강하여 가연물과 혼합한 것은 가열, 충격, 마찰에 의해 폭발한다.
· S, C, Al, Mg분말과 혼합한 것은 가열에 의해 폭발한다.
· 염소산칼륨($KClO_3$)보다는 위험성이 적다.
· 분진을 흡입하면 위장에 해를 입는다.

③ 그 밖의 브로민산염류

브로민산바륨($Ba(BrO_3)_2$) - 분해온도 260℃
브로민산아연($Zn(BrO_3)_2 \cdot 6H_2O$) - 수용성 무색 결정, 녹는점 100℃
브로민산마그네슘($Mg(BrO_3)_2 \cdot 6H_2O$) - 무색 결정, 녹는점 200℃
브로민산은($AgBrO_3$) - 백색 또는 무색 분말, 녹는점 309℃
브로민산납($Pb(BrO_3)_2$)
브로민산암모늄(NH_4BrO_3) - 수용성 무색 결정

6) 질산염류(Nitrate) - 300 kg

- 질산(HNO_3)의 수소가 금속 또는 양성원자단으로 치환된 화합물의 총칭
- 강한 산화제로 폭약의 원료이며, 일반적으로 조해성이 풍부하다.

① **질산나트륨**(Sodium nitrate, **$NaNO_3$**, 칠레초석, 페루초석, 질산소다)

· 무색, 무취의 투명한 흡습성 결정 또는 분말이다.
· 물, 글리세린에 잘 녹으며 수용액은 중성이다. 용해도 92.1(25℃)
· 액체 암모니아에 녹고, 에탄올, 에터에는 잘 녹지 않는다.
· 비료, 산화제, 분석시약, 열처리제, 담배조연제, 의약, 유리공업에 사용된다.
· 끓는점(분해) 380℃, 녹는점 308℃, 비중 2.27, 증기비중 2.93
· 가열하면 녹는점에서 산소를 분해방출한다.

$$\underset{\text{질산나트륨}}{2NaNO_3} \longrightarrow \underset{\text{아질산나트륨}}{2NaNO_2} + O_2\uparrow$$

· 조해성이 있고, 유기물 및 차아황산나트륨(Na_2SO_2)과 함께 가열하면 폭발한다.
· 황산(H_2SO_4)과 접촉하면 분해폭발하며 질산(HNO_3)을 유리(≒분해)시킨다.
· 섭취하는 경우 설사와 복통이 있으며, 다량 먹으면 혈변을 본다.

② **질산칼륨**(Potassium nitrate, **KNO_3**, 질산칼리, 초석[硝石], 염초)

· 무색 또는 백색의 결정 또는 분말이다. 냄새는 없고 짠맛이 있다.
· 물, 글리세린, 에탄올에 잘 녹으나 에터에는 잘 녹지 않는다.
· 흑색화약[*16], 불꽃류, 비료, 촉매, 연탄조연제(助燃劑), 의약, 금속열처리제, 성냥, 산화제 등으로 사용된다.
· 녹는점 339℃, 끓는점 400℃, 비중 2.1
· 강한 산화제이며 가열하면 분해(분해온도 400℃)하여 산소를 방출한다.

$$\underset{\text{질산칼륨}}{2KNO_3} \longrightarrow \underset{\text{아질산칼륨}}{2KNO_2} + O_2\uparrow$$

· 숯가루와 황가루가 혼합된 것이 흑색화약(KNO_3 : C : S = 75 : 15 : 10)이며 가장 오래된 화약이다.[*16]

16. 흑색화약 (black powder)

○ black (gun) powder: 질산칼륨, 황, 목탄을 혼합하여 만드는 화약

· 화약류 중 가장 오래된 것으로 19세기 말경까지는 유일한 화약으로 사용되었다. 목탄을 섞었으므로 흑색을 띠며 불이 잘 붙고 연소화염이 길다. 급격한 연소를 하지만 폭굉(爆轟)을 일으키지 않는다. 가장 안전한 화약이기도 하다.

· 표준조성은 질산칼륨 75 %, 목탄 15 %, 황 10 %인데, 각각 40~80 %, 3~30 %, 10~40 %의 범위로 배합하면 정상적인 연소가 일어난다. 각 성분을 따로따로 건조 · 분쇄하고, 먼저 황과 목탄을 새의 깃털 등을 사용하여 마찰이 일어나지 않도록 섞은 후 질산칼륨을 섞는다.

KNO_3 : C : S = 75 : 15 : 10

· 추진제 점화용, 도화선의 심약(心藥), 광산채석용 폭파약, 수렵용 발사약 등에 사용한다. 도화선의 심약에는 이대로 사용하고, 폭파약용에는 이것을 물로 적셔 나무로 만든 통 속에서 회전 · 진동을 주어 입자 상태로 만든 것을 사용한다.

· 분해반응식은 다음과 같이 다양하게 표현된다.
(각 원소의 질량을 K: 39, N: 14, O: 16, C:12, S: 32로 보고 역으로 질량비를 계산하였다.)

① 75 : 15 : 10

$$38KNO_3 + 64C + 16S \rightarrow 3K_2CO_3 + 16K_2S + 19N_2 + 44CO_2 + 17CO$$

⇒ 38(39+14+16×3) : 64×12 : 16×32 ⇒ 3838g : 768g : 512g

② 84 : 8 : 8[16]

$$10KNO_3 + 8C + 3S \rightarrow 2K_2CO_3 + 3K_2SO_4 + 6CO_2 + 5N_2$$

⇒ 10(39+14+16×3) : 8×12 : 3×32 ⇒ 1010g : 96g : 96g

③ 82 : 13 : 5[17]

$$16KNO_3 + 21C + 3S \rightarrow 13CO_2\uparrow + 3CO\uparrow + 8N_2\uparrow + 5K_2CO_3 + K_2SO_4 + 2K_2S$$

⇒ 16(39+14+16×3) : 21×12 : 3×32 ⇒ 1616g : 252g : 96g

④ 75 : 13 : 12[18]

$$2KNO_3 + 3C + S \rightarrow K_2S + 3CO_2\uparrow + N_2\uparrow$$

⇒ 2(39+14+16×3) : 3×12 : 32 ⇒ 202g : 36g : 32g

⑤ 77.1 : 4.6 : 18.3[19]

$$32KNO_3 + 16C + 3S_8 \rightarrow 16K_2O + 16N_2 + 16CO_2 + 24SO_2$$

⇒ 32(39+14+16×3) : 16×12 : 3(32×8) ⇒ 3232g : 192g : 768g

---

16) 개인 사이트 (http://mysite.du.edu/~jcalvert/phys/bang.htm#Blac), 이 경우에 발열량은 685 kcal/kg, 부피팽창은 5,100배라 한다. 위키백과 (http://ko.wikipedia.org/wiki/화약)에서도 같은 식이 발견된다.
17) 오백균 외3, "위험물안전관리론", 동화기술, p.199 (2012)
18) 네이버 지식백과 (http://terms.naver.com/entry.nhn?docId=1591878&cid=2917&categoryId=2917)
19) 이봉우 · 류종우, "위험물질론", 비전커뮤니케이션, p.161 (2011)

③ **질산암모늄**(Ammonium nitrate, AN, $\mathbf{NH_4NO_3}$, 질안, 초안[硝酸, 일본])

· 암모니아 냄새가 나는 무색 결정이다.
· 흡습성과 조해성이 있으며 물, 알코올에 녹는다.
· 불안정한 물질이고 물에 녹을 때는 흡열반응[*17]을 나타낸다.
· 화약, 급조폭발물, 비료, 불꽃류, 살충제, 인쇄, 질산염류 제조에 쓰인다.
· 녹는점 169.6 ℃, 비중 1.73, 용해도 190(20 ℃)
· 녹는점에서 분해가 시작되어 210 ℃에서 완전히 분해된다.
· 열분해 반응식은 다음과 같다.

$$\underset{\text{질산암모늄}}{2NH_4NO_3} \rightarrow \underset{\text{산화이질소(=아산화질소)}}{2N_2O} + 4H_2O \quad \Rightarrow \quad 2N_2O \rightarrow 2N_2\uparrow + O_2\uparrow$$

· 단독적으로 급열(분해폭발)하면 분해하여 다량의 가스(980 L/kg)를 발생한다.

$$\underset{\text{질산암모늄}}{2NH_4NO_3} \rightarrow 2N_2\uparrow + 4H_2O\uparrow + O_2\uparrow$$

· 경유 6 % + 질산암모늄 94 % → 안포폭약(공업용 폭약)[*18]
· 단독으로는 급격한 변화를 주지 않으면 비교적 안정하다.
· 다량 먹으면 헤모글로빈 결핍증과 위염을 일으킨다.

해설 17. 발열반응과 흡열반응

○ 화학반응이 일어나면 반응 물질과 생성 물질의 에너지 함량이 다르기 때문에 항상 에너지의 출입이 뒤따른다. 이때 방출되거나 흡수되는 열량을 반응열이라 하며, 열을 방출할 때는 발열반응이라 하고, 열을 흡수할 경우에는 흡열반응이라 한다.

○ 반응 물질의 에너지가 생성 물질의 에너지보다 크면 발열반응이 일어나고, 반응 물질의 에너지가 생성 물질의 에너지보다 작으면 흡열반응이 일어난다.

○ 대부분의 반응은 발열반응이며, 반응열이 적거나 흡열반응이 일어나는 경우 소방안전 측면에서 안전한 경우가 많다. 특히, 질소와 같이 흡열반응을 하는 물질은 가연물이 될 수 없다.

$$N_2 + O_2 \rightarrow 2NO - 43.2\ \text{kcal}$$

⇒ 질소 한 분자가 산화반응을 할 때는 43.2 kcal의 열을 흡수한다는 의미

18. 안포폭약(A.N.F.O. 폭약)

○ Ammonium nitrate fuel oil explosive

· 다공성 구슬로 만든 질산암모늄에 경유나 중유 등의 연료유를 혼합하여 만드는 폭약

· 조성은 경유 6 wt%, 질산암모늄 94 wt% 이 대표적이다.

· 1950년대에 미국에서 처음 생산되어 근래에는 미국에서 사용되는 폭약의 60 % 이상을 차지한다. 다이너마이트와 대체될 가능성이 크다.

· 혼합물을 현장에서 만드는 것과 혼합물이 약포(藥包)로 되어 있는 것이 있고, 기폭(起爆)에 다이너마이트를 사용하는 것과 활성제를 혼합하여 뇌관(雷管)으로 기폭하는 것이 있다.

· 감도가 예민하지 않고, 값이 싸며, 위력이 크고, 현장에서 혼합할 수 있기 때문에 화약고가 필요 없으며, 변질이나 동결하지 않고, 잔류약은 둔감하기 때문에 사고가 잘 일어나지 않고 주수처리(注水處理, 물을 뿌려 소화함)가 가능하다.

④ **질산은**(Silver nitrate, **$AgNO_3$**)

· 쓴 금속성의 맛이 있는 무취 · 무색 결정으로 물, 알코올, 글리세린에 잘 녹으며 수용액은 중성이다.

· 의약, 시약, 사진 감광제에 이용된다.

· 녹는점 212 ℃, 비중 4.35, 용해도 122(0 ℃)

· 암모니아수(NH_3+H_2O), 질산수은($Hg(NO_3)_2$)과 반응하여 폭발의 위험이 생긴다.

· 유기물, 가연물과 혼합한 것은 가열, 충격, 마찰에 의해 폭발한다.

· 염소(Cl^-)이온을 갖는 액체와 혼합하면 염화은(AgCl)의 백색 침전이 생긴다.

⑤ **질산구리 II**(Cupric nitrate, **$Cu(NO_3)_2$**, $Cu(NO_3)_2 \cdot 3H_2O$, 질산제2구리)

· 청색 결정

· 녹는점 115 ℃, 비중 2, 증기비중 8.05, 용해도 267(20 ℃)

⑥ **질산납Ⅱ**(LeadⅡ nitrate, **$Pb(NO_3)_2$**)

· 무색결정으로 축전지, 페인트, 잉크, 도자기, 탄환 등에 사용된다.
· 비중 4.53, 분해온도 470℃, 용해도 38(0℃)

⑦ **질산바륨**(Barium nitrate, **$Ba(NO_3)_2$**)

· 무취 무색의 결정형 고체
· 불꽃 제조, 분석시약, 녹색 신호등, 네온 조명, 진공관 산업에 사용되며, 도자기 유약, 소이탄, 전자장치, 예광탄, 뇌관에도 쓰인다.
· 녹는점 592℃, 비중 3.24

⑧ **질산리튬**(Lithium nitrate, **$LiNO_3$**)

· 무색 또는 백색의 결정으로 빨간색 불꽃 제조에 사용된다.
· 녹는점 264℃, 비중 2.38

⑨ **질산스트론튬**(Strontium nitrate, **$Sr(NO_3)_2$**)

· 무색 또는 백색의 결정 또는 분말
· 신호등, 해양신호, 철도 조명, 성냥, 빨간색 불꽃 제조, 전기 튜브, 안료 등에 사용된다.
· 녹는점 570℃, 비중 2.98

⑩ **질산칼슘**(Calcium nitrate, **$Ca(NO_3)_2$**)

· 무색 결정으로, 폭발물, 비료, 성냥, 불꽃 제조, 질산의 제조, 디젤연료에서 부식 억제제 등으로 사용된다.
· 녹는점 56.1℃, 끓는점 132℃, 비중 2.32, 증기비중 8.1

⑪ **질산탈륨**(Thallous nitrate, **$TlNO_3$**)

· 백색 또는 무색의 결정으로 분석화학 시약, 유기합성의 산화제, 불꽃 제조 등에 사용된다.

· 녹는점 206℃, 끓는점 450℃(분해), 증기비중 9.2

⑫ 그 밖의 질산염류

· 이들은 질산칼륨(KNO_3)과 비슷한 성질을 가지고 있다.

질산인듐($In(NO_3)_3 \cdot H_2O$) - 백색 결정

질산망간($Mn(NO_3)_2$) - 담홍색 결정

질산알루미늄 노나수화물($Al(NO_3)_3 \cdot 9H_2O$) - 무색 결정, 녹는점 73.5℃, 끓는점 150℃, 비중 3.26

질산제이철($Fe(NO_3)_3 \cdot 6H_2O$) - 황갈색 결정, 녹는점 21℃

질산아연($Zn(NO_3)_2$) - 무색 결정, 녹는점 36.4℃, 끓는점 131℃, 비중 2.065

질산코발트($Co(NO_3)_2$) - 적색 분말, 녹는점 56℃, 비중 1.872

질산카드뮴($Cd(NO_3)_2$) - 무색 결정(분말), 녹는점 59.4℃, 끓는점 132℃, 비중 2.45

질산니켈Ⅱ($Ni(NO_3)_2 \cdot 6H_2O$) - 녹색 결정으로 물에 잘 녹는다, 녹는점 56.7℃, 끓는점 136.7℃, 비중 2.05

질산비스무스Ⅲ($Bi(NO_3)_3 \cdot 5H_2O$) - 무색 결정, 비중 2.82

구리 질산염(CuN_2O_6)

하이드록시 비스무트 질산($Bi_5H_9N_4O_{22}$)

제1수은의 질산염($HgNO_3$)

※ 비위험물로 분류되는 질산염류

질산마그네슘($Mg(NO_3)_2$) - 무색 또는 백색 결정, 녹는점 95℃, 비중 1.64

질산아연 6수화물($Zn(NO_3)_2 \cdot 6H_2O$) - 무색 괴상 또는 결정

질산수은Ⅱ($Hg(NO_3)_2 \cdot 1/2H_2O$) - 담황색 결정, 녹는점 79℃, 비중 4.3

7) 아이오딘산염류(Iodate, 요오드산염류) - 300 ㎏

- 아이오딘산(HIO_3, 요오드산, 옥소산)의 수소가 금속 또는 양성원자단으로 치환된 화합물의 총칭
- 분석시약이나 의약품의 원료로 사용되며, 염소산염 · 브롬산염보다 안정하지만 산화력이 강하다.

① **아이오딘산칼륨**(Potassium iodate, **KIO_3**, 요오드산칼륨)

· 광택을 띤 무색 결정 또는 분말, 비중 3.89
· 물과 황산에 녹으며. 알코올에는 용해되지 않는다.
· 분석시약, 수의용 약물, 식품 숙성제 등으로 사용되며 수용액은 중성이다.
· 녹는점(560 ℃) 이상 가열하면 산소를 발생한다.
· C(탄소), S(황), P(인) 등 가연물과 혼합하고 있는 것을 가열하면 폭발한다.
· 찬 곳에 저장하며 소화시에는 주수소화가 효과적이다.

② **아이오딘산칼슘**(Calcium iodate, **$Ca(IO_3)_2$**, 요오드산칼슘)

· 결정성 분말로 조해성이 있으며 물에 녹는다.
· 무수물의 녹는점은 575 ℃, $Ca(IO_3)_2 \cdot 6H_2O$의 녹는점은 42 ℃

③ 그 밖의 아이오딘산염류

아이오딘산은($AgIO_3$, 요오드산은) - 무색 결정성 분말, 물에 잘 녹지 않는다.
아이오딘산아연($Zn(IO_3)_2$, 요오드산아연)
아이오딘산나트륨($NaIO_3$, 요오드산나트륨)
아이오딘산바륨($Ba(IO_3)_2$, 요오드산바륨)
아이오딘산마그네슘($Mg(IO_3)_2$, 요오드산마그네슘)
· 의약용으로 주로 쓰이는 이들은 가열하면 산소를 방출하고 가연물, C, S, P 등과 혼합한 것은 가열에 의해 폭발위험이 있다.

8) 과망가니즈산염류(Permanganate, 과망간산염류) - 1,000 ㎏

- 과망가니즈산($HMnO_4$, 과망간산)의 수소가 금속 또는 양성원자단으로 치환된 화합물의 총칭
- 흑자색을 띠고, 물에 잘 녹으며 용액은 강한 산화력이 있다.
- 살균제, 소독제의 원료로 사용된다.

① **과망가니즈산칼륨**(Potassium permanganate, **$KMnO_4$**, 과망간산칼륨)

· 무취의 흑자색 결정으로 단맛이 있으며 물, 알코올, 초산, 아세톤에 녹는다.

· 산화제, 소독제, 살균제, 섬유의 표백, 촉매, 분석시약, 해독제, 목재 보존 용제 등으로 사용된다.

· 물에 녹아서 진한 보라색을 나타내고 강한 산화력과 살균력이 있다. 수용액은 무좀 등의 치료제로도 사용된다.

· 비중 2.7, 증기비중 5.4, 용해도 6.4(20 ℃)

· 강한 산화제로서 [$KMnO_4$ + 저급알콜], [$KMnO_4$ + 글리세린], [$KMnO_4$ + 인화점이 낮은 석유류 + 황산]은 혼촉발화[*19]한다.

· 가연성 가스와 접촉하면 폭발한다.

· 환원제, 가연성 물질과 혼합한 것은 가열, 충격, 마찰에 의해 폭발한다.

· 가열하면 녹는점(240 ℃)에서 분해하여 산소를 방출한다.

$$2KMnO_4 \longrightarrow K_2MnO_4 + MnO_2 + O_2\uparrow$$

과망가니즈산칼륨 망가니즈산칼륨 이산화망가니즈

· 강한 알칼리와 반응하여 산소를 방출한다.

$$4KMnO_4 + 4KOH \longrightarrow 4K_2MnO_4 + 2H_2O + O_2\uparrow$$

과망가니즈산칼륨 수산화칼륨 과망가니즈산칼륨

· 염산과 반응하여 유독성의 염소가스를 발생한다.

$$2KMnO_4 + 16HCl \longrightarrow 2KCl + 2MnCl_2 + 8H_2O + 5Cl_2\uparrow$$

과망가니즈산칼륨 염산 염화칼륨 염화망가니즈 염소

· 황산과 반응할 때는 폭발적으로 산소와 열을 발생한다. 따라서 가연물이 혼합될 때는 발화한다.

▷ 묽은 황산과의 반응

$$4KMnO_4 + 6H_2SO_4 \rightarrow 2K_2SO_4 + 4MnSO_4 + 6H_2O + 5O_2\uparrow$$

과망가니즈산칼륨 황산 황산칼륨 황산망가니즈

▷ 진한 황산과의 반응

$$2KMnO_4 + H_2SO_4 \rightarrow K_2SO_4 + 2HMnO_4$$

과망가니즈산칼륨 황산 황산칼륨 과망가니즈산

$$(\Rightarrow 2HMnO_4 \rightarrow Mn_2O_7 + H_2O \quad \Rightarrow 2Mn_2O_7 \rightarrow 4MnO_2 + 3O_2\uparrow)$$

과망가니즈산 7산화2망가니즈 7산화2망가니즈 이산화망가니즈

$$4KMnO_4 + 2H_2SO_4 \rightarrow 2K_2SO_4 + 4MnO_2 + 2H_2O + 3O_2\uparrow$$

과망가니즈산칼륨 황산 황산칼륨 과망가니즈산

· 먹으면 불쾌감 · 정신장애 · 안면경련 · 감각이상을 일으키며, 분진이나 연무를 흡입하면 진행성 중추신경계 변성을 일으킨다.

② **과망가니즈산나트륨**(Sodium permanganate, **$NaMnO_4$**, 과망간산나트륨)

· 살균제, 소독제, 산화제, 해독제로 이용되는 적자색 결정으로 물에 잘 녹는다.
· 조해성이 강하여 보통 수화물 $NaMnO_4 \cdot 3H_2O$를 형성한다.
· 녹는점(170 ℃) 이상으로 가열하면 산소를 방출한다.

$$2NaMnO_4 \longrightarrow Na_2MnO_4 + MnO_2 + O_2\uparrow$$

과망가니즈산나트륨 망가니즈산나트륨 이산화망가니즈

· 알코올, 에터, 글리세린 등과 혼합하면 혼촉발화[*19]한다.
· 강산류, 가연성 가스와 접촉하면 폭발의 위험이 있다.

③ 그 밖의 과망가니즈산염류

과망가니즈산칼슘($Ca(MnO_4)_2$, $Ca(MnO_4)_2 \cdot 4H_2O$, 과망간산칼슘)
과망가니즈산암모늄(NH_4MnO_4, 과망간산암모늄)
과망가니즈산은($AgMnO_4$, 과망간산은)
과망가니즈산리튬($LiMnO_4$, 과망간산리튬)
과망가니즈산바륨($Ba(MnO_4)_2$, 과망간산바륨)
과망가니즈산아연($Zn(MnO_4)_2$, 과망간산아연)

19. 혼촉발화

1. 혼촉발화(混觸發火, incompatible hazard, 혼합 위험)

1923년 일본 관동대지진과 1978년 미야기현 지진 등에서 부각된 용어로 학교, 병원, 연구소 등 화학약품을 다량취급하고 있는 시설에서 **화학약품들이 지진에 의한 전도, 낙하 등으로 파손되고 혼합(混合) · 접촉(接觸)되어 발화한 것**을 지칭한다.

2가지 이상 물질들(비위험물 포함)이 혼합 또는 접촉하여 발화 · 폭발하는 것을 말하지만 유독물질을 방출하는 것과 같이 위험한 상태가 되는 모든 상황을 말하기도 한다.

2. 혼촉발화 현상의 분류

혼촉 발화의 현상은 혼합조건이나 상태, 시간에 따라 다양하게 분류할 수 있지만 위험성이 큰 것부터 단순히 분류하면 다음과 같다. 안전대책 측면에서 가장 중요한 것은 첫 번째와 두 번째이다.

① 혼촉 즉시 반응이 일어나 발열, 발화나 폭발에 이른다.
② 혼촉 후 일정 시간을 경과하여 급격히 반응이 일어나 발열·발화나 폭발에 이른다.
③ 혼촉에 의해 폭발성 화합물을 형성한다.
④ 혼촉에 의해 즉시 발열 · 발화하지 않지만 원래 물질보다 발화하기 쉬운 혼합물을 형성한다.

3. 혼촉 위험물질

① 산화성 물질 + 환원성 물질
② 산화성 염류 + 강산
③ 불안정한 물질을 만드는 물질들이 접촉하여 조건에 따라 극히 불안정한 물질을 생성하는 경우

4. 안전관리(혼촉 위험의 예방)

외부에너지의 공급 없이도 혼합 또는 접촉 시 발생한 반응열에 의하여 발화가 일어나므로 평소 혼촉발화 가능성이 있는 위험한 화학약품은 저장 · 취급 등의 과정에서 안전에 주의하여야 한다. 특히, 운송 · 운반과 같이 움직이는 과정에서는 예상치 못한 재해가 발생 될 수 있다.

① 저장 · 취급 ~ 동일 실내 저장 금지, 불필요한 물질은 제거 · 폐기, 지진 · 폭우 등 자연재해 대비, 전용 시약장 사용, 약품용기 표기, 허가량 초과금지, 안전관리기록 유지, 안전책임자 지정 등
② 위험한 화학반응 조작 ~ 증류, 여과, 추출, 증발, 결정화, 환류, 응축, 교반 등 화학반응 조작 시 위험성 예측하여 필요한 조치 강구
③ 운송 · 운반 ~ 규정 준수(허가량, 용기기준, GHS 표시 등), 관공서의 규제강화 등
④ 폐기 ~ 반드시 위험성 파악(라벨 손상, 장소 불안, 작업자 인식 부족 등으로 사고가 많다)

20. 혼촉 위험물질[20]

1. **산화성물질 + 환원성 물질**

차아염소산염, 아염소산염, 염소산염, 과염소산염, 질산염, 아질산염, 브로민산염, 과망가니즈산염, 아이오딘산염, 다이크로뮴산염, 크로뮴산염, 무수크로뮴산(삼산화크로뮴), 과산화물, 발연질산, 발연황산, 황산, 질산, 과염소산, 액체산소, 액체염소, 브로민수, 산화질소, 이산화질소 등	+	탄화수소류, 아민류, 알코올류, 알데하이드류, 유기산, 유지, 기타 유기 화합물, S, P, C, 금속분, 목탄, 활성탄 등

2. **산화성염류 + 강산**

아염소산염, 염소산염, 과염소산염, 과망가니즈산염 등은 진한 황산(Conc-H_2SO_4)과 접촉하면 각각 불안정한 아염소산, 염소산, 과염소산, 과망가니즈산, 혹은 무수물(Cl_2O_3, Cl_2O_5, Cl_2O_7, MnO_7 등)을 생성하여 강한 산화성을 만들고 가연성 물질이 존재하면 이것을 착화시켜 그것 자신으로 자연분해를 일으켜 폭발한다.

예를 들면 $KClO_3$에 진한 황산을 혼합하면 다음과 같이 불안정한 ClO_2를 만들고 이들에 사탕, 휘발유 등과 같은 유기물질이 공존하면 이것을 폭발적으로 산화시켜 발화한다.

$$6KClO_3 + 3H_2SO_4 \longrightarrow 2HClO_4 + 3K_2SO_4 + 4ClO_2 + 2H_2O$$

염소산칼륨 황산 과염소산 황산칼륨 이산화염소 물

3. 불안정한 물질을 만드는 물질들이 접촉하여 조건에 따라 극히 **불안정한 물질**을 **생성**하는 경우

- 암모니아(NH_3) + 염소산칼륨($KClO_3$) ⟶ 질산암모늄(NH_4NO_3)
- 하이드라진(N_2H_4) + 아염소산나트륨($NaClO_2$) ⟶ 질화나트륨(Na_3N)
- 아세트알데하이드(CH_3CHO) + 산소(O_2) ⟶ 과아세트산(과초산, CH_3COOOH)[21]
- 에틸벤젠($C_6H_5C_2H_5$) + 산소(O_2) ⟶ 과벤조산(과안식향산, C_6H_5COOOH)[22]
- 암모니아 + 할로젠원소 ⟶ 할로젠화질소
- 알코올류 + 질산염류 ⟶ 풀민산염[23]
- 아세틸렌 + Cu, Hg, Ag ⟶ 아세틸렌화 Cu, Hg, Ag
- 하이드라진 + 아질산염류 ⟶ 질화수소산

---

20) 오백균 외3, "위험물안전관리론", 동화기술, p.71(2012)을 수정하여 인용함
21) 과아세트산(과초산, 과산화초산, peracetic acid, peroxyacetic acid, acetyl hydroperoxide): 나일론 직물 등 섬유의 표백제, 폴리에스터형 수지의 저온중합촉매, 살균제 등으로 사용, 인화점은 56 ℃이며 제5류 위험물 유기과산화물에 속한다.
22) 과벤조산(과안식향산, perbenzoic acid): 벤조산(안식향산, C_6H_5COOH, 비위험물)의 카복시기가 과산화물형으로 변한 화합물 C_6H_5-C(=O)OOH, 산화제로서 특히 올레핀을 산화하여 에폭사이드를 형성하는 데 사용되며, 라디칼 반응개시제로도 사용된다.
23) 풀민산(뇌산, fulminic acid)은 사이안산(HOCN)의 이성질체이며, 풀민산염은 풀민산은 외에 풀민산수은(뇌홍) 등이 알려져 있다.

9) 다이크로뮴산염류(Dichromate, 중크롬산염류) - 1,000 ㎏

- 다이크로뮴산($H_2Cr_2O_7$, 중크롬산)의 수소가 금속 또는 양성원자단으로 치환된 화합물의 총칭
- 빨간색 또는 오렌지색의 결정으로 함수염(수화물)이 많고, 성냥, 의약품의 원료로 사용된다.

① **다이크로뮴산나트륨**(Sodium dichromate, $Na_2Cr_2O_7$, 중크롬산나트륨)

· 무취, 등적색 결정으로 물에 녹고 알코올에 녹지 않는다. 조해성이 있다.
· 불꽃류, 성냥, 염색, 피혁, 의약, 화약, 목재의 방부제, 산화제로 이용된다.
· 녹는점 100℃, 가열하면 끓는점(400℃)에서 산소를 방출한다. 비중 2.52
· 강한 산화제로서 단독으로는 비교적 안정하지만 가연물, 유기물과 혼합한 것은 가열, 충격, 마찰에 의해 폭발한다.
· 장기간 피부에 묻으면 염증을 일으킨다.

※ 다이크로뮴산나트륨2수화물은 비위험물로 분류됨(국가위험물통합정보시스템)

② **다이크로뮴산칼륨**(Potassium dichromate, $K_2Cr_2O_7$, 중크롬산칼륨, 크롬산칼륨(Ⅱ))

· 등적색의 판상결정으로 쓴맛이 있고 물에는 녹으나 알코올에는 녹지 않는다.
· 산화제, 성냥, 촉매, 의약, 염료, 사카린(합성감미료)제조에 쓰인다.
· 녹는점 398℃, 끓는점 500℃, 비중 2.69, 용해도 12(20℃)
· 가열하면 산화크롬(CrO_3)과 크롬산칼륨(K_2CrO_4)이 된다.

$$K_2Cr_2O_7 \longrightarrow CrO_3 + K_2CrO_4$$

다이크로뮴산칼륨 산화크로뮴 크로뮴산칼륨

· 500℃ 이상에서 분해하여 산소를 발생한다.

$$4K_2Cr_2O_7 \longrightarrow 4K_2CrO_4 + 2Cr_2O_3 + 3O_2\uparrow$$

다이크로뮴산칼륨 크로뮴산칼륨 삼산화이크로뮴

· 섭취하면 입과 식도가 적황색으로 물들고 시간이 경과하면 청록색이 되며 복통과 녹색의 구토물을 토하며 심하면 혈변을 배설하고, 중증이면 혈뇨 및 경기를 일으키거나 실신한다.

③ **다이크로뮴산암모늄**(Ammonium dichromate, $(NH_4)_2Cr_2O_7$, 중크롬산암모늄, 크롬산암모늄(Ⅱ), 이크롬산이암모늄)

· 무취, 오렌지색의 판상결정(또는 분말)으로 물, 알코올에 녹는다.
· 산화제, 불꽃 제조, 도금, 인쇄제판, 매염제, 표백제, 안료[24]제조 등에 이용된다.
· 녹는점 165℃, 분해온도 185℃, 비중 2.15
· 상온에서는 안정하지만 가열하거나 강산을 가하면 산화성이 증대한다.
· 185℃로 가열하면 분해하여 질소가스를 발생한다.

$$\underset{\text{다이크로뮴산암모늄}}{(NH_4)_2Cr_2O_7} \longrightarrow \underset{\text{삼산화이크로뮴}}{Cr_2O_3} + 4H_2O + N_2\uparrow$$

· 400℃에서 분해하여 산소를 발생한다.

$$\underset{\text{다이크로뮴산암모늄}}{4(NH_4)_2Cr_2O_7} \longrightarrow \underset{\text{크로뮴산암모늄}}{4(NH_4)_2CrO_4} + \underset{\text{삼산화이크로뮴}}{2Cr_2O_3} + 3O_2\uparrow$$

④ 그 밖의 다이크로뮴산염류

· 대부분 안료, 산화제로 쓰이며 이들 자신은 안정하지만 가연물과 혼합한 것은 가열에 의해 폭발한다.

다이크로뮴산칼슘($CaCr_2O_7$, 중크롬산칼슘) - 등적색 결정
다이크로뮴산아연($ZnCr_2O_7$, 중크롬산아연) - 등적색 결정
다이크로뮴산납($PbCr_2O_7$, 중크롬산납)
다이크로뮴산제이철($Fe_2(Cr_2O_7)_3$, 중크롬산제이철)

24) 안료: 물 및 대부분의 유기용제에 녹지 않는 분말상의 착색제

10) 그 밖에 행정안전부령으로 정하는 것

① **차아염소산염류**(Hypochlorite, 하이포염소산염류) - **50 ㎏**

- 하이포염소산(HClO, 차아염소산)의 수소가 금속으로 치환된 것
- 백색 또는 황색 분말로서 강산화성 물질이다.

· 차아염소산칼슘($Ca(ClO)_2$) - 염소 냄새가 나는 백색 분말(과립 또는 정제)
소독제, 살균제, 표백제 등으로 사용된다.
조해성, 물에 쉽게 녹는다.
녹는점 100℃(분해), 비중 2.35, 용해도 21(25℃)

· 차아염소산리튬(LiClO) - 염소 냄새가 나는 흰색 분말, 녹는점 128~131℃

· 차아염소산바륨($Ba(ClO)_2 \cdot H_2O$) - 흰색의 결정성 고체, 수용성, 유독성

※ 차아염소산나트륨(NaClO) - 락스에 사용되는 녹황색의 액체(20℃에서 액상)로서 제6류 위험물에 해당될 가능성이 있으나 관련 자료가 없다.

⇒ 국가위험물통합정보시스템에는 비위험물로 규정되어 있다.

② **과아이오딘산염류**(Periodate, 과요오드산염류) - **300 ㎏**

- 과아이오딘산(HIO_4, 과요오드산)의 수소가 금속 또는 양성원자단으로 치환된 것
- 무색 또는 백색 분말로서 물에 녹고 알코올에 녹지 않는다.
- 가열하면 300℃에서 분해하여 산소를 발생한다.

· 과아이오딘산칼륨(KIO_4, 과요오드산칼륨) - 무색 또는 백색의 결정 또는 분말,
녹는점 390℃, 비중 2.68

· 과아이오딘산나트륨($NaIO_4$, 과요오드산나트륨) - 백색의 결정 또는 분말,
녹는점 175℃, 끓는점 300℃, 비중 3.86

· 과아이오딘산암모늄(NH_4IO_4, 과요오드산암모늄)

③ **과아이오딘산**(Periodic acid, **HIO_4**, 과요오드산) - **300 kg**

- 백색의 결정성 분말로 물에 녹으며, 에탄올과 에터에 약간 녹는다.
- 조해성과 부식성이 있고, 가열하면 산소를 방출한다.

· 오쏘과아이오딘산(H_5IO_6, 오쏘과요오드산)
· 메타과아이오딘산(HIO_4, 메타과요오드산)

④ **크로뮴의 산화물**(Chromium oxide, 산화크로뮴, 산화크롬) - **300 kg**

- 산화크로뮴(Ⅱ), 산화크로뮴(Ⅲ), 산화크로뮴(Ⅵ) 등이 대표적이다.
- Cr이 Cr^{2+}로 작용할 때는 (Ⅱ)를 붙이고, Cr^{3+}로 작용할 때는 (Ⅲ)을, Cr^{6+}으로 작용할 때는 (Ⅵ)을 붙인다. 각각 2가 크로뮴, 3가 크로뮴, 6가 크로뮴이라 한다.
- '**삼산화크롬**'은 「위험물안전관리법 시행령」 제정(2004.5.30.) 전까지 「소방법 시행령」 [별표 3]에 단독 품명으로 있다가 「위험물안전관리법 시행규칙」이 제정(2004.7.7.)되면서 '크롬, 납 또는 요오드의 산화물'로 규정되었다.

○ 산화크로뮴(Ⅱ): **CrO**
(chromous oxide, chromium monoxide, 산화제일크롬, 일산화크로뮴)
· 흑색 분말로 공기 중에서 산화되기 쉽다. 분자량 68

○ 산화크로뮴(Ⅲ): **Cr_2O_3**
(chromic oxide, dichromium trioxide, 산화제이크롬, 삼산화이크로뮴)
· 광택이 있는 녹색 또는 흑색의 결정성 분말이다.
· 석영보다 단단하며 열이나 공기 물 등에 의하여 거의 변화하지 않는다.
· 분자량 152, 녹는점 1,990℃, 비중 5.21
· 용도가 가장 많은 안료로 크롬그린이라고 하며 유리나 도기의 착색에 사용된다.
⇒ 국가위험물통합정보시스템에는 비위험물로 규정되어 있다.

○ 산화크로뮴(Ⅵ): **CrO_3**

(chromium trioxide, chromic anhydride, 삼산화크롬, 삼산화크로뮴, 무수크롬산)

· 크로뮴산(H_2CrO_4)에서 물이 빠진 형태

· CAS번호: 1333-82-0, UN번호: 1463

· 무취, 암적색의 침상 결정이며 조해성이 있다. 강한 독성(치사량 0.6 g)

· 전기도금(크롬 도금), 합성용 촉매, 유기합성, 안료 등으로 사용된다.

· 녹는점 196 ℃, 끓는점 250 ℃, 용해도 166(15 ℃), 비중 2.7, 분자량 100

· 가열하면 200~250 ℃에서 분해하여 산소를 방출한다.

$$4CrO_3 \longrightarrow 2Cr_2O_3 + 3O_2 \uparrow$$

산화크로뮴(Ⅵ) 산화크로뮴(Ⅲ)

· 물, 에터, 알코올, 황산에 잘 녹는다.

· 산화되기 쉬운 물질과 혼합하면 심한 반응열에 의해 연소·폭발할 수 있다.

· 알코올류, 아세트산과 아세톤, 벤젠, 에터, 톨루엔, 자일렌, 피리딘, 글리세린, 시너, 그리스 등과 혼촉하면 발화한다.

· 물을 가하면 농도에 따라 색이 진해지며(황적색~적흑색), 부식성이 강한 크로뮴산(H_2CrO_4, H_2CrO_7, $H_2Cr_3O_{10}$, $H_2Cr_2O_{13}$ 등)이 되며 열을 발생한다.[25)]

$$CrO_3 + H_2O \longrightarrow H_2CrO_4$$

삼산화크로뮴 크로뮴산

※ 같은 분자식(CrO_3)을 갖고 있으나 CAS번호(7738-94-5)와 UN번호(1755)가 다른 삼산화크로뮴무수물은 별도의 화재위험성 관련 자료가 없다.

25) 네이버 두산백과/도금기술 용어사전 '크로뮴산' : 크로뮴산염을 생성하는 산, 산화크로뮴(Ⅵ)의 수용액

⑤ **납의 산화물**(Lead oxide) - **300 kg**

- 산화납(Ⅰ), 산화납(Ⅱ), 삼산화이납, 산화납(Ⅳ), 사산화삼납 등이 있다.
- 도료, 안료, 축전지의 전극판 재료, 광학유리, 도자기의 유약 등으로 쓰인다.

○ 산화납(Ⅰ): Pb_2O

· 아산화납이라고도 하며, 어두운 회색 분말이다.

○ 산화납(Ⅱ): PbO

· 산화제일납, 일산화납, 금밀타승(金密陀僧), 밀타승, 금밀타, 리사지, 리서지, 황색산화납이라고도 한다.
· 저온에서 안정한 오렌지색(적색)과 고온에서 안정한 노란색이 있다.
· 녹는점 880℃, 비중 9.5

○ 삼산화이납(삼이산화납): Pb_2O_3

· 황적색의 비결정성 물질로 가열하면 분해하여 사삼산화납이 된다.
· 산 · 알칼리에는 녹지만 찬물에는 녹지 않는다.

○ 사산화삼납(사삼산화납): Pb_3O_4

· 적색 산화납(Red lead), 연단(鉛丹), 광명단(光明丹), 적연(赤鉛)이라고도 한다.
· 빨간색 분말, 비중 9.07

○ 산화납(Ⅳ): PbO_2

· 이산화납이라고도 하는 흑갈색의 결정성 분말, 비중 9.375, 녹는점 360℃
· 가열하면 산소를 방출하고 산화납(Ⅱ)이 된다.
· 물에는 녹지 않지만 염산에는 염소를 발생하면서 녹는다.

※ 국가위험물통합정보시스템에는 산화납(Ⅳ)과 사산화삼납은 위험물로 지정되어 있고, 리서지(PbO)는 비위험물로 등재되어 있다.

⑥ **아이오딘의 산화물**(Iodine oxide)[26] - **300 kg**

- 국가위험물통합정보시스템에 등재된 아이오딘의 산화물은 현재까지 없다.

○ 오산화아이오딘: I_2O_5

· 무취의 백색 결정성 분말로 부식성이 있다.

· 물과 접촉하면 강산인 아이오딘산(HIO_3)이 생성된다.

○ 사산화아이오딘: I_2O_4

· 황색 고체로 물에 분해한다.

○ 구산화아이오딘: I_4O_9

· 황색 고체로 분해하면 산소를 발생한다.

⑦ **아질산염류**(Nitrite) - **300 kg**

- 아질산(Nitrous acid, HNO_2)의 수소가 금속으로 치환되어 생기는 염

○ 아질산나트륨(Sodium nitrite): $NaNO_2$

· 무취, 흰색에서 노란색의 고체로 물에 잘 녹는다.

· 열처리제, 발포제, 금속 표면처리제, 유기합성, 제약, 분석용 시약, 사진 반응 시약, 의약품, 식품첨가물(발색제) 등으로 다양하게 사용된다.

· 녹는점 270℃, 분해온도 320℃, 발화점 489 ℃, 비중 2.17, 증기비중 2.4

○ 아질산칼륨(Potassium nitrite): KNO_2

· 흰색에서 노란색의 고체로 물 · 에탄올 · 암모니아에 잘 녹는다.

· 코발트와 니켈의 분리, 다이아조화합물 합성, 식품첨가물(발색제), 의약품 등으로 사용된다.

· 녹는점 297℃, 끓는점 440℃, 비중 1.915

26) 이봉우 · 류종우, "위험물질론", 비전커뮤니케이션, 2011년, pp.215~216 을 요약정리함

⑧ **염소화아이소사이아누르산**(Chloroisocyanuric acid, 염소화이소시아눌산) - **300 kg**

- 제1류 위험물 중 유일한 유기 화합물이다.
- 3개의 염소가 포함된 것을 트라이클로로아이소시아누르산이라 한다.

○ 트라이클로로아이소시아누르산(Trichloroisocyanuric acid, $(CClNO)_3$, $C_3Cl_3N_3O_3$)

· 염소 냄새가 나는 흰색 결정이다.
· 물과 접촉하면 가수분해가 일어나며 하이포아염소산 (HClO, 차아염소산)을 유리시켜 산화력이 증가한다.
· 수영장용 소독제, 식기 살균제 등으로 사용된다.[27]
· 녹는점 249℃, 비중 2.07, 용해도 1.29(25℃)

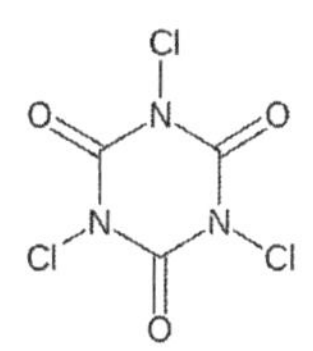

⑨ **퍼옥소이황산염류**(Peroxodisulfate) - **300 kg**

- 과산화이황산($H_2S_2O_8$)의 수소가 금속 또는 양성원자단으로 치환된 화합물
- 무기과산화물이며, 무색 또는 백색 결정으로 물에 녹는다.
- 가열, 충격에 분해하여 산소를 방출하며, 금속과 접촉하여도 분해된다.

○ 과황산칼륨(Potassium persulfate[28]): $K_2S_2O_8$

· 무취의 무색 또는 백색 결정, 수용성, H_2O_2보다 산화력이 세다.
· 녹는점 267.3℃, 비중 2.477, 용해도 5.2(20℃)

○ 과황산나트륨(Sodium persulphate): $Na_2S_2O_8$

· 무취의 흰색 고체이며, 습기와 작용하여 오존을 생성한다.
· 녹는점 200℃, 비중 1.1, 용해도 55.6(20℃)

○ 과황산암모늄(Ammonnium persulphate): $(NH_4)_2S_2O_8$

· 불쾌한 냄새가 나는 무색 결정 또는 흰색 분말이며, 수용성, 조해성이 있다.
· 녹는점 120℃, 비중 1.98, 용해도 58.2(20℃)

27) 오백균 외3, "위험물안전관리론", 동화기술, p.229 (2012) 참조
28) persulfate와 persulphate는 모두 과황산염을 말한다. 동의어

⑩ **퍼옥소붕산염류**(Peroxoborate, 과산화붕산의 염) - **300 kg**

- 퍼옥소붕산(Peroxoboric acid, 과산화붕산, HBO_3)은 붕산(Boric acid, H_3BO_3)의 보론 원자에 O^{2-}대신 $(O_2)^{2-}$가 배위결합된 것이다.
- 퍼옥소붕산염은 퍼옥소붕산의 수소가 금속 또는 양성원자단으로 치환된 화합물을 총칭한다.
- 붕산염속의 붕소와 결합하고 있는 산화물이온이 과산화이온[$(O_2)^{2-}$]에 의해 치환된 형태의 화합물을 말한다.
- 유리산의 과산화붕산(peroxoboric acid)은 알려져 있지 않다.
  일반식 $MBO_3 \cdot nH_2O$(n=0.5, 4), $MBO_4 \cdot H_2O$, $MBO_5 \cdot H_2O$ 등의 것이 알려져 있으며, 이 밖에 구조가 다른 붕산염과 과산화수소와의 화합물이 존재하는데 양자를 구별하기 어렵고 후자까지 포함한 것을 과산화붕산염이라고 부르고 있다.
- 일반적으로 강한 산화제로서 수용액 속에서는 과산화수소를 유리한다.

○ 과붕산나트륨(Sodium perborate, Sodium peroxoborate): $\mathbf{NaBO_3 \cdot 4H_2O}$

· 백색 분말로서 공기 중 습기에 의해 서서히 분해되어 산소를 발생한다.
· 물 및 열에 의해 발열, 분해하여 산소를 발생하고 폭발의 위험이 있다.
· 살균표백제, 탈취제, 방부제, 화장품, 세탁제, 치아미백제, 의치 세정제 등에 사용된다.

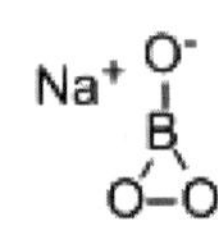

· 녹는점 63℃
· 수용액은 과산화수소를 유리시키고 강한 산화제로서 작용한다.

$$4NaBO_3 + 5H_2O \longrightarrow 4H_2O_2 + Na_2B_4O_7 + 2NaOH$$

과붕산나트륨   <u>과산화수소</u>   사붕산나트륨   수산화나트륨

↳ ($4H_2O_2 \rightarrow H_2O + O_2\uparrow$)

 21. 행정안전부령으로 정하는 위험물과 그 지정수량

「위험물안전관리법 시행령」 [별표 1]의 '행정안전부령으로 정하는 것'은 「위험물안전관리법 시행규칙」 제3조에 품명을 지정하고 있으며, 해당 품명들의 지정수량은 「행정안전부령이 정하는 위험물의 지정수량(2004.9.14.)」이라는 **위험물업무처리지침**으로 정하고 있다. 이를 재정돈하면 다음과 같다. (제2류와 제4류는 없다)

유 별	품 명	지정수량
제1류	차아염소산염류	50 kg
	과아이오딘산염류	300 kg
	과아이오딘산	
	크로뮴, 납 또는 아이오딘의 산화물	
	아질산염류	
	염소화아이소사이아누르산	
	퍼옥소이황산염류	
	퍼옥소붕산염류	
제3류	염소화규소화합물	
제5류	금속의 아지화합물	200 kg
	질산구아니딘	
제6류	할로젠간화합물	300 kg

22. 연소, 폭발, 화재의 상관관계

1. 연소: 열과 빛을 동반하는 급격한 산화반응

2. 폭발: 밀폐공간에서 물리적·화학적 변화의 결과로 발생한 급격한 압력상승에 의한 에너지가 외계로 전환되는 과정에서 파열, 후폭풍, 폭음 등을 동반하는 현상

  ○ 급격한 압력의 발생이 폭발의 선행조건이므로 압력 발생 원인에 따라 화학적 폭발과 물리적 폭발로 분류할 수 있으며, 폭발의 주체가 되는 물질의 물리적 상태에 따라 기상폭발과 응상[29]폭발로 구분할 수 있다.

  ○ 연소를 비롯한 화학반응에 의해 유발되는 폭발은 그 반응의 전파속도에 따라 폭연과 폭굉으로 분류된다.

    · 폭굉(detonation) - 화염속도가 음속보다 큰 경우: 반응속도 1,000~3,500 m/s

    · 폭연(deflagration) - 화염속도가 음속 이하인 경우: 반응속도 0.3~10 m/s

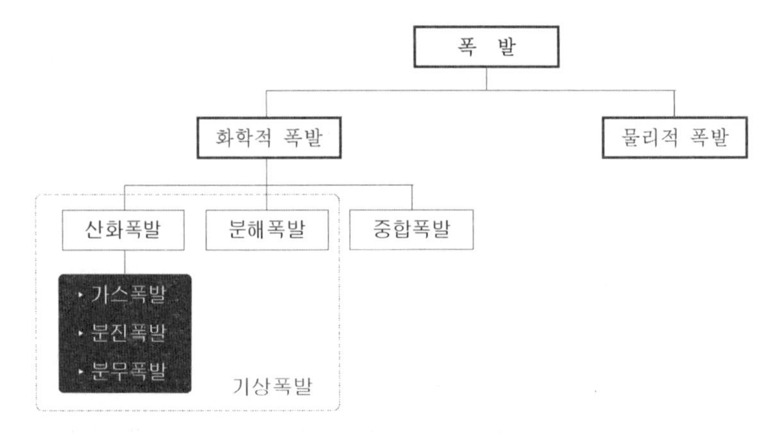

3. 화재: 사람의 의도에 반하거나 고의 또는 과실에 의해 발생하는 연소 현상으로서 소화할 필요가 있는 현상 또는 사람의 의도에 반하여 발생하거나 확대된 화학적 폭발현상[30]

4. 연소, 폭발, 화재의 상관관계

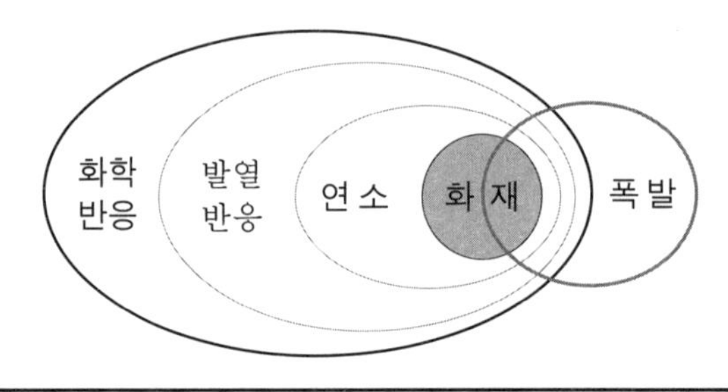

29) 고체 및 액체를 이르는 용어로서 밀도가 기상의 100~1,000배이므로 폭발의 양상에도 큰 차이가 있다.

30) 「소방의 화재조사에 관한 법률」 제2조제1항제1호

2 제2류 위험물

- 가연성 고체(combustible solids)이다.

  ⇨ 고체로서 화염에 의한 발화의 위험성 또는 인화의 위험성이 있는 것

  ⇨ 비교적 낮은 온도에서 착화하기 쉬운 고체

※ 법령상은 가연성 고체이나 기술적 분류에 의하면 금수성 물질에 해당할 수 있는 물질도 있다. ⇒ Mg, Fe, Al, Ti, Mn, Zn, Tl, Zr

1 품명 및 지정수량

품 명	지정수량	설 명
1. 황화인	100 kg	황(S)과 적린(P)의 화합물 삼황화사인(P_4S_3), 오황화이인(P_2S_5), 칠황화사인(P_4S_7)
2. 적 린	100 kg	성냥의 원료인 붉은인(P)
3. 황	100 kg	순도가 60 wt% 이상인 황(S)
4. 철 분	500 kg	철의 분말(Fe), (53 ㎛의 표준체를 통과하는 것이 50 wt% 이상인 것)
5. 금속분	500 kg	알칼리금속 · 알칼리토금속 · 철 · 마그네슘 외의 금속분말 (구리분 · 니켈분 및 150 ㎛의 체를 통과하는 것이 50 wt% 이상인 것)
6. 마그네슘	500 kg	Mg, (2 ㎜의 체를 통과하지 아니하는 덩어리 상태의 것과 지름 2 ㎜ 이상의 막대 모양의 것은 제외)
7. 그 밖에 행정안전부령으로 정하는 것	100 kg 또는 500 kg	
8. 위의 어느 하나에 해당하는 위험물을 하나 이상 함유한 것		
9. 인화성 고체	1,000 kg	고형알코올, 1기압에서 인화점이 40 ℃ 미만인 고체

위험등급 Ⅱ - 지정수량이 100 kg인 것

위험등급 Ⅲ - 지정수량이 500 kg 이상인 것

※ 제2류 위험물 요약

품 명	지정수량	위험등급
황화인, 적린, 황	100 kg	Ⅱ
철분, 금속분, 마그네슘	500 kg	Ⅲ
인화성 고체	1,000 kg	

2 일반성질

1) 비교적 낮은 온도에서 착화하기 쉽고, 연소속도가 빠르며 연소열이 큰 고체이다.
2) 모두 산소를 함유하고 있지 않은 강한 환원성 물질(환원제)*23이다.
3) 산소와의 결합이 쉽고 저농도의 산소 하에서도 잘 연소한다.(L.O.I.31)가 낮다)
4) 철분, 금속분, 마그네슘은 물과 산의 접촉으로 수소가스를 발생하고 발열한다.
   특히, 금속분은 습기와 접촉할 때 조건이 맞으면 자연발화의 위험이 있다.
5) 대부분 비중이 1보다 크며 물에 녹지 않는다.
6) 산화제와 혼합한 것은 가열, 충격, 마찰에 의해 발화 또는 폭발위험이 있다.
7) 황가루, 철분, 금속분은 밀폐된 공간 내에서 부유할 때 분진폭발*25의 위험이 있다.
8) 연소 시 다량의 유독가스를 발생하고 금속분 화재인 경우 물을 뿌리면 오히려 수소가스가 발생하여 2차 재해를 가져온다.

23. 연소의 3요소와 환원제

1. 연소의 3요소

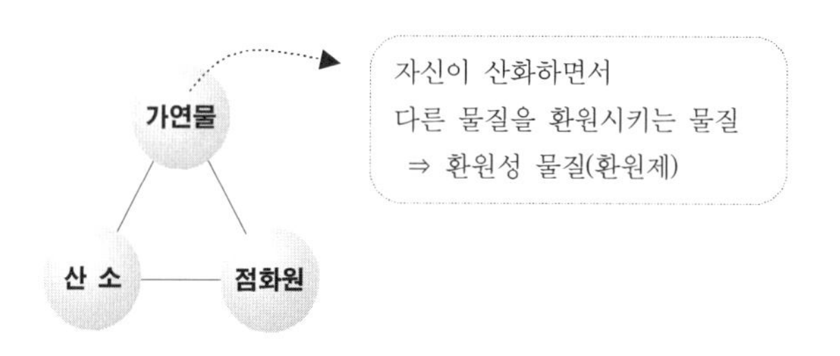

2. 산화환원반응 측면에서 보면 가연물은 환원제(환원성 물질)이다.
3. 가연물이 갖추어야 하는 조건(가연물의 특성)
   · 산소와의 친화력이 크다(산화반응의 활성이 크다, 산소와 쉽게 반응한다).
   · 활성화에너지activation energy(반응을 일으키기 위한 최소한의 에너지)가 작다(점화에너지가 작다).
   · 열전도율이 낮아야 한다.(발열량>방사열, 열축적이 쉽다.)
   · 비표면적(比表面積, 단위무게 당 표면적)이 크다(산소와의 접촉 면적이 넓다).
   · 연소열이 크다(연소확산이 용이하다).

31) 한계산소지수(Limited Oxygen Index, L.O.I.): 연소를 계속 유지할 수 있는 산소의 최저 체적농도

3 저장 및 취급 방법

1) 화기엄금, 가열엄금, 고온체와 접촉 방지
2) 강산화성 물질(제1류 위험물 또는 제6류 위험물)과 혼합을 피한다.
3) 철분, 금속분, 마그네슘분의 경우는 물 또는 묽은 산과의 접촉을 피한다.
4) 저장용기를 밀폐하고 위험물의 누출을 방지하여 통풍이 잘되는 냉암소冷暗所에 저장한다.

※ 제2류 위험물의 안전관리 관련 법령상 표현

(위험물안전관리법 시행규칙 별표18.Ⅱ.2. '저장 · 취급의 공통기준')

산화제와의 접촉 · 혼합이나 불티 · 불꽃 · 고온체와의 접근 또는 과열을 피하는 한편, 철분 · 금속분 · 마그네슘 및 이를 함유하는 것에 있어서는 물이나 산과의 접촉을 피하고 인화성 고체에 있어서는 함부로 증기를 발생시키지 아니하여야 한다.

(위험물안전관리법 시행규칙 별표4.Ⅲ.2.라. '제조소등의 게시판에 표시하는 주의사항')

인화성 고체 ⇒ "화기엄금"(적색바탕에 백색문자)
그 밖의 것 ⇒ "화기주의"(적색바탕에 백색문자)

(위험물안전관리법 시행규칙 별표19.Ⅱ.5.나. '적재 시 빗물의 침투 방지조치')

제2류 위험물 중 철분 · 금속분 · 마그네슘 또는 이들 중 어느 하나 이상을 함유한 것 ⇒ 방수성이 있는 피복으로 덮을 것

(위험물안전관리법 시행규칙 별표19.Ⅱ.6.[부표2] '적재 시 혼재기준')

지정수량의 1/10을 초과하여 적재하는 경우, 제2류 위험물은 제1류 · 제3류 · 제6류 위험물과 혼재할 수 없으며, 제4류 · 제5류 위험물과는 혼재할 수 있다.

(위험물안전관리법 시행규칙 별표19.Ⅱ.8. '운반용기 외부에 표시하는 주의사항')

철분 · 금속분 · 마그네슘 또는 이들 중 어느 하나 이상을 함유한 것 ⇒ "화기주의" 및 "물기엄금"
인화성 고체 ⇒ "화기엄금"
그 밖의 것 ⇒ "화기주의"

24. 금속의 화재특성

1. 금속의 가연성

일반적으로 금속은 가연성 물질로 간주되지 않지만 얇은 조각이나 분말 상태에서 충분한 고열에 노출되면 연소할 수 있다.

금속은 일반 가연물보다 열전도도가 매우 커서 외부로부터 얻은 열을 축적하지 못하므로 금속 조각 전체를 동시에 가열하지 않는 한 높은 온도로 올리지 못한다. 따라서 아주 오랫동안 가열하지 않는 한 큰 덩어리의 금속은 타지 않으나 분말 형태는 입자가 서로 떨어져 있어 열이 다른 입자로 전도가 되기 어려우므로 작은 입자는 탈 수 있는 것이다.

이러한 금속의 연소 형태는 비중에 따라서 두 가지로 분류되는데 비중이 가벼운 경금속(Li, Na, K, Mg, Ca, Al 등)의 경우에는 융점이 낮고 열에 의해 녹아 액상이 된 후 증발하여 증기 상태에서 불꽃을 내면서 연소하는 증발연소의 형태를 띠며, 비중이 큰 금속(Ti, Zr 등)은 융점이 너무 높아 연소하기 어렵지만 연소하면 불꽃을 내면서 비산한다.

A급(일반화재)이나 B급(유류화재)과는 달리, 화재 초기 단계에 다량의 불꽃이 나타나지 않거나 많은 방사열이 느껴지지 않을 수도 있다. 마그네슘의 경우에는 강렬한 빛이, 리튬에서는 다량의 짙은 연기가, 그리고 타이타늄이나 지르코늄에서는 아주 적은 연기가 발생한다.

2. D급 화재[32]의 진압

금속화재는 D급 화재로서 매우 다양한 형태가 있고 진화하기도 어렵다. 각각의 가연성 금속에 따라 화재의 형태가 다르며 같은 금속이라도 화재 현장에 따라(주물, 부스러기, 분말, 파편, chips 등) 상황이 달라진다. 따라서 일률적이고 규격화된 능력 단위의 측정도 불가능하다.

A, B, C 급 화재에 사용되는 약제는 D급 화재에는 아무런 효과가 없으며 오히려 역효과를 낸다. 반대로 D급 화재용 약제는 A, B, C급 화재에 아무런 효과가 없다.

효과적인 화재진압을 위해선 반드시 안전장갑, 보호안경, 공기호흡기를 착용한 후 먼저 소화기로 금속 표면을 수 센티 두께로 덮고 별도의 약제를 삽으로 퍼서 뜨거운 금속 표면에 추가로 적용하는 것이 이상적이다. 눈으로 보이지는 않지만 금속 표면 깊숙이 아직도 불씨가 남아있어 재발화의 위험이 크다는 것을 숙지하고 세심한 주의와 인내를 가지고 화재를 진화하여야 한다.

---

32) ※ D급 화재 관련 참고자료
29 CFR Chapter XVII - 1910.57(6)
NFPA 49 - Hazardous Chemicals Data
NFPA 325 - Fire hazard properties of flammable liquids, gases and volatile solids
NFPA 408 - Magnesium storage and handling
NFPA 482 - Zirconium production and processing
NFPA 485 - Lithium metal storage, handling, processing and use
NFPA 651 - Aluminum and aluminum powders
NFPA - Fire protection handbook , section 3, chapter 13
Sigma-Aldrich Library of Chemical Safety Data
Dangerous Properties of Industrial Materials - Sax/Lewis
MSDS on any suspected Class D hazards

4 화재진압 방법

1) 황화인은 CO_2, 마른 모래, 건조 분말로 질식소화를 한다.
2) 철분, 금속분, 마그네슘은 마른 모래, 건조 분말, 금속화재용 분말 소화약제[*26]를 사용하여 질식소화한다.
3) 적린, 황, 인화성 고체는 물을 이용한 냉각소화가 적당하다.
4) 제2류 위험물 화재 시는 다량의 열과 유독성의 연기를 발생하므로 반드시 방호복과 공기호흡기를 착용하여야 한다.
5) 분진폭발이 우려되는 경우는 충분히 안전거리를 확보한다.

해설 25. 분진폭발

○ 고체의 미세한 분말이 공기와 같은 산화성 기체 속에 적당한 농도로 떠 있을 때 불꽃, 화염, 섬광 등 화원에 의하여 에너지가 공급되어 격심한 폭발을 일으키는 현상

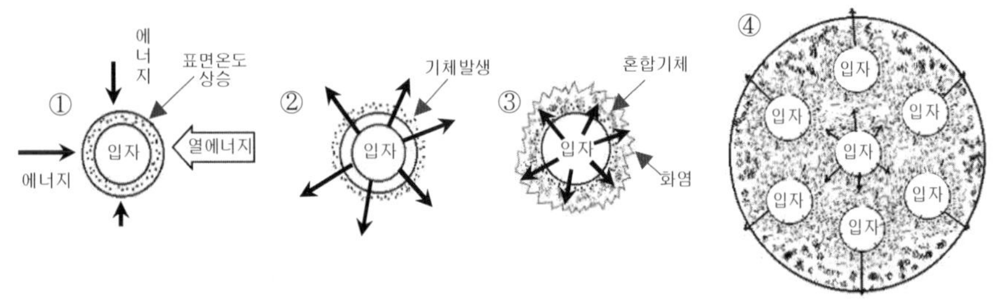

① 입자 표면에 열에너지가 주어져서 표면온도가 상승한다.
② 입자 표면의 분자가 열분해 또는 건류작용을 일으켜서 가연성 기체가 입자 주위에 방출된다.
③ 이 기체가 공기와 혼합되어 폭발성 혼합기체를 생성, 발화하여 화염을 발생시킨다.
④ 이 화염에 의해 생성된 열은 다시 다른 분말의 분해를 촉진시켜 차례로 가연성 기체를 방출시켜 공기와 혼합하여 발화, 전파한다.

○ 분진폭발의 조건
① 가연성 ~ 금속, 플라스틱, 밀가루, 설탕, 전분, 석탄 등 가연성 물질의 분진
② 미분상태 ~ 200 mesh(76 ㎛) 이하의 분진
③ 지연성 가스(공기) 중에 부유
④ 점화원의 존재

 26. 금속화재용 분말 소화약제(dry powder)

1. dry powder

금속화재용 분말약제로 고온의 가연성 금속의 화재에 사용하는 소화약제들을 의미한다.

고온(1,500℃ 이상)에서 연소하는 금속에 일반적으로 사용되는 소화약제인 물이 접촉되면 물분자 내의 수소결합을 끊을 수 있는 높은 에너지로 인하여 물이 수소와 산소로 분해되는 동시에 격렬한 폭발반응을 한다. 따라서 금속화재에는 물을 이용하여 소화할 수 없으므로 별도의 특수한 약제를 사용하여야 한다. 「위험물안전관리에 관한 세부기준」 제136조에서는 일반적인 분말소화약제와는 별도로 '특정 위험물에 적응성이 있는 소화약제'를 제5종 분말이라 정의하고 있는데 이러한 제5종 분말의 대표적인 것이 금속화재용 분말소화약제이기도 하다.

금속화재용 소화약제는 D급 소화약제 혹은 D형 소화약제로도 표현될 수 있다.

2. 소화 원리 및 약제의 조건

금속화재용 분말소화약제는 금속 표면을 덮어서 산소의 공급을 차단(질식소화)하거나 온도를 낮추는 것(냉각소화)이 주된 소화 원리이며, 이를 만족시키기 위해서는 다음과 같은 성질을 가져야 한다.

① 고온에 견딜 수 있을 것
② 냉각 효과가 있을 것
③ 요철 있는 금속 표면을 피복할 수 있을 것
④ 금속이 용융된 경우(Na, K 등)에는 용융 액면 위에 뜰 것 등

이러한 성질을 갖춘 물질로는 흑연, 탄산나트륨, 염화나트륨, 활석(talc) 등이 있으며 이를 주성분으로 유기물을 결합제로 첨가한 것이다. 이 약제는 가열에 의해 유기물이 용융되어 주성분을 유리상으로 만들어 금속 표면을 피복하여 산소의 공급을 차단한다.

3. 금속화재용 분말소화약제의 종류[33)]

① G-1
흑연화된(분말상의) 주조용 코크스(Graphite)를 주성분으로 하고 여기에 유기 인산염을 첨가한 약제이다. 흑연은 열의 전도체이기 때문에 열을 흡수하여 금속의 온도를 발화 온도 이하로 낮추어 소화하며 질식 효과도 있다. 인산화합물이 가열되면 증기가 발생하여 산소공급을 차단하기도 한다. Mg, Na, K, Ti, Li과 같은 금속화재에 효과적이다.

② Met-L-X
염화나트륨(NaCl)을 주성분으로 하고 분말의 유동성을 높이기 위해 제3인산칼슘(tricalcium phosphate, $Ca_3(PO_4)_2$)과 가열되었을 때 염화나트륨 입자들을 결합하기 위하여 열가소성 고분자 물질을 첨가한 약제이다. 이 약제는 Mg, Na, K와 Na/K 합금의 화재에 효과적이다. 고온의 수

직 표면에 오랫동안 붙어 있을 수 있기 때문에 고체 금속조각의 화재에 특히 유효하다.

③ Na-X

나트륨 화재를 위해 특별히 개발된 것으로 탄산나트륨(Na_2CO_3)을 주성분으로 하고 여기에 비흡습성과 유동성을 향상시킬 수 있는 첨가제를 첨가한 약제이다.

④ Lith-X

리튬 화재를 위해 특별히 만들어진 것이지만 Mg 나 Zr 조각의 화재 또는 Na 와 Na-K 화재에도 사용된다. 흑연을 주성분으로 하고 유동성을 높이기 위해 첨가제를 첨가하였다.

⑤ TEC(Ternary Eutectic Chloride) 분말

영국에서 알칼리금속 화재용으로 개발된 특수소화약제로서 $BaCl_2$-51 %, KCl-29 %, NaCl-20 %로 구성되며 융점은 545 ℃이다. 가연물의 피복으로 산소 공급을 차단하고 화염의 억제 작용이 있다. 염화바륨의 독성에 주의하여 사용하여야 한다.

< dry powder의 종류 >

약제(상품)명	주성분	적응 금속화재
Pyrene G-1 또는 Metal Guard	graphited Coke + Organic Phosphate	Mg, Al, K, Na, Ti, Li, Ca, Zr, Hf, U, Pt, HF, Pu, Th
Met-L-X	NaCl +$Ca_3(PO_4)_2$	Al, K, Mg, Na, Ti, U, Zr
Foundry flux	Mixed Chlorides + Fluorides	Mg
Lith-X	Graphite + 첨가제	Li, Mg, Na, K, Zr
Na-X	탄산나트륨 + 첨가제	Na
Pyromet	$(NH_4)_2H(PO_4)$ + NaCl	Na, Ca, Zr, Ti, Mg, Al
T, E, C 또는 TEC powder	KCl + NaCl +$BaCl_2$	Mg, Na, K, Pu
Dry Sand(마른모래)	SiO_2	각종 금속화재
Sodium Chloride(소금)	NaCl	Na, K
Soda Ash(소다회)	Na_2CO_3	Na, K
Lithium Chloride	LiCl	Li
Zirconium Silicate	$ZrSiO_4$	Li
구리가루	Cu	Al, Li, Mg
super-D	NaCl	Na, K, Mg, U, Al, Ti
Met-L-KYL		알킬알루미늄
분말 이외의 기체 상태의 소화약제로는 아르곤, 헬륨, 질소, 불화붕소가 있으며 아르곤이나 헬륨은 모든 금속화재에, 질소는 나트륨과 칼륨 화재에, 불화붕소는 마그네슘의 화재에 적용 가능하다고 알려져 있다.		

※ TMB(trimethoxy boroxyn): 미 해군연구소에서 개발한 금속화재용 특수 **액체소화약제**로서 주성분은 $(BOOCH_3)_3$이다. TMB 약제 자신이 불에 타서 잔사로써 산화붕소의 glass상 피막을 형성하여 산소를 차단하여 질식소화하고 물과의 반응성이 있는 금속을 피복함으로써 이것을 방사한 후 그 위에 물이나 포소화약제의 사용도 가능해진다.

33) 참고문헌: KOSHA GUIDE G-77-2013(물반응성 물질의 취급 · 저장에 관한 기술지침
NFPA 408(Mg), 480(Mg), 482(Zr), 485(Li), 651(Al) 및 NFPA 484, table A.6.3.3
ERG(emergency response guidebook)

※ 제2류 위험물의 소화설비 적응성 관련 법령상 표현

(위험물안전관리법 시행규칙 별표17. I .4. '소화설비의 적응성')

소화설비의 구분			대상물 구분											
			건축물·그 밖의 공작물	전기설비	제1류 위험물		제2류 위험물			제3류 위험물		제4류 위험물	제5류 위험물	제6류 위험물
					알칼리금속과산화물등	그 밖의 것	철분·금속분·마그네슘등	인화성고체	그 밖의 것	금수성물품	그 밖의 것			
옥내소화전 또는 옥외소화전설비			○			○		○	○		○		○	○
스프링클러설비			○			○		○	○		○	△	○	○
물분무등소화설비	물분무소화설비		○	○		○		○	○		○	○	○	○
	포소화설비		○			○		○	○		○	○	○	○
	불활성가스소화설비			○				○				○		
	할로젠화합물소화설비			○				○				○		
	분말소화설비	인산염류등	○	○		○		○	○			○		○
		탄산수소염류등		○	○		○	○		○		○		
		그 밖의 것			○		○			○				
대형·소형 수동식소화기	봉상수(棒狀水)소화기		○			○		○	○		○		○	○
	무상수(霧狀水)소화기		○	○		○		○	○		○		○	○
	봉상강화액소화기		○			○		○	○		○		○	○
	무상강화액소화기		○	○		○		○	○		○	○	○	○
	포소화기		○			○		○	○		○	○	○	○
	이산화탄소소화기			○				○				○		△
	할로젠화합물소화기			○				○				○		
	분말소화기	인산염류소화기	○	○		○		○	○			○		○
		탄산수소염류소화기		○	○		○	○		○		○		
		그 밖의 것			○		○			○				
기타	물통 또는 수조		○			○		○	○		○		○	○
	건조사				○	○	○	○	○	○	○	○	○	○
	팽창질석 또는 팽창진주암				○	○	○	○	○	○	○	○	○	○

비고)

1. "○"표시는 해당 소방대상물 및 위험물에 대하여 소화설비가 적응성이 있음을 표시하고, "△"표시는 ...(생략)
2. 인산염류등은 인산염류, 황산염류 그 밖에 방염성이 있는 약제를 말한다.
3. 탄산수소염류등은 탄산수소염류 및 탄산수소염류와 요소의 반응생성물을 말한다.
4. 알칼리금속과산화물등은 알칼리금속의 과산화물 및 알칼리금속의 과산화물을 함유한 것을 말한다.
5. 철분·금속분·마그네슘등은 철분·금속분·마그네슘과 철분·금속분 또는 마그네슘을 함유한 것을 말한다.

5 제2류 위험물 각론

1) 황화인(Phosphorus sulfide, 황화린) - 100 kg

- 인(P)의 황(S)화물을 통틀어 이르는 말
- 일반식은 P_4S_X(X≤10)으로, P원자 4개의 4면체 구조를 포함하고 있다.
- P_4S_2, P_4S_3, P_4S_4, P_4S_5, P_4S_6, P_4S_7, P_4S_8, P_4S_9, P_4S_{10}이 있다.[34]
- 대표적인 안정된 황화인은 삼황화사인, 오황화이인, 칠황화사인이다.[35]

구 분	녹는점(℃)	끓는점(℃)	비중	발화점(℃)	색상	용해성
P_4S_3 삼황화사인	172.5	407	2.03	100	황색 결정	불용성
P_2S_5 오황화이인	290	514	2.09	260-290	담황색 결정	조해성
P_4S_7 칠황화사인	310	523	2.19	250 이상	담황색 결정	조해성
P_2S_3 삼황화이인	290	490	-	-	담황색 결정	조해성

- 약간의 열에 의해서도 매우 쉽게 연소하며 때에 따라서는 폭발한다.
- 유기합성, 성냥, 탈색, 의약, 농약, 윤활유 첨가제 등에 사용된다.
- 화기엄금, 마찰 · 충격 금지, 습기 접촉 방지, 직사광선 차단
- 용기밀폐 및 노출 방지, 산화제, 가연물, 강산류, 금속분과의 혼합을 방지한다.
- 건조 분말, 마른 모래로 질식소화한다.
- 연소생성물은 모두 유독하다.

---

34) 참고문헌 ~ ① wikipedia 검색 "Phosphorus sulfide"
② 호성 케멕스(주), "14303 화학상품 한국어판", p.228, [P_2S_3 CAS No. 12165-69-4]
③ 오백균 외3, "위험물안전관리론", 동화기술, p.263 (2012) [$2P_4S_5 \rightarrow P_4S_3 + P_4S_7$]
④ 이봉우 · 류종우, "위험물질론", 비전커뮤니케이션, p.241 (2011)

35) 황린, 적린은 표준말이지만 '황화린'은 표준말이 아니다. 또한 여러 가지 황화인에 관한 명명법 때문에 혼란스럽다.

국가위험물통합정보시스템에 등재된 황화인은 모두 3종으로 삼황화사인(P_4S_3), 칠사황화린(P_4S_7), 삼이황화인(P_2S_3)이라 되어 있으며, 위의 비고 ② 서적에는 사삼황화인(P_4S_3), 오이황화인(P_2S_5), 삼이황화인(P_2S_3), 칠사황화인(P_4S_7) ③ 서적에는 삼황화린(P_4S_3), 오황화린(P_2S_5), 칠황화린(P_4S_7) ④ 서적에는 삼황화인(P_4S_3), 오황화인(P_2S_5), 칠황화인(P_4S_7)으로 언급되어 있다.

위험물 안전관리는 정확한 명명법부터 시작된다. 따라서 다음과 같이 분자 형태를 예측하기 쉽도록 통일하여 명명하는 것이 옳다. 다만, 띄어쓰기는 한글 맞춤법 제50항(전문 용어는 단어별로 띄어 씀을 원칙으로 하되, 붙여 쓸 수 있다.)을 참고하여 붙여 쓰는 것이 현실에 부합된다.

P_4S_3 → 삼황화사인　P_2S_5 → 오황화이인　P_4S_7 → 칠황화사인　P_2S_3 → 삼황화이인　P_4S_5 → 오황화사인

① **삼황화사인**(Tetraphosphorus trisulfide, Phosphorus sesquisulfide, $\mathbf{P_4S_3}$, 삼황화린, 삼황화인, 세스키황화인)

· 무취, 황색의 결정성 덩어리로서 탈색제, 성냥 제조 등에 사용된다.

· 물, 염산, 황산에는 녹지 않으나 뜨거운 물, 질산, 알칼리, 이황화탄소에는 녹아 분해된다.

· 발화점이 낮아서 마찰에 의해서도 연소하며 100℃에서 자연발화한다.

$$P_4S_3 + 8O_2 \longrightarrow 2P_2O_5\uparrow + 3SO_2\uparrow$$

삼황화사린　　　　　오산화이인　아황산가스

② **오황화이인**(Phosphorus pentasulfide, $\mathbf{P_2S_5}$, P_4S_{10}, 십황화사인, 오황화린, 오황화인)

· 담황색 결정성 덩어리로 유기화학반응에서는 P_4S_{10}가 P_2S_5로 분해되어 반응하므로 십황화사인이라 하지 않고 오황화이인이라 부른다.[36]

· 농약제조, 윤활유첨가제, 선광제, 유기화학의 가황제로 사용된다.

· 알코올, 이황화탄소에 녹으며, 조해성, 흡습성이 있다.

· 물과 접촉하면 가연성, 유독성의 황화수소[*27]를 발생하므로 공기 중 습기에 의해 분해되어 계란 썩는 냄새가 난다. 황화수소는 공기와 혼합물을 형성하면 점화원에 의해서 폭발의 위험이 있으며 눈과 호흡기를 자극한다.

$$P_2S_5 + 8H_2O \longrightarrow 5H_2S\uparrow + 2H_3PO_4$$

오황화이인　　　　　황화수소　인산

또는 $$P_4S_{10} + 16H_2O \longrightarrow 10H_2S\uparrow + 4H_3PO_4$$

오황화이인　　　　　황화수소　인산

· 연소생성물은 모두 유독하다.

$$2P_2S_5 + 15O_2 \longrightarrow 2P_2O_5\uparrow + 10SO_2\uparrow$$

오황화이인　　　　　오산화이인　이산화황

· 알칼리와 반응하여 황화수소와 인산이 된다.

· 황린과 혼합하면 자연발화한다.

36) In organic chemistry P_4S_{10} is used as a thionation reagent. Reactions of this type require refluxing solvents such as benzene, dioxane or acetonitrile with P_4S_{10} dissociating into P_2S_5

③ **칠황화사인**(Phosphorus heptasulfide, Tetraphosphorus heptasulphide, P_4S_7, 칠황화사린, 칠사황화린)

· 담황색 결정으로 조해성이 있고, 황린과 혼합하면 자연발화한다.

· 찬물에는 서서히, 뜨거운 물에는 급히 분해하여 황화수소를 발생한다.

④ **삼황화이인**(Phosphorus trisulphide, P_2S_3, 삼이황화인)

· 무취 · 무미의 노란색 고체로 물과 격렬히 반응한다.

· 알코올, 이황화탄소, 에터에 용해된다.

27. 황화수소(H_2S)

○ 황화수소(H_2S)는 악취를 가진 무색의 기체로 천연으로는 화산가스 · 온천 등에 함유되어 있으며, 황을 함유하는 단백질류의 부패에 의해서도 생성된다.(계란 썩는 냄새)

○ 끓는점 -59.6 ℃, 녹는점 -82.9 ℃, 비중 1.189, 가연범위 4.3 ~ 45 %

○ 20 ℃ 에서 1부피의 물에 2.91부피가 녹아 약한 산이 된다.

○ 공기 중에서는 청색 불꽃을 내고 타며 물과 이산화황이 된다.

$$2H_2S + 3O_2 \longrightarrow 2H_2O + 2SO_2$$

황화수소 이산화황

○ 여러 가지 금속염 용액과 작용하여 각종 황화물을 생성하므로 분석화학에서 특히 중요하며 유기 화합물 합성의 환원제로도 많이 쓰인다.

2) 적린(Red Phosphorus, Amorphous Phosphorus, P, 붉은인) - 100 kg

· 암적색 무취의 분말로 황린과 동소체*28이다. 조해성이 있다.
· 공기를 차단한 상태에서 황린을 약 260℃로 가열하면 생성된다.
(적린의 증기를 냉각시키면 황린이 된다)
· 성냥, 화약, 불꽃 제조, 의약, 농약, 유기합성, 폭죽 등에 이용된다.
· 황린과 달리 대단히 안정하다.(자연발화성 · 인광 · 맹독성은 아니다)
· 녹는점 416℃, 발화점 260℃, 비중 2.2
· 물, 이황화탄소(CS_2), 알칼리, 에터, 암모니아 등에는 녹지 않는다.
· 연소하면 황린과 같이 유독성 P_2O_5의 흰 연기를 발생한다.

$$4P + 5O_2 \longrightarrow 2P_2O_5 \uparrow$$

적린 오산화이인

· 강산화제와 혼합하면 불안정한 폭발물과 같은 형태로 되어 가열 · 충격 · 마찰에 의해 폭발한다.

$$6P + 5KClO_3 \longrightarrow 5KCl + 3P_2O_5 \uparrow$$

적린 염소산칼륨 염화칼륨 오산화이인

· 무기과산화물[37]과 혼합한 것에 약간의 수분이 침투하면 발화한다.
· 불량품에 황린이 약간 존재하면 자연발화한다.
· 분진은 밀폐상태의 공기 중 부유할 때 점화원에 의해 분진폭발을 일으킨다.
· 화재 시엔 다량의 물로 냉각소화한다.

---

37) 무기과산화물: 과산화수소(H_2O_2)의 수소가 금속으로 치환된 화합물, 분자 중에 있는 산소원자 간의 -O-O- 결합력이 약하여 불안정하므로 안정한 상태로 되려는 성질이 있다.

28. 동소체(allotrope, allotropy)

○ 한 종류의 원자(원소)로 이루어져 있으나 성질과 모양이 서로 다른 홑원소 물질

○ 동소체의 생성 원인: 구성 원자들의 결합 방법이나 배열의 차이가 있기 때문

○ 한 가지의 같은 원소로 구성되어 있으므로 연소생성물은 같다.(단, 산소의 동소체는 제외)
⇒ 물리적 성질은 다르나 화학적 성질이 같다.

○ 동소체의 간단한 예

원소(원자)	동소체	생성 원인	연소 생성물
탄소(C)	다이아몬드, 흑연, 플러렌, 그래핀	결정 내의 원자 배열	이산화탄소(CO_2)
산소(O)	산소(O_2), 오존(O_3)	분자 구성의 차이	-
인(P)	황린(P_4), 적린(P)	결정 내의 분자 배열	오산화인(P_2O_5)
황(S)	사방황(S_8), 단사황(S_8)	결정 내의 분자 배열	이산화황(SO_2)

○ 인의 동소체
인(phosphorus)은 그리스어로 빛(phos)과 가져오는 것(phoros)의 합성어이며, 그리스 신화에서 금성(샛별)을 일컫는 말이기도 하다. 인에서 나오는 빛은 흰인의 산화과정에서 생성된 들뜬 중간물질에서 나오는 화학 발광(chemiluminescence)이다. 인의 동소체는 색에 따라 구분하는데, 흰인과 붉은인이 가장 흔하고, 검은인, 보라인 등도 있다.

① **흰인**(백린, 白燐) ~ 양초와 같은 투명한 고체로, 4개의 인 원자가 **정사면체구조**를 이루어 P_4 분자로 있다. 인의 동소체 중 열역학적으로 가장 불안정하며, 증발이 잘 되고 반응성이 크다. 공기 중에 노출되면 황록색의 빛을 낸다. 또 공기 중에서는 약 34℃(습도가 높으면 30℃)에서 자연 발화할 정도로 인화성이 크고, 독성이 있다. 흰인은 열과 빛에 의해 천천히 붉은인으로 변환되기 때문에 항상 붉은인을 적은 양 포함하고 있다. 따라서 순수한 흰인은 얻기 어렵고, 보통 노란색으로 얻어지므로 이를 노란인(황린: 黃燐)이라고도 부른다.

② **붉은인**(적린, 赤燐) ~ 가루 형태로 존재하며, 흰인을 가열하여 생산한다. 붉은인은 인 원자들이 사슬로 연결된 고분자 형태의 **중합체구조**를 가진다. 비정질 구조(amorphous)로 원자 배열의 규칙성을 찾기 힘든 구조이므로 분자식은 P로 본다.

③ **보라인**(자린, 紫燐) ~ 붉은인을 550℃ 이상에서 열처리하면 얻어진다. 1865년에 처음으로 만들어졌으며, P_8와 P_9 원자단이 교대로 연결된 복잡한 **체인구조**를 갖는다.

④ **검은인**(흑린, 黑燐) ~ 흰인을 높은 압력에서 가열하여 만든다. 열역학적으로 가장 안정한 인으로 흑연과 비슷한 **층상구조**를 하고 있다. 비금속임에도 전기전도성이 있어 반도체의 성질을 보이나 전기적 성질은 제조 과정에서 들어간 불순물에 의해 크게 영향을 받는다.

3) 황(Sulfur, Thion, S, 유황) - 100 kg

· 무취의 황색 결정(분말)이며 단사황, 사방황, 고무상황의 동소체가 있다.
· 불의 근원이라는 라틴어 Sulphurium에서 유래되었으며, 화산지대에서 노란빛의 결정으로 흔히 발견되어 직접 채굴한다. 고체상태에서는 노란색을 띄지만 액체 상태에서는 붉은색으로 변하며 불이 붙으면 푸른 불꽃을 만든다.
· 순도가 60 wt% 이상인 것을 위험물로 분류한다.

> ⇒ 어떤 물질 중에 황 성분이 중량백분율로 60 % 이상이 되어야 위험물로 본다.
> 황가루와 활석가루가 각각 50 kg씩 혼합되어 있다면 위험물에 해당되지 않으며,
> 황 60 kg + 불순물 40 kg = 100 kg ⇒ 지정수량 이상인 위험물이다.
> (순도측정에서 불순물은 활석 등 불연성 물질과 수분에 한한다)

· 물에 불용, 알코올에 난용이고 이황화탄소에 잘 녹는다(고무상황은 불용)
· 황산, CS_2 등 황화합물의 제조, 성냥, 고무, 화약, 농약, 의약, 염료, 펄프 제조, 전기절연체 등에 다양하게 이용된다.
· 공기 중에서 연소하기 쉬우며 연소 자체는 격렬하지 않지만 푸른 약한 불꽃을 내며 다량의 유독가스(이산화황 → 기관지염, 결막염)를 발생한다.

$$S + O_2 \longrightarrow SO_2\uparrow$$

황 　　　　　　　 이산화황

· 미세한 분말 상태로 공기 중 부유하면 분진폭발을 일으킨다.
· 고온에서 용융된 황은 H_2, Fe, Cl_2, C와 반응하여 발열한다.

$$H_2 + S \longrightarrow H_2S\uparrow + \text{발열}$$

수소 　 황 　　　 황화수소

· 전기의 부도체(전봇대의 애자)이며 마찰에 의해 정전기가 발생할 우려가 있고 점화원이 될 수 있다.
· 산화제의 혼합연소는 다량의 물에 의한 소화가 좋다.

○ 사방황(사방정계의 황)

· α황이라고도 하며 S_α로 쓰기도 한다.
· 황색 결정이며 물에는 녹지 않으나 염화황 · 이황화탄소에는 잘 녹고, 알코올 · 에터 · 글리세롤 · 벤젠 등에는 약간 녹는다.
· 상온에서 안정된 형태를 가지며 천연으로 산출되는 황은 사방황이다.

· 8개의 황 원자가 꺾은선처럼 구부러진 고리모양의 구조를 형성하고 있다.

· 인화점 207℃, 녹는점 119℃, 발화점 약 230℃, 비중 2.07

· 황을 이황화탄소에 넣은 다음 증발접시에서 이황화탄소를 증발시키면 팔면체의 결정이 생성되는데 이것이 사방황이다.

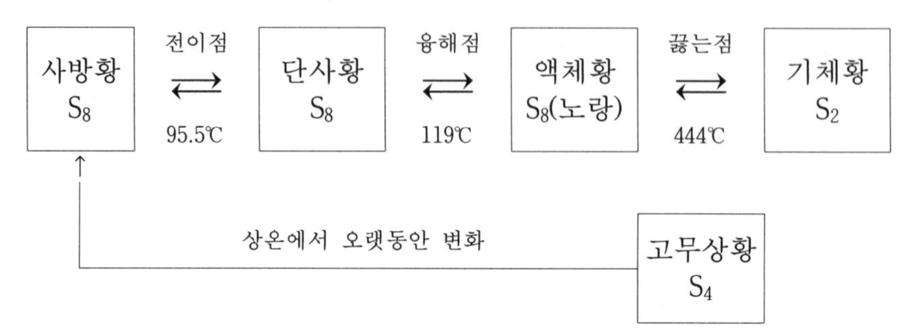

○ 단사황(단사정계의 황)

· β황이라고도 하며 S_β로 쓰기도 한다.

· 황을 120℃ 이상 가열하여 거름종이를 깔때기 모양으로 만들어 그곳에 따르면 바늘 모양의 결정을 얻는다. 이를 단사황 또는 바늘상황이라 한다.

· 녹는점 119℃, 비중 1.96

· 95.5℃ 이하에서는 단사황이 서서히 사방황으로 변하고 그 이상에서는 사방황이 단사황으로 변화하는데 이와 같은 동소체가 서로 변화하는 온도를 전이온도 또는 전이점이라 한다.

· 160℃에서 갈색을 띠며 250℃에서는 흑색으로 불투명하게 되며 유동성을 갖는다.

○ 고무상황(비정계의 황)

· 무정형 황으로 μ황 또는 $S\mu$로 쓰기도 한다.

· 용융된 황을 끓는 온도까지 가열하여 액체를 급히 찬물에 넣어 식히면 얻는다.

· 암갈색의 고무모양의 무정형으로 불안정하다.

· 물 · 이황화탄소에 녹지 않는다.

4) 철분(Iron powder, Ferrum powder, Fe) - 500 ㎏

· 은백색의 광택이 나는 금속분말이다.
· 철은 우주에서 가장 많이 분포된 금속으로 지구 질량의 32 %를 차지한다.
· 강자성체[38]이지만 766 ℃에서 강자성을 잃는다.
· 녹는점 1,530 ℃, 끓는점 2,750 ℃, 비중 7.8
· 환원제, 야금, 유리 착색제, 불꽃 제조, 촉매류로 이용된다.
· 200 ℃에서 염소와 반응하여 염화제이철($FeCl_3$의 관용명[*29])이 된다.
· 연소하기 쉽고 절삭유[39]와 같은 기름이 묻은 철분을 장기간 방치하면 자연발화한다.
· 미세한 분말일수록 작은 점화원에 의해 발화 폭발한다.
· 53 ㎛의 표준체[*30]를 통과하는 것이 50 wt% 이상인 것만 위험물로 본다.

> ⇒ 53 ㎛의 표준체를 반 이상 통과해야 위험물로 규제한다.
> (≒ 작은 입자일수록 위험하므로 위험물로 규제한다)
> 500 ㎏의 철가루 중 251 ㎏이 53 ㎛의 표준체를 통과하면 500 ㎏의 철가루 모두 위험물이고, 249 ㎏이 통과했다면 500 ㎏의 철가루는 모두 위험물이 아니다.

· 더운물 또는 수증기와 반응하면 수소를 발생하고 경우에 따라 폭발한다.

$$\underset{\text{철}}{2Fe} + 3H_2O \longrightarrow \underset{\text{산화철(III)}}{Fe_2O_3} + 3H_2\uparrow$$

· 상온에서 묽은 산과 반응하여 수소를 발생한다.

$$\underset{\text{철}}{Fe} + \underset{\text{염산}}{2HCl} \longrightarrow \underset{\text{염화철(II)}}{FeCl_2} + H_2\uparrow$$

· 습한 공기 중에서 녹(Fe_2O_3)이 슨다.

$$\underset{\text{철}}{4Fe} + 3O_2 \longrightarrow \underset{\text{산화철(III)}}{3Fe_2O_3}$$

· 고온으로 가열된 철은 수증기와 반응하여 산화 방지용 사산화삼철이 된다.

$$\underset{\text{철}}{3Fe} + 4H_2O \longrightarrow \underset{\text{사산화삼철}}{Fe_3O_4} + 4H_2\uparrow$$

38) 강자성체: 자석에 강하게 달라붙는 물질
39) 절삭유: 절삭 기계의 마찰면에 생기는 마찰력을 줄이거나 마찰열을 분산시키기 위한 목적으로 사용하는 기름

29. 철 화합물의 명명법

○ 음성원소 이름 뒤에 '화'를 넣어 먼저 부르되, 원소 앞에 원자수 만큼 '일' '이' 등을 표시한다.

○ 양성원소가 두 가지 이상의 원자가를 가질 수 있는 경우에는 화합물 이름 끝의 괄호 안에 로마 숫자로 원자가를 적어 구별한다.(많은 금속은 두 가지 이상의 양이온이 가능하고, 따라서 주어진 음이온과 함께 두 종류 이상의 화합물을 형성할 수 있다.) 화합물 $FeCl_2$는 Fe^{2+} 이온을 갖고 있고, 화합물 $FeCl_3$에는 Fe^{3+} 이온이 존재한다. 이런 경우에는 금속이온의 전하도 반드시 표시 되어야 한다. 이러한 두 가지 철 화합물의 체계명은 로마 숫자로 금속이온의 전하를 나타내어 각각 염화철(Ⅱ), 염화철(Ⅲ)로 표기한다.

→ $FeCl_2$: 염화철(Ⅱ) $FeCl_3$: 염화철(Ⅲ) FeO: 산화철(Ⅱ) Fe_2O_3: 산화철(Ⅲ)

※ $SnCl_2$: 염화주석(Ⅱ) $SnCl_4$: 염화주석(Ⅳ) Cu_2O: 산화구리(Ⅰ) CuO: 산화구리(Ⅱ)

30. 표준체

○ 표준체: 눈의 크기가 규격화된 체, 알갱이 재료의 굵기 정도를 판정하는 데 쓴다.

○ 입도: 입체 또는 분체가 통과할 수 있는 최소의 표준체의 정사각형 체눈 또는 원형 체눈의 한 변의 길이 또는 지름을 밀리미터로 표시한 수

○ 메시(mesh): 그물코의 치수를 가리키는 단위

⇒ 1인치(2.54 cm)안의 그물코의 수를 가리킨다.

○ 53 ㎛ 표준체를 통과하는 것이 50 wt% 이상인 것의 의미

⇒ 체의 사이즈(정사각형의 한 변 또는 원형의 지름)가 53×10^{-6} m인 체를 통과하는 미세한 철 분말이 중량 기준으로 50 %가 넘는 것을 이야기한다. 즉, 철 분말 입자의 크기가 53 ㎛ 이하인 것이 절반 이상 되어야 위험물에 해당된다는 뜻이다. 이때 통과하지 못한 나머지의 철 분말도 시료에 섞여 있었으므로 별도로 구분되지 않는 이상 역시 위험물이다.

5) 금속분(Metal powder) - 500 ㎏

< 원자번호 순으로 정리하면 >

$_{13}$Al(알루미늄), $_{14}$Si(규소),

$_{21}$Sc(스칸듐), $_{22}$Ti(타이다늄), $_{23}$V(바나듐), $_{24}$Cr(크로뮴), $_{25}$Mn(망가니즈),

$_{30}$Zn(아연), $_{31}$Ga(갈륨), $_{32}$Ge(저마늄),

$_{39}$Y(이트륨), $_{40}$Zr(지르코늄), $_{41}$Nb(나이오븀), $_{42}$Mo(몰리브데넘), $_{43}$Tc(테크네튬),

$_{44}$Ru(루테늄), $_{47}$Ag(은), $_{48}$Cd(카드뮴), $_{49}$In(인듐), $_{50}$Sn(주석), $_{51}$Sb(안티모니), $_{52}$Te(텔루륨),

$_{72}$Hf(하프늄), $_{73}$Ta(탄탈럼), $_{74}$W(텅스텐), $_{75}$Re(레늄), $_{76}$Os(오스뮴), $_{77}$Ir(이리듐),

$_{78}$Pt(백금), $_{79}$Au(금), $_{81}$Tl(탈륨), $_{82}$Pb(납), $_{83}$Bi(비스무트), $_{84}$Po(폴로늄)

- 이들의 분말로서 150 ㎛의 체를 통과하는 것이 50 wt% 이상인 것
- 금속분에 해당하지 않는 것

· 알칼리금속, 알칼리토금속 ⇒ 제3류 위험물로서 별도로 규정하고 있다.

· 철분($_{26}$Fe), 마그네슘($_{12}$Mg) ⇒ 별도 품명으로 규정하고 있다.

· 수은($_{80}$Hg) ⇒ 액체이므로 제외한다.

· 니켈 분말($_{28}$Ni), 구리 분말($_{29}$Cu) ⇒ 영 별표1의 비고5에 따라 제외한다.

> 영 [별표1] 비고 5.
> "금속분" 이라 함은 알칼리금속 · 알칼리토류금속 · 철 및 마그네슘외의 금속의 분말을 말하고, 구리분 · 니켈분 및 150마이크로미터의 체를 통과하는 것이 50중량퍼센트 미만인 것은 제외한다.

· 코발트 분말($_{27}$Co), 로듐 분말($_{45}$Rh), 팔라듐 분말($_{46}$Pd)
  ⇒ 가연성, 폭발성이 없어 제외한다.40)

· 란타넘족(57~71번), 악티늄족(89~103번), 104번~112번은 금속분으로 분류할 수도 있으나 관련 자료가 부족하고 유통량이 매우 적어 법적 규제 실익이 적다.

· 그 외는 비금속원소(비금속, 할로젠원소, 비활성 기체)이거나 113번 이상의 원소들처럼 성질이 정확히 알려지지 않은 원소들이다.

---

40) 구리와 니켈은 영 별표1의 비고5에 따라 금속분에서 제외되고, 코발트, 로듐, 팔라듐은 소방기관(일본)의 전통적 자료에 따라 비위험물로 보고 있지만 어디까지나 과거의 자료이므로 과학기술의 발전과 현재의 유통량을 반영한 "규제가 필요한 금속분 전반"에 관한 현대적인 연구가 더 필요하다.

※ 위험물판정(금속분)의 예시

예) 아연분말과 납분말을 혼합하는 경우 위험물 판정 여부(150 ㎛체 이용)
아연분말 100 kg(체통과 50 kg) + 납분말 400 kg(체통과 200 kg) = 위험물
아연분말 100 kg(체통과 40 kg) + 납분말 400 kg(체통과 200 kg) = 위험물이 아님[41]
아연분말 100 kg(체통과 60 kg) + 납분말 400 kg(체통과 200 kg) = 위험물
아연분말 100 kg(체통과 90 kg) + 납분말 390 kg(체통과 180 kg) = 위험물이 아님
아연분말 100 kg(체통과 90 kg) + 납분말 390 kg(체통과 370 kg) = 위험물이 아님

[위험물로 규제하는 금속분]

H																	He
Li	Be											B	C	N	O	F	Ne
Na	Mg											Al	Si	P	S	Cl	Ar
K	Ca	Sc	Ti	V	Cr	Mn	Fe	Co	Ni	Cu	Zn	Ga	Ge	As	Se	Br	Kr
Rb	Sr	Y	Zr	Nb	Mo	Tc	Ru	Rh	Pd	Ag	Cd	In	Sn	Sb	Te	I	Xe
Cs	Ba	란타넘	Hf	Ta	W	Re	Os	Ir	Pt	Au	Hg	Tl	Pb	Bi	Po	At	Rn
Fr	Ra	악티늄	Rf	Db	Sg	Bh	Hs	Mt	Ds	Rg	Cn	Nh	Fl	Mc	Lv	Ts	Og

(※ 118종의 원소 중 순수한 우리말로 된 것은 ‘$_{29}$구리’ 와 ‘$_{82}$납’ 뿐이다)

- 화재 시 물을 이용한 냉각소화는 부적당하다. 주수(注水)로 인해 급격히 발생하는 수증기의 압력과 수증기 분해에 의한 수소 발생에 의하여 금속분이 비산 · 폭발하여 화재 범위를 넓히는 위험이 있다.

41) ‘위험물이 아님’ 또는 ‘비위험물’ 의 의미: 위험성이 없다는 것이 아니라 「위험물안전관리법」에 의한 규제를 받지 않는다는 뜻

① **알루미늄 분말**(Aluminium powder, **Al**)

· 은백색의 광택이 있는 무른 금속으로 연성 · 전성[42]이 풍부하며 열전도율 · 전기 전도도가 크다.
· 도료, 인쇄, 전선, 건축자재, 비행기 · 선박 자재, 일용품, 야금 등으로 쓰인다.
· 녹는점 660 ℃, 끓는점 2,327 ℃, 비중 2.7
· 황산, 묽은 염산, 묽은 질산에 잘 녹으나 진한 질산에는 침식당하지 않는다.
· 할로젠원소와 접촉 시 고온에서 자연발화의 위험이 있다.
· 상온에서 표면에 치밀한 산화피막(산화알루미늄)이 형성되어 내부를 보호한다.
· 분말 자체는 착화성이 낮으나 한 번 착화하면 연소되어 많은 열을 발생한다.

$$4Al + 3O_2 \longrightarrow 2Al_2O_3 + 339\,kcal$$

알루미늄 산화알루미늄

· 뜨거운 물과 격렬히 반응하여 수소를 발생한다.

$$2Al + 6H_2O \longrightarrow 2Al(OH)_3 + 3H_2\uparrow$$

알루미늄 수산화알루미늄

· 알칼리수용액에서 수소를 발생한다.

$$2Al + 2NaOH + 2H_2O \longrightarrow 2NaAlO_2 + 3H_2\uparrow$$

알루미늄 수산화나트륨 알루민산나트륨

$$2Al + 2KOH + 2H_2O \longrightarrow 2KAlO_2 + 3H_2\uparrow$$

알루미늄 수산화칼륨 알루민산칼륨

· 산과 반응하여 수소를 발생한다.

$$2Al + 6HCl \longrightarrow 2AlCl_3 + 3H_2\uparrow$$

알루미늄 염산 염화알루미늄

· 산화제와 혼합하면 가열, 충격, 마찰 등으로 발화 · 폭발한다.

---

42) 연성: 탄성한계를 넘는 힘을 가하여도 파괴되지 않고 늘어나는 성질 ⇒ 뽑힘성
전성: 압축력에 대하여 물체가 파절 없이 영구변형이 일어나는 성질 ⇒ 퍼짐성

② **실리콘 분말**(Silicon powder, **Si**, 규소분)

· 어두운 갈색의 준금속[43] 분말, 녹는점 1,410 ℃, 끓는점 2,355 ℃, 비중 2.33
· 비가연성이나 다른 가연물의 연소를 조장한다.(산화성이 있음)
· 지구의 지각에서 산소 다음으로 많은 원소로 전체 질량의 28 %를 차지한다.
· 반도체, 유리, 세라믹, 시멘트 등의 주성분이다.
· 규소산화물(Silicone, SiO_2): 규소와 산소로 이루어진 고분자 화합물, 규소수지
  - 무색무취이며 산화가 느리고 고온에서도 안정적인 절연체로서 유리, 도자기, 건축 자재, 윤활유 제조, 접착제, 인체 보형물, 치약, 식품 방부제, 흡습제, 콘택트렌즈 등으로 널리 활용된다.

③ **스칸듐 분말**(Scandium powder, **Sc**)

· 인화점 0 ℃, 녹는점 1,540 ℃, 끓는점 2,830 ℃, 비중 2
· 무르고 은백색의 전이 금속으로 스칸디나비아에서 산출되는 희귀 광물이다.
· 금속 할로겐 램프 제조, 특수한 경량 합금(알루미늄 스칸듐 합금)을 만들어 항공기 기체, 자전거 프레임, 스포츠 장비 등에 사용된다.
· 이트륨과 란타넘족 원소와 함께 희토류[44]로 분류하기도 한다.
· 공기 중에서 연소하면 밝은 노란색 불꽃을 내며 산화 스칸듐(Sr_2O_3)을 생성한다.

④ **타이타늄 분말**(Titanium powder, Menachin, **Ti**, 티타늄분, 티탄분)

· 은회색의 금속으로 딱딱하고 내구성 · 내부식성이 큰 고체이다.
· 합금, 화학공업용 기기, 전기부품, 터빈, 엔진, 내화물(耐火物), 음향기기, 운동용품, 안경테, 형상기억합금, 치아 임플란트 등으로 쓰인다.
· 녹는점 1,675 ℃, 끓는점 3,260 ℃, 비중 4.5, 증기비중 1.7, 인화점 250 ℃

---

43) 준금속(metalloid): 금속과 비금속의 중간 성질을 가진 원소. 일반적으로 붕소(B), 규소(Si), 비소(As), 안티모니(Sb), 텔루륨(Te)의 여섯 원소를 준금속으로 분류한다.

44) 희토류 원소(rare earth elements): 주기율표 제3족에 속하는 17개 원소의 통칭으로 스칸듐과 이트륨, 그리고 란타넘족(57번~71번, 15개 원소) 원소를 말한다. 종종 악티늄족 원소(89번~103번, 15개 원소)를 포함시키는 경우도 있다. "희토류"라는 이름은 서로 화학적 성질이 유사하고, 광물 속에 그룹으로 존재하기 때문에 홑원소로 추출이 매우 어려워 붙여졌다. 대개 은백색 또는 회색 금속이다.

· 발연질산(진한질산에 NO_2를 녹인 것)등 부식성이 강한 약품에도 보호피막을 형성하기 때문에 부식당하지 않지만 알칼리에는 강하게 부식 당한다.
· 상온에서 반응성이 적으나 610℃ 이상 가열하면 활성을 가지며 산소와 결합하여 산화타이타늄(TiO_2)이 된다.
· 이산화탄소 중에서도 연소한다.
· 뜨거운 질산과 반응하면 불용성의 산화타이타늄(TiO_2)으로 변한다.
· 순수한 질소 기체와 반응하여 800℃에서 질화타이타늄(TiN)이 된다.
· 뜨거운 황산 또는 염산과 반응하면 수소가스를 발생한다.

$$2Ti + 3H_2SO_4 \longrightarrow Ti_2(SO_4)_3 + 3H_2\uparrow$$

타이타늄 황산 황산타이타늄

$$2Ti + 6HCl \longrightarrow 2TiCl_3 + 3H_2\uparrow$$

타이타늄 염산 염화타이타늄

⑤ **바나듐 분말**(Vanadium powder, V)

· 은회색의 딱딱한 고체로 내부식성이 강하다.
· 합금, 강철의 첨가제, 스프링이나 각종 공구, 엔진 제작, X선관의 타깃, 배터리, 촉매로도 쓰인다.
· 과염소산($HClO_4$) · 왕수[*31] · 질산 · 황산에 녹는다.
· 희유금속(稀有金屬, rare metal)[45]이며, 바나듐 화합물은 독성이 있다.
· 녹는점 1,890℃, 끓는점 3,400℃, 비중 6, 인화점 0℃
· 고온으로 충분히 가열하면 연소한다.

$$4V + 5O_2 \longrightarrow 2V_2O_5$$

바나듐 오산화이바나듐

· 고온에서 질소와 염소와 반응하여 VN(질화바나듐)과 VCl_4(염화바나듐)가 된다.

45) 희유금속: 일반 금속과 달리 매장량이 적고 한 곳에 집중돼 있으며 추출이 어려운 금속

31. 왕 수

○ 왕수(王水, aqua regia): 진한 질산과 진한 염산을 혼합한 노란색 액체

HCl
HCl
HCl
^{-}O
$N^{+}=O$
HO

· 염산이나 질산에도 녹지 않는 금 · 백금과 같은 귀금속도 녹이기 때문에 이런 이름이 붙었다.

· 보통 사용되는 것은 **진한 질산 1부피**와 **진한 염산 3부피**의 혼합물이지만, 오래 보존하면 조성이 변화하므로 사용할 때마다 새로 조제한다.

· 특유한 자극성 냄새가 나는 황색 액체이며, 이 용액 속에서는

$$HNO_3 + 3HCl \longleftrightarrow 2[Cl] + NOCl + 2H_2O$$

질산　　염산　　　　염소　염화나이트로실

이와 같은 반응에 의해서 발생기(發生期)의 염소와 염화나이트로실이 생기기 때문에 강력한 산화용해성을 지닌다. 금이나 백금 외에 황화물광석, 텔루륨, 셀레늄 광물, 납이나 구리의 합금, 여러 가지 금속의 비화물광석, 아연합금, 니켈광석, 페로텅스텐 등의 분석시료를 잘 용해시키므로 화학분석에 용해제로 사용된다.

· 이리듐(Ir), 루테늄(Ru), 로듐(Rh), 오스뮴(Os)은 왕수에 녹지 않는다.

· 역왕수(逆王水): 반대로 조성하여 질산 3부피와 염산 1부피로 혼합한 것으로 황철광 내의 황을 전부 산화용해하여 황산이온으로 하는 경우 등에 사용한다.

· 희왕수(稀王水): 왕수에 물을 넣어 2배로 묽게 한 것

⑥ **크로뮴 분말**(Chromium powder, **Cr**, 크롬분)

· 은백색의 광택 있는 금속으로 녹는점이 높고 내부식성이 있다.

· 도금, 합금(스테인리스강), 크로뮴산화물의 제조에 쓰인다.

· 녹는점 1,860℃, 끓는점 2,670℃, 비중 7.2, 증기비중 1.79, 발화점 400℃

· 산소와 접촉하면 쉽게 얇은 산화막을 형성하여 내부를 보호한다.

· 왕수[*31], 진한질산과는 산화물의 피막을 형성하여 부동태[*32]를 이룬다.

· 고온에서 할로젠원소, O_2, N_2, Cl, S, C 및 물과 반응한다.

32. 부동태(passivity)

○ 금속이 보통 상태에서 나타내는 반응성을 잃은 상태

· 철이나 크로뮴과 같이 산과 쉽게 반응하는 금속은 진한질산에 담근 후에는 산과 반응하지 않는 현상을 보이는데 이것은 산화물의 얇은 막이 금속의 표면을 덮고 있기 때문이다.

· 대기 중에서 자연적으로 형성되지만 화학적 산화법으로 좀 더 치밀하고 부식에 강한 부동태 피막을 형성하기 위해서는 60℃로 유지되는 15% 질산용액에 20~30분간 침지시킨 후 물로 세척한다. 부동태의 피막의 형성이 보다 용이하고 우수한 내식성을 갖기 위해서는 합금원소 중 크로뮴의 양이 증가되어야 하고 니켈(Ni)이나 몰리브덴(Mo) 같은 내식성이 큰 합금원소를 첨가해야 한다.

· 스테인리스강의 부동태는 주요 합금원소인 크롬(Cr)이 산소(O_2)와 결합하여 생긴 산화크롬피막(Cr_2O_3)에 의해 형성된다.

· 스테인리스강(stainless): 12% 이상의 Cr을 함유하는 특수강으로 표면에 Cr산화물의 치밀한 피막을 형성하여 녹이 잘 슬지 않는 성질을 갖는다.

⑦ **망가니즈 분말**(Manganese powder, **Mn**, 망간분)

· 회백색의 푸석푸석한 금속으로 부스러지기 쉬우며 반응성이 풍부하다.

· 습한 공기 중 쉽게 금속광택을 잃고 녹이 잘 생기기 때문에 일반 금속재료로 사용되지 않는다. 첨가제, 합금, 의약, 유리착색제 등으로 쓰인다.

· 녹는점 1,240℃, 끓는점 1,960℃, 비중 7.2, 발화점 450℃

· 미세한 분말은 찬물과는 반응이 느리지만 가열하거나 수증기 · 산과 반응시키면 수소를 발생한다.

$$\underset{\text{망가니즈}}{Mn} + 2H_2O \longrightarrow \underset{\text{수산화망가니즈}}{Mn(OH)_2} + H_2\uparrow$$

· 미세분말은 점화원에 의해 폭발위험이 있으며 연소하면 산화망간(MnO)이 된다.

· 강산화성 물질과 혼합하면 발화의 위험이 있다.

⑧ **아연 분말**(Zinc powder, **Zn**)

· 회색의 분말로 비교적 녹는점과 끓는점이 다른 금속에 비하여 낮다.
· 도금, 주물, 전지, 함석[46], 의약, 안료, 황동(Zn+Gu) 제조 등으로 쓰인다.
· 녹는점 420℃, 끓는점 907℃, 비중 7.1
· 습기 있는 공기 중 회백색의 피막을 만들어 내부를 보호한다.
· 공기 중에서 연소되기 쉬우며, 가열하면 밝은 청록색 불꽃을 내며 잘 연소한다.

$$Zn + O_2 \longrightarrow 2ZnO$$
아연 산화아연

· 산, 더운물, 알칼리와 반응하여 수소를 발생한다.

$$Zn + H_2SO_4 \longrightarrow ZnSO_4 + H_2\uparrow$$
아연 황산 황산아연

$$Zn + 2H_2O \longrightarrow Zn(OH)_2 + H_2\uparrow$$
아연 수산화아연

$$Zn + 2NaOH \longrightarrow Na_2ZnO_2 + H_2\uparrow$$
아연 수산화나트륨 산화아연산나트륨

· 저장 중 빗물이 침투되거나 윤활유 등이 혼입되면 열이 발생·축적되어 자연발화의 위험이 있다.
· 산화성 물질과 혼합하고 있는 것은 가열, 충격, 마찰에 의해 발화 폭발한다.

⑨ **갈륨 분말**(Gallium powder, **Ga**)

· 무르고 광택이 있는 백색 또는 미청색의 금속이다.
· 고온 측정용 온도계, 합금, LED 등에 사용된다.
· 녹는점 29℃ ⇒ 더운 날은 액체로 존재할 수 있으며, 손에 들고 있으면 녹는다. 과냉각[47]이 쉽게 일어나므로 냉동실이나 얼음팩을 사용해 영하의 온도까지 내려야 굳기 시작한다.(영하 30℃ 이하에서도 액체 상태를 유지할 수 있다)
· 끓는점 2,400℃, 비중 5, 증기비중 5.9(25℃)

---

46) 함석: 철의 표면에 아연을 도금한 것
47) 과냉각(supercooling): 용융체(溶融體) 또는 액체가 평형상태에서의 상(相) 변화 온도 이하까지 냉각되어도 변화를 일으키지 않는 현상
→ 기체나 액체가 응결점이나 어는점보다 낮은 온도에서도 현재 상태 그대로 남아있는 현상

· 공기 중에서는 비교적 안정하며 물에도 침식되지 않는다.

· 여러 금속을 적시며 금속의 내부까지 침식한다.

· 독성에 대해 알려진 바는 없고 체온에도 녹는 특성 때문에 아동층의 장난감으로 판매되고 있으나 가정 내 금속 제품에 닿기만 해도 금속을 망가뜨릴 수 있다.

· 고온으로 가열하면 느리게 연소한다.

$$4Ga + 3O_2 \longrightarrow 2Ga_2O_3 + 발열$$

갈륨 산화갈륨

· 산과 반응하여 수소가스를 발생한다.

$$2Ga + 6HCl \longrightarrow 2GaCl_3 + 3H_2$$

갈륨 염산 염화갈륨

⑩ **저마늄 분말**(Germanium powder, **Ge**, 게르마늄분)[48]

· 회백색의 광택을 가진 금속으로 가볍고 연하다.

· 광섬유, 반도체정류기의 핵심재료이며, 적외선 렌즈, 친환경농법에도 사용된다.

· 녹는점 937℃, 끓는점 2,840℃, 비중 5.3, 인화점 0℃

· 실온의 공기와 반응하지 않지만 600~700℃에서 공기와 반응하여 GeO_2가 된다.

· 물에 녹지 않지만 뜨거운 황산, 질산, 왕수에 녹는다.

· N_2, H_2와 반응하지 않지만 Cl_2와 반응하여 $GeCl_4$(염화게르마늄)가 된다.

⑪ **이트륨 분말**(Yttrium powder, **Y**)

· 흑회색(은백색)의 광택이 있는 금속(분말)이다.

· 녹는점 1,520℃, 끓는점 3,300℃, 비중 4.5

· 희토류 원소 중 가장 흔하며, 합금, 레이저, 컬러 TV의 빨간색에 사용된다.

· 47℃에서 인화하고 뜨거운 물에서 분해된다.

· 미세한 분말은 공기 중에서 매우 불안정하며 400℃에서 발화한다.

· 1,000℃에서 질소와 반응하여 질화이트륨(YN)을 형성한다.

· 물과 반응하여 산화이트륨(Y_2O_3)을 형성한다. 대부분의 강산과 반응하지만, 고농도의 질산이나 플루오린화수소산과는 반응하지 않는다.

48) 게르마늄 건강 팔찌: 1980년대 일본에서 유입된 상품전략으로 게르마늄 제품은 어떤 효능도 과학적으로 밝혀진 바가 없다고 한다.

⑫ **지르코늄 분말**(Zirconium powder, Zircat, **Zr**)

· 물리적으로 Ti과 비슷하며 단단하고 겉모양은 은백색의 스테인리스와 유사하다.
· 원자로 재료, 합금, 섬광탄의 뇌관, 부식성 화학장치 및 기구 등에 사용된다.
· 녹는점 1,850℃, 끓는점 4,400℃, 비중 6.5, 발화점 200℃ 이하
· 강도가 매우 크고 내부식성이 강하다.
· 가열하면 활성이 커지며 발화하여 산화지르코늄(ZrO_2)이 된다.
· 물에 녹지 않지만, 산이나 알칼리수용액에 자주 적게 녹고, 왕수[*25]에 녹는다.
· 이산화탄소 중에서도 연소한다.

⑬ **나이오븀 분말**(Niobium powder, **Nb**, 니오븀분, 니오브분)

· 광택이 있는 회백색의 금속이다.
· 녹는점 2,470℃, 끓는점 4,700℃, 비중 8.57, 인화점 0℃
· 특수강 등의 합금용으로 주로 사용된다.

⑭ **몰리브데넘 분말**(Molybdenum powder, **Mo**, 몰리브덴분)

· 광택이 있는 은백색의 매우 단단한 금속으로 산화가 잘된다.
· 녹는점 2,620℃, 끓는점 4,660℃, 비중 10.23, 인화점 0℃
· 소량으로 강철을 단단하게 만들 수 있어 스테인리스강, 베어링 등에 사용된다.
· 체내의 생리작용에 관여하며, 미량요소이지만 식물의 필수영양소이다.

⑮ **테크네튬 분말**(Technetium powder, **Tc**)

· 은백색의 금속이며 공기 중에서 쉽게 광택을 잃는다.
· 녹는점 2,170℃, 끓는점 4,900℃, 비중 11.5
· 최초의 인공 방사성원소이므로 그리스어로 "인공"을 뜻하는 단어에서 명명되었다. 핵의학에서 진단에 널리 쓰이며 공업에서는 촉매로도 사용된다.
· 지구상 대부분의 테크네튬은 원자로의 핵폐기물을 재처리하면서 얻어진다.

⑯ **루테늄 분말**(Ruthenium powder, **Ru**)

· 은백색 금속, 녹는점 2,310℃, 끓는점 3,900℃, 비중 12.4, 인화점 0℃
· 백금족[49] 희귀원소로 백금광석에서 함께 산출된다.
· 백금합금에 촉매로 사용되며, 합금은 내마모성과 내부식성이 우수하여 전기접점, 금속장신구, 펜촉, 의료기구 등에 사용된다.
· 산에는 극히 안정하여 왕수에도 녹지 않는다.

⑰ **은 분말**(Silver powder, **Ag**)

· 은백색의 광택을 가진 무른 금속으로 열 및 전기의 양도체이다.
· 장식품, 합금, 도금, 사진 등에 사용된다.
· 녹는점 961℃, 끓는점 2,210℃, 비중 10.5
· 가열된 진한 황산과 반응하여 황산은이 되고 질산에 녹아서 질산은이 되지만 H_2는 발생하지 않는다.

$$\underset{\text{은}}{2Ag} + \underset{\text{황산}}{2H_2SO_4} \longrightarrow \underset{\text{황산은}}{Ag_2SO_4} + 2H_2O + \underset{\text{이산화황}}{SO_2}\uparrow$$

$$\underset{\text{은}}{Ag} + \underset{\text{질산}}{2HNO_3} \longrightarrow \underset{\text{질산은}}{AgNO_3} + H_2O + \underset{\text{이산화질소}}{NO_2}\uparrow$$

· 물 · 공기 · 산소에서는 안정하지만 O_3과 반응하여 검은색의 과산화은(Ag_2O_2)으로 변하고, 황이나 황화수소와 반응하여 검은색의 황화은(Ag_2S)으로 변한다.
· 산소 중 가압하면서 가열하면 연소하여 AgO가 된다.
· H_2O_2와 상온에서 접촉하면 폭발하고 C_2H_2(아세틸렌)과 접촉하여 폭발성 물질로 변한다.
· HCOOOH(과의산), HNO_2(아질산)과 혼합 시 발화위험이 있다.

---

49) 백금족원소: 주기율표 제8, 9, 10족에 속하는 원소 중에서 루테늄(Ru), 로듐(Rh), 팔라듐(Pd), 오스뮴(Os), 이리듐(Ir), 백금(Pt)의 여섯 개 원소의 총칭이다. 10족을 뜻하는 백금족과는 다르다. 대표적인 전이원소(轉移元素)로 모두 희유원소(稀有元素)에 속한다. 서로 성질이 비슷한 귀금속이며 천연으로 혼합된 합금으로 산출되지만 양이 적다.

⑱ **카드뮴 분말**(Cadmium powder, **Cd**)

· 아연광석에서 산출되는 은백색(청백색)의 가벼운 금속으로 강한 내식성이 있다.
· 전지, 원자로의 제어제, 안료, 도금, 합금, 화약, 도장 등에 사용된다.
· 녹는점 320℃, 끓는점 765℃, 비중 8.6, 발화점 250℃
  ⇒ 녹는점과 끓는점이 다른 금속에 비해 상당히 낮다.
· 아연과 비슷한 금속이지만 아연보다 녹슬지 않고 양쪽성[*33]도 아니다.
· 실온의 공기에서는 표면이 산화되고 고온에서는 적색 불꽃을 내며 산화카드뮴(CdO)이 된다.
· H_2, N_2, C와 반응이 없지만 고온에서 할로젠과 반응한다.
· 묽은 질산, 뜨거운 황산 및 염산에 녹으며 알칼리 수용액에 녹지 않는다.
· 독성이 있어 만성중독 시 이타이이타이병[50)]에 걸린다.

⑲ **인듐 분말**(Indium powder, **In**)

· 은백색의 납처럼 무른 금속으로 가공이 쉬우며 어떤 형태로도 만들 수 있다.
· 녹는점 156℃, 끓는점 2,080℃, 비중 7.3, 인화점 0℃
· 반도체 산업과 LCD, LED 등 디스플레이 산업에 매우 중요한 역할을 한다.
· 스펙트럼선이 청색을 나타낸 데서 라틴어의 indicum(인디고블루)을 따서 인듐이라고 명명하였다.
· 생산량보다 사용량이 더 많기 때문에 회수·재사용 과정이 발달하여, 사용 후 폐기된 물질에서 약 70% 정도의 인듐을 재생할 수 있는 것으로 알려져 있다.
· 산소와 상온에서 잘 반응하지 않고, 높은 온도에서 산화하여 산화인듐(In_2O_3)을 형성할 수 있다.
· 알칼리 수용액과는 반응하지 않으나 산과는 반응하여 녹는다.

---

50) 이타이이타이병: 1955년 학회에 처음 보고되었으며, 1968년 일본정부는 '카드뮴에 의해 뼈 속에 칼슘분이 녹아서 생긴 신장 장애와 골연화증'이라고 발표하였다. 원인은 미쓰이 금속주식회사 광업소에서 버린 폐광석에 포함된 카드뮴이 체내에 농축된 것이었으며, 칼슘 부족, 골절, 골연화증을 일으킨다. 뼈가 아프다고 해서 '이타이(아프다)'라고 하였다.

⑳ **주석 분말**(Tin powder, Stannum, Metallic tin, **Sn**)

· 은백색의 청색 광택을 가진 금속으로 천연으로는 산화주석(SnO_2)으로 산출된다.
· 녹는점 232℃, 끓는점 2,270℃, 비중 7.3
· 녹는점이 비교적 낮기 때문에 가공이 용이하여 인류의 역사에서 가장 오랜 기간 사용된 금속이다.
· 청동(Sn+Cu), 양철[51], 땜납, 담배 포장지, 수은 제조, 통조림통 등에 사용된다.
· 회색주석(α-주석)과 백색주석(β-주석)의 두 가지 동소체[*28]가 있다. 회색주석은 비금속성이며 쉽게 부서진다. 일상에서 사용하는 것은 대부분 백색주석이며 금속성을 가진다.
· 양쪽성 물질[*33]이다.
· 공기나 물속에서 안정하고 습기가 있는 공기에서도 녹이 슬기가 어렵다.(공기 중에서는 산화하여 표면에 보호막을 형성한다.)
· 뜨겁고 진한 염산과 반응하여 수소를 발생한다.

$$\underset{\text{주석}}{Sn} + \underset{\text{염산}}{2HCl} \longrightarrow \underset{\text{염화주석}}{SnCl_2} + H_2\uparrow$$

· 뜨거운 염기와 서서히 반응하여 수소를 발생한다.

$$\underset{\text{주석}}{Sn} + \underset{\text{수산화나트륨}}{2NaOH} \longrightarrow Na_2SnO_2 + H_2\uparrow$$

· 미세한 조각이 대량으로 쌓여 있는 경우는 자연발화의 위험이 생긴다.

33. 양쪽성 원소

○ 금속과 비금속의 성질을 모두 가지고 있는 원소

· 대표적인 원소: Al, Zn, Sn, Pb

※ 암기법: 알아주나 ← 알루미늄, 아연, 주석, 납

· 산과 염기에 모두 반응하여 수소를 발생하거나 염과 물을 만든다.
· 산화물과 수산화물도 양쪽성이 있어 산 · 염기와 모두 반응하여 염과 물을 만든다.

51) 양철: 철에 주석을 도금한 것

㉑ **안티모니 분말**(Antimony powder, Stibium, **Sb**, 안티몬분)

· 은백색의 광택이 있는 준금속으로 여러 가지 이성질체[*34]가 있다.

· 도료, 합금, 도금, 반도체, 의약품, 고무 등에 사용된다.

· 옛날부터 유리금속(遊離金屬)으로 알려져 있으며, 안티몬의 광석인 휘안석은 고대인의 눈썹이나 속눈썹을 화장할 때 사용하였다고 한다.

· 녹는점 630℃, 끓는점 1,750℃, 비중 6.7, 인화점 0℃

· 상온에서 변화하지 않지만 가열하면 연소한다.

$$\underset{\text{안티모니}}{4Sb} + 3O_2 \longrightarrow \underset{\text{산화안티모니}}{2Sb_2O_3}$$

· 강산화제와 혼합한 것은 가열, 충격, 마찰로 발화 · 폭발하고 염소(Cl_2)와 혼촉하면 발화한다.

· 염화수은($HgCl_2$)과 접촉 또는 혼합한 것은 가열 또는 충격에 의해 폭발한다.

· 진한 황산, 진한 질산에는 녹지만 묽은 산에는 녹지 않는다.

34. 이성질체

○ 이성질체(異性質體, 이성체, isomer)

· 여러 원소로 이루어진 화합물 중 분자식은 같으나(원소의 종류와 개수는 같으나), 구성 원자단이나 구조가 다르거나, 구조가 같더라도 상대적인 배열이 달라서 성질이 다른 물질

· 골격, 위치, 작용기, 입체 모양이 달라서 물리적 · 화학적 성질이 다를 수 있다.

· 이성질체의 종류는 구조 이성질체와 입체 이성질체로 크게 구분한다.

- 구조 이성질체(연결방식이 다름): 골격 이성질체, 위치 이성질체, 작용기 이성질체
- 입체 이성질체(작용기는 같으나 공간배열이 다름)
  - 거울상이성질체(광학 이성질체): 물리 · 화학적 성질이 같다.
  - 부분입체이성질체: 배치 부분입체이성질체, cis-trans 부분입체이성질체(기하 이성질체)

※ 이성질체, 동소체, 동위원소의 차이

- 이성질체: 다원자 화합물 중 분자식은 같은데 원자 배열이나 입체 구조가 다른 것
- 동소체: 한 가지의 원소로 이루어진 물질(홑원소 물질)인데 원자의 배열이 다른 경우
- 동위원소: 양성자의 수는 같은데 중성자의 수가 달라서 질량수가 다른 원소

㉒ **텔루륨 분말**(Tellurium powder, **Te**, 텔루르분)

· 광택이 있는 회백색의 무른 결정으로 부서지기 쉽다.
· 녹는점 449.8℃, 끓는점 989.9℃, 비중 6.11
· 준금속으로 금속성과 비결정성(무정형)의 동소체가 있다.
· 합금, 세라믹, 반도체, 도자기 안료 등으로 사용된다.
· 공기 중에서 가열하면 청록색의 불꽃을 내며 이산화물이 된다.

㉓ **하프늄 분말**(Hafnium powder, **Hf**)

· Zr와 유사한 회색 금속으로 강도와 내식성이 매우 크다.
· 녹는점 2,230℃, 끓는점 4,602℃, 비중 13
· 원자로, 합금, 전구 필라멘트, 플라즈마 절단 장치의 전극 등으로 사용된다.
· 공기 중에서는 반응성이 적지만 가열하면 활성이 커지며 고온에서는 산소와 결합하여 이산화하프늄(HfO_2)이 된다.
· 산, 알칼리에는 녹지 않고 플루오린화수소(HF)에는 녹는다.

㉔ **탄탈럼 분말**(Tantalum powder, **Ta**, 탄탈분)

· 광택이 있는 흑회색의 고체로 융점이 높고 경도가 크다.
· 녹는점 2,990℃, 끓는점 5,400℃, 비중 16.6
· 인공뼈, 치과 임플란트 재료, 진공관 등에 사용된다.
· 전성과 연성이 좋아 가공하기 쉽다.

㉕ **텅스텐 분말**(Tungsten powder, Wolfram, **W**)

· 회백색의 분말이다.
· 녹는점 3,400℃, 끓는점 5,930℃, 비중 19
· 모든 원소들 중 녹는점이 가장 높고, 강도가 높아 로켓의 엔진, 미사일, 포탄의 탄피, 수류탄, 전구의 필라멘트, 공작기계 등으로 널리 사용된다.

㉖ **레늄 분말**(Rhenium powder, **Re**)

· 은백색 금속으로 공기 중에서는 녹슬지 않으며 분말은 발화한다.
· 녹는점 3,180℃, 끓는점 5,700℃, 비중 21, 인화점 0℃
· 탄소와 텅스텐 다음으로 녹는점이 높으며, 끓는점은 가장 높다.
· 분말은 산소 존재 하에서 가열하면 산화하고, 질산, 과산화수소, 염소수 등에 의해 쉽게 산화된다.
· 고온 초합금 제조에 사용되며 제트엔진의 연소실, 터빈 블레이드, 열전대, 필라멘트, 전기접점 등으로 사용된다.

㉗ **오스뮴 분말**(Osmium powder, **Os**)

· 청회색의 금속으로 단단하고 부서지기 쉽다.
· 방사성원소를 제외한 원소 중 **가장 비중이 높다.**
· 녹는점 2,700℃, 끓는점 5,500℃, 비중 22.6
· 분말은 인체에 매우 해로우며 상온에서 서서히 산화되어 사산화오스뮴이 된다.
· 산소 중 가열하면 매우 휘발성이 강한 사산화오스뮴이 되어 승화한다.

$$Os + 2O_2 \longrightarrow OsO_4$$

오스뮴 사산화오스뮴

· 연마제, 절단도구, 촉매, 전기접점, 만년필의 펜촉, 정밀베어링 등에 사용된다.
· 뜨겁고 진한 황산, 진한 질산, 차아염소산 등에 녹으나 왕수[*31]에는 녹지 않는다.
· 질소(N_2)와 반응하지 않지만 고온에서 황(S), 할로젠원소[52]와 반응한다.

$$Os + 3F_2 \longrightarrow OsF_6 \qquad Os + 2Cl_2 \longrightarrow OsCl_4$$

오스뮴 불소 불화오스뮴 오스뮴 염소 사염화오스뮴

52) 할로젠(할로겐): 17족 원소로 플루오린(F), 염소(Cl), 브로민(Br), 아이오딘(I), 아스타틴(At)을 모두 일컫는다. 할로젠은 비금속원소이며 전자를 얻기 쉬워 강한 산화작용을 나타낸다. 반응성이 매우 세며 자연 상태에서 유리상태로는 존재하지 않으며 금속염의 상태로 존재한다.

㉘ **이리듐 분말**(Iridium powder, **Ir**)

· 은백색 금속, 녹는점 2,410℃, 끓는점 4,100℃, 비중 22.4
· 전형적인 귀금속으로 공기, 물, 산, 알칼리와 반응하지 않고, 왕수에도 녹지 않으나 고온에서는 쉽게 산화된다.
· 고온 도가니, 점화플러그, 전극, 촉매 등으로 사용된다.

㉙ **백금 분말**(Platinum powder, Platina, **Pt**)

· 순수한 덩어리 상태의 백금은 은백색의 금속이지만 분말은 검은색을 띠며, 고운 백금 분말을 플래티넘 블랙(platinum black)이라 부른다.
· 내부식성과 내마모성이 우수하고 연성과 전성이 있어 쉽게 가공할 수 있다.
· 녹는점 1,770℃, 끓는점 3,800℃, 비중 21, 인화점 0℃
· 장신구, 촉매, 실험장비, 전기 콘센트, 자동차 배출가스 제어장치 등에 사용된다.
· 반응성이 매우 적어 강한 산에도 녹지 않으나, 뜨거운 왕수에는 녹아 H_2PtCl_6(염화백금산, 육염화백금산)가 된다.

H⁺ H⁺ $[PtCl_6]$ (Cl, Cl, Cl, Cl, Cl, Cl, Pt^{2+})

㉚ **금 분말**(Gold powder, Aurum, **Au**)

· 노란색의 광택을 가진 금속, 녹는점 961℃, 끓는점 2,210℃, 비중 19.3
· 연성과 전성이 매우 크기 때문에 쉽게 가공할 수 있다.
· 수천 년 이상 화폐로 쓰였으며, 장신구와 치과, 전자제품 등에도 사용된다.
· 다른 물질과 화학반응을 일으키지 않으나 염소, 플루오린, 왕수와는 반응한다.
· 금화합물 제조는 대부분 금을 왕수에 녹여 +3가 상태로 산화시키는 것에서 출발한다. 금을 녹인 용액을 농축시키면 $HAuCl_3$(염화금산, 금염화수소산)이 얻어진다.

(왕수) $HNO_3 + 3HCl \rightarrow 2[Cl] + NOCl + 2H_2O$

$2[Cl] + NOCl + 2H_2O + Au \rightarrow AuCl_3 + NO + 2H_2O$

$AuCl_3 + HCl \rightarrow HAuCl_4$

염화금산(금염화수소산)

$HNO_3 + 4HCl + Au \rightarrow HAuCl_4 + NO + 2H_2O$

㉛ **탈륨 분말**(Thallium powder, **Tl**)

· 은백색 광택의 매우 무른 금속으로 녹는점이 상당히 낮지만 끓는점은 높다.

· 녹는점 303℃, 끓는점 1,457℃, 비중 11.8

· 독성이 강하여 쥐약이나 살충제에 사용되었고, 중독되면 탈모와 암을 유발한다.

· 습한 공기 중 서서히 광택을 잃으며 산화탈륨(Ⅰ)(Tl_2O) 피막이 형성된다.

· 수증기와 반응하므로 석유 속에 보관한다.

· 고온으로 가열하면 연소한다.

$$\underset{\text{탈륨}}{4Tl} + 3O_2 \longrightarrow \underset{\text{산화탈륨(III)}}{2Tl_2O_3} + \text{발열}$$

㉜ **납 분말**(Lead powder, Plumbum, **Pb**)

· 회색의 연하고 무거운 금속으로 쉽게 녹는다.

· 축전지의 전극, 합금, 용접, 연판(鉛板), 연관(鉛管), 땜납[53] 등으로 쓰인다.

· 녹는점 327℃, 끓는점 1,740℃, 비중 11.34

· 납 중독(언어장애, 두통, 복통, 빈혈, 운동마비 등)과 환경문제를 일으킬 수 있다.

· 공기 중 고온에서 연소시키면 노란색의 일산화납[54]을 만든다.

$$\underset{\text{납}}{2Pb} + O_2 \longrightarrow \underset{\text{일산화납}}{2PbO}$$

· 뜨거운 염기와 반응하여 수소를 발생한다.

$$\underset{\text{납}}{Pb} + \underset{\text{수산화나트륨}}{2NaOH} \longrightarrow Na_2PbO_2 + H_2\uparrow$$

---

53) 땜납(Solder): 두 금속 물체 등을 연결하기 위해 녹여 붙이는 물질. 주석(Sn)과 납의 합금이 주로 이용되었으나 유독성 문제로 납이 들어가지 않은 합금도 많이 이용되게 되었다. 납땜은 용접과는 달리 재료인 금속들을 녹이지 않기 때문에 땜납의 녹는점은 재료의 녹는점에 비해 낮다.

54) 일산화납: 산화납(Ⅱ), 밀타승이라고도 하며, 색에 따라 금밀타, 은밀타 등이 있다. 살충제, 납유리, 축전지 등으로 쓰인다. 녹는점은 888℃

㉝ **비스무트 분말**(Bismuth powder, **Bi**, 비스무스분)

· 은백색의 고체로 강자성[55]을 띠고 있다.
· 녹는점 271℃, 끓는점 1,560℃ 비중 9.8
· 녹는점이 매우 낮고 용해할 때 부피가 줄어든다.
· 중금속이지만 독성이 거의 없고 납과 성질이 비슷하므로 납을 대체하여 사용되기도 한다. 퓨즈, 합금재료(자동화재 감지기의 바이메탈), 낚시 추, X-선 차단제, 안료, 반도체, 땜납 등에 쓰인다.
· 실온에서 산소와 느리게 반응하여 표면에 엷은 노란색 또는 분홍색의 산화비스무트(III)(Bi_2O_3) 피막이 만들어져 공기에서 더 이상 부식되지 않는다. 공기 중에서 가열하면 파란 불꽃을 내면서 연소하여 노란색의 Bi_2O_3가 되며, 물과도 반응하여 수소 기체를 발생시키고 Bi_2O_3가 된다.

$$\underset{\text{비스무트}}{4Bi} + 3O_2 \longrightarrow \underset{\text{산화비스무트}}{2Bi_2O_3}$$

· 수소화물은 극히 불안정하고 H_2, N_2와는 반응하지 않는다.

㉞ **폴로늄 분말**(Polonium powder, **Po**)

· 은백색의 광택을 지닌 무른 금속이다.
· 녹는점 254℃, 끓는점 962℃, 비중 9
· 1898년 퀴리부부가 발견하였으며, 나라 이름(폴란드)을 딴 첫 번째 원소이다.
· 매우 희귀한 원소로서 방사선이 매우 강하며, 독성도 사이안화칼륨(KCN, 청산가리)보다 비교할 수 없을 정도로 더 강하다.

55) 자성: 자석에 달라붙는 성질

6) 마그네슘(Magnesium, Mg) - 500 kg

· 은백색의 광택이 나는 알칼리토금속에 속하는 대표적 경금속이다.
· 합금원료, 화약, 신호탄, 타이타늄 제조, 사진 촬영용 섬광분 등으로 사용된다.
· 녹는점 650 ℃, 끓는점 1,100 ℃, 비중 1.74
· 발화점은 녹는점 부근(불순물 존재 시 400 ℃ 정도)
· 공기 중 부식성은 적으나 산이나 염류에 의해 침식당한다.
· 열전도율, 전기 전도율은 알루미늄보다 낮다.(열 및 전기의 양도체)
· 가열하면 연소하기 쉽고 백광 또는 푸른 불꽃을 내며, 양이 많은 경우 순간적으로 맹렬히 폭발한다.

$$\underset{\text{마그네슘}}{2Mg} + O_2 \longrightarrow \underset{\text{산화마그네슘}}{2MgO} + (2\times 143.7)\ kcal$$

· 공기 중 습기와 서서히 반응하여 열이 축적되면 자연발화의 위험이 있다.
· 공기 중 미세한 분말이 부유하면 분진폭발의 위험이 있다.
· 산이나 더운물에 반응하여 수소를 발생하며, 많은 반응열에 의하여 발화한다.

$$\underset{\text{마그네슘}}{Mg} + \underset{\text{염산}}{2HCl} \longrightarrow \underset{\text{염화마그네슘}}{MgCl_2} + H_2\uparrow + Q\ kcal$$

$$\underset{\text{마그네슘}}{Mg} + 2H_2O \longrightarrow \underset{\text{수산화마그네슘}}{Mg(OH)_2} + H_2\uparrow + Q\ kcal$$

· CO_2 중에서도 연소한다.

$$\underset{\text{마그네슘}}{2Mg} + CO_2 \rightarrow \underset{\text{산화마그네슘}}{2MgO} + C, \qquad Mg + CO_2 \rightarrow MgO + CO$$

· 질소기류 속에서 강하게 가열하면 질화마그네슘이 된다.

$$\underset{\text{마그네슘}}{3Mg} + N_2 \longrightarrow \underset{\text{질화마그네슘}}{Mg_3N_2}$$

· 염소와는 심하게 반응한다. $Mg + Cl_2 \longrightarrow MgCl_2$
· 대부분의 강산과 반응하여 수소가스를 발생한다.

$$\underset{\text{마그네슘}}{Mg} + \underset{\text{황산}}{H_2SO_4} \longrightarrow \underset{\text{황산마그네슘}}{MgSO_4} + \underset{\text{수소}}{H_2\uparrow}$$

· 2 mm의 체를 통과하지 아니하는 덩어리 상태의 것과 직경 2 mm 이상의 막대모양의 것은 위험물에서 제외한다.(큰 입자는 화재위험성이 적다는 의미)

7) 인화성 고체(Inflammable solid) - 1,000 kg

- 고형알코올 그밖에 1기압에서 인화점이 40 ℃ 미만인 고체
- 상온(20 ℃) 이상에서 가연성 증기를 발생한다.
- 대부분 유기 화합물로서 인화성 고체 또는 반고체 상태이나 성질은 거의 제4류 위험물과 유사하다. 따라서 제조소등의 게시판 및 운반용기 외부에 표시하여야 하는 주의사항은 "화기엄금"으로 제4류 위험물과 같다.

① 고형알코올

· 등산용 고체 알코올로서 합성수지에 메탄올과 가성소다(NaOH, 수산화나트륨)를 혼합하거나 아세트산셀룰로스를 빙초산 또는 아세톤에 녹여서 알코올을 흡수시켜 만든 한천[56]상의 고체

· 인화점이 30 ℃ 정도로 매우 인화되기 쉽고, 안개 속에서나 비가 올 때도 탄다.

② 삼차뷰틸알코올(*tert*-Butyl alcohol, TBA, $(CH_3)_3COH$, 제삼뷰탄올, t-부탄올)

· 무색의 결정으로 물보다 가볍고 물에 잘 녹는다.

· 녹는점 25.6 ℃, 끓는점 83 ℃, 인화점 11 ℃, 발화점 480 ℃, 비중 0.79, 증기비중 2.6, 연소범위 2.4~8.0 %

```
      CH3                    H   H   H   H
      |                      |   |   |   |
CH3 - C - OH             H - C - C - C - C - OH
      |                      |   |   |   |
      CH3                    H   H   H   H
```

tert-뷰탄올　　　　*n*-뷰탄올(제2석유류, 비수용성)

· 뷰틸알코올(*n*-뷰탄올)에 비해 알코올로서의 특징이 적고, 탈수제에 의해 가연성 기체로 변하여 더욱 위험해진다.

· 상온에서 가연성의 증기 발생이 용이하고 증기는 공기보다 무겁다.

· 연소열량이 커서 소화가 곤란하다.

· 국가위험물통합정보시스템에는 *t*-뷰탄올이 제1석유류(수용성)으로 되어 있다. (p.243 참조)

56) 한천: 묵과 비슷한 모양, 겔(gel)

③ **래커퍼티**(Lacquer putty[57], 락카빠데)

· 접착제나 래커에나멜(안료배합 도료)의 기초 도료로 쓰이는 혼합물이다.

품 명	함량(%)	품 명	함량(%)	품 명	함량(%)
산화아연	20	나이트로셀룰로스	10	피마자유	2
석회석분말	20	초산에틸	8	인산트라이크레실	2
탈크	14	초산부틸	6	뷰틸알코올	2
톨루엔	11	에스터고무	4	흑연	1

· 인화점이 21℃ 미만으로 상온에서 쉽게 인화성 증기를 발생한다.
· 백색 또는 회색의 고체로서 공기 중에서 비교적 빨리 고화(固化)된다.
· 함유한 용제의 휘발에 의해 도막이 형성되나 배합 비율에 따라 성질이 달라진다.

④ **알루미늄 아이소프로폭사이드**(Aluminum isopropoxide, AIP, Aluminum triisopropoxide, 2-propanol aluminum salt, **$Al[OCH(CH_3)_2]_3$**, 알루미늄 이소프로폭사이드)

· 백색의 고체 또는 분말이다.
· 녹는점 128℃, 끓는점 130℃, 비중 1.035, 인화점 16℃
· 가수분해성이 크며, n-헥산, 벤젠, 아이소프로판올에 녹는다.
· 습기를 피해 밀폐하여야 하며, 산화성 물질과 혼합 시 폭발할 수 있다.

⑤ **알루미늄 에틸레이트**(Aluminum ethylate, Aluminum ethoxide, 알루미늄 에톡사이드, 알루미늄 에톡시드, 알루미늄 트리에톡사이드, **$Al(OC_2H_5)_3$**, $C_6H_{15}AlO_3$)

· 백색의 고체, 녹는점 140℃
· 가수분해성이 크며, 자일렌, 클로로벤젠에 녹는다.
· 습기를 피해 밀폐하여야 하며, 산화성 물질과 혼합 시 폭발할 수 있다.

57) 퍼티(putty): 탄산칼슘분말, 돌가루, 산화아연 등을 보일유, 유성니스, 래커와 같은 전색제(展色劑)로 개어서 만든, 페이스트(paste, 반죽)상(狀)의 접합제이다. 물이나 가스의 누설을 방지하는 철관의 이음매 고정 등에 사용한다.

⑥ **마그네슘 에틸레이트**(Magnesium ethylate, Magnesium ethoxide, **$Mg(OC_2H_5)_2$**, 마그네슘 에톡사이드, 마그네슘 에톡시드[58], 마그네슘 디에톡시드)

· 마그네슘 함량이 20% 이상인 백색의 분말이다.
· 인화점 8.9℃ 이하, 녹는점 270℃(분해), 공기 중에서 서서히 가수분해한다.
· 에탄올에 녹으나 에터, 탄화수소에 녹지 어렵다.

⑦ **트라이메틸아민보레인**(Trimethylamine-borane(1/1), TMAB, **$(CH_3)_3N \cdot BH_3$**)

· 무전해도금용 환원제로 사용되는 백색의 결정이다.
· 녹는점 94℃, 끓는점 171℃
· 산 또는 산화성 물질과 격리시켜 보관한다. 물과 반응하여 유독가스를 생성한다.

⑧ **테트라키스 스테아릴옥시 타이타늄**(tetrakis (stearyloxy) Titanium, Stearyltitanate, TST, **$Ti(O\text{-}C_{18}H_{37})_4$**, 테트라키스 스테아릴티타네이트)

· 분산제, 발수제로 사용되는 담황색의 왁스상 고체이다.
· 녹는점 64℃, 벤젠, 톨루엔에 녹는다.
· 서서히 가수분해되어 산화타이탄과 스테아릴알코올이 된다.

⑨ **노보넨모노머**(Norbornene monomer, bicyclo(2.2.1)heptene-2, **C_7H_{10}**, 바이사이클로 헵텐-2)

· 투명 폴리머, 농약, 의약품 원료로 사용되는 인화성 백색 결정이다.
· 인화점 -15℃, 녹는점 46℃, 끓는점 190℃, 비중 0.83
· 물에 녹지 않고, 유기용제에 녹는다.

---

58) ethoxide(에톡시드, 에톡사이드) = ethylate(에틸레이트, 에틸라트)
에틸알코올의 수산기의 수소를 금속으로 치환한 화합물이다. 유기 반응에서 시약으로 사용한다.
나트륨 · 칼륨 · 칼슘의 에틸레이트는 금속을 에탄올에 녹이면 얻을 수 있다.

"Uninvited advice is
the best way to make an enemy!"

3 제3류 위험물

● 자연발화성 물질 및 금수성(禁水性) 물질이다.

○ 자연발화성 물질

⇨ 고체 또는 액체로서 공기 중에서 발화의 위험성이 있는 물질

○ 금수성 물질

⇨ 고체 또는 액체로서 물과 접촉하여 발화하거나 가연성 가스를 발생하는 물질[59)]

※ 알킬알루미늄, 알킬리튬, 유기금속화합물과 같이 자연발화성과 금수성을 모두 갖는 물질도 있고,

황린과 같이 금수성은 없고 자연발화성만 갖는 물질도 있으며,

금속의 인화물, 칼슘 또는 알루미늄의 탄화물과 같이 자연발화성은 없고 금수성만 갖는 물질도 있다.

59) GHS에 의한 정의: *Substances or mixtures which, in contact with water, emit flammable gases* are solid or liquid substances or mixtures which, by interaction with water, are liable to become spontaneously flammable or to give off flammable gases in dangerous quantities.

1 품명 및 지정수량

품 명	지정수량	설 명
1. 칼륨	10 kg	K
2. 나트륨	10 kg	Na
3. 알킬알루미늄	10 kg	알킬기 (C_nH_{2n+1}, R)와 알루미늄(Al)의 화합물, RAl
4. 알킬리튬	10 kg	알킬기 (C_nH_{2n+1}, R)와 리튬(Li)의 화합물, RLi
5. 황린	20 kg	P_4
6. 알칼리금속 및 알칼리토금속 (나트륨, 칼륨, 마그네슘은 제외)	50 kg	**Li, Rb, Cs, Fr, Be, Ca, Sr, Ba, Ra**
7. 유기금속화합물 (알킬알루미늄 및 알킬리튬은 제외)	50 kg	알킬기(C_nH_{2n+1})와 아닐기(C_6H_5-)등 탄화수소와 금속원자가 결합된 화합물, 즉, 탄소-금속 사이에 치환결합을 갖는 화합물
8. 금속의 수소화물	300 kg	수소(H)와 **금속**원소의 화합물
9. 금속의 인화물	300 kg	인(P)과 **금속**원소의 화합물
10. 칼슘 또는 알루미늄의 탄화물	300 kg	칼슘(Ca)의 탄화물 또는 알루미늄(Al)의 탄화물
11. 그 밖에 행정안전부령으로 정하는 것	300 kg	염소화규소화합물(염화규소)
12. 위의 어느 하나에 해당하는 위험물을 하나 이상 함유한 것	10 kg, 20 kg, 50 kg, 또는 300 kg	

위험등급 Ⅰ - 지정수량이 10 또는 20 kg인 것

위험등급 Ⅱ - 지정수량이 50 kg인 것

위험등급 Ⅲ - 지정수량이 300 kg인 것

※ 제3류 위험물 요약

품 명	지정수량	위험등급
칼륨, 나트륨, 알킬알루미늄, 알킬리튬	10 kg	Ⅰ
황린	20 kg	Ⅰ
알칼리금속 및 알칼리토금속, 유기금속화합물	50 kg	Ⅱ
금속의 수소화물, 금속의 인화물, 칼슘 또는 알루미늄의 탄화물, 염소화규소화합물	300 kg	Ⅲ

2 일반성질

1) 무기 화합물과 유기 화합물*35로 구성되어 있다.
2) 대부분이 고체이다(단, 알킬알루미늄, 알킬리튬은 고체 또는 액체이다)
기체인 경우는 별도 법규(가스 3법[60])의 규제를 받는다.
3) 칼륨(K), 나트륨(Na), 알킬알루미늄(RAl), 알킬리튬(RLi)을 제외하고 물보다 무겁다.
4) 물과 반응하여 가연성 가스를 발생한다.(황린 제외)
5) 칼륨, 나트륨, 알칼리금속, 알칼리토금속은 보호액(석유)속에 보관한다.
6) 알킬알루미늄, 알킬리튬은 물 또는 공기와 접촉하면 폭발한다.(헥세인[61] 속에 저장)
7) 황린은 공기와 접촉하면 자연발화한다.(pH9의 물 속에 저장)
8) 가열 또는 강산화성 물질, 강산류와 접촉으로 위험성이 증가한다.

3 저장 및 취급 방법

1) 용기는 완전히 밀폐하고 공기 또는 물과의 접촉을 방지하여야 한다.
2) 제1류 위험물, 제6류 위험물 등 산화성 물질과 강산류와의 접촉을 방지한다.
3) 용기가 가열되지 않도록 하고 보호액에 들어있는 것은 용기 밖으로 누출되지 않도록 한다.
4) 알킬알루미늄, 알킬리튬, 유기금속화합물은 화기를 엄금하고 용기내압이 상승하지 않도록 한다.
5) 황린은 저장액인 물의 증발 또는 용기파손에 의한 물의 누출을 방지하여야 한다.

---

60) 「고압가스 안전관리법」, 「도시가스사업법」, 「액화석유가스의 안전관리 및 사업법」을 가스3법이라 부른다.
61) 헥세인(hexane, 헥산, C_6H_{14}): 탄소수가 6인 알케인족(알칸족) 포화 탄화수소. 무색투명한 가연성 액체로, 5종의 구조 이성질체가 있다. 석유를 건류하여 얻을 수 있으며, 다른 물질을 녹이는 용제(溶劑)로 쓴다.
※ 핵산(核酸 ≒ 누클라인산 · 뉴클라인산) ~ 염기, 당, 인산으로 이루어진 뉴클레오타이드가 긴 사슬 모양으로 중합된 고분자 물질. 유전이나 단백질 합성을 지배하는 중요한 물질로, 생물의 증식을 비롯한 생명 활동 유지에 중요한 작용을 한다. 구성 당인 오탄당이 리보스인 리보 핵산(RNA)과 데옥시리보스인 데옥시리보 핵산(DNA)으로 나뉜다.

35. 유기 화합물

○ 유기 화합물(有機化合物, organic compounds): 모든 유기 화합물은 탄소 원소를 포함한다.

○ 탄소(C)를 기본 골격으로 하여 수소(H), 산소(O), 질소(N), 황(S), 인(P), 할로젠 등이 결합되어 만들어진 물질로, 홑원소물질인 탄소, 산화탄소, 금속의 탄산염(CO_3^-), 사이안화물(CN^-), 탄화물 등을 제외한 탄소화합물의 총칭

○ 유기체(생물체) 내에서만 만들어진다고 생각하여 광물체로부터 얻어지는 무기 화합물과 상응하는 개념으로 유기 화합물이라 불렀으나 1828년 독일의 뵐러가 실험식에서 무기 화합물인 사이안산암모늄(NH_4OCN, 시안화암모늄)을 가열하여 유기 화합물인 요소(urea, $(NH_2)_2CO$)를 만든 후부터 유기 화합물과 무기 화합물은 본질적으로 같은 것이라는 것이 실증되었다.

$$NH_4OCN \xrightarrow{\text{가열}} H_2N - \underset{\underset{O}{\|}}{C} - NH_2$$

사이안산암모늄 요소

○ 유기 화합물의 일반적 특징

· 구성 원소의 종류는 적지만 유기 화합물은 2만 종 이상으로 매우 많다. 화학 문헌의 초록과 색인을 발간하는 Chemical Abstracts에 따르면, 알려진 유기 화합물은 5억 개 이상이라고도 한다.

· 탄소를 주축으로 하여 이루어진 공유결합 물질이다. 따라서 분자성 물질을 형성하므로 그 성질은 반데르발스힘(분자간의 힘), 수소결합 등에 의해 달라진다.

· 대부분 비극성 분자들이므로 분자 사이의 인력이 약해 녹는점, 끓는점이 낮고 유기용매(알코올, 벤젠, 에터 등)에 잘 녹는다.

· 대부분 용해되어도 이온화가 잘 일어나지 않으므로 비전해질이다.

· 원자 사이에는 강한 공유결합을 이루고 있어 원자간 결합을 끊기가 쉽지 않다. 따라서 화학적으로 안정하여 반응성이 약하고 반응 속도가 느리다.

· 산소 속에서 가열하면 연소하여 이산화탄소(CO_2)와 물(H_2O)가 발생한다. 산소 없이 가열하면 분해되어 탄소가 유리(분해되어 이탈됨)된다.

※ 제3류 위험물의 안전관리 관련 법령상 표현

(위험물안전관리법 시행규칙 별표18.Ⅱ.3. '저장 · 취급의 공통기준')

자연발화성 물질에 있어서는 불티 · 불꽃 또는 고온체와의 접근 · 과열 또는 공기와의 접촉을 피하고, 금수성 물질에 있어서는 물과의 접촉을 피하여야 한다.

(위험물안전관리법 시행규칙 별표4.Ⅲ.2.라. '제조소등의 게시판에 표시하는 주의사항')

금수성 물질 ⇒ "물기엄금"(청색바탕에 백색문자)
자연발화성 물질 ⇒ "화기엄금"(적색바탕에 백색문자)

(위험물안전관리법 시행규칙 별표19.Ⅱ.1.바. '운반용기 수납기준')

1) 자연발화성 물질에 있어서는 불활성 기체를 봉입하여 밀봉하는 등 공기와 접하지 아니하도록 할 것
2) 자연발화성 물질 외의 물품에 있어서는 파라핀 · 경유 · 등유 등의 보호액으로 채워 밀봉하거나 불활성 기체를 봉입하여 밀봉하는 등 수분과 접하지 아니하도록 할 것
3) 자연발화성 물질 중 알킬알루미늄등은 운반용기의 내용적의 90% 이하의 수납율로 수납하되, 50℃의 온도에서 5% 이상의 공간용적을 유지하도록 할 것

(위험물안전관리법 시행규칙 별표19.Ⅱ.5. '적재 시 일광의 직사 또는 빗물의 침투 방지조치')

자연발화성 물질 ⇒ 차광성 있는 피복으로 가릴 것
금수성 물질 ⇒ 방수성 있는 피복으로 덮을 것

(위험물안전관리법 시행규칙 별표19.Ⅱ.6.[부표2] '적재 시 혼재기준')

지정수량의 1/10을 초과하여 적재하는 경우, 제3류 위험물은 제1류 · 제2류 · 제5류 · 제6류 위험물과 혼재할 수 없으며, 제4류 위험물과는 혼재할 수 있다.

(위험물안전관리법 시행규칙 별표19.Ⅱ.8. '운반용기 외부에 표시하는 주의사항')

자연발화성 물질 ⇒ "화기엄금" 및 "공기접촉엄금"
금수성 물질 ⇒ "물기엄금"

4 화재진압 방법

1) 절대로 물을 사용하여서는 안 된다.(황린 제외)
2) 화재 시에는 화원의 진압보다는 연소확대 방지에 주력해야 한다.
3) 마른모래, 팽창질석, 팽창진주암[*36], 건조석회(생석회, CaO)로 상황에 따라 조심스럽게 질식소화한다.
4) 금속화재용 분말 소화약제[*26]에 의한 질식소화를 한다.

36. 팽창질석, 팽창진주암

- 팽창질석(expanded vermiculite, 膨脹蛭石): 질석을 약 1,000~1,400℃에서 고온 처리하여 10~15배 팽창시킨 비중이 아주 작은 간이소화용구로 발화점이 낮은 알킬알루미늄(제3류 위험물) 등의 화재에 사용하는 불연성 고체이다. 매우 가벼우므로 가연물 위에 부착하여 질식소화한다.
- 팽창진주암(expanded pearlite, 膨脹眞珠岩): 질석 대신 진주암을 이용한 것으로 팽창질석과 같이 열에 강하고 경량이며 쉽게 흘러서 유체와 비슷한 분체(粉體)로 해서 이용된다.
- 소화기구 및 자동소화장치의 화재안전기준(NFTC 101) 표 1.7.1.6에서는 "소화약제 외의 것을 이용한 간이소화용구의 능력단위"라 하여 다음과 같은 표를 제시하고 있다.

간이소화용구		
1. 마른모래	삽을 상비한 50 L 이상의 것 1포	0.5단위
2. 팽창질석 또는 팽창진주암	삽을 상비한 80 L 이상의 것 1포	

- 위험물안전관리법 시행규칙 [별표 17] Ⅰ.5.라.2)에서는 "기타 소화설비의 능력단위"라 하여 다음과 같은 표를 제시하고 있다.

소화설비	용량	능력단위
소화전용(轉用)물통	8 ℓ	0.3
수조(소화전용물통 3개 포함)	80 ℓ	1.5
수조(소화전용물통 6개 포함)	190 ℓ	2.5
마른 모래(삽 1개 포함)	50 ℓ	0.5
팽창질석 또는 팽창진주암(삽 1개 포함)	160 ℓ	1.0

※ 제3류 위험물의 소화설비 적응성 관련 법령상 표현

(위험물안전관리법 시행규칙 별표17. I .4. '소화설비의 적응성')

소화설비의 구분		대상물 구분: 건축물·그 밖의 공작물	전기설비	제1류 위험물: 알칼리금속과산화물등	제1류 위험물: 그 밖의 것	제2류 위험물: 철분·금속분·마그네슘등	제2류 위험물: 인화성고체	제2류 위험물: 그 밖의 것	제3류 위험물: 금수성물품	제3류 위험물: 그 밖의 것	제4류 위험물	제5류 위험물	제6류 위험물
옥내소화전 또는 옥외소화전설비		○			○		○	○		○		○	○
스프링클러설비		○			○		○	○		○	△	○	○
물분무등소화설비	물분무소화설비	○	○		○		○	○		○	○	○	○
물분무등소화설비	포소화설비	○			○		○	○		○	○	○	○
물분무등소화설비	불활성가스소화설비		○				○				○		
물분무등소화설비	할로젠화합물소화설비		○				○				○		
물분무등소화설비	분말소화설비: 인산염류등	○	○		○		○	○			○		○
물분무등소화설비	분말소화설비: 탄산수소염류등		○	○		○	○		○		○		
물분무등소화설비	분말소화설비: 그 밖의 것			○		○			○				
대형·소형 수동식소화기	봉상수(棒狀水)소화기	○			○		○	○		○		○	○
대형·소형 수동식소화기	무상수(霧狀水)소화기	○	○		○		○	○		○		○	○
대형·소형 수동식소화기	봉상강화액소화기	○			○		○	○		○		○	○
대형·소형 수동식소화기	무상강화액소화기	○	○		○		○	○		○	○	○	○
대형·소형 수동식소화기	포소화기	○			○		○	○		○	○	○	○
대형·소형 수동식소화기	이산화탄소소화기		○				○				○		△
대형·소형 수동식소화기	할로젠화합물소화기		○				○				○		
대형·소형 수동식소화기	분말소화기: 인산염류소화기	○	○		○		○	○			○		○
대형·소형 수동식소화기	분말소화기: 탄산수소염류소화기		○	○		○	○		○		○		
대형·소형 수동식소화기	분말소화기: 그 밖의 것			○		○			○				
기타	물통 또는 수조	○			○		○	○		○		○	○
기타	건조사			○	○	○	○	○	○	○	○	○	○
기타	팽창질석 또는 팽창진주암			○	○	○	○	○	○	○	○	○	○

비고)

1. "○"표시는 해당 소방대상물 및 위험물에 대하여 소화설비가 적응성이 있음을 표시하고, "△"표시는 ...(생략)
2. 인산염류등은 인산염류, 황산염류 그 밖에 방염성이 있는 약제를 말한다.
3. 탄산수소염류등은 탄산수소염류 및 탄산수소염류와 요소의 반응생성물을 말한다.
4. 알칼리금속과산화물등은 알칼리금속의 과산화물 및 알칼리금속의 과산화물을 함유한 것을 말한다.
5. 철분 · 금속분 · 마그네슘등은 철분 · 금속분 · 마그네슘과 철분 · 금속분 또는 마그네슘을 함유한 것을 말한다.

5 제3류 위험물 각론

1) 칼륨(Potassium, K, 포타슘) - 10 ㎏

· 냄새가 없고 은백색의 광택이 있는 경금속*37으로 칼로 잘리는 무른 금속이다.

· 탈수제, 촉매, 비료, 유기합성의 원료, 환원제 등으로 사용된다.

· 녹는점 63.7 ℃, 끓는점 774 ℃, 비중 0.86, 증기비중 1.3

· 실온공기 중 빠르게 산화되어 피막(K_2O, 산화칼륨)을 형성하여 광택을 잃는다.

· 수은과 격렬하게 반응하여 아말감[62]을 만든다.

· 화학적으로 활성이 커서 대부분의 금속과 반응하여 가열하면 여러 가지 화합물을 만든다.

· 흡습성, 조해성이 있으며 금속재료를 부식시킨다.

· 공기 중 방치하면 자연발화의 위험이 있고, 가열하면 적자색의 불꽃을 내며 연소한다.

$$4K + O_2 \longrightarrow 2K_2O$$

칼륨 산화칼륨

· 물과 격렬히 반응하여 발열하고 수소를 발생한다.

$$2K + 2H_2O \longrightarrow 2KOH + H_2\uparrow + Q\ kcal$$

칼륨 수산화칼륨 반응열

이 때 발생된 열에 의해 K를 연소시키며 또한 발생한 H_2를 폭발시키므로 2차 재해 발생에 주의하여야 한다.[63]

· 알코올과 반응하여 칼륨에틸레이트[64]를 만들며 수소를 발생한다.

$$2K + 2C_2H_5OH \longrightarrow 2C_2H_5OK + H_2\uparrow$$

칼륨 에틸알코올 칼륨에틸레이트

· 묽은 산과 반응하여 수소를 발생한다.

---

62) 아말감: 수은과 다른 금속의 합금

63) 칼륨 금속이온(K^+)은 원자가전자 1개인 1가의 양이온이고 물속에 있는 물의 이온은 1가의 수소 양이온(H^+)과 1가의 수산화이온(OH^-)이다. 물속에 들어간 칼륨의 금속이온은 당연히 1가의 음이온인 수산화이온과 만나서 안정해지려고 하기에 물속에는 KOH(수산화칼륨)이 생겨 가라앉게 되고 남아있는 수소이온들은 서로 뭉쳐 수소가 되어 위로 솟아오른다.
그런데, 수산화칼륨이 만들어지는 과정에서 높은 열이 만들어지면서 수소를 가열하여 폭발을 하게 만든다. 따라서 칼륨 자체가 폭발하는 것이 아니라 이 반응에서 만들어진 수소가 폭발하는 것이다.

64) 에틸레이트(ethylate): 에틸알코올의 수산기(OH)의 수소를 금속으로 치환한 화합물

· 액체 암모니아에 녹아 수소를 발생한다.

$$2K + 2NH_3 \longrightarrow 2KNH_2 + H_2\uparrow$$

칼륨　암모니아　　칼륨아미드

· CO_2와 반응할 때는 연소 · 폭발한다.

$$4K + 3CO_2 \longrightarrow 2K_2CO_3 + C$$

칼륨　　　탄산칼륨

· 사염화탄소와 반응도 폭발적이다.

$$4K + CCl_4 \longrightarrow 4KCl + C$$

칼륨　사염화탄소　　염화칼륨

· 소화방법은 마른모래 정도가 있으나 대량일 경우 소화가 어렵다.

※ 물, CCl_4 또는 CO_2와는 폭발 반응하므로 절대 사용할 수 없다.

· 열전기의 양도체이다.

· 피부나 눈에 접촉 시 수분으로 인하여 화학부상 · 열화상을 일으킨다.

· 반드시 등유, 경유, 유동 파라핀 등의 보호액 속에 누출되지 않도록 저장한다.

37. 경금속, 불꽃반응색

○ 비중 4.0 이하의 금속(비중 4.0 이상이면 중금속)

○ 연소 특성

경금속(Li, Na, K, Mg, Ca, Al 등)은 융점이 낮고 열에 의해 녹아 액상이 된 후 증발하여 증기 상태에서 불꽃을 내면서 연소하는 증발연소의 형태를 띠며, 중금속(Ti, Cr, Zr 등)은 녹는점이 1,000℃ 이상으로 연소하기 어렵지만 연소하면 불꽃을 내면서 비산한다.

○ 불꽃반응색

리튬(Li)-빨강, 나트륨(Na)-노랑, 칼륨(K)-보라, 구리(Cu, 중금속)-청록, 칼슘(Ca)-주황

※ 암기법 → 빨리 놀아(노나) 볼까(보카) 청록개구리 주황칼

2) 나트륨(Sodium, Na, 금속소다) - 10 ㎏

· 냄새가 없는 은백색의 광택이 있는 경금속으로 무른 금속이다.

· 환원제, 유기합성, 합금, 무기합성, 염료 등 매우 다양하게 쓰인다.

· 녹는점 97.7 ℃, 끓는점 880 ℃, 비중 0.97, 인화점 115 ℃

· 실온의 공기 중 산화되어 피막을 형성하고 빨리 광택을 잃는다.

· 수은에 격렬히 녹아서 아말감을 만든다.

· 공기 중 방치하면 자연발화하고 산소 중 가열하면 황색 불꽃을 내면서 연소한다.

$$4Na + O_2 \longrightarrow 2Na_2O$$

나트륨　　산화나트륨

· 물과 격렬히 반응하여 발열하고 수소를 발생한다.

$$2Na + 2H_2O \longrightarrow 2NaOH + H_2\uparrow + 88.2\ kcal$$

나트륨　　수산화나트륨　　반응열

· 산과 반응하여 격렬하게 수소를 발생하고, 아이오딘산(HIO_3)과 접촉 시 폭발한다.

· 액체 암모니아, 알코올과도 K와 같이 반응하여 수소를 발생한다.

$$2Na + 2C_2H_5OH \longrightarrow 2C_2H_5ONa + H_2\uparrow$$

나트륨　에틸알코올　　나트륨에틸레이트

· CO_2, CCl_4와도 K와 같이 폭발적으로 반응한다.

· 기타 칼륨에 준한다.(칼륨과 거의 유사한 반응을 한다)

3) 알킬알루미늄(Alkyl Aluminium) - 10 kg

- 알킬기(C_nH_{2n+1}, R)와 알루미늄(Al)의 화합물을 알킬알루미늄(R-Al)이라 하며 할로젠이 들어간 경우(RAlX)가 있다. 일종의 유기금속화합물이지만 위험성이 크기 때문에 별도 품명으로 분류하고 있다.
- 공기 중에 노출되면 흰 연기를 내며 자연발화한다.(C_1 ~ C_4까지)
- 알킬기의 탄소가 5개인 것은 점화원에 의해 불붙고, 6개 이상이면 공기 중에서 서서히 산화하여 흰 연기를 낸다.
- 일반적으로 무색의 투명한 액체 또는 고체로서 독성이 있으며 자극성의 냄새를 지닌다.
- 제트연료, 합성수지 연료, 플라스틱공장, 미사일 원료, 유리 합성용 시약, 촉매, 환원제 등으로 쓰인다.
- 피부에 닿으면 심한 화상을 입으며, 연소 가스는 기관지와 폐에 손상을 준다.
- 물, 산, 알코올, 산화제와 격렬히 반응한다.
- 물과 폭발적으로 반응하여 가연성 가스를 발생하며 비산한다.
- 고온에서는 불안정하며 분해되어 가연성 가스를 발생한다.
- 물 · 공기와의 반응은 탄소수 및 염소의 수가 적을수록 강하다.
- 저장탱크에 희석안정제로 헥세인(헥산Hexane), 벤젠, 톨루엔, 펜테인(펜탄Pentane) 등을 넣어둔다. (취급조건에 따라 제4류 위험물 제1석유류로 분류하기도 한다)
- 할로젠 치환[65]이 많이 된 것일수록 반응성이 약하다.
- 소규모 화재 시 팽창질석, 팽창진주암[*36]을 사용하나 화재 확대 시는 소화가 어렵다.

65) 할로젠 치환된 것: 화합물을 구성하는 성분 중 일부가 할로젠원소로 바뀜

※ 알킬알루미늄 및 알킬리튬의 안전관리 관련 법령상 표현

(위험물안전관리법 시행규칙 별표4.XII.1.2. 알킬알루미늄등의 제조소 강화기준)

> ※ 알킬알루미늄등 ⇒ 제3류 위험물 중 알킬알루미늄 · 알킬리튬 또는 이중 어느 하나 이상을 함유하는 것
>
> 가. 알킬알루미늄등을 취급하는 설비의 주위에는 누설범위를 국한하기 위한 설비와 누설된 알킬알루미늄등을 안전한 장소에 설치된 저장실에 유입시킬 수 있는 설비를 갖출 것
>
> 나. 알킬알루미늄등을 취급하는 설비에는 불활성기체를 봉입하는 장치를 갖출 것

※ 일반취급소에서도 이를 준용한다. 별표16.XII.1.

(위험물안전관리법 시행규칙 별표5.VIII.3.가. 알킬알루미늄등의 옥내저장소 강화기준)

> 옥내저장소에는 누설범위를 국한하기 위한 설비 및 누설한 알킬알루미늄등을 안전한 장소에 설치된 조(槽)로 끌어들일 수 있는 설비를 설치하여야 한다.

(위험물안전관리법 시행규칙 별표6.XI.1. 알킬알루미늄등의 옥외탱크저장소 강화기준)

> 가. 옥외저장탱크의 주위에는 누설범위를 국한하기 위한 설비 및 누설된 알킬알루미늄등을 안전한 장소에 설치된 조에 이끌어 들일 수 있는 설비를 설치할 것
>
> 나. 옥외저장탱크에는 불활성의 기체를 봉입하는 장치를 설치할 것

※ 옥내탱크저장소에서도 이를 준용한다. 별표7.II.

(위험물안전관리법 시행규칙 별표10.X.1. 알킬알루미늄등의 이동탱크저장소 강화기준)

> 가. 이동저장탱크는 두께 10㎜ 이상의 강판 또는 이와 동등 이상의 기계적 성질이 있는 재료로 기밀하게 제작되고 1MPa 이상의 압력으로 10분간 실시하는 수압시험에서 새거나 변형하지 아니하는 것일 것
>
> 나. 이동저장탱크의 용량은 1,900L 미만일 것
>
> 다. 안전장치는 이동저장탱크의 수압시험의 압력의 2/3를 초과하고 4/5를 넘지 아니하는 범위의 압력으로 작동할 것
>
> 라. 이동저장탱크의 맨홀 및 주입구의 뚜껑은 두께 10㎜ 이상의 강판 또는 이와 동등 이상의 기계적 성질이 있는 재료로 할 것
>
> 마. 이동저장탱크의 배관 및 밸브 등은 탱크의 윗부분에 설치할 것
>
> 바. 이동탱크저장소에는 이동저장탱크하중의 4배의 전단하중에 견딜 수 있는 걸고리체결금속구 및 모서리체결금속구를 설치할 것
>
> 사. 이동저장탱크는 불활성의 기체를 봉입할 수 있는 구조로 할 것
>
> 아. 이동저장탱크는 그 외면을 적색으로 도장하는 한편, 백색 문자로서 동판(胴板)의 양측면 및 경판(동체의 양 끝부분에 부착하는 판)에 "화기엄금"을 표시할 것

(위험물안전관리법 시행규칙 별표17. I .3.나.비고) 이동탱크저장소 소화설비 설치기준)

> 알킬알루미늄등을 저장 또는 취급하는 이동탱크저장소에 있어서는 자동차용소화기를 설치하는 외에 마른모래나 팽창질석 또는 팽창진주암을 추가로 설치하여야 한다.

(위험물안전관리법 시행규칙 별표18.Ⅲ.16. '이동탱크저장소 비치 사항')

> 알킬알루미늄등을 저장 또는 취급하는 이동탱크저장소에는 긴급시의 연락처, 응급조치에 관하여 필요한 사항을 기재한 서류, 방호복, 고무장갑, 밸브 등을 죄는 결합공구 및 휴대용 확성기를 비치하여야 한다.

(위험물안전관리법 시행규칙 별표18.Ⅲ.21. 알킬알루미늄등의 저장기준 특례)

> 가. 옥외저장탱크 또는 옥내저장탱크 중 압력탱크에 있어서는 알킬알루미늄등의 취출에 의하여 탱크 내의 압력이 상용압력 이하로 저하하지 아니하도록, 압력탱크 외의 탱크에 있어서는 알킬알루미늄등의 취출이나 온도의 저하에 의한 공기의 혼입을 방지할 수 있도록 불활성의 기체를 봉입할 것
> 나. 옥외저장탱크 · 옥내저장탱크 또는 이동저장탱크에 새롭게 알킬알루미늄등을 주입하는 때에는 미리 당해 탱크 안의 공기를 불활성 기체와 치환하여 둘 것
> 다. 이동저장탱크에 알킬알루미늄등을 저장하는 경우에는 20 kPa 이하의 압력으로 불활성의 기체를 봉입하여 둘 것

(위험물안전관리법 시행규칙 별표18.Ⅳ.6. 알킬알루미늄등의 취급기준 특례)

> 가. 알킬알루미늄등의 제조소 또는 일반취급소에 있어서 알킬알루미늄등을 취급하는 설비에는 불활성의 기체를 봉입할 것
> 나. 알킬알루미늄등의 이동탱크저장소에 있어서 이동저장탱크로부터 알킬알루미늄등을 꺼낼 때에는 동시에 200 kPa 이하의 압력으로 불활성의 기체를 봉입할 것

(위험물안전관리법 시행규칙 별표19.Ⅱ.1.바.3) 알킬알루미늄등의 운반용기)

> 알킬알루미늄등은 운반용기의 내용적의 90 % 이하의 수납율로 수납하되, 50 ℃의 온도에서 5 % 이상의 공간용적을 유지하도록 할 것

(위험물안전관리법 제21조, 시행령 제19조, 시행규칙 제52조, 알킬알루미늄등의 운송책임자)

- 알킬알루미늄등을 운송하는 경우에는 운송책임자의 감독 또는 지원을 받아야 한다.
- 운송책임자의 자격
  - 위험물 관련 국가기술자격을 취득하고 관련 업무에 1년 이상 종사한 경력이 있는 자
  - 위험물운송자 교육을 수료하고 관련 업무에 2년 이상 종사한 경력이 있는 자
- 운송책임자의 감독 또는 지원의 방법[시행규칙 별표 21. 1.]

가. 운송책임자가 이동탱크저장소에 동승하여 운송 중인 위험물의 안전확보에 관하여 운전자에게 필요한 감독 또는 지원을 하는 방법. 다만, 운전자가 운송책임자의 자격이 있는 경우에는 운송책임자의 자격이 없는 자가 동승할 수 있다

나. 운송의 감독 또는 지원을 위하여 마련한 별도의 사무실에 운송책임자가 대기하면서 다음의 사항을 이행하는 방법

1) 운송경로를 미리 파악하고 관할 소방관서 또는 관련 업체(비상대응에 관한 협력을 얻을 수 있는 업체를 말한다)에 대한 연락체계를 갖추는 것
2) 이동탱크저장소의 운전자에 대하여 수시로 안전확보 상황을 확인하는 것
3) 비상시의 응급처치에 관하여 조언을 하는 것
4) 그 밖에 위험물의 운송 중 안전확보에 관하여 필요한 정보를 제공하고 감독 또는 지원하는 것

① **트라이메틸알루미늄**(Trimethylaluminum, TMA, **$(CH_3)_3Al$**)

- 무색투명한 액체로서 자연발화성, 금수성 및 부식성을 동시에 갖고 있다.
- 유기 화합물의 중합촉매, 반도체, 알루미늄 도금 등에 사용된다.
- 녹는점 15 ℃, 끓는점 125 ℃, 비중 0.75, 증기비중 2.5, 인화점 -17 ℃
- 공기 중에 노출되면 흰색 연기를 내며 자연발화한다.

$$2(CH_3)_3Al + 12O_2 \rightarrow Al_2O_3 + 9H_2O + 6CO_2\uparrow$$

트라이에틸알루미늄 산화알루미늄

- 물과 접촉 시 심하게 반응하고 메테인가스(가연범위 5~15 %)를 발생 · 폭발한다.

$$(CH_3)_3Al + 3H_2O \rightarrow Al(OH)_3 + 3CH_4\uparrow$$

트라이메틸알루미늄 수산화알루미늄 메테인

- 산화제, 강산, 알코올 등과 격렬하게 반응하여 발화의 위험성을 가진다.
- 헥세인(헥산, Hexane), 헵테인(헵탄, Heptane) 등의 곧은 사슬 포화 탄화수소(지방족 탄화수소), 톨루엔, 자일렌 등의 방향족 탄화수소에 쉽게 녹는다.

② **트라이에틸알루미늄**(Triethylaluminium, TEA, $(C_2H_5)_3Al$)

- 무색투명한 액체로서 외관은 등유와 비슷하다.
- 로켓연료, 알루미늄도금원료, 중합촉매[66], 환원제 등으로 쓰인다.
- 녹는점 -50 ℃, 끓는점 128 ℃, 비중 0.835, 인화점 -22 ℃
- 공기 중에 노출되면 흰색 연기를 내며 자연발화한다.

$$\underset{\text{트라이에틸알루미늄}}{2(C_2H_5)_3Al} + 21O_2 \rightarrow \underset{\text{산화알루미늄}}{Al_2O_3} + 15H_2O + 12CO_2\uparrow$$

- 200 ℃ 이상으로 가열하면 폭발적으로 분해하여 가연성 가스를 발생한다.

$$\underset{\text{트라이에틸알루미늄}}{(C_2H_5)_3Al} \longrightarrow \underset{\text{다이에틸수소알루미늄}}{(C_2H_5)_2AlH} + \underset{\text{에틸렌}}{C_2H_4}\uparrow$$

$$\Rightarrow \underset{\text{다이에틸수소알루미늄}}{2(C_2H_5)_2AlH} \longrightarrow \underset{\text{알루미늄}}{2Al} + 3H_2 + \underset{\text{에틸렌}}{4C_2H_4}\uparrow$$

$$\underset{\text{트라이에틸알루미늄}}{2(C_2H_5)_3Al} \longrightarrow \underset{\text{알루미늄}}{2Al} + 3H_2 + \underset{\text{에틸렌}}{6C_2H_4}\uparrow$$

- 물과 반응하여 에테인가스(C_2H_6, 연소범위 3~12.4 %)를 발생하고 발열·폭발한다.

$$\underset{\text{트라이에틸알루미늄}}{(C_2H_5)_3Al} + 3H_2O \rightarrow \underset{\text{수산화알루미늄}}{Al(OH)_3} + \underset{\text{에테인}}{3C_2H_6}\uparrow$$

- 염산과 반응하여 에테인가스(C_2H_6)를 발생한다.

$$\underset{\text{트라이에틸알루미늄}}{(C_2H_5)_3Al} + HCl \longrightarrow \underset{\text{다이에틸알루미늄클로라이드}}{(C_2H_5)_2AlCl} + \underset{\text{에테인}}{C_2H_6}\uparrow$$

- 알코올과는 폭발적으로 반응하여 에테인가스(C_2H_6)를 발생한다.

$$\underset{\text{트라이에틸알루미늄}}{(C_2H_5)_3Al} + \underset{\text{메탄올}}{3CH_3OH} \longrightarrow Al(CH_3O)_3 + \underset{\text{에테인}}{3C_2H_6}\uparrow$$

- 할로젠과 반응하여 가연성 가스를 발생한다.

$$\underset{\text{트라이에틸알루미늄}}{(C_2H_5)_3Al} + \underset{\text{염소}}{3Cl_2} \longrightarrow \underset{\text{염화알루미늄}}{AlCl_3} + \underset{\text{염화에틸}}{3C_2H_5Cl}\uparrow$$

66) 중합촉매: 중합반응(重合反應, polymerization, 동일 분자를 2개 이상 결합하여 분자량이 큰 화합물을 생성하는 반응)에서 작용하는 촉매(반응속도를 변화시키는 물질)

③ **트라이아이소뷰틸알루미늄**(Triisobutylaluminium, TIBA, **$(i\text{-}C_4H_9)_3Al$**)

· 무색의 가연성 액체로 유기 화합물 합성에 사용된다.

· 녹는점 4℃, 끓는점 86℃, 비중 0.79, 인화점 -18℃

· 공기 중 노출되면 자연발화하고, 물 · 산화제 · 강산 · 알코올과 격렬히 반응한다.

· 가열하면 분해하여 알루미늄과 뷰틸렌을 생성하고 수소를 발생한다.

$$(i\text{-}C_4H_9)_3Al \longrightarrow Al + 3C_4H_8 + 3/2H_2\uparrow$$

트라이아이소뷰틸알루미늄 알루미늄 뷰틸렌

④ **다이에틸알루미늄클로라이드**(Diethylaluminium chloride, DEAC, **$(C_2H_5)_2AlCl$**)

· 무색투명한 가연성 액체이며, 외관은 등유와 유사하다.

· 유기 화합물 합성에 사용되며, 공기 중에선 어떤 온도에서도 자연발화한다.

· 녹는점 -85℃, 끓는점 127℃, 비중 0.96(25℃)

· 연소 시에는 자극성, 유독성의 염화수소(HCl)를 발생한다.

$$2(C_2H_5)_2AlCl + 14O_2 \rightarrow 8CO_2\uparrow + Al_2O_3 + 2HCl + 9H_2O\uparrow$$

다이에틸알루미늄클로라이드 산화알루미늄 염화수소

· 물과 접촉하면 격렬하게 반응하고 폭발한다.

$$3(C_2H_5)_2AlCl + 6H_2O \longrightarrow 2Al(OH)_3 + AlCl_3 + 6C_2H_6\uparrow$$

다이에틸알루미늄클로라이드 수산화알루미늄 염화알루미늄 에탄

· 저장용기에 희석제를 2% 정도 넣어주고, 공간에는 불활성가스를 봉입한다.

⑤ 그 밖의 알킬알루미늄

· 에틸알루미늄 다이클로라이드(Ethylaluminium dichloride, $C_2H_5AlCl_2$, EADC)
⇒ 무색결정성 고체, 녹는점 32℃, 끓는점 114℃, 비중 1.232(25℃)

· 다이아이소뷰틸알루미늄 하이드라이드(Diisobutylaluminium hydride, $(i-C_4H_9)_2AlH$, $[(CH_3)_2CHCH_2]_2AlH$, DIBAL-H)
⇒ 무색 액체, 녹는점 -80℃, 끓는점 116℃, 비중 0.798(25℃), 인화점 -18℃

· 에틸알루미늄 세스키클로라이드(Ethylaluminium sesquichloride, $(C_2H_5)_3Al_2Cl_3$, EASC)
⇒ 무색 액체, 녹는점 -50℃, 끓는점 204℃, 비중 1.092(25℃), 인화점 -18℃

· 트라이옥틸알루미늄(Trioctylaluminum, Tri-n-octylaluminum, 트라이노말옥틸알루미늄, $n-C_8H_{17})_3Al$, TNOAL)
⇒ 축축한 곰팡이 냄새가 나는 무색 액체, 녹는점 -62℃, 비중 0.819

· 트라이헥실알루미늄(Trihexylaluminum, Tri-n-hexylaluminum, 트라이노말헥실알루미늄, $n-C_6H_{13})_3Al$, TNHAL)
⇒ 무색 액체, 녹는점 -77℃, 끓는점 150℃, 비중 0.821(30℃)

· 트라이메틸아민 알란 보란(Trimethylamine alane boran, $C_3H_{15}AlBN$)
⇒ 무색 액체, 녹는점 19℃, 끓는점 40℃, 비중 0.75, 인화점 4℃

· 다이프로필알루미늄 하이드라이드(Dipropylaluminium hydride, $(C_3H_7)_2AlH$, DPAH)

4) 알킬리튬(Alkyl Lithium) - 10 ㎏

- 알킬기(C_nH_{2n+1}, R)와 리튬(Li)의 화합물인 유기금속화합물, R-Li
- 일반적인 성질은 알킬알루미늄에 준한다.

① **뷰틸리튬**(Butyllithium, $CH_3(CH_2)_3Li$, C_4H_9Li)

· 무색 자극성 · 휘발성의 가연성 액체이다.
· 녹는점 -34℃, 끓는점 80℃, 비중 0.765, 인화점 -22℃
· 유기합성, 제트연료 첨가제, 살충제, 의약품, 플라스틱 생산 등에 사용된다.
· 탄화수소 또는 다른 비극성 액체에 잘 녹으며, CO_2와 격렬하게 반응한다.
· 공기 중에 노출되면 어떤 온도에서도 자연발화한다.
· 물과 탄화수소에 격렬하게 반응한다.

$$\underset{\text{뷰틸리튬}}{CH_3(CH_2)_3Li} + H_2O \rightarrow \underset{\text{수산화리튬}}{LiOH} + \underset{\text{뷰테인}}{C_4H_{10}}\uparrow$$

② **메틸리튬**(Methyllithium, CH_3Li)

· 무색의 가연성 액체이며, 물 또는 수증기와 심하게 반응한다.
· 산, 산화제, 가연성 물질, 아민, 할로젠 등과 혼합하면 발화 · 폭발할 수 있다.
· 물 · 수증기와 반응하여 수산화리튬과 메테인가스를 생성한다.

$$\underset{\text{메틸리튬}}{CH_3Li} + H_2O \rightarrow \underset{\text{수산화리튬}}{LiOH} + \underset{\text{메테인}}{CH_4}\uparrow$$

· 산소와 빠른 속도로 반응하여 공기 중에 노출되면 어떤 온도에서도 자연발화한다.

③ 그 밖의 알킬리튬

· 테트라뷰틸리튬(Tert-butyllithium, $(CH_3)_3CLi$)
⇒ 무색 액체, 끓는점 36℃, 비중 0.65, 인화점 -49℃, 발화점 285℃

· 에틸리튬(Ethyllithium, C_2H_5Li)
⇒ 무색 액체, 공기 중에 노출되면 어떤 온도에서도 자연발화한다.

5) 황린(Yellow Phosphorus, White Phosphorus, P_4, 백린, 흰인) - 20 ㎏

· 마늘과 같은 자극적인 냄새가 나는 백색 또는 담황색 왁스상의 가연성 고체

· 성냥, 농약, 연막탄, 유기합성, 비료, 쥐약 등에 쓰인다.

· 녹는점 44℃, 끓는점 280℃, 비중 1.82, 증기비중 4.3, 인화점 30℃

· 미분상의 발화점 34℃, 고형상의 발화점 60℃(습한 공기 중에는 30℃)

· 물에 불용, 벤젠 · 이황화탄소에 녹는다.

· 물속에 저장한다.(알칼리제[67]를 넣어 pH9정도 유지)

· 증기는 공기보다 무겁고 맹독성 · 가연성이다.

· 공기를 차단하고 약 260℃로 가열하면 적린[*38]이 된다.

· 환원력이 강하기 때문에 산소농도가 낮은 조건에서도 연소한다.

· 발화점이 매우 낮아 공기 중에 노출되면 서서히 자연발화를 일으키고 어두운 곳에서 청백색의 인광을 낸다.(도깨비불)

· 공기 중에 격렬하게 연소하여 유독성 가스인 오산화인(P_2O_5)의 백연을 낸다.

$$\underset{\text{황린}}{P_4} + 5O_2 \longrightarrow \underset{\text{오산화인}}{2P_2O_5\uparrow} + \underset{\text{반응열}}{2\times370.8\text{kcal}}$$

· NaOH 등 강알칼리 용액과 반응하여 맹독성의 포스핀가스(PH_3)[*39]를 발생한다.

$$\underset{\text{황린}}{P_4} + \underset{\text{수산화칼륨}}{3KOH} + 3H_2O \longrightarrow \underset{\text{인화수소(포스핀)}}{PH_3\uparrow} + \underset{\text{인산칼륨}}{3KH_2PO_2}$$

· 강산화제와 접촉하면 발화위험이 있으며 충격, 마찰에 의해서도 발화한다.

· 화학적 활성이 커서 많은 원소와 직접 결합하며, 특히 황, 산소, 할로젠과 격렬하게 결합한다.

· 피부와 접촉하면 화상을 일으키고 일부는 침투하여 뼈 등을 상하게 한다.

· 화재 시에는 물로 냉각소화하되 가급적 분무주수 한다. 초기소화에는 포, CO_2, 분말소화약제도 유효하며, 젖은 모래, 흙, 토사 등으로 덮어 질식소화 할 수 있다.

---

67) 알칼리제: 수산화칼슘($Ca(OH)_2$), 생석회(CaO), 소다회(CaO+NaOH) 등
황린은 저장 시 PH_3(가연성, 유독성)가스의 발생을 억제하기 위하여 약알칼리성인 pH=9 정도의 물속에 저장한다. 수소이온농도가 산성을 나타내는 경우는 알칼리제를 첨가하여 pH=9를 유지시킨다.

38. 황린과 적린의 비교

○ 황린과 적린은 동소체의 관계로 성질이 매우 다르다.

성질 ＼ 종류	황 린, P_4	적 린, P
1. 모양	담황색의 양초 같은 고체	검붉은색의 가루
2. 냄새	마늘 냄새	없음
3. 발화점	34℃(물속에 저장)	260℃
4. CS_2에 대한 용해성	CS_2에 용해한다.	CS_2에 용해하지 않는다.
5. 공기 중	자연발화하여 인광을 낸다.	자연발화하지 않는다.
6. 독성	맹독성	무독
7. 용도	붉은인, 농약, 쥐약의 원료	안전성냥의 껍질
8. 녹는점(MP)	44℃	590℃
9. 연소시생성물	$P_2O_5(P_4O_{10})$	$P_2O_5(P_4O_{10})$
10. 전이(轉移)	황린 ↗ 공기차단 후 약 260℃로 가열 ↘ 적린 + Q kcal 황린 ↖ 가열시켜 생성된 증기를 급랭 ↙ 적린	

39. 포스핀(PH_3)가스

○ 포스핀(phosphine): 수소화인, 인화수소, 셀포스 Celphos, 델리시아 Delicia

· 썩은 생선 냄새 또는 마늘향이 나는 무색 가스

· 살충제, 촉매로 사용되는 맹독성, 인화성, 폭발성, 자극성 물질

· 끓는점 -87.7℃, 발화점 100℃, 폭발한계 1.6~98%

· 물에는 녹지 않으나 알코올, 에터, 염화제일구리에 녹음

· 물과 접촉하면 느리게 반응하여 염화수소와 같은 부식성 및 자극성 독성가스를 생산한다.

· 기체이므로 위험물에 해당하지 않으며 「화학물질관리법」에 의한 유독물질이다.

· 공기와 접촉 시 자연발화의 가능성이 있다.

$$2PH_3 + 4O_2 \rightarrow P_2O_5 + 3H_2O$$

· 흡입 시 치명적이다.

6) 알칼리금속 및 알칼리토금속 - 50 ㎏

- 알칼리금속: Li, Rb, Cs, Fr (K, Na 제외 ⇒ 같은 제3류의 별도 품명으로 분류)
- 알칼리토금속: Be, Ca, Sr, Ba, Ra (Mg 제외 ⇒ 제2류의 별도 품명으로 분류)

※ 영 [별표1]에서 '알칼리금속'에서 K, Na을 제외한다는 규정은 있으나,
'알칼리토금속'에서 Mg를 제외한다는 규정은 별도로 없다.

- 공기 중의 산소, 수증기, 이산화탄소와 반응하여 산화물, 탄산염의 표면피막을 만들어 공기를 격리하기 때문에 상온에서 급격한 반응은 일어나지 않는다. 그러나 수분에 대해서는 급격한 발열과 수소가스를 동반하여 연소에 이른다.
- K, Na과 비슷한 성질을 가지나 자연발화성은 없다.
- 석유 또는 파라핀 속에 보관한다.(Fr. Ra은 방사성 원소이므로 제외)
- 산, 알코올과 반응하여 수소(H_2)를 발생하므로 접촉을 막는다.
- 초기소화에는 금속화재용 분말소화약제를 사용할 수도 있으나 연소확대 방지에 주력해야 한다.
- 그 밖의 저장 취급 및 소화방법은 K, Na에 준한다.

40. 알칼리금속, 알칼리토금속

○ 알칼리금속(alkaline metal)

주기율표 1족에 속하는 원소 중, 성질이 비슷한 리튬(Li), 나트륨(Na), 칼륨(K), 루비듐(Rb), 세슘(Cs), 프랑슘(Fr) 등 6원소의 총칭이다.
은백색의 무른 금속으로 공기 중에서는 곧 광택을 잃어버리며, 비중 · 녹는점 · 끓는점 등이 낮은 것이 특징이다. 물과 급격히 반응하여 수소를 발생한다.

○ 알칼리토금속(alkaline earth metal)

주기율표의 2족 원소로서 베릴륨(Be), 마그네슘(Mg), 칼슘(Ca), 스트론튬(Sr), 바륨(Ba), 라듐(Ra) 등 6원소의 총칭이다. 은색을 띠며, 무르고 밀도가 낮다. 알칼리금속처럼 물과 격렬히 반응하지는 않지만 결합하여 강한 염기성 수산화물을 만든다. 알칼리금속이 상온에서 물과 반응하는 것과 달리 수증기 또는 뜨거운 물과 반응한다.

H																	He
Li	Be											B	C	N	O	F	Ne
Na	Mg											Al	Si	P	S	Cl	Ar
K	Ca	Sc	Ti	V	Cr	Mn	Fe	Co	Ni	Cu	Zn	Ga	Ge	As	Se	Br	Kr
Rb	Sr	Y	Zr	Nb	Mo	Tc	Ru	Rh	Pd	Ag	Cd	In	Sn	Sb	Te	I	Xe
Cs	Ba	란타넘	Hf	Ta	W	Re	Os	Ir	Pt	Au	Hg	Tl	Pb	Bi	Po	At	Rn
Fr	Ra	악티늄	Rf	Db	Sg	Bh	Hs	Mt	Ds	Rg	Cn	Nh	Fl	Mc	Lv	Ts	Og

① **리튬**(Lithium, Metallic, **Li**)

· 은백색 금속으로 무르고 연하며 금속 중 가장 가볍다.

· 습기가 존재하는 상태에서는 황색으로 변한다.

· 촉매, 원자로의 제어봉, 합금첨가제, 리튬이온전지 등에 사용된다.

· 녹는점 180℃, 끓는점 1,336℃, 비중 0.53, 발화점 179℃

· 건조한 실온의 공기에선 반응하지 않지만(K, Na보다는 안정하다) 100℃ 이상으로 가열하면 적색 불꽃을 내며 연소하여 미량의 과산화리튬(Li_2O_2)과 산화리튬(Li_2O)으로 산화된다.

· 활성이 매우 커서 대부분의 다른 금속과 반응한다.

· 질소와 상온에서 서서히, 400℃에서는 빠르게 반응하여 적색 결정의 질화물(Li_3N)을 만든다.

$$6Li + N_2 \longrightarrow 2Li_3N$$

리튬 질화리튬

· 상온에서 수소와 반응하여 수소화합물(LiH)을 만든다.

$$2Li + H_2 \longrightarrow 2LiH$$

리튬 수소화리튬

· 물과 상온에서는 서서히, 고온에서는 격렬하게 반응하여 수소를 발생한다.

$$2Li + 2H_2O \longrightarrow 2LiOH + H_2\uparrow$$

리튬 수산화리튬

· 산과 격렬히 반응하여 수소를 발생한다.

② **루비듐**(Rubidium, **Rb**)

· 은백색의 무른 금속으로 녹는점이 매우 낮다.
· 방사성 동위원소, 브라운관 유리, 유기 화합물의 중합촉매 등으로 사용된다.
· 녹는점 38 ℃, 끓는점 688 ℃, 비중 1.53
· 수은(Hg)에 격렬하게 녹아 아말감을 형성한다.
· 물 또는 묽은 산과 폭발적으로 반응하여 수소를 발생한다.

$$2Rb + H_2O \longrightarrow 2RbOH + H_2\uparrow$$

루비듐　　수산화루비듐

· 고온에서 연소하면 초과산화물 RbO_2을 형성한다.
· 액체 암모니아에 녹거나 알코올과 반응하여 수소를 발생한다.
· 저장 취급 시에는 반응성이 대단히 크므로 아르곤 중에서 취급하여야 한다.
· 사염화탄소(CCl_4)와 접촉 시 폭발적으로 반응한다.

③ **세슘**(Cesium, Caesium, **Cs**)

· 은색의 금속으로 녹는점이 매우 낮으며, 알칼리금속 중 반응성이 가장 크다.
· 방사성 동위원소, 원자시계[68], 광전지, 로켓추진제, 중합촉매 등으로 사용된다.
· 녹는점 28 ℃[69], 끓는점 678 ℃, 비중 1.87
· 대기 또는 공기 중에서 청색 불꽃을 내며 연소하여 초과산화물(CsO_2)가 된다.
· 암모니아에 녹아 수소를 발생하고 세슘아미드($CsNH_2$)는 물과 반응하여 암모니아를 발생한다.

$$2Cs + 2NH_3 \longrightarrow 2CsNH_2 + H_2\uparrow$$

세슘　암모니아　　세슘아미드

· 물 또는 묽은 산과 폭발적으로 반응하여 수소를 발생한다.
· 사염화탄소(CCl_4)와 접촉 시 폭발적으로 반응한다.
· 아세트산(CH_3COOH), 포름산($HCOOH$), 페놀(C_6H_5OH) 등 수용성 물질과 접촉 시 수소를 발생한다.

68) 세슘은 시간의 기준으로 사용된다. 세슘-133 원자의 바닥상태에 있는 두 초미세 준위 간의 전이에 대응하는 복사선의 9 192 631 770주기의 지속시간 = 1초(sec)
69) 고체의 세슘은 사람의 체온으로도 녹일 수 있다.

④ **프랑슘**(Francium, **Fr**)

· 은백색의 금속으로 방사성 물질이다.

· 녹는점 27℃, 끓는점 677℃

· 녹는점이 매우 낮아서 실온에서 쉽게 액체로 변하며 화학적 성질은 Cs와 유사하지만 수명이 짧으며, 물리적 성질의 상세한 점은 알려져 있지 않다.

⑤ **베릴륨**(Beryllium, **Be**) ⇒ **성질상 제3류 위험물이 아닌 제2류 위험물 '금속분'이다.**

· 회백색의 단단하고 가벼운 금속으로 내열성이 풍부하다.

· 강력한 발암물질이지만 가공된 것은 독성이 없어 안전공구(Cu+Be)나 우주항공재료, 원자력발전소 등에 사용된다.

· 녹는점 1,280℃, 끓는점 2,970℃, 비중 1.85

· 진한 질산(HNO_3)과는 반응하지 않지만 황산(H_2SO_4), 염산(HCl)과 반응한다.

· 고온에서 분말은 쉽게 연소하여 BeO(산화베릴륨)이 된다.

· 상온에서 공기 또는 물과 잘 반응하지 않지만 묽은 산, 알칼리수용액에 녹아 수소를 발생한다. ⇒ **자연발화성과 금수성이 없고, 분말 상태에서 가연성은 있다.**

※ 국내 위험물 분류체계의 문제점

법령에는 특정 품명으로 지정하고 있으나 시료를 수거하여 판정시험을 해보면 다른 류, 다른 품명 또는 비위험물로 판정되는 경우가 허다하다.

알칼리토금속이 현재와 같이 제3류 위험물의 한 품명으로 지정된 것은 1992년부터이다. 물론 일본 것을 비판 없이 받아들였을 것이다.

당시에는 어쩔 수 없었다고 하더라도, 과학기술 발전과 국제적 흐름을 적극적으로 반영하여 현재 우리나라의 위험물 분류체계는 대폭 수정할 필요가 있다.[70)]

70) 참고문헌: 이창섭 · 김창섭, 「위험물 분류의 국제화에 관한 연구」, 2021년도 국립소방연구원 연구보고서

⑥ **칼슘**(Calcium, **Ca**)

· 은백색의 무른 금속이다.
· 환원제, 합금, 가스정제, 석유공업의 탈황제, 탈수제 등으로 쓰인다.
· 녹는점 845℃, 끓는점 1,420℃, 비중 1.55, 증기비중 1.4
· 고온에서 N_2 또는 H_2와 반응하여 질화물 Ca_3N_2와 수소화합물 CaH_2가 된다.
· 물과 반응하여 상온에서는 서서히, 고온에서는 급격히 수소를 발생한다.

$$\underset{\text{칼슘}}{Ca} + 2H_2O \longrightarrow \underset{\text{수산화칼슘}}{Ca(OH)_2} + H_2\uparrow + \underset{\text{반응열}}{102\ kcal}$$

· 고온으로 가열하면 황색 불꽃을 내며 연소하여 CaO(산화칼슘)가 된다.
· 산, 알코올과 반응하여 수소를 낸다.
· 피부에 닿으면 화상을 입으며, 보호액으로 석유나 톨루엔 속에 저장한다.
· 사염화탄소(CCl_4)와 접촉 시 폭발적으로 반응한다.

⑦ **스트론튬**(Strontium, **Sr**)

· 은백색의 금속으로 발염착색체, 진공관 음극제로 사용된다.
· 녹는점 770℃, 끓는점 1,384℃, 비중 2.6
· 물 또는 묽은 산과 반응하여 수소를 발생한다.

$$\underset{\text{스트론튬}}{Sr} + 2H_2O \longrightarrow \underset{\text{수산화스트론튬}}{Sr(OH)_2} + H_2\uparrow$$

· 실온의 공기에서 회백색의 피막을 만들며 고온에서 홍색 불꽃을 내며 연소하여 SrO(산화스트론튬)가 된다.

⑧ **바륨**(Barium, **Ba**)

· 은백색의 금속으로 물에 녹고 산과 격렬하게 반응하여 수소를 발생한다.
· 녹는점 714℃, 끓는점 1,640℃, 비중 3.5
· 고온에서 질소 또는 수소와 반응하여 질화물 Ba_3N_2와 수소화물 BaH_2를 만든다.
· 고온의 공기 중 연소하여 황록색 불꽃을 내며 연소하여 BaO가 된다.

⑨ **라듐**(Radium, **Ra**)

· 백색의 광택을 가진 금속으로 방사성원소의 대표이다.
· 알칼리토금속 중에서 반응성이 가장 격렬하며, 불꽃반응은 분홍색이다
· 녹는점 700℃, 끓는점 1,737℃, 비중 5.5
· 화학적 성질은 바륨과 매우 비슷하다.
· 물 또는 산과 반응하여 수소를 발생한다.

$$Ra + 2H_2O \longrightarrow Ra(OH)_2 + H_2\uparrow$$

라듐 수산화라듐

· 실온의 공기에서 산화되어 흑색으로 변하고 고온에서 RaO(산화라듐)가 된다.
· 납, 철, 콘크리트 차폐물을 설치하고 금속제 캡슐 속에 저장한다.
· 암 치료용 라돈 가스 생성, 중성자 생성 등에 사용된다. 라듐을 암 치료에 사용하는 라듐요법(프랑스에서는 퀴리요법)은 프랑스에서 처음 시작되었고, 곧 다른 나라에도 보급되었다.
· 1898년 프랑스의 물리학자인 퀴리 부부에 의해서 폴로늄과 함께 우라늄 광석에서 발견된 최초의 방사성원소이다.

7) 유기금속화합물(Organometallic compounds) - 50 ㎏

- 알킬기(C_nH_{2n+1})와 아닐기(C_6H_5-)등 탄화수소기와 금속원자가 결합된 화합물
  ⇒ 탄소-금속 사이에 치환결합을 갖는 화합물
- 알킬알루미늄과 알킬리튬은 별도로 지정하므로 제외한다.
- 물리화학적 성질이 매우 다양하며 일반적으로 반응성이 풍부하고 불안정하다.
- 대부분 공기 중에서 자연발화하며, 금수성도 함께 갖는 것이 많다.
- 매우 유독하며, 휘발성이 있는 것은 특히 유독하다.
- 탄화수소가 고리 모양이거나 방향족인 것을 비롯한 대부분의 유기금속화합물은 고체이며, 일부는 액체 또는 기체이다.
- 공기, 물, 산화제, 가연물과 철저히 격리하고 저장용기에 불활성가스를 봉입한다.

① **다이에틸아연**(Diethylzinc, DEZ, **$(C_2H_5)_2Zn$**, 디에틸아연)

· 무색의 마늘 냄새가 나는 유독성 액체로서 가연성이다.
· 반도체 공업, 로켓연료 점화 방지제 등으로 사용된다.
· 녹는점 -30℃, 끓는점 117℃, 비중 1.2
· 공기와 접촉하면 자연발화하고, 메탄올 · 산화제 · 할로젠과 심하게 반응한다.
· 열에 매우 불안정하여 120℃ 이상 가열하면 분해 폭발한다.
· 물과 격렬하게 반응하여 분해되어 인화성의 에탄가스를 발생한다.

$$\underset{\text{다이에틸아연}}{(C_2H_5)_2Zn} + H_2O \longrightarrow \underset{\text{에탄}}{2C_2H_6\uparrow} + \underset{\text{산화아연}}{ZnO}$$

· 대량 저장 시 헥세인(헥산), 톨루엔 등 안정제를 넣어 저장한다.

② **다이에틸텔르륨**(Diethyltelluride, **$(C_2H_5)_2Te$**)

· 무취, 황적색의 투명한 유독성 · 가연성 액체이다.
· 유기 화합물의 합성, 반도체 공업에 쓰인다.
· 끓는점은 138℃, 공기 또는 물과 접촉에 의해 분해한다.
· 공기 중 노출되면 자연발화하여 푸른색 불꽃을 내며 연소한다.
· 물 또는 습한 공기와 접촉에 의해 인화성 증기와 열을 발생한다.

· 메탄올, 산화제, 할로젠과 반응한다.

· 열에 매우 불안정하며 저장용기가 가열되면 심하게 파열한다.

③ **다이메틸텔르륨**(Dimethyltelluride, **$(CH_3)_2Te$**)

· 담황색의 투명한 가연성 액체로 마늘 냄새가 나는 맹독성 물질이다.

· 끓는점 82 ℃

· 물에 잘 녹으며, 공기 중의 습기 또는 물과 접촉 시 분해된다.

· 강산에 접촉하면 격렬하게 반응하여 발화한다.

④ 그 밖의 유기금속화합물

· 다이메틸아연($(CH_3)_2Zn$): 마늘 냄새 나는 무색 액체, 끓는점 46 ℃, 비중 1.386,
공기나 탄산가스 중에서 자연발화한다.
물과 반응하여 메테인가스를 생성한다.

· 다이메틸카드뮴($(CH_3)_2Cd$): 무색 액체, 끓는점 105.5 ℃, 녹는점 -4.5 ℃, 비중 1.98,
공기 중에서 흰색 산화카드뮴으로 즉시 산화된다.

· 소듐메틸레이트($NaOCH_3$): 흰색 고체, 인화점 33 ℃, 발화점 455 ℃

· 트라이메틸갈륨($(CI I_3)_3Ga$): 무색투녕한 액체, 녹는점 -15.8 ℃,
끓는점 55.8 ℃, 비중 1.15, 실온에서 자연발화

· 다이메틸클로로실레인($(CH_3)_2SiHCl$): 무색 액체, 인화점 -23 ℃, 끓는점 36 ℃

· 나트륨아미드($NaNH_2$): 회백색 고체, 녹는점 210 ℃, 끓는점 400 ℃

· 트라이에틸인듐($(C_2H_5)_3In$): 무색투명한 액체, 녹는점 -32 ℃, 비중 1.26
헥세인, 헵테인, 톨루엔, 자일렌 등에 잘 녹는다.

· 메틸마그네슘아이오다이드(CH_3MgI): 진한 회색의 액체, 인화점 -40 ℃

· 트라이에틸보레인($(C_2H_5)_3B$): 무색투명한 액체, 끓는점 95 ℃,
상온 · 불활성가스 하에서 안정, 유기용매에 잘 녹음

· 트라이뷰틸보레인($(C_4H_9)_3B$): 무색투명한 액체, 녹는점 -34 ℃, 끓는점 208 ℃,
유기용매에 잘 녹음, 공기 중 자연발화

8) 금속의 수소화물(Hydride) - 300 ㎏

- 금속[71]과 수소의 화합물
- 금속이나 준금속 원자에 1개 이상의 수소원자가 결합하고 있는 화합물
- 무색의 결정으로 비휘발성이며 녹는점이 높다.
- 물과 반응하여 수소와 수산화물을 발생시키는 이온 화합물

  ⇒ M′ H 또는 M″ H_2형 이온화합물

  M′ : 원자가 1가의 금속, M″ : 원자가 2가의 금속
- 로켓연료, 기구를 채우는 수소 발생원, 수소폭탄 제조, 환원제 등으로 사용되며, 핵융합 과정에서 중요한 역할을 담당한다.

① **수소화리튬**(Lithium hydride, **LiH**)

· 무취, 무색 또는 회색 유리 모양의 불안정한 가연성 고체이다.

· 환원제, 건조제, 수소 발생원 등으로 사용된다.

· 녹는점 680℃, 분해온도 400℃, 비중 0.82, 발화점 200℃

· 빛에 노출되면 빠르게 흑색으로 변한다.

· 벤젠, 톨루엔에는 녹지 않지만 에터(에테, Ether)에 녹는다.

· 물과 실온에서 격렬하게 반응하여 수산화리튬(LiOH)과 많은 양의 수소를 발생한다. 이때 반응열에 의해 수소화리튬(LiH)이 연소한다.

$$LiH + H_2O \longrightarrow LiOH + H_2\uparrow$$

수소화리튬 수산화리튬

· 공기 또는 습기, 물과 접촉으로 자연발화를 일으킬 수 있다.

· 열에 불안정하여 400℃에서 리튬과 수소로 분해한다.

$$2LiH \longrightarrow 2Li + H_2\uparrow$$

수소화리튬 리튬

· 부드러운 분말 상태가 될 때는 공기와 혼합하여 연소폭발 할 수 있다.

· 피부에 접촉하면 화상을 입고, 눈에 접촉하면 실명할 우려가 있다.

71) 금속은 전자를 잃고 +가 되려는 경향이 강하여 양성원소라고도 한다.

② **수소화나트륨**(Sodium hydride, **NaH**)

· 회백색의 결정 또는 분말이며 불안정하고 유독한 가연성 물질이다.
· 환원제, 축합제(축합반응[72] 조절시약), 알킬화제, 건조제 등으로 사용된다.
· 분해온도 425℃($2NaH \rightarrow 2Na + H_2$), 비중 1.36
· 물과 실온에서 격렬하게 반응하여 수소를 발생하고 발열한다.

$$\underset{\text{수소화나트륨}}{NaH} + H_2O \longrightarrow \underset{\text{수산화나트륨}}{NaOH} + H_2\uparrow + Q\ kcal$$

· 건조한 공기 중에서는 안정하지만 습한 공기 중에 노출되면 자연발화한다.

③ **수소화칼륨**(Potassium hydride, **KH**)

· 부식성 · 금수성 액체로서 인화점은 113℃이다.
· 물과 접촉하여 수산화칼륨과 수소를 발생하며, 이때 반응열에 의해 수소가 폭발할 수 있다.

$$\underset{\text{수소화칼륨}}{KH} + H_2O \longrightarrow \underset{\text{수산화칼륨}}{KOH} + H_2\uparrow$$

· 암모니아와 고온에서 칼륨아미드를 생성하고 수소를 발생한다.

$$\underset{\text{수소화칼륨}}{KH} + NH_3 \longrightarrow \underset{\text{칼륨아미드}}{KNH_2} + H_2\uparrow$$

④ **수소화리튬알루미늄**(Lithium aluminium hydride, **$LiAlH_4$**)

· 회색의 결정성 분말로 가연성, 부식성이다.
· 수소화제, 추진약, 중합촉매, 환원제 등으로 사용된다.
· 녹는점 125℃, 분해온도 125~150℃, 비중 0.92
· 물과 접촉 시 수소를 발생하고 발화한다.

$$\underset{\text{수소화알루미늄리튬}}{LiAlH_4} + 4H_2O \longrightarrow \underset{\text{수산화리튬}}{LiOH} + \underset{\text{수산화알루미늄}}{Al(OH)_3} + 4H_2\uparrow + Q\ kcal$$

---

72) 축합반응(縮合反應, condensation): 유기 화합물의 2분자 또는 그 이상의 분자가 반응하여 간단한 분자(주로 H_2O)가 제거되면서 새로운 화합물을 만드는 반응

· 125℃에서 분해하기 시작하여 리튬, 알루미늄, 수소로 분해한다.
· 부드러운 분말이 될 때에는 발화성이 증가하고 분쇄할 때 발화위험이 있다.
· 에터(에테르, Ether), 초산에틸과 혼합 시 폭발위험이 있다.

⑤ **수소화칼슘**(Calcium hydride, **CaH_2**)

· 백색 또는 회색의 결정 또는 분말이다.
· 금속염의 환원제, 촉매, 시약, 건조제, 수소 발생원으로 사용된다.
· 녹는점 600℃, 끓는점 816℃, 분해온도 600℃, 비중 1.9
· 자연발화온도 300℃ 이하
· 건조공기 중에선 안정하며 환원성이 강하다.
· 물과 상온에서 격렬하게 반응하여 수산화칼슘과 수소를 발생하고 발열한다.

$$\underset{\text{수소화칼슘}}{CaH_2} + 2H_2O \longrightarrow \underset{\text{수산화칼슘}}{Ca(OH)_2} + 2H_2\uparrow + Q\ kcal$$

· 약 600℃ 이상으로 가열하면 칼슘과 수소로 분해한다.
· 부드러운 분말 상태가 되면 인화성이 증가한다.

⑥ 그 밖의 금속의 수소화물

대부분 물과 반응하여 수소가스를 발생하는 금수성 물질(테트라실레인은 자연발화성)

· 나트륨보로하이드라이드($NaBH_4$): 백색 결정, 끓는점 400℃, 비중 1.07
· 수소화알루미늄나트륨(AlH_4Na): 백색 결정, 비중 1.24
· 칼륨보로하이드라이드(KBH_4): 백색 분말 결정, 녹는점 500℃, 비중 1.18
· 수소화마그네슘(MgH_2): 백색 결정, 비중 1.45
· 데카보레인($B_{10}H_{14}$, 데카보란): 무색 결정, 녹는점 98℃, 끓는점 213℃, 비중 0.94
· 수소화지르코늄(ZrH_2): 짙은 회색의 금속분말
· 수소화타이타늄(TiH_2, 수소화티타늄): 흙색 금속분말, 비중 3.8
· 테트라실레인(Si_4H_{10}, 테트라실란): 액체, 상온에서 자연발화

9) 금속의 인화물(Phosphide) - 300㎏

- 인(P)과 양성원소[73]의 화합물

① **인화알루미늄**(Aluminium phosphide, **AlP**)

· 암회색 또는 황색의 결정 또는 분말로 가연성이다.
· 해충구제용 훈증제, 살충제, 살서제(쥐약) 등으로 사용된다.
· 끓는점 1,000℃, 녹는점 2,550℃, 비중 2.4~2.8, 증기비중 4.1
· 습한 공기 중에서 어두운 색으로 변한다.
· 물, 습한 공기와 접촉 시 가연성·맹독성의 포스핀(인화수소, PH_3)[*38]을 발생한다.

$$AlP + 3H_2O \longrightarrow Al(OH)_3 + PH_3\uparrow$$

인화알루미늄 수산화알루미늄 인화수소

· 강산, 알칼리용액과도 격렬하게 반응하여 포스핀 가스를 발생한다.
· 건조한 상태에서는 안정하지만 공기 중에선 서서히 포스핀 가스를 발생한다.
· 밀폐용기에 저장하고 건조상태를 유지하여 저장한다.

② **인화아연**(Zinc phosphide, **Zn_3P_2**)

· 마늘 냄새가 나는 암회색의 금수성·부식성 분말이다.
· 살충제, 살서제(쥐약), 반도체 소자, LED 등으로 사용된다.
· 녹는점 420℃, 끓는점 1,100℃, 비중 4.55(15℃), 증기비중 4.6
· 에탄올·에터에는 녹지 않고, 벤젠·이황화탄소에는 녹는다.
· 물, 공기, 산과 반응하여 포스핀 가스를 발생한다.

$$Zn_3P_2 + 6H_2O \longrightarrow 3Zn(OH)_2 + 2PH_3\uparrow$$

인화아연 수산화아연 포스핀(인화수소)

· 차고 건조하며 환기가 잘되는 곳에 저장한다.

---

73) 양성원소: 전자를 잃기 쉬운 원소, 금속

③ **인화칼슘**(Calcium phosphide, **Ca_3P_2**, 인화석회)

· 적갈색의 금수성 고체 분말이다.
· 건조한 공기 중엔 안정하나 300℃ 이상에서 산화한다.
· 수중조명, 신호등 및 해상조명, 살서제(쥐약)의 원료이다.
· 녹는점 1,600℃, 비중 2.5
· 알코올, 에터에 녹지 않는다.
· 물, 산과 격렬하게 반응하여 포스핀(phosphine, 인화수소)[74]가스를 발생한다.

$$\underset{\text{인화칼슘}}{Ca_3P_2} + 6H_2O \longrightarrow \underset{\text{수산화칼슘}}{3Ca(OH)_2} + \underset{\text{인화수소}}{2PH_3\uparrow}$$

$$\underset{\text{인화칼슘}}{Ca_3P_2} + \underset{\text{염화수소}}{6HCl} \longrightarrow \underset{\text{염화칼슘}}{3CaCl_2} + \underset{\text{인화수소}}{2PH_3\uparrow}$$

· 에터, 벤젠, 이황화탄소와 습기 하에서 접촉하면 발화한다.

④ **인화갈륨**(Gallium phosphide, **GaP**)

· 무색 또는 황갈색의 분말이다.
· 녹는점 1,465℃
· 물에 녹지 않으며 습기 중에서는 물고기 썩는 냄새가 난다.
· 물 · 산과의 접촉으로 포스핀 가스를 발생한다.
· 밀폐용기에 넣어 환기가 잘되는 찬 곳에 저장한다.

74) 포스핀(Phosphine): 인화수소 PH_3, 무색이며 악취가 나는 독성 기체(CAS번호: 7803-51-2)

10) 칼슘 또는 알루미늄의 탄화물(Carbide) - 300 ㎏

- 칼슘 또는 알루미늄이 탄소와 화합한 물질이다.
- 물과 반응하여 아세틸렌(C_2H_2)*41, 메테인(CH_4) 등 가연성 가스를 발생한다.
- 질소와 같은 불활성가스를 채워 저장하고 물기와 접촉을 절대 방지해야 한다.
- 화재 시 주수소화 및 포소화약제는 수분이 있어 절대 엄금
- 마른모래, 탄산가스, 소화분말로 질식소화한다.
- 이온성 탄화물이며 순수한 시료는 투명한 고체이다.

해설 41. 아세틸렌(C_2H_2)가스

○ 아세틸렌(acetylene): 아세틸렌계 탄화수소의 가장 간단한 것으로 에틴이라고도 한다.

· 무색무취의 기체이고 천연으로는 존재하지 않는다.
· 녹는점 -81.5℃, 끓는점 -75℃, 착화온도 335℃, 비중 0.9
· 합성수지, 합성섬유 등의 원료, 금속의 용해 및 절단, 램프 조명에 사용된다.
· 물과 알코올에 녹으며, 아세톤에 특별히 잘 녹는다.
· 삼중결합(H-C≡C-H)을 가지므로 첨가반응을 잘 일으키며 반응성이 풍부하다.
· 연소범위가 2.5~81%로 넓고, 약간의 자극으로도 쉽게 연소하여 폭발한다.

$$2C_2H_2 + 5O_2 \longrightarrow 2H_2O + 4CO_2\uparrow$$

· 아세틸렌 용접기는 산소와 아세틸렌이 반응했을 때 발생하는 높은 열을 이용해서 금속을 용접 · 절단하는 장치이다.
· 1.5기압 이상 가압하면 자기 자체로 폭발하므로 단독으로 가압하지 않도록 한다.

$$C_2H_2 \longrightarrow 2C + H_2 + 54.19\ kcal$$

· 「고압가스 안전관리법」상 황색으로 용기를 도색하며, 용기 내부는 다공성 물질75)(규조토, 석면, 목탄, 다공성 플라스틱 등)과 아세톤, 다이메틸폼아미드(DMF) 등 용해액을 함께 충전한다.
· 순수한 아세틸렌은 냄새가 없지만, 불순물인 PH_3, H_2S, NH_3, SiH_4 등이 함께 나오므로 여러 가지 냄새가 난다.
· 탄화칼슘을 이용하거나 탄화수소를 분해하여 제조한다.
· 금속 Mg, Cu, Hg, Ag과 반응하여 폭발성 물질인 금속아세틸라이트와 수소를 생성한다.

$$\underset{\text{아세틸렌}}{C_2H_2} + \underset{\text{은}}{2Ag} \longrightarrow \underset{\text{은아세틸라이트}}{Ag_2C_2} + H_2$$

75) 다공성 물질(多孔性物質): 물질의 내부나 표면에 작은 빈틈이 많아 표면적이 매우 넓은 물질

① **탄화칼슘**(Calcium carbide, **CaC_2**, 칼슘카바이드, 탄화석회)

· 순수한 것은 무색투명하나 대부분 흑회색의 불규칙한 덩어리(시판품)이다.
· 아세틸렌 제조, 석회질소 제조, 야금, 용접용 단봉, 유기합성, 탈수제 등에 사용된다.
· 녹는점 2,370℃ 비중 2.2, 탄화칼슘 자체는 불연성이다.
· 물 또는 습한 공기와 만나면 반응하여 아세틸렌을 발생한다.
· 건조한 공기 중에서는 안정하지만 350℃ 이상으로 가열하면 산화한다.

$$2CaC_2 + 5O_2 \longrightarrow 2CaO^{*42} + 4CO_2\uparrow$$

칼슘카바이드 산화칼슘

· N_2 중에서 약 700℃ 이상으로 가열하면 석회질소(칼슘시안아미드)가 얻어진다.

$$CaC_2 + N_2 \longrightarrow CaCN_2 + C$$

칼슘카바이드 석회질소

· 물과 심하게 반응하여 수산화칼슘(소석회)[*42]과 아세틸렌가스를 발생한다.

$$CaC_2 + 2H_2O \longrightarrow Ca(OH)_2 + C_2H_2\uparrow$$

칼슘카바이드 수산화칼슘 아세틸렌

· 일반적으로 불순물(황, 인, 질소 등)을 함유하고 있어 아세틸렌을 제조하면 악취가 난다.

② **탄화알루미늄**(Aluminium carbide, **Al_4C_3**, 알루미늄카바이드)

· 순수한 것은 백색이지만 통상은 불순물 때문에 황색의 결정을 이룬다.
· 메테인가스 제조, 금속산화물의 환원, 질화알루미늄의 제조 등에 사용된다.
· 녹는점 2,200℃, 분해온도 1,400℃, 비중 2.36, 승화점 1,800℃
· 상온의 공기 중에서는 안정하지만 공기 중 가열하면 표면에 Al_2O_3막을 만들어 반응이 지속되지 않는다.
· 상온에서 물과 반응하여 메테인가스를 만든다.

$$Al_4C_3 + 12H_2O \longrightarrow 4Al(OH)_3 + 3CH_4\uparrow$$

탄화알루미늄 수산화알루미늄 메테인

· 강산화제, 강산류와 반응하면 격렬하게 발열하며 메테인가스를 발생한다.

$$Al_4C_3 + 2HCl \longrightarrow 4AlCl_3 + 3CH_4\uparrow$$

탄화알루미늄 염산 염화알루미늄 메테인

42. 생석회와 소석회

○ 생석회: CaO, 산화칼슘, 석회, 生石灰, quicklime, fluximing lime, calcium oxide

· 순수한 것은 등축정계의 백색 결정으로 녹는점 2,570℃, 끓는점 2,850℃이다.

· 공기 중에 방치하면 수분과 이산화탄소를 흡수하여 수산화칼슘($Ca(OH)_2$, 소석회)과 탄산칼슘으로 분해한다.

· 물을 작용시키면 발열하여 백색 가루인 수산화칼슘이 된다.
⇒ 가축방역(구제역, AI 등)에 쓰인다.

· 석회석 또는 탄산칼슘($CaCO_3$)을 약 900℃ 이상으로 가열하면 생긴다.

○ 소석회: $Ca(OH)_2$, 칼슘의 수산화물, slaked lime, caustic lime, hydrated lime,
calcium hydrate, calcium hydroxide

· 백색 분말 형태의 염기성 화합물이며 이산화탄소의 검출과 이산화탄소에 의한 온실효과를 줄이는 데 이용된다.

· 수산화칼슘을 물에 녹인 것을 흔히 석회수라 하는데, 입김을 불어 넣거나 양초 주변에 가까이 하면 용액이 뿌옇게 되는 것을 관찰할 수 있다. 이는 물에 녹아 있는 수산화칼슘과 이산화탄소가 반응하여 물에 녹지 않는 탄산칼슘을 만들기 때문이다.

$$Ca(OH)_2 + CO_2 \longrightarrow CaCO_3 + H_2O$$

수산화칼슘 탄산칼슘

그런데, 어느 정도 이상으로 이산화탄소를 수산화칼슘에 많이 통과시키면 다시 물에 녹는 염인 탄산수소칼슘이 만들어져 용액이 다시 투명해진다.

$$CaCO_3 + H_2O + CO_2 \longleftrightarrow Ca(HCO_3)_2$$

탄산칼슘 탄산수소칼슘

· 탄산칼슘은 석회 동굴의 주성분으로 석회동굴에 이산화탄소가 많이 녹아 있는 탄산 성분의 지하수가 흐르면 탄산칼슘은 물에 녹는 탄산수소칼슘으로 바뀌고 동굴 천장이 조금씩 녹아내리게 된다. 역반응도 가능하기 때문에 이러한 과정이 반복되면서 종유석이나 석주, 석순 등이 생긴다.

· 수산화칼슘은 강한 자극성이 있어 피부 · 눈 · 점막 접촉에 주의하여야 한다.

○ 석회: 石灰, lime

· 보통 생석회(산화칼슘, CaO)를 지칭하나 소석회(수산화칼슘, $Ca(OH)_2$)를 말하기도 하고 칼슘화합물의 칼슘(질산칼슘⇒질산석회)을 가리키는 경우도 간혹 있다.

③ 그 밖의 카바이드

· '카바이드'는 금속탄화물의 총칭이다.

· 「위험물안전관리법」에 따라 탄화칼슘(CaC_2, 칼슘카바이드)과 탄화알루미늄(Al_4C_3, 알루미늄카바이드)만 위험물로 명시하고 있으나 다른 카바이드도 그 특성상 위험물로 지정할 필요가 있다.

· 수분 또는 온수와 묽은 산 등에 의하여 아세틸렌가스, 메테인가스, 수소가스 등 가연성 가스를 발생하고 때에 따라서는 발화, 폭발하는 수도 있다.

⇒ 탄화리튬(Li_2C_2), 탄화나트륨(Na_2C_2), 탄화칼륨(K_2C_2), 탄화베릴륨(Be_2C), 탄화마그네슘(MgC_2 또는 Mg_2C_3) 탄화망간(Mn_3C) 등

· 아세틸렌가스를 발생하는 카바이드: Li_2C_2, Na_2C_2, K_2C_2, MgC_2, CaC_2

$$Li_2C_2 + 2H_2O \longrightarrow 2LiOH + C_2H_2\uparrow$$

탄화리튬 수산화리튬 아세틸렌

$$Na_2C_2 + 2H_2O \longrightarrow 2NaOH + C_2H_2\uparrow$$

탄화나트륨 수산화나트륨 아세틸렌

$$K_2C_2 + 2H_2O \longrightarrow 2KOH + C_2H_2\uparrow$$

탄화칼륨 수산화칼륨 아세틸렌

$$MgC_2 + 2H_2O \longrightarrow Mg(OH)_2 + C_2H_2\uparrow$$

탄화마그네슘 수산화마그네슘 아세틸렌

※ $Mg_2C_3 + 4H_2O \longrightarrow 2Mg(OH)_2 + CH_3\text{-}C\equiv C\text{-}H$

탄화마그네슘 수산화마그네슘 아릴렌

· 메테인(메탄)가스를 발생하는 카바이드: Be_2C, Al_4C_3

$$Be_2C + 4H_2O \longrightarrow 2Be(OH)_2 + CH_4\uparrow$$

탄화베릴륨 수산화베릴륨 메테인

· 메테인과 수소를 발생하는 카바이드: Mn_3C

$$Mn_3C + 6H_2O \longrightarrow 3Mn(OH)_2 + CH_4\uparrow + H_2\uparrow$$

탄화망간 수산화망간 메테인

11) 염소화규소화합물 - 300 kg

- 염소(Cl)와 규소(Si) 화합물의 총칭, Silicon chloride, Si_nCl_{2n+2}
- 수소화규소(silane, 실레인, 실란, Si_nH_{2n+2})의 염소치환법과 규소의 염소화에 의해 생성된다.
- 모두 쉽게 가수분해하며, 암모니아, 알코올, 페놀, 유기금속화합물 등과 반응한다.
- 유기규소화합물이나 규소산에스터의 제조원료로서 중요하다.

① **트라이클로로실레인**(Trichlorosilane, TCS, **$SiHCl_3$**, 트리클로로실란)

· 자극적인 냄새가 나는 무색투명한 인화성 부식성 액체이다.

· 녹는점 -127 ℃, 끓는점 31.8 ℃, 비중 1.34, 인화점 -28 ℃, 자연발화온도 93~104 ℃

· 공기 중의 수분과 격렬히 반응하여 발열하며 염화수소가스를 생성한다.

$$10HSiCl_3 + 15H_2O \longrightarrow H_{10}Si_{10}O_{15} + 30HCl\uparrow$$

트라이클로로실레인 데카실세스퀴옥산(Decasilsesquioxane)

② **사염화규소**(Silicon tetrachloride, **$SiCl_4$**, 테트라클로로실레인, 테트라클로로실란)

· 자극적인 냄새가 나는 무색의 발연성 액체이다.

· 녹는점 -70 ℃, 끓는점 57.6 ℃, 비중 1.4

· 유리, 도자기, 유기규소화합물 합성 등 등에 사용된다.

· 공기 중의 수분과 반응하면 염화수소가 생성된다.

$$SiCl_4 + 4H_2O \longrightarrow H_4SiO_4 + 4HCl\uparrow$$

사염화규소 규산 염화수소

③ 그 밖의 염소화규소화합물

· 육염화이규소(Si_2Cl_6): 녹는점 -1 ℃, 끓는점 147 ℃

· 팔염화삼규소(Si_3Cl_8): 끓는점 216 ℃

· 십염화사규소(Si_4Cl_{10})

· 십이염화오규소(Si_5Cl_{12})

4 제4류 위험물

● 인화성 액체(flammable liquid)로서 그 종류는 무수히 많다.

⇨ 액체[*43]로서 인화의 위험이 있는 것: 인화점이 250℃ 이하인 것
(단, 제3석유류, 제4석유류 및 동식물류는 1기압, 20℃에서 액상인 것에 한함)

○ GHS에 의한 인화성 액체(flammable Liquid): 인화점[*45]이 93℃ 이하인 것

1 품명 및 지정수량

품 명		지정수량	설 명
1. 특수인화물		50 L	• **이황화탄소, 다이에틸에터** • 1기압에서 발화점이 100℃ 이하인 것 • 1기압에서 인화점이 -20℃ 이하이고 끓는점이 40℃ 이하인 것
2. 제1석유류	비수용성	200 L	• **아세톤, 휘발유** • 1기압에서 인화점이 21℃ 미만인 것
	수용성	400 L	
3. 알코올류		400 L	• 1분자를 구성하는 탄소원자의 수가 **1~3**개까지인 포화1가 알코올 • 변성알코올
4. 제2석유류	비수용성	1,000 L	• **등유, 경유** • 1기압에서 인화점이 **21℃** 이상 70℃ 미만인 것
	수용성	2,000 L	
5. 제3석유류	비수용성	2,000 L	• **중유, 클레오소트유** • 1기압에서 인화점이 **70℃** 이상 200℃ 미만인 것
	수용성	4,000 L	
6. 제4석유류		6,000 L	• **기어유**, 실린더유 • 1기압에서 인화점이 **200℃** 이상 250℃ 미만인 것
7. 동식물유류		10,000 L	• 동물의 지육 등 또는 식물의 종자나 과육으로부터 추출한 것으로서 1기압에서 인화점이 **250℃** 미만인 것

위험등급 Ⅰ - 특수인화물

위험등급 Ⅱ - 제1석유류, 알코올류

위험등급 Ⅲ - 제2석유류, 제3석유류, 제4석유류, 동식물유류

※ 제4류 위험물 요약

품 명	지정수량	위험등급
특수인화물	50 L	Ⅰ
제1석유류	200 L (400 L)	Ⅱ
알코올류	400 L	
제2석유류	1,000 L (2,000 L)	Ⅲ
제3석유류	2,000 L (4,000 L)	
제4석유류	6,000 L	
동식물유류	10,000 L	

 43. 액체(liquid)

1. 액체에 대한 여러 가지 정의

· 일정한 부피는 가졌으나 일정한 형태를 가지지 못한 물질

· 물처럼 부피는 일정하지만 자유롭게 모양을 바꿀 수 있는 유체

· 물이나 기름과 같이 자유로이 유동하여 용기의 모양에 따라 그 모양이 변하여 일정한 형태를 가지지 않고 압축해도 거의 부피가 변하지 않는 물질

※ 물질의 고유한 성질이 아니라 조건(압력, 온도)에 따라서 기체로도 되고 고체로도 변할 수 있는 존재 상태의 하나이므로 액체상(液體相)이라고 하는 경우도 있다.

2. GHS에 의한 액체의 정의

50℃에서 증기압이 300 kPa(3 bar) 이하이고, 20℃ 표준압력(101.3 kPa)에서 완전히 가스 상태가 아니며, 표준압력(101.3 kPa)에서 녹는점(또는 초기녹는점)이 20℃ 이하인 물질

특정한 녹는점을 결정할 수 없는 점성물질이나 혼합물은 ASTM D 4359-90 시험 또는 ADR 부속서 A 제2,3,4절에 규정된 유동성 결정 시험을 받아야 한다.

> ***Liquid*** means a substance or mixture which at 50℃ has a vapour pressure of not more than 300 kPa(3 bar), which is not completely gaseous at 20℃ and at a standard pressure of 101.3 kPa, and which has a melting point or initial melting point of 20℃ or less at a standard pressure of 101.3 kPa. A viscous substance or mixture for which a specific melting point cannot be determined shall be subjected to the ASTM[76] D 4359-90 test; or to the test for determining fluidity (penetrometer test) prescribed in section 2.3.4 of Annex A of the Agreement concerning the International Carriage of Dangerous Goods by Road (ADR) [GHS 10차 개정판, 2023년]

3. 위험물안전관리법의 정의(시행령 별표1의 비고1)

"1기압 및 20℃에서 액상인 것 또는 20℃ 초과 40℃ 이하에서 액상인 것"

※ 액상 - 수직으로 된 시험관(안지름 30 mm, 높이 120 mm의 원통형유리관)에 시료를 55 mm까지 채운 다음 그 시험관을 수평으로 하였을 때 시료액면의 선단이 30 mm를 이동하는데 걸리는 시간이 90초 이내에 있는 것

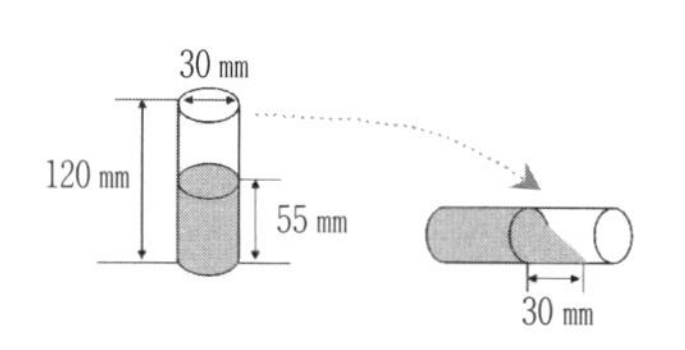

76) ASTM: American Society for Testing and Materials

44. 해외의 인화성 액체(flammable liquid) 분류

1. GHS[77]

구 분	기 준
1	인화점 23℃ 미만, 초기끓는점 35℃ 이하
2	인화점 23℃ 미만, 초기끓는점 35℃ 초과
3	인화점 23℃ 이상 60℃ 이하
4	인화점 60℃ 초과 93℃ 이하

2. UN권고(RTDG)[78]

포장 그룹	인화점(closed-cup)	초기끓는점
I	-	35℃ 이하
II	23℃ 미만	35℃ 초과
III	23℃ 이상 60℃ 이하	35℃ 초과

3. NFPA 30[79](2008년), OSHA[80]

구분		기 준
class ⅠA		인화점 73°F(22.8℃) 미만, 끓는점 100°F(37.8℃) 미만
class ⅠB		인화점 73°F(22.8℃) 미만, 끓는점 100°F(37.8℃) 이상
class ⅠC		인화점 73°F(22.8℃) 이상, 100°F(37.8℃) 미만
※ combustible liquid (가연성 액체)	class Ⅱ	인화점 100°F(37.8℃) 이상, 140°F(60℃) 미만
	class ⅢA	인화점 140°F(60℃) 이상, 200°F(93℃) 미만
	class ⅢB	인화점 200°F(93℃) 이상

4. EU의 CLP[81]

범주	기 준
1	인화점 23℃ 미만, 초기끓는점 35℃ 이하
2	인화점 23℃ 미만, 초기끓는점 35℃ 초과
3	인화점 23℃ 이상 60℃ 이하
인화점 55℃ 이상 75℃ 이하인 경유, 디젤유 및 난방유는 범주 3으로 간주	

※ 23℃ ≒ 73°F, 37.8℃ ≒ 100°F, 60℃ ≒ 140°F, 93℃ ≒ 200°F

77) GHS: Globally Harmonized System of Classification and Labelling of Chemicals
78) RTDG: Recommendations on the Transport of Dangerous Goods, 1956년 세계 최초로 위험물의 운송에 관한 UN권고, 통칭 "오렌지북" 의 초판을 간행하였고, 2019년에 21번째 개정판을 내놓았다.
79) NFPA: National Fire Protection Association, 미국 방화협회
NFPA 30: Flammable and Combustible Liquids Code
80) OSHA: Occupational Safety and Health Administration, 미국 직업안전위생국
81) CLP: Regulation No.1272/2008 on Classification, Labelling and Packaging of substances and mixtures

45. 인화점과 발화점

○ 인화와 발화

'인화'는 물질조건(가연성 물질과 산소의 존재)을 구비한 계가 외부로부터 에너지를 받아 착화하는 현상이고, '발화'는 외부로부터의 에너지 유입 없이 내부의 열만으로 착화하는 현상이다. 공기 중에 노출되었을 때 짧은 시간(5분)에 발화하는 경우는 '자연발화'라고 한다.

○ 인화점(flash point)

· 인화가 가능한 가연성 물질의 최저온도

· 특정 시험조건 하에서 물질이 가연성 증기를 형성하여 점화원이 가해졌을 때 가연성 증기가 연소범위 하한에 달하는 최저온도

· 액체의 경우 점화원의 존재 하에 불이 붙을 만큼 유증기를 발생하기 시작하는 최저온도

· 액체의 경우 액면에서 증발된 증기가 그 증기의 연소하한계에 달할 때의 액체온도

⇒ 인화점이 낮을수록 위험하므로 물질의 위험성을 평가하는 척도로 쓰이며, 「위험물안전관리법」에서 석유류를 분류하는 기준으로 쓰인다.

○ 발화점(착화점, 발화온도, 자연발화온도, autoignition temperature, AIT)

· 외부로부터의 직접적인 점화에너지 공급 없이 물질 자체가 스스로 착화되는 최저온도

· 가연물을 지연성 가스(공기) 속에서 가열할 때 다른 곳으로부터 점화원 없이 가열된 열만 가지고 스스로 연소가 시작되는 최저온도. 가열에 의하여 반응속도가 증가하여 발화점에 도달하면 열의 발생속도가 열의 소비속도보다 크게 되어 자기 가열을 일으켜 발화한다.

· 발화점은 보통 인화점보다 수 백도가 높은 온도이며 화재진압 후 잔화정리를 할 때 계속 물을 뿌려 가열된 건축물을 냉각시키는 것은 발화점(착화점) 이상으로 가열된 건축물이 열로 인하여 다시 연소되는 것을 방지하기 위한 것이다.

※ 연소점: 연소가 계속되기 위한 온도를 말하여 대략 인화점보다 10℃ 정도 높은 온도로서, 연소상태가 5초 이상 유지될 수 있는 온도이다. 이것은 가연성 증기 발생속도가 연소속도 보다 빠를 때 이루어진다.

※ 인화점과 발화점의 값은 조건에 따라 현저하게 변동하는 값으로 절대값이 아니며, 발화점이 달라지는 요인으로는 ① 가연성 가스와 공기의 조성비 ② 발화를 일으키는 공간의 형태와 크기 ③ 가열속도와 가열시간 ④ 발화원의 재질과 가열방식 등에 따라 달라진다.

※ 인화점이 높은 액체(중유, 기계유)도 천에 배어들거나 분무상태로 있을 때에는 그 물질의 인화점보다 낮은 온도에서 쉽게 불이 붙는다.

2 일반성질

1) 물보다 가볍고 물에 녹지 않는 것이 많다.
2) 대부분 유기 화합물[*35]이다.
3) 발생증기는 가연성이며 대부분의 증기는 공기보다 무겁다.
4) 발생증기는 연소하한[*47]이 낮아(1~2 vol%) 매우 인화하기 쉽다.
5) 인화점, 발화점이 낮은 것은 위험성이 높다.
6) 전기의 불량도체로서 정전기[*46]의 축적이 쉽고 이것이 점화원이 되는 때가 많다.
7) 유동하는 액체화재는 연소 확대의 위험이 있고 소화가 곤란하다.
8) 대량으로 연소 시엔 다량의 복사열, 대류열로 인하여 열전달[*48]이 이루어져 화재가 확대된다.
9) 비교적 발화점이 낮고 폭발위험성이 공존한다.

해설 46. 점화원으로서의 정전기

○ 정전기: 마찰한 물체가 띠는 이동하지 않는 전기(일반적인 전기는 동전기이다)

○ 습도가 낮은 건조한 겨울철에 털이 많은 스웨터를 벗다가 따끔한 정전기를 느낀 경험이 있을 것이다. 주유소에서 기름을 넣던 자동차에 불이 붙는 일이나 금속으로 된 문고리를 잡다가 전기가 통한 일 등도 모두 정전기 때문에 일어나는 것이다.

○ 정전기 불꽃: 물체가 접촉하거나 결합한 후 떨어질 때 양(+)전하와 음(-)전하로 전하의 분리가 일어나 발생한 과잉전하가 물체(물질)에 축적되는 현상이 발생하는데, 이렇게 되는 경우 정전기의 전압은 가연물질에 착화가 가능하다. 예를 들면 화학섬유로 만든 의복 및 절연성이 높은 옷 등을 입으면 대단히 높은 전위가 인체에 대전되어 접지 물체에 접촉하면 방전불꽃이 발생한다.

○ 정전기 제거설비(「위험물안전관리법 시행규칙」 [별표 4] Ⅷ.6.)

가. 접지에 의한 방법

나. 공기 중의 상대습도를 70 % 이상으로 하는 방법

다. 공기를 이온화하는 방법

※ 상대습도(relative humidity): 주어진 온도에서의 포화 수증기량에 대한 실제 수증기량의 비

47. 연소범위

○ 연소범위

· 기체가 연소하는 경우 기체가 확산되면서 공기와 섞여서 혼합기를 만드는데 이 때 혼합기의 농도가 적정한 농도범위 내에 있어야만 연소가 발생할 수 있는 '가연성혼합기'가 된다. 이 범위를 '연소범위'라고 하며, 기체에 따라 이 범위는 다르다.

· 연소범위에서 공기 중의 산소입자에 비해 가연성 기체입자의 수가 너무 적어서 연소가 발생할 수 없는 경계를 '연소하한계'라고 하며, 반대로 산소입자에 비해 가연성 기체입자의 수가 너무 많아서 연소가 발생할 수 없는 경계를 '연소상한계'라고 한다.

· 수치는 가연성 기체의 용적%(vol%)로 나타내며 보통 1기압, 상온에서 측정치로 나타낸다.

· 혼합물 중 가연성 가스의 농도가 너무 희박해도 너무 농후해도 연소는 일어나지 않는데 이것은 가연성 가스의 분자와 산소와의 분자수가 상대적으로 한쪽이 많으면 유효충돌횟수가 감소하여 충돌했다 하더라도 충돌에너지가 주위에 흡수 · 확산되어 연소반응의 진행이 방해되기 때문이다. 예를 들면, 수소와 공기 혼합물은 대기압 21℃에서 수소비율 4.0~75%의 경우 연소가 계속된다. 4% 이하의 희박한 농도에서는 연소가 이루어지지 않으며 75% 이상 진한농도에서도 연소가 일어나지 않는다. 물론, 점화원이 존재하지 않는 상태라면 연소범위에 해당되어도 연소는 일어나지 않는다.

· 기체의 연소 중에서 밀폐된 공간 내에 가연성 기체가 확산되어서 가연성혼합기를 형성하고 있을 때 발생하는 비정상연소를 '가스폭발'이라고 하므로, '연소범위', '연소하한계', '연소상한계'를 '폭발범위', '폭발하한계', '폭발상한계'라고도 한다.

○ 대표적인 가연성 기체의 연소범위

가연성 기체	분자식	연소범위(vol%)	위험도(H)
수소	H_2	4 ~ 75	17.75
아세틸렌	C_2H_2	2.5 ~ 81(100)	31.4(39)
일산화탄소	CO	12.5 ~ 74	4.92
메테인(메탄)	CH_4	5 ~ 15	2
에테인(에탄)	C_2H_6	3 ~ 12.4	3.13
프로페인(프로판)	C_3H_8	2.1 ~ 9.5	3.52
뷰테인(부탄)	C_4H_{10}	1.8 ~ 8.4	3.67

○ 위험도 $H = \frac{U-L}{L}$

- U: Upper Flammable Limits[UFL], 연소상한계
- L: Lower Flammable Limits[LFL], 연소하한계
- H 값이 클수록 위험성이 크다.

○ 대표적인 위험물 증기[82]의 연소범위

위험물 구분			연소범위(vol%)	위험도(H)
품명	명칭	분자식		
특수인화물	이황화탄소	CS_2	1.2~44	35.67
	다이에틸에터	$C_2H_5OC_2H_5$	1.9~48	24.26
	아세트알데하이드	CH_3CHO	4.1~57	12.9
	산화프로필렌	CH_3CHCH_2O	2.5~38.5	14.4
제1석유류	아세톤	CH_3COCH_3	2.6~12.8	3.92
	휘발유	C_5H_{12}~C_9H_{20}	1.4~7.6	4.43
	벤젠	C_6H_6	1.4~7.1	4.07
	톨루엔	$C_6H_5CH_3$	1.27~7	4.5
알코올류	메탄올	CH_3OH	7.3~36	3.93
	에탄올	C_2H_5OH	4.3~19	3.42
	프로판올	$CH_3CH_2CH_2OH$	2.1~13.5	5.43
제2석유류	등유	$C_{10}H_{22}$~$C_{16}H_{34}$	1.1~6	4.45
	경유	$C_{15}H_{32}$~$C_{20}H_{42}$	1.1~6	4.45
	자일렌	$C_6H_4(CH_3)_2$	1.6~7	3.38
	아세트산	CH_3COOH	4~19.9	3.98
제3석유류	중유	$C_{20}H_{42}$~$C_{25}H_{52}$	1~5	4
	나이트로벤젠	$C_6H_5NO_2$	1.8~40	21.22
	아닐린	$C_6H_5NH_2$	1.3~11	7.46
	에틸렌글라이콜	$C_2H_4(OH)_2$	1.8~15.3	7.5

※ 위험물 증기의 연소범위는 관련 자료마다 조금씩 다른 데이터를 제시하고 있으므로 참고하기 바람

○ 연소범위에 대한 영향인자

① **산소의 농도**: 산소농도가 증가하면 연소한계는 넓어진다. 메테인의 연소한계는 공기 중에서는 5~15 %이나 산소 중에서는 5.1~61 %로 넓어져 위험도가 훨씬 높아진다.

② **온도**: 온도가 올라가면 분자의 운동이 활발해지고 분자 간 유효충돌 가능성이 커지기 때문에 연소한계는 넓어진다.

③ **압력**: 압력이 높아지면 분자간의 평균거리가 축소되어 유효충돌이 증가되며 화염의 전달이 용이하여 연소한계는 넓어진다. 연소하한은 크게 변하지 않으나 상한이 높아져 전체적으로 범위가 넓어진다. 단, 일산화탄소(CO)와 수소(H_2)는 압력이 상승하면 연소범위가 좁아진다.

④ **불활성 가스**: 불활성 가스를 투입하면 연소상한은 크게 변화하고 하한은 작게 변화하나 전체적으로는 연소범위가 좁아진다. 휘발유 증기의 연소한계는 공기 중에서는 1.4 ~ 7.6 %이나 불활성 가스인 질소를 40 % 첨가하면 연소한계는 1.5 ~ 3.0 % 정도로 변화한다.

⑤ **탄소수**: 분자 내의 탄소수가 증가하면 연소하한은 작아진다.

82) 증기(vapor): 상온상압에서 액체 또는 고체 물질이 온도나 압력 변화에 따라 기체 상태로 바뀐 것을 말한다. 위험물은 (1기압, 20 ℃에서) 액체 또는 고체이므로 가스라고 하지 않고 증기라고 한다.

48. 열의 전달

○ 열이 이동하는 방법에는 대표적으로 전도, 대류, 복사의 세 가지 방법이 있다.

1. 전도(conduction)

고온의 물체에서 저온의 물체 쪽으로 분자 운동을 통하여 분자의 열운동 에너지가 흘러가는 현상이다. 화재와 연관 지어 생각해보면 발산되는 열보다 전달되어 축적되는 열이 많으면 그의 누적으로 발화원이 된다. 따라서 열전도율이 적은 물질 자체는 가연물이 되기 쉬우며, 접촉하는 물질의 열전도율이 높을수록 가연물로 열이 전달되어 발화가 쉽다. 예를 들면, 기체는 고체보다 열전도율이 적으므로 가연물이 되기 쉽고, 쇠는 나무보다 열전도율이 크므로 가연물이 되기 어려우나 쇠에 접촉된 가연물은 쉽게 열이 전달되어 연소되기 쉽다.

건물의 반자용 재료로 많이 사용되는 석고나 광물질 섬유의 건축자재는 열전도율이 상당히 낮기 때문에 화재 시 반자의 붕괴나 화재의 장시간 지속이 일어나지 않는 한 반자와 천장 사이의 공간으로 화열이 심하게 침투되는 일이 비교적 적다. 콘크리트 속의 철재는 열전도율이 커서 화재 시 여기에 접촉된 가연물에 열이 전달되어 화재확대현상을 초래할 수 있다.

2. 대류(convection)

유체의 밀도차이에 의한 유동으로 열이 전달되는 현상이다. 기체나 액체상태에 있는 분자는 온도가 높아지면 열운동의 에너지가 커져서 그 운동이 활발해지고 분자들 사이의 평균 간격이 넓어지므로 온도가 높은 부분의 물질은 밀도가 작아져서 위로 올라가고, 온도가 낮은 부분은 밀도가 커져서 아래로 내려오게 된다. 따라서 액체나 기체 내에서는 분자들의 집단적인 흐름이 생기고, 이러한 순환적인 흐름에 의해서 열이 공간속으로 전파되는 현상을 대류라 한다.

해풍과 육풍이 일어나는 원리, 에어컨 창문을 위에 다는 것, 굴뚝을 높게 올리는 것, 냉장고의 얼음 상자를 위에 두는 것, 난로의 통풍구를 아래에 두는 것 등이 대류현상의 보기들이다.

연소에서는 화염에서 발생되는 뜨거운 기체 생성물과 화염 부근에서 뜨거워진 공기가 열에 의한 부피팽창으로 가벼워져 상부로 이동하는데 이때 상부에 가연물이 있으면 연소가 확대된다. 실내화재에서 연소의 확대과정을 보면 바닥에서 시작된 연소가 직상부의 천장으로 옮겨지는 과정을 거치는 게 일반적이다.

3. 복사(radiation)

전자기파에 의한 열에너지의 전달을 말한다. 열전도나 대류에서는 물질 분자들의 열운동을 통해서 열이 전파되지만 물질이 없는 진공 중에서도 열은 전파된다. 모든 물체는 그 온도에 따라 표면에서부터 모든 방향으로 열에너지를 전자파로 복사하며 이 복사에너지가 물체에 흡수되면 그 물체의 온도를 상승시킨다. 태양열이 지구를 따뜻하게 해주는 것이 대표적인 예라 할 수 있는데, 이와 같이 직접 공간을 통하여 전자기파의 형태로 중간에 매질이 없어도 에너지가 이동되는 현상을 복사라 한다.

그늘이 시원한 이유, 더러운 눈이 빨리 녹는 현상, 보온병 내부에 수은을 칠하여 거울벽을 만드는 것, 겨울에는 검은 옷을 입는 것, 난로 주위의 복사열 등이 복사의 예이다.

3 저장 및 취급 방법

1) 화기 또는 가열을 피하며, 고온체와의 접근을 방지하여야 한다.
2) 낮은 온도를 유지하고 찬 곳에 저장한다.
3) 직사광선을 차단하고 통풍과 발생증기의 배출에 노력한다.
4) 용기, 탱크, 취급시설 등에서 누출을 방지하여야 한다.
5) 정전기의 발생 · 축적 · 스파크 발생을 억제하여야 한다.(접지[*49]한다)
6) 인화점이 낮은 석유류에는 불연성 가스를 봉입하여 혼합기체의 형성을 억제하여야 한다.

※ 제4류 위험물의 안전관리 관련 법령상 표현

(위험물안전관리법 시행규칙 별표18.Ⅱ.4. '저장 · 취급의 공통기준')

불티 · 불꽃 · 고온체와의 접근 또는 파열을 피하고, 함부로 증기를 발생시키지 아니하여야 한다.

(위험물안전관리법 시행규칙 별표4.Ⅲ.2.라. '제조소등의 게시판에 표시하는 주의사항')

제4류 위험물 전부 ⇒ "화기엄금"(적색바탕에 백색문자)

(위험물안전관리법 시행규칙 별표19.Ⅱ.5. '적재 시 일광의 직사 방지조치')

제4류 위험물 중 특수인화물 ⇒ 차광성이 있는 피복으로 가릴 것

(위험물안전관리법 시행규칙 별표19.Ⅱ.6.[부표2] '적재 시 혼재기준')

지정수량의 1/10을 초과하여 적재하는 경우, 제4류 위험물은 제1류 · 제6류 위험물과 혼재할 수 없으며, 제2류 · 제3류 · 제5류 위험물과는 혼재할 수 있다.

(위험물안전관리법 시행규칙 별표19.Ⅱ.8. '운반용기 외부에 표시하는 주의사항')

제4류 위험물 전부 ⇒ "화기엄금"

4 화재진압 방법

1) 수용성과 비수용성, 물보다 무거운 것과 물보다 가벼운 것으로 구분하여 진압에 용이한 방법과 연계하는 것이 좋다.
2) 초기화재 - CO_2, 포, 물분무, 분말, 할론
3) 소규모화재 - CO_2, 포, 물분무, 분말, 할론
4) 대규모화재 - 포에 의한 질식소화
5) 수용성 석유류의 화재 - 알코올형포[*51], 다량의 물로 희석소화
6) 물보다 무거운 석유류의 화재 - 석유류의 유동을 일으키지 않고 물로 피복하여 질식소화 가능, 직접적인 물에 의한 냉각소화는 적당하지 않다.
7) 대량화재의 경우는 방사열 때문에 접근이 곤란하므로 충분한 안전거리를 확보한다.
8) 대형 tank의 화재 시는 boil over, slope over 등 유류화재의 이상현상[*52]에 대비하여 신중한 작전이 요구된다.

해설 49. 접 지

○ 접지(接地, Earth): 전기기기의 일부를 대지(大地)에 잇는 것

접지에는 저항값을 작게 하면 유효하므로 저항이 작은 도선(導線)으로 대지에 잇는다. 이로 말미암아 대전도체의 전위(단위 양전하가 가지는 전기적 위치에너지)는 대지와 상등하게 0이 되므로 기기에 닿아도 감전되지 않는다. 전기기기의 겉틀이나 피뢰침 등을 접지하는 것은 이 때문이다. 간단히 말하면 위험물시설을 접지함으로써 위험물에 축적될지 모르는 정전기 전하를 전기저항이 없는 땅으로 흘려보내 점화원으로 될 가능성이 있는 정전기 불꽃을 미연에 방지하는 것이라 할 수 있다.

휘발유, 벤젠 그 밖에 정전기 발생우려가 있는 액체위험물의 옥외저장탱크의 주입구 부근에는 접지전극을 설치해야 하며, 특수인화물 · 제1석유류 · 제2석유류의 이동탱크저장소에는 접지도선을 반드시 설치하도록 하고 있다.

※ 제4류 위험물의 소화설비 적응성 관련 법령상 표현

(위험물안전관리법 시행규칙 별표17. Ⅰ.4. '소화설비의 적응성')

소화설비의 구분			대상물 구분											
			건축물·그 밖의 공작물	전기설비	제1류 위험물		제2류 위험물			제3류 위험물		제4류 위험물	제5류 위험물	제6류 위험물
					알칼리금속과산화물등	그 밖의 것	철분·금속분·마그네슘등	인화성고체	그 밖의 것	금수성물품	그 밖의 것			
옥내소화전 또는 옥외소화전설비			○			○		○	○		○		○	○
스프링클러설비			○			○		○	○		○	△	○	○
물분무등소화설비	물분무소화설비		○	○		○		○	○		○	○	○	○
	포소화설비		○			○		○	○		○	○	○	○
	불활성가스소화설비			○				○				○		
	할로젠화합물소화설비			○				○				○		
	분말소화설비	인산염류등	○	○		○		○	○			○		○
		탄산수소염류등		○	○		○	○		○		○		
		그 밖의 것			○		○			○				
대형·소형수동식소화기	봉상수(棒狀水)소화기		○			○		○	○		○		○	○
	무상수(霧狀水)소화기		○	○		○		○	○		○		○	○
	봉상강화액소화기		○			○		○	○		○		○	○
	무상강화액소화기		○	○		○		○	○		○	○	○	○
	포소화기		○			○		○	○		○	○	○	○
	이산화탄소소화기			○				○				○		△
	할로젠화합물소화기			○				○				○		
	분말소화기	인산염류소화기	○	○		○		○	○			○		○
		탄산수소염류소화기		○	○		○	○		○		○		
		그 밖의 것			○		○			○				
기타	물통 또는 수조		○			○		○	○		○		○	○
	건조사				○	○	○	○	○	○	○	○	○	○
	팽창질석 또는 팽창진주암				○	○	○	○	○	○	○	○	○	○

비고)

1. "○"표시는 해당 소방대상물 및 위험물에 대하여 소화설비가 적응성이 있음을 표시하고, "△"표시는 제4류 위험물을 저장 또는 취급하는 장소의 살수기준면적에 따라 스프링클러설비의 살수밀도가 다음 표에 정하는 기준 이상인 경우에는 해당 스프링클러설비가 제4류 위험물에 대하여 적응성이 있음을, 제6류 위험물을 저장 또는 취급하는 장소로서 폭발의 위험이 없는 장소에 한하여 이산화탄소소화기가 제6류 위험물에 대하여 적응성이 있음을 각각 표시한다.

살수기준면적(㎡)	방사밀도(l /㎡분)		비 고
	인화점 38℃ 미만	인화점 38℃ 이상	
279 미만	16.3 이상	12.2 이상	살수기준면적은 내화구조의 벽 및 바닥으로 구획된 하나의 실의 바닥면적을 말하고, 하나의 실의 바닥면적이 465 ㎡ 이상인 경우의 살수기준면적은 465 ㎡로 한다. 다만, 위험물의 취급을 주된 작업내용으로 하지 아니하고 소량의 위험물을 취급하는 설비 또는 부분이 넓게 분산되어 있는 경우에는 방사밀도는 8.2 L/㎡분 이상, 살수기준면적은 279 ㎡ 이상으로 할 수 있다.
279 이상 372 미만	15.5 이상	11.8 이상	
372 이상 465 미만	13.9 이상	9.8 이상	
465 이상	12.2 이상	8.1 이상	

2. 인산염류등은 인산염류, 황산염류 그 밖에 방염성이 있는 약제를 말한다.
3. 탄산수소염류등은 탄산수소염류 및 탄산수소염류와 요소의 반응생성물을 말한다.
4. 알칼리금속과산화물등은 알칼리금속의 과산화물 및 알칼리금속의 과산화물을 함유한 것을 말한다.
5. 철분 · 금속분 · 마그네슘등은 철분 · 금속분 · 마그네슘과 철분 · 금속분 또는 마그네슘을 함유한 것을 말한다.

50. 위험물의 수용성, 비수용성 구분기준

○ 수용성과 비수용성을 구분하는 취지에 따라 구분기준이 다양하다.

1. 위험물지정수량 판정에 있어서 수용성 액체라는 것은 20℃, 1기압에서 동일한 양의 증류수와 혼합하여, 혼합액의 유동이 멈춘 후 해당 혼합액이 균일한 외관을 유지하는 것을 말한다.

2. 유분리장치의 설치 여부, 옥외탱크의 하부주입방식의 포소화설비 설치 가부, 포수용액양 및 방출율에 있어서의 수용성이라는 것은 용해도 1% 이상을 그 기준으로 한다.(유분리장치는 이 기준에 따라 용해도 1% 이상인 위험물에는 설치하지 않는다.

○ 관련조항

1) 지정수량 판정을 위한 수용성 판단 기준

「위험물안전관리에 관한 세부기준」 제13조(인화성액체의 인화점 시험방법 등)제2항

1. 온도 20℃, 1기압의 실내에서 50㎖ 메스실린더에 증류수 25㎖를 넣은 후 시험물품 25㎖를 넣을 것
2. 메스실린더의 혼합물을 1분에 90회 비율로 5분간 혼합할 것
3. 혼합한 상태로 5분간 유지할 것
4. 층분리가 되는 경우 비수용성 그렇지 않은 경우 수용성으로 판단 할 것. 다만, 증류수와 시험물품이 균일하게 혼합되어 혼탁하게 분포하는 경우에도 수용성으로 판단한다.

2) 유분리장치의 설치여부에 있어서의 수용성 기준

「위험물안전관리법 시행규칙」 [별표 4] 제조소의 위치, 구조 및 설비의 기준

- Ⅶ. 옥외설비의 바닥
  4. 위험물(온도 20℃의 물 100g에 용해되는 양이 1g 미만인 것에 한한다)을 취급하는 설비에 있어서는 당해 위험물이 직접 배수구에 흘러 들어가지 아니하도록 집유설비에 유분리장치를 설치하여야 한다.

3) 옥외탱크의 포방출구(Ⅲ형) 설치 대상, 포수용액양 및 방출율 산정에서 수용성 기준

「위험물안전관리에 관한 세부기준」 제133조(포소화설비의 기준)

- 1.가.(1)
  (나) (주) Ⅲ형의 포방출구를 이용하는 것은 온도 20℃의 물 100g에 용해되는 양이 1g 미만인 위험물(이하 "비수용성"이라 한다)이면서 저장온도가 50℃ 이하 또는 동점도가 100cSt 이하인 위험물을 저장 또는 취급하는 탱크에 한하여 설치 가능하다.
  (라) 제4류 위험물 중 수용성인 것에 대해서는 (다)의 표에도 불구하고 표 1에서 정한 포수용액양 및 방출율에 표 2의 세부구분란의 품목에 따라 정한 계수를 각각 곱한 수치 이상으로 할 것

 51. 알코올형포와 수성막포

○ **알코올형(수용성 액체용)포 소화약제**(alcohol-type foaming agents)

물과 친화력이 있는 알코올과 같은 수용성 용매(극성 용매)의 화재에 보통의 포 소화약제를 사용하면 수용성 용매가 포 속의 물을 탈취하여 포가 파괴되기 때문에 소화효과를 잃게 된다. 이와 같은 현상은 액체의 온도가 높아지면 더욱 뚜렷이 나타난다. 내알코올포 소화약제는 이와 같은 단점을 보완한 약제로 여러 가지의 형이 있으나 초기에는 단백질의 가수분해물에 금속비누(알칼리 금속염 이외의 금속염으로 만든 비누)를 계면활성제로 사용하여 유화 · 분산시킨 것을 사용하였다.

이것은 물에 녹지 않기 때문에 여기에 물을 혼합하여 사용한다. 일명 수용성 액체용 포소화약제라고도 하며 알코올, 에터, 케톤, 에스터, 알데하이드, 카복실산, 아민 등과 같은 가연성인 수용성 용매의 화재에 유효하다. 1993년 F. L. Boyd가 수용성 액체용 소화약제로 화학포를 개량한 이래, 이에 대한 많은 특허가 개발되었다.

○ **수성막포**(AFFF, aqueous film foaming foam)

기름 위에 뜨는 가벼운 수성의 막이라는 뜻에서 라이트워터(Light Water)라는 명칭으로 1964년 미국 해군이 특허를 취득했다. 그 후 이 특허는 미국의 3M사에 양도되어 라이트워터는 상품명이 되었기 때문에 수성막포라는 이름으로 불리게 되었다.

민간 항공기가 제트화되고 대형화되었던 1960년대 말에 세계 각국 공항의 소방차에 단백포 대신 AFFF가 사용되었다. 그러나 포 자체의 내열성이 뒤떨어지고 수성의 막은 한정된 조건이 아니면 형성되지 않는 단점도 있다.

불소계 계면활성제를 주성분으로 한 것으로 역시 물과 혼합하여 사용한다.

수성막포는 합성 거품을 형성하는 액체로서 일반 물은 물론 해수와도 같이 사용할 수 있다. 물과 적절한 비율로 혼합하여 기존의 포방출구로 방사하면 물보다 가벼운 인화성 액체 위에 물이 떠 있도록 하는 획기적인 약제이다.

기름의 표면에 거품과 수성의 막(aqueous film)을 형성하기 때문에 질식과 냉각 작용이 우수하여 유류화재에 좋은 소화효과를 나타낸다. 주로 3 %, 6 %형이 많이 사용되며 장기 보존성은 원액이든 수용액이든 타 포원액보다 우수하다. 단백포액과 섞어 두지는 못하지만 분말소화약제 등과 혼합하여 사용할 수 있다. 같은 화재조건에서 소화능력이 단백포보다 150~400 % 정도가 높고 분말소화약제와 혼합하여 사용했을 때는 700~800 % 높아진다. 약제의 색깔은 갈색이며 독성은 없다.

52. 유류화재의 이상현상

○ **열파**(heat wave): 중질유탱크의 화재시 저장된 기름표면부가 그 경질성분의 연소에 의해 중질화되어서 아래 부분의 연소가 안 된 기름보다 비중이 커지면 표면 아래로 가라앉아서 고온층을 형성한다. 이때 유면에서 아래쪽으로 전파하는 열류층(고온층)을 열파라고 한다.

○ **화이어볼**(fire ball): 대량으로 증발된 가연성 액체가 갑자기 연소했을 때 발생하는 커다란 구형의 불꽃. 가연성 액화 가스가 누출되면 지면 등으로부터 흡수된 열에 의해 급속히 정상적으로 증발되어 확산되며 개방 공간에서 증기운(vapor cloud)을 형성한다. 여기에 착화해서 연소한 결과 파이어 볼을 형성한다.(증기운폭발, UVCE, unconfined vapor cloud explosion)

○ **보일오버**(boil over): 유면으로부터 열파가 서서히 탱크 아래쪽으로 전파하여 탱크저부의 물에 도달하였을 때 물이 급격히 증발하여 대량의 수증기가 되어 상층의 유류를 밀어 올려 거대한 화염을 불러일으키며 다량의 기름을 탱크 밖으로 불이 붙은 채 방출하는 현상으로 탱크화재 시 가장 위험하고 경계해야 할 현상이다.

※ **방지대책**으로는
· 탱크하부에 배수관을 설치하여 탱크 저면의 수층을 방지
· 적당한 시기에 모래나 팽창질석, 비등석(서서히 끓게 함)을 넣어 물의 과열을 방지
· 탱크 내용물의 기계적 교반을 통하여 에멀션(우유같이 섞인)상태로 하여 수층 형성을 방지

○ **슬롭오버**(slop over): 중질유의 화재 시 고온의 열유층이 유면으로부터 아래쪽으로 전파하는데 이 고온층의 표면에 소화작업 등에 의한 물, 포말 등이 주입되면 수분의 급격한 증발로 유면에 거품이 일어나 열류의 교란에 의해 고온층 아래의 찬 기름이 급히 열팽창하여 유면을 밀어 올려 불이 붙은 채 비산·분출하는 현상(튀김요리 시 기름이 튀는 현상과 비슷함)

유류의 점도가 높고 유온이 물의 비등점보다 높아지려는 온도에서 잘 일어난다.

○ **프로스오버**(froth over): 화재 이외의 경우에 발생하는 것으로 물이 고점도 유류 아래에서 비등할 때 탱크 밖으로 물과 기름이 거품과 같은 상태로 넘치는 현상

뜨거운 아스팔트가 물이 약간 채워진 탱크차에 옮겨질 때, 유류 탱크 아래 물이나 물·기름 혼합물이 존재할 때 발생한다.

○ **오일오버**(oil over): 유류탱크에 유류저장량을 50% 이하로 저장 시 화재가 발생하면 탱크 내의 공기가 팽창하면서 폭발하여 화재가 확산되는 현상

○ **BLEVE**(boiling liquid expanding vapor explosion): 저장탱크 주위가 화재로 가열되어 탱크 내 액체부분은 급격히 증발(비등)하고 가스부분은 온도상승과 비례하여 탱크 내 급격한 압력상승을 초래하여, 저장탱크의 설계압력의 초과로 탱크가 파괴되어 급격한 폭발현상을 일으키는 형태이다. 인화성 액체 저장탱크는 화재 시 BLEVE 억제를 위한 탱크의 냉각조치(물분무장치 등)를 설치하지 않으면 화재 발생 10여분 경과 후 통상 BLEVE가 발생한다.

5 제4류 위험물 각론

1) 특수인화물 - 50 L

- 이황화탄소, 다이에틸에터(다이에틸에테르, 디에틸에테르)
- 1기압에서 발화점이 100℃ 이하인 액체
- 인화점이 -20℃ 이하이고 끓는점이 40℃ 이하인 액체
- 발화점, 인화점, 끓는점이 매우 낮아서 휘발(기화)하기 쉽다.
- 유증기는 가연성 가스와 마찬가지로 연소 · 폭발하기 쉽고 유독하다.
- 기화하기 쉬우므로 피부와 접촉하면 동상의 우려가 있다.

※ 특수인화물의 안전관리 관련 법령상 표현

(위험물안전관리법 시행규칙 별표10.Ⅶ. '이동탱크저장소의 접지도선')

> 제4류 위험물 중 특수인화물, 제1석유류 또는 제2석유류의 이동탱크저장소에는 다음의 각호의 기준에 의하여 접지도선을 설치하여야 한다.
> 1. 양도체(良導體)의 도선에 비닐 등의 전열(電熱)차단재료로 피복하여 끝부분에 접지전극 등을 결착시킬 수 있는 클립(clip) 등을 부착할 것
> 2. 도선이 손상되지 아니하도록 도선을 수납할 수 있는 장치를 부착할 것

(위험물안전관리법 시행규칙 별표19.Ⅱ.5. '적재 시 일광의 직사 방지 조치')

> 제1류 위험물, 제3류 위험물 중 자연발화성물질, 제4류 위험물 중 **특수인화물**, 제5류 위험물 또는 제6류 위험물은 차광성이 있는 피복으로 가릴 것

(위험물안전관리법 시행규칙 별표21.2.마. '이송 시 위험물안전카드 휴대')

> 위험물(제4류 위험물에 있어서는 **특수인화물** 및 제1석유류에 한한다)을 운송하게 하는 자는 별지 제48호서식의 위험물안전카드를 위험물운송자로 하여금 휴대하게 할 것

① **이황화탄소**(Carbon disulfide, CS_2, 탄소이황화합물)

인화점(℃)	발화점(℃)	끓는점(℃)	녹는점(℃)	비중	증기비중	연소범위(%)
-30	**100**	**46.5**	-111.6	1.26	2.6	1.2~44

· 순수한 것은 무색투명하나 통상 불순물(황) 때문에 황색을 띠고 불쾌한 냄새가 난다.
· 비스코스레이온(인조섬유), 고무용제, 셀로판, 살충제, 도자기 등에 사용된다.
· 물에 불용이나 에탄올, 벤젠, 에터에 잘 녹는다.
· 유지, 수지, 생고무, 황, 황린을 잘 녹인다.
· 발화점이 매우 낮기 때문에 고온체, 난방기구 등에 의해 쉽게 발화한다.
· 점화(100℃)하면 청색을 내며 연소하면서 유독성의 이산화황을 발생한다.

$$CS_2 + 3O_2 \longrightarrow CO_2\uparrow + 2SO_2\uparrow$$

이황화탄소 이산화탄소 이산화황(아황산가스)

· 강산화제, 강산화성 가스, 강산류와 접촉에 의해 혼촉발화 또는 폭발위험이 있다.
· 알칼리금속과 접촉하면 발화 또는 폭발의 위험이 있다.
· 증기는 매우 유독하여 신경계통에 장해를 준다. 전형적인 직업병을 초래한다.
· 자신도 유독하지만 고온의 물(150℃ 이상)과 반응하면 황화수소를 발생한다.

$$CS_2 + 2H_2O \longrightarrow CO_2 + 2H_2S$$

이황화탄소 이산화탄소 황화수소

· 물에 녹지 않고 물보다 무거우므로 물(수조, 물탱크) 속에 저장한다.

(위험물안전관리법 시행규칙 별표6.VI.20. '이황화탄소의 옥외저장탱크')

벽 및 바닥의 두께가 0.2 m 이상이고 누수가 되지 아니하는 철근콘크리트의 수조에 넣어 보관하여야 한다. 이 경우 보유공지 · 통기관 및 자동계량장치는 생략할 수 있다.

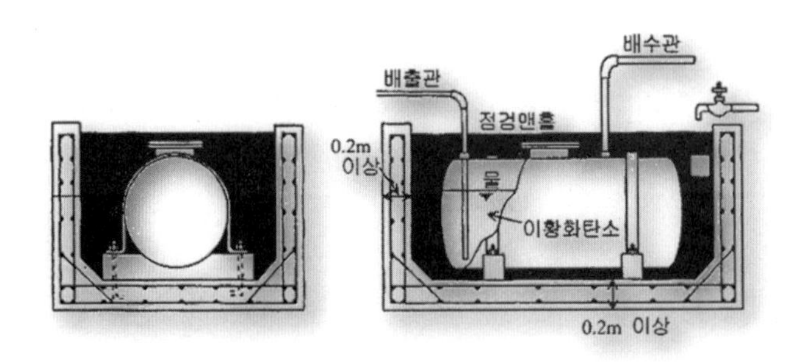

② **다이에틸에터**(Diethyl ether, DEE, $C_2H_5OC_2H_5$, 디에틸에테르, 에테르, 에터)

```
   H   H       H   H
   |   |       |   |
H─C─C─O─C─C─H
   |   |       |   |
   H   H       H   H
```

※ 에터(ether, 에테르)의 일반식: R-O-R' (R, R': 알킬기)

인화점(℃)	발화점(℃)	끓는점(℃)	녹는점(℃)	비중	증기비중	연소범위(%)
-45	**160**	**34.6**	-116.3	0.7	2.6	1.9~48

· 무색투명한 유동성의 액체로서 휘발성이 매우 높고 마취성을 가진다.
· 용제, 추출제, 향료, 화약, 분석시약, 마취제 등에 사용된다.
· 물에 잘 녹지 않지만 유지 등을 잘 녹이는 용제이다.
· 증기누출이 쉽고 증기압이 높아 용기가 가열되면 파손 · 변형 · 폭발하기 쉽다.
· 공기 중 장시간 방치하면 산화되어 폭발성의 불안정한 과산화물을 생성한다.
· 건조 · 여과 · 이송 중에 정전기의 발생 · 축적이 용이하며, 이것이 점화원이 될 수 있다. ⇒ 운전속도를 낮춘다.
· 강산화제 및 강산류와 접촉 시 발열 발화한다.
· 사용할 때 가급적 소량씩, 그리고 1개월 내 사용하고 폐기한다.
· 직사일광에 의해 분해하여 과산화물을 생성하므로 용기는 갈색 병을 사용하고 밀전(마개를 꼭 막아)하여 냉암소에 저장한다.
· 팽창계수가 크므로 운반용기의 공간용적을 2% 이상 여유 공간을 둔다.

(위험물안전관리법 시행규칙 별표18.Ⅲ.21. '다이에틸에터 또는 이를 함유한 것의 저장기준')

사. 옥외저장탱크 · 옥내저장탱크 또는 지하저장탱크 중 압력탱크 외의 탱크에 저장하는 다이에틸에터등(다이에틸에터 또는 이를 함유한 것을 말한다. 이하 같다)의 온도는 30℃ 이하로 유지할 것
아. 옥외저장탱크 · 옥내저장탱크 또는 지하저장탱크 중 압력탱크에 저장하는 다이에틸에터등의 온도는 40℃ 이하로 유지할 것
자. 보냉장치가 있는 이동저장탱크에 저장하는 다이에틸에터등의 온도는 비점 이하로 유지할 것
차. 보냉장치가 없는 이동저장탱크에 저장하는 다이에틸에터등의 온도는 40℃ 이하로 유지할 것

53. 유기 화합물의 작용기에 따른 명칭

○ 유기 화합물(탄소 화합물)은 분자 내에 작용기를 포함하고 있으며 어떤 작용기를 가지고 있는가에 따라 그 성질이 다르다. 작용기에 따른 명칭과 대표적인 화합물은 다음과 같다.

작용기	작용기 명칭	일반식	화합물의 분류	예
-OH	하이드록시기	R-OH	알코올 페놀	메탄올: CH_3OH, 에탄올: C_2H_5OH 페 놀: C_6H_5OH
-CHO	폼일기	R-CHO	알데하이드	폼알데하이드: HCHO 아세트알데하이드: CH_3CHO
-CO-	카보닐기	R-CO-R'	케톤	아세톤: CH_3COCH_3 에틸 메틸 케톤: $CH_3COCH_2CH_3$
-COOH	카복실기	R-COOH	카복실산	아세트산: CH_3COOH 메테인산(폼산): HCOOH
-COO-	에스터	R-COO-R'	에스터	에틸아세테이트: $CH_3COOC_2H_5$
-O-	에터	R-O-R'	에터	에틸 메틸 에터: $CH_3OCH_2CH_3$ 다이에틸 에터: $CH_3CH_2OCH_2CH_3$
$-NH_2$	아미노기	$R-NH_2$	아민	에틸아민: $CH_3CH_2NH_2$ 아닐린: $C_6H_5NH_2$
-C≡N	사이안기	R-C≡N	나이트릴	에테인나이트릴: CH_3CN (사이안화 메틸, 아세토나이트릴)
$-NO_2$	나이트로기	$R-NO_2$	나이트로화합물	나이트로메테인: CH_3NO_2
-NO	나이트로소기	R-NO	나이트로소화합물	나이트로소벤젠: C_6H_5NO
-N=N-	아조기	R-N=N-R'	아조화합물	아조메테인: $CH_3N=NCH_3$

③ **아세트알데하이드**(Acetaldehyde, Ethyl aldehyde, Ethanal, **CH_3CHO**, 아세트알데히드, 에틸알데히드, 초산알데히드, 에탄알)

```
       H     H
       |    /
   H - C - C
       |    \\
       H     O
```

※ 알데하이드의 일반식: R-CHO

인화점(℃)	발화점(℃)	끓는점(℃)	녹는점(℃)	비중	증기비중	연소범위(%)
-40	**170**	**21**	-121	0.78	1.5	4.1~57

· 무색투명한 액체로 과일 같은 자극성 냄새가 나며 휘발성이 강하다.
· 용제, 유기약품 합성, 어류의 방부제, 곰팡이 방지제, 플라스틱 및 합성고무의 원료, 초산제조의 원료, 연료 배합제 등으로 사용된다.
· 물, 에탄올, 에터에 잘 녹고, 고무를 녹인다.
· 반응성이 풍부하여 산화되기 쉽다.

$$\underset{\text{아세트알데하이드}}{CH_3CHO} + 1/2O_2 \longrightarrow \underset{\text{아세트산}}{CH_3COOH}$$

· 끓는점, 인화점, 발화점이 매우 낮고 연소범위가 넓어 인화위험이 매우 높다.

$$\underset{\text{아세트알데하이드}}{2CH_3CHO} + 5O_2 \longrightarrow \underset{\text{이산화탄소}}{4CO_2} + 4H_2O + 2\times 281.9.\text{kcal}$$

· 약간의 압력으로 과산화물을 생성한다.
· 마그네슘(Mg) · 구리(Cu) · 수은(Hg) · 은(Ag)과 반응하여 폭발성 물질(아세틸라이트)을 생성한다.
⇒ 구리 · 은 · 수은 · 마그네슘 및 이들의 합금으로 된 용기는 사용금지
· 용기 내부에는 불연성 가스(N_2)를 봉입시키고, 보냉장치 등을 이용하여 저장온도를 끓는점 이하로 유지시켜야 한다.
· 쉽게 산화하므로 강한 환원성을 가지며, 은거울반응과 펠링반응[*54]을 한다.(알데하이드 검출반응)
· 체내에서는 술의 주성분인 에탄올의 대사과정(산화반응)에서 형성되며, 숙취의 원인이 된다.

(위험물안전관리법 시행규칙 별표4.XII.3. '아세트알데하이드등의 제조소 특례')

※ 제4류 위험물 중 특수인화물의 **아세트알데하이드 · 산화프로필렌 또는 이중 어느 하나 이상을 함유하는 것**(이하 "**아세트알데하이드등**"이라 한다)

가. 아세트알데하이드등을 취급하는 설비는 은 · 수은 · 동 · 마그네슘 또는 이들을 성분으로 하는 합금으로 만들지 아니할 것

나. 아세트알데하이드등을 취급하는 설비에는 연소성 혼합기체의 생성에 의한 폭발을 방지하기 위한 불활성기체 또는 수증기를 봉입하는 장치를 갖출 것

다. 아세트알데하이드등을 취급하는 탱크(옥외에 있는 탱크 또는 옥내에 있는 탱크로서 그 용량이 지정수량의 5분의 1 미만의 것을 제외한다)에는 냉각장치 또는 저온을 유지하기 위한 장치(이하 "보냉장치"라 한다) 및 연소성 혼합기체의 생성에 의한 폭발을 방지하기 위한 불활성기체를 봉입하는 장치를 갖출 것. 다만, 지하에 있는 탱크가 아세트알데하이드등의 온도를 저온으로 유지할 수 있는 구조인 경우에는 냉각장치 및 보냉장치를 갖추지 아니할 수 있다.

라. 다목의 규정에 의한 냉각장치 또는 보냉장치는 2 이상 설치하여 하나의 냉각장치 또는 보냉장치가 고장난 때에도 일정 온도를 유지할 수 있도록 하고, 다음의 기준에 적합한 비상전원을 갖출 것

1) 상용전력원이 고장인 경우에 자동으로 비상전원으로 전환되어 가동되도록 할 것

2) 비상전원의 용량은 냉각장치 또는 보냉장치를 유효하게 작동할 수 있는 정도일 것

마. 아세트알데히드등을 취급하는 탱크를 지하에 매설하는 경우에는 IX제3호의 규정에 의하여 적용되는 별표 8 I 제1호 단서의 규정에 불구하고 해당 탱크를 탱크전용실에 설치할 것

※ 일반취급소에서도 이를 준용한다. 별표16.XII.2.

(위험물안전관리법 시행규칙 별표6.XI.2. '아세트알데하이드등의 옥외탱크저장소 특례')

가. 옥외저장탱크의 설비는 동 · 마그네슘 · 은 · 수은 또는 이들을 성분으로 하는 합금으로 만들지 아니할 것

나. 옥외저장탱크에는 냉각장치 또는 보냉장치, 그리고 연소성 혼합기체의 생성에 의한 폭발을 방지하기 위한 불활성의 기체를 봉입하는 장치를 설치할 것

※ 옥내탱크저장소에서도 이를 준용한다. 별표7.II.

(위험물안전관리법 시행규칙 별표8.IV.2. '아세트알데하이드등의 지하탱크저장소 강화기준')

가. I 제1호 단서의 규정에 불구하고 지하저장탱크는 지반면하에 설치된 탱크전용실에 설치할 것

나. 지하저장탱크의 설비는 별표 6 XI의 규정에 의한 아세트알데하이드등의 옥외저장탱크의 설비의 기준을 준용할 것. 다만, 지하저장탱크가 아세트알데하이드등의 온도를 적당한 온도로 유지할 수 있는 구조인 경우에는 냉각장치 또는 보냉장치를 설치하지 아니할 수 있다.

(위험물안전관리법 시행규칙 별표10.Ⅹ.2. '아세트알데하이드등의 이동탱크저장소 강화기준')

가. 이동저장탱크는 불활성의 기체를 봉입할 수 있는 구조로 할 것
나. 이동저장탱크 및 그 설비는 은·수은·동·마그네슘 또는 이들을 성분으로 하는 합금으로 만들지 아니할 것

(위험물안전관리법 시행규칙 별표18.Ⅲ.21. '아세트알데하이드등의 저장기준 특례')

라. 옥외저장탱크·옥내저장탱크 또는 지하저장탱크 중 압력탱크에 있어서는 아세트알데하이드등의 취출에 의하여 당해 탱크내의 압력이 상용압력 이하로 저하하지 아니하도록, 압력탱크 외의 탱크에 있어서는 아세트알데하이드등의 취출이나 온도의 저하에 의한 공기의 혼입을 방지할 수 있도록 불활성 기체를 봉입할 것
마. 옥외저장탱크·옥내저장탱크·지하저장탱크 또는 이동저장탱크에 새롭게 아세트알데하이드등을 주입하는 때에는 미리 당해 탱크안의 공기를 불활성 기체와 치환하여 둘 것
바. 이동저장탱크에 아세트알데하이드등을 저장하는 경우에는 항상 불활성의 기체를 봉입하여 둘 것
사. 옥외저장탱크·옥내저장탱크 또는 지하저장탱크 중 압력탱크 외의 탱크에 저장하는 아세트알데하이드등의 온도는 15℃ 이하로 유지할 것
아. 옥외저장탱크·옥내저장탱크 또는 지하저장탱크 중 압력탱크에 저장하는 아세트알데하이드등의 온도는 40℃ 이하로 유지할 것
자. 보냉장치가 있는 이동저장탱크에 저장하는 아세트알데하이드등의 온도는 당해 위험물의 비점 이하로 유지할 것
차. 보냉장치가 없는 이동저장탱크에 저장하는 아세트알데하이드등의 온도는 40℃ 이하로 유지할 것

(위험물안전관리법 시행규칙 별표18.Ⅳ.6. '아세트알데하이드등의 취급기준 특례')

다. 아세트알데하이드등의 제조소 또는 일반취급소에 있어서 아세트알데하이드등을 취급하는 설비에는 연소성 혼합기체의 생성에 의한 폭발의 위험이 생겼을 경우에 불활성의 기체 또는 수증기[아세트알데하이드등을 취급하는 탱크(옥외에 있는 탱크 또는 옥내에 있는 탱크로서 그 용량이 지정수량의 5분의 1 미만의 것을 제외한다)에 있어서는 불활성의 기체]를 봉입할 것
라. 아세트알데히드등의 이동탱크저장소에 있어서 이동저장탱크로부터 아세트알데하이드등을 꺼낼 때에는 동시에 100kPa 이하의 압력으로 불활성의 기체를 봉입할 것

54. 알데하이드의 명명과 확인반응

○ 알데하이드: 사슬모양 포화탄화수소에서 H원자 1개가 폼일기(-CHO)로 치환된 화합물

화학식	체계명	관용명	끓는점(℃)
HCHO	메탄알(methanal)	폼알데하이드	-21
CH_3CHO	에탄알(ethanal)	아세트알데하이드	21
CH_3CH_2CHO	프로판알(propanal)	프로피온알데하이드	49

○ 알데하이드는 환원성이 좋으므로(산화가 쉬우므로) '은거울반응'과 '펠링반응'을 한다.

○ 은거울반응(silver mirror reaction, Tollen's test): $Ag^+ \rightarrow Ag$

알데하이드에 암모니아성 질산은 용액을 넣고 가열하면 반응하여 은을 석출시킨다. 이때 석출된 은이 시험관 벽에 은거울을 만든다.

$$\underset{\text{알데하이드}}{R\text{-}CHO} + \underset{\text{암모니아성 질산은 용액}}{\underline{2Ag(NH_3)_2^+ + 2OH^-}} \rightarrow \underset{\text{카복실산}}{RCOOH} + \underset{\text{암모니아}}{4NH_3} + H_2O + \underset{\text{은}}{2Ag\downarrow}$$

$$\underset{\text{아세트알데하이드}}{CH_3CHO} + \underset{\text{암모니아성 질산은 용액}}{\underline{2Ag(NH_3)_2^+ + 2OH^-}} \rightarrow \underset{\text{아세트산}}{CH_3COOH} + \underset{\text{암모니아}}{4NH_3} + H_2O + \underset{\text{은}}{2Ag\downarrow}$$

※ 암모니아성 질산은 용액(ammoniacal silver nitrate solution): 질산은($AgNO_3$) 수용액에 암모니아수(NH_3)를 가하면 Ag_2O의 황갈색 앙금이 생기는데 암모니아수를 더 가하면 앙금이 녹아 무색 용액이 된다. 이것을 암모니아성 질산은 용액(톨렌스 시약)이라고 한다.

○ 펠링반응(Fehling's reaction): $Cu^{2+} \rightarrow Cu^+$

알데하이드에 푸른색의 펠링용액을 넣고 가열하면 산화구리(Ⅰ)의 적색 침전물이 생긴다.

$$\underset{\text{알데하이드}}{R\text{-}CHO} + \underset{\text{펠링용액(푸른색)}}{\underline{2Cu^{2+} + 4OH^-}} \rightarrow RCOOH + 2H_2O + \underset{\text{산화구리(Ⅰ)(붉은색)}}{Cu_2O\downarrow}$$

$$\underset{\text{아세트알데하이드}}{CH_3CHO} + \underset{\text{펠링용액(푸른색)}}{\underline{2Cu^{2+} + 4OH^-}} \rightarrow CH_3COOH + 2H_2O + \underset{\text{산화구리(Ⅰ)(붉은색)}}{Cu_2O\downarrow}$$

※ 펠링용액: 황산구리 오수화물($CuSO_4 \cdot 5H_2O$) 69 g을 물에 녹여 1 L의 제1용액을 만든다. 로셀염(Rochelle salt, potassium sodium tartrate, $NaKC_4H_4O_6 \cdot 4H_2O$, 타타르산칼륨나트륨, 주석산칼륨나트륨) 346 g(1.65몰)과 수산화나트륨(NaOH) 100 g(2.5몰)을 물에 녹여 1 L를 만든 후, 석면으로 걸러서 제2용액을 만든다. 이 두 용액을 혼합하면 황산구리 용액보다 진한 청람색의 펠링용액($CuSO_4$ + NaOH)이 된다.

55. 탄화수소의 분류

○ 탄화수소는 탄소와 수소만으로 이루어진 화합물로, 분자 내의 수소의 포화도에 따라 포화 탄화수소와 불포화 탄화수소로 나누며, 결합 형태에 따라 사슬모양 탄화수소와 고리모양 탄화수소로 나눈다.

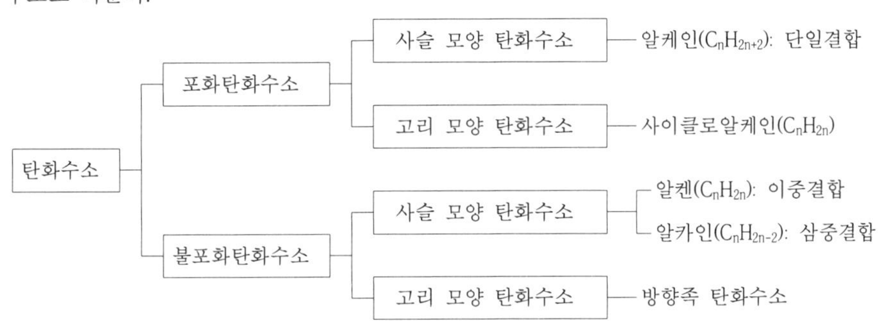

○ 지방족 탄화수소: 포화 탄화수소 + 사슬 모양 불포화 탄화수소

⇒ 알케인, 사이클로알케인, 알켄, 알카인

· 알케인(C_nH_{2n+2}): 탄소원자 사이 결합이 단일결합인 탄화수소, 파라핀(alkane, paraffin)

탄소수	우리말 이름	IUPAC	분자식	
1	메테인(메탄*)	Methane	CH_4	
2	에테인(에탄*)	Ethane	CH_3CH_3	C_2H_6
3	프로페인(프로판*)	Propane	$CH_3CH_2CH_3$	C_3H_8
4	뷰테인(부탄*)	Butane	$CH_3(CH_2)_2CH_3$	C_4H_{10}
5	펜테인(펜탄*)	Pentane	$CH_3(CH_2)_3CH_3$	C_5H_{12}
6	헥세인(헥산*)	Hexane	$CH_3(CH_2)_4CH_3$	C_6H_{14}
7	헵테인(헵탄*)	Heptane	$CH_3(CH_2)_5CH_3$	C_7H_{16}
8	옥테인(옥탄*)	Octane	$CH_3(CH_2)_6CH_3$	C_8H_{18}
9	노네인	Nonane	$CH_3(CH_2)_7CH_3$	C_9H_{20}
10	데케인	Decane	$CH_3(CH_2)_8CH_3$	$C_{10}H_{22}$

* 과거 명칭

· 사이클로알케인(C_nH_{2n}): 지방족 고리화합물, 나프텐(cycloalkane, naphthene)
· 알켄(C_nH_{2n}): 탄소원자 사이 결합이 이중결합인 탄화수소, 올레핀(alkene, olefin)
· 알카인(C_nH_{2n-2}): 탄소원자 사이 결합이 삼중결합인 탄화수소(alkyne)

○ 방향족 탄화수소: 탄소-탄소 결합이 불포화 결합을 이룬 고리 모양 화합물(aromatic)

⇒ 분자 내에 벤젠(C_6H_6) 고리를 포함하는 탄화수소(냄새가 많이 나고 독성이 있다)

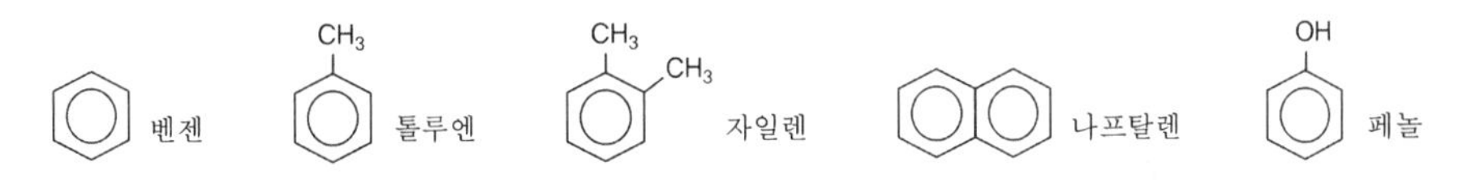

④ **산화프로필렌**(Propylene oxide, **CH_3CHOCH_2**, C_3H_6O, 프로필렌옥사이드)

```
    H   H   H
    |   |   |
H - C - C - C - H
     \ /    |
      O     H
```

인화점(℃)	발화점(℃)	끓는점(℃)	녹는점(℃)	비중	증기비중	연소범위(%)
-37	**465**	**35**	-112	0.82	2	2.5~38.5

· 무색의 휘발성 액체로서 에터와 같은 달콤한 냄새가 난다.

· 의약중간제품, 용제, 화장품, 부동액, 합성고무 등에 사용된다.

· 물, 알코올, 에터, 벤젠 등에 녹는다.

· 끓는점, 인화점이 낮아 인화의 위험이 높고, 수용액 상태에서도 인화위험이 있다.

· 반응성이 풍부하여 Cu, Mg, Ag, Hg 및 그 합금 또는 강산, 알칼리, $FeCl_2$와 접촉 시 폭발성 혼합물(아세틸라이트)을 생성한다.

· 저장탱크와 용기 내에 불연성 가스(N_2)의 봉입과 보냉장치를 설치하여 가연성 증기 발생을 억제하여야 한다.

⑤ **아이소프렌**(Isoprene, Methyl(2-)-1,3-butadiene, **$CH_2=C(CH_3)CH=CH_2$**, 이소프렌, **2-메틸-1,3-뷰타디엔**, 펜탄디엔)

인화점(℃)	발화점(℃)	끓는점(℃)	녹는점(℃)	비중	증기비중	연소범위(%)
-54	**220**	**34**	-146	0.68	2.4	2~9

· 무색의 묽은 용액으로 휘발성이 강하며, 순한 맛이 있다.

· 합성수지, 합성고무에 사용된다.

· 물에 녹지 않으며, 중합[83]하기 쉽다.

· 직사광선, 화기, 고온, 산화성물질과 과산화물에 의해 폭발적으로 중합한다.

· 유체마찰에 의해 정전기를 발생한다.

83) 중합: 한 종류의 단위화합물의 분자가 두 개 이상 결합하여 정수배의 분자량을 가짐

⑥ **아이소프로필아민**(Isopropylamine, 2-Aminopropane, 2-Propanamine, Monoisopropylamine, $(CH_3)_2CHNH_2$, 이소프로필아민)

```
   H  H-C-H     H
   |    |      /
H-C----C----N
   |    |      \
   H    H       H
```

또는

```
      CH3
       |      H
CH3 - C - N
       |      H
       H
```

또는

```
CH3   CH3
   \ /
    |
   NH2
```

인화점(℃)	발화점(℃)	끓는점(℃)	녹는점(℃)	비중	증기비중	연소범위(%)
-28	**402**	**34**	-101	0.69	2.04	2~10.4

· 무색투명한 액체로 강한 암모니아 냄새가 난다.
· 염료중간체, 농약, 계면활성제 등으로 사용된다.
· 물, 에틸알코올, 에터에 잘 녹는다.
· 작은 점화원에 의해서도 발화하며 밀폐된 용기가 가열되면 심하게 파열한다.
· 연소 시 유독성의 질소산화물을 포함한 연소생성물을 발생한다.
· 유동에 의해 정전기의 발생을 초래한다.

⑦ **펜테인**(Pentane, $CH_3(CH_2)_3CH_3$, 펜탄, 노말펜테인, 노말펜탄, 노르말펜테인)

$CH_3-CH_2-CH_2-CH_2-CH_3$ 또는

```
  H H H H H
  | | | | |
H-C-C-C-C-C-H
  | | | | |
  H H H H H
```

인화점(℃)	발화점(℃)	끓는점(℃)	녹는점(℃)	비중	증기비중	연소범위(%)
-57	**260**	**36**	-130	0.63	2.5	1.5~7.8

· 분석시약으로 쓰이는 휘발성이 매우 강한 무색투명한 액체이다.
· 제품은 불순물이 적어 화학원료로서 최적이다.
· 물에 녹지 않지만 알코올 · 에터에 녹는다.
· 끓는점과 인화점이 매우 낮아 인화위험이 높고 증기발생 · 체류 시에는 적은 점화원에 의해서 폭발한다.

⑧ **아이소펜테인**(Isopentane, 2-Methylbutane, Ethyl dimethyl methane, 1,1,2-Trimethyl ethane, $CH_3CH_2CH(CH_3)_2$, 이소펜탄, 2-메틸부탄)

$$CH_3-\underset{\underset{CH_3}{|}}{CH}-CH_2-CH_3$$

인화점(℃)	발화점(℃)	끓는점(℃)	녹는점(℃)	비중	증기비중	연소범위(%)
-51	**420**	**29**	-159.9	0.62	2.5	1.4~8.3

· 펜테인의 이성질체로서 성질과 위험성은 펜테인과 매우 유사하다.
· 펜테인의 이성질체는 3가지로 펜테인, 아이소펜테인, 네오펜테인이 있다.

⑨ **에틸아민**(Ethylamine, Aminoethane, 1-Aminoethane, $C_2H_5NH_2$)

$$H-\underset{\underset{H}{|}}{\overset{\overset{H}{|}}{C}}-\underset{\underset{H}{|}}{\overset{\overset{H}{|}}{C}}-N\begin{matrix}\diagup H\\ \diagdown H\end{matrix}$$

인화점(℃)	발화점(℃)	끓는점(℃)	녹는점(℃)	비중	증기비중	연소범위(%)
-37	383	**16.6**	-81	0.68	1.55	3.5~14

· 순수한 것은 암모니아 냄새가 나는 무색의 기체이지만, 물과 혼합하여 시판된다.
· 시판품은 70% 수용액으로 비중 0.78~0.81(20℃), 인화점 -24.3℃, 끓는점 38℃
· 의약품, 염료중간체, 고무약품, 농약(제초제), 도료 등으로 사용된다.
· 물, 알코올, 에터에 잘 녹는다.
· 수용액에 수산화나트륨을 녹이면 기름 모양의 물질로 분리된다.
· 암모니아보다 강한 알칼리성 물질로 위험성을 가진다.

※ 이와 비슷한 메틸아민(Methylamine, 아미노메테인)은 인화점 -30℃, 끓는점 -6.3℃, 증기비중 1.08(20℃), 발화점 430℃의 무색 가스로 비위험물(고압가스)로 분류하고 있다.

⑩ **황화다이메틸**(Dimethyl sulfide, Methyl monosulfide, **$(CH_3)_2S$**, 황화디메틸)

인화점(℃)	발화점(℃)	끓는점(℃)	녹는점(℃)	비중	증기비중	연소범위(%)
-36	**206**	**38**	-98	0.84	2.1	2.2~19.7

· 무색의 무 썩는 냄새가 나는 휘발성 · 가연성의 액체이다.

· 증기는 공기보다 무거워서 낮은 곳에 체류하며, 점화원에 의해 일시적으로 번지며 연소한다.[84)]

· 유기합성, 도시가스의 부취제 등으로 사용된다.

· 물에 잘 녹지 않는다.

⑪ **사메틸실레인**(Tetramethylsilane, $Si(CH_3)_4$, 사메틸실란, 테르라메틸실란)

$$
\begin{array}{c}
CH_3 \\
| \\
CH_3 - Si - CH_3 \\
| \\
CH_3
\end{array}
$$

인화점(℃)	발화점(℃)	끓는점(℃)	녹는점(℃)	비중	증기비중	연소범위(%)
-27	**450**	**26**	-99	0.648	3	1~37.9

· 무색투명한 휘발성 · 가연성의 액체이다.

· 규소화합물 중 가장 간단한 구조(정사면체)를 가지는 비극성 분자이다.

· 물에는 녹지 않으며 유기용매에 잘 녹는다.

84) 액비중과 증기비중: 액비중과 증기비중은 다르다. 액비중이 1 이하일 경우에는 물보다 가벼우나 증기비중은 공기와 비교한 값이므로 증발했을 때의 비중은 증기비중이라 하며 증기비중이 1 보다 크면 낮은 곳에 체류하게 된다.

2) 제1석유류 - 200L (수용성 400L)

- 아세톤, 휘발유
- 1기압에서 인화점이 21℃ 미만인 것

※ 제1석유류의 안전관리 관련 법령상 표현

(위험물안전관리법 시행규칙 별표10.Ⅶ. '이동탱크저장소의 접지도선')

제4류 위험물 중 특수인화물, 제1석유류 또는 제2석유류의 이동탱크저장소에는 다음의 각 호의 기준에 의하여 접지도선을 설치하여야 한다. 1. 양도체(良導體)의 도선에 비닐 등의 전열(電熱)차단재료로 피복하여 끝부분에 접지전극 등을 결착시킬 수 있는 클립(clip) 등을 부착할 것 2. 도선이 손상되지 아니하도록 도선을 수납할 수 있는 장치를 부착할 것

(위험물안전관리법 시행규칙 별표11.Ⅲ. '제1석유류 옥외저장소의특례')

1. 인화성고체, 제1석유류 또는 알코올류를 저장 또는 취급하는 장소에는 해당 위험물을 적당한 온도로 유지하기 위한 살수설비 등을 설치하여야 한다. 2. 제1석유류 또는 알코올류를 저장 또는 취급하는 장소의 주위에는 배수구 및 집유설비를 설치하여야 한다. 이 경우 제1석유류(온도 20℃의 물 100g에 용해되는 양이 1g미만인 것에 한한다)를 저장 또는 취급하는 장소에 있어서는 집유설비에 유분리장치를 설치하여야 한다.

(위험물안전관리법 시행규칙 별표13.Ⅳ.2.가. '주유취급소 펌프기기 주유관 선단 최대토출량')

펌프기기는 주유관 끝부분에서의 최대배출량이 제1석유류의 경우에는 분당 50L 이하, 경유의 경우에는 분당 180L 이하, 등유의 경우에는 분당 80L 이하인 것으로 할 것. 다만, 이동저장탱크에 주입하기 위한 고정급유설비의 펌프기기는 최대배출량이 분당 300L 이하인 것으로 할 수 있으며, 분당 배출량이 200L 이상인 것의 경우에는 주유설비에 관계된 모든 배관의 안지름을 40㎜ 이상으로 하여야 한다.

(위험물안전관리법 시행규칙 별표21.2.마. '위험물안전카드 휴대')

위험물(제4류 위험물에 있어서는 특수인화물 및 제1석유류에 한한다)을 운송하게 하는 자는 별지 제48호서식의 위험물안전카드를 위험물운송자로 하여금 휴대하게 할 것

① **아세톤**(Acetone, Dimethyl ketone, 2-Propanone, **CH_3COCH_3**, C_3H_6O, 다이메틸케톤, 디메틸케톤 2-프로파논, 프로판온) → 400 L(수용성)

```
   H       H
   |       |
H－C－C－C－H
   |   ‖   |
   H   O   H
```

※ 케톤의 일반식: R-CO-R’

인화점(℃)	발화점(℃)	끓는점(℃)	녹는점(℃)	비중	증기비중	연소범위(%)
-18.5	**465**	**56**	-94	0.79	2	2.6~12.8

· 무색의 독특한 냄새(과일냄새)를 내며 휘발성이 강한 액체이다.
· 가장 간단한 형태의 케톤으로 용도가 많은 중요한 용매로 광범위하게 사용된다.
· 용제, 화장품, 무연화약, 도료, 래커, 접착제, 윤활유, 왁스 등에 사용된다.
· 물, 알코올, 에터, 휘발유, 클로로폼, 유기용제 등에 잘 녹는다.
· 수지, 유지, 섬유소를 녹이며, 보관 중 황색으로 변한다.
· 강산화제와 혼합하면 발화의 위험이 있다.
· 증기는 매우 유독하며, 많이 흡입하면 두통과 구토를 일으킨다.
· 일광에 의해 분해하여 과산화물을 생성하므로 갈색병을 사용할 것
· 피부에 닿으면 탈지작용(피하지방층을 녹여 피부표면에 하얀 분비물 생성)이 있다.
· 아이오도폼반응(iodoform reaction, 요오드폼반응, 요오드포름반응)[*56]을 한다.
· 아세틸렌을 녹이므로 아세틸렌 저장에 이용된다.
· 10 % 수용액 상태에서도 인화의 위험이 있다.

56. 아이오도폼반응(요오드포름반응)

○ 아이오도폼반응(iodoform reaction, 요오드포름반응, 리벤반응, 아세틸기 검출반응)

· 아세틸기나 옥시에틸기를 가지는 화합물을 검출하는 정성반응(定性反應)

· 1870년 A.리벤이 발표했기 때문에 리벤반응이라고도 한다.

· 아세틸기(CH_3CO^-) 또는 산화하면 아세틸기가 되는 옥시에틸기($CH_3CH(OH)^-$)를 가지는 화합물에 아이오딘(I_2)과 수산화알칼리 수용액(KOH 또는 NaOH)을 넣고 가열하면 **황색**의 아이오도폼(요오드포름) 침전물이 생성된다.

· 2차 알코올(에탄올)을 구분하는 데에도 사용된다. 1차, 3차 알코올은 반응하지 않는다.

· 할로폼반응(haloform reaction)의 일종이다.

$$R-C(=O)-CH_3 \xrightarrow[\text{base}]{X_2} R-C(=O)-O^- + CHX_3$$

R = H, alkyl, aryl
X = Cl, Br, I

○ 아이오도폼(CHI_3, 트라이아이오도메테인, 요오드포름)

· 유기 할로젠화물의 하나로서, 황색 결정으로 특유한 냄새가 난다. 비중 4, 녹는점 119℃

· 물, 벤젠에는 녹지 않지만 에탄올, 에터, 아세트산에는 녹는다.

· 빛과 공기에 의하여 서서히 분해되어 이산화탄소, 일산화탄소, 아이오딘이 된다. 유리된 아이오딘의 살균작용을 이용하여 살균 · 방부제의 의약품으로 사용하였으나 최근에는 냄새가 독해 거의 쓰지 않는다.

○ 아이오도폼반응을 하는 물질: **아세톤, 아세트알데하이드, 에틸알코올, 아이소프로판올**

· 아세톤

$\mathbf{CH_3COCH_3}$ + $3I_2$ + 4NaOH → CH_3COONa + 3NaI + $\mathbf{CHI_3}$↓ + $3H_2O$

· 아세트알데하이드

$\mathbf{CH_3CHO}$ + $3I_2$ + 4NaOH → HCOONa + 3NaI + $\mathbf{CHI_3}$↓ + $3H_2O$

· 에틸알코올(아세트알데하이드로 산화된 후 반응함)

C_2H_5OH + I_2 + 2NaOH → CH_3CHO + 2NaI + $2H_2O$

CH_3CHO + $3I_2$ + 4NaOH → HCOONa + 3NaI + CHI_3↓ + $3H_2O$

$\mathbf{C_2H_5OH}$ + $4I_2$ + 6NaOH → HCOONa + 5NaI + $\mathbf{CHI_3}$↓ + $5H_2O$

※ CH_3COOH(아세트산), 메탄올(CH_3OH)은 반응을 하지 않는다.

② **휘발유**(미국 Gasoline(gas), 영국 Petroleum(Petrol), 리그로인, 석유벤젠) → 200 L

인화점(℃)	발화점(℃)	끓는점(℃)	녹는점(℃)	비중	증기비중	연소범위(%)
-43 ~ -20	**300**	**30~180**	-90.5 ~ -95.4	0.6~0.8	3~4	1.4~7.6

· 분자식: 대략 C_5H_{12} ~ C_9H_{20}

· 원유에서 끓는점에 의한 분류(분별증류)[*57]를 하여 얻어지는 유분 중에서 가장 낮은 온도에서 분출되는 것으로 대략적으로 탄소수가 5개에서 9개까지의 포화 및 불포화 탄화수소의 혼합물로 한 종류의 휘발유에 포함된 탄화수소의 수는 수십 종류에서 수백 종류나 된다. 석유제품[85] 중 가장 널리 알려져 있다.

⇒ 원유의 성질 · 상태 · 처리방법에 따라 탄화수소의 혼합비율이 다르다.

⇒ 끓는점 범위 30~180℃ 정도의 휘발성이 있는 액체 상태 석유 유분의 총칭

· 내연기관의 연료, 석유화학원료, 용제(溶劑) 등으로 쓰이는 중요한 석유제품이다.

· 무색투명한 휘발성의 액체이나 첨가물이 포함되어 청색 또는 오렌지색이다.

※ 가솔린의 앤티노킹제

◇ 유연가솔린: 4에틸납[$(C_2H_5)_4Pb$]

◇ 무연가솔린: MTBE(메틸터셔리뷰틸에터), 메탄올, 에탄올 등[*60]

※ 가솔린의 용도별 착색

◇ 자동차용 휘발유: 노란색(보통휘발유), 초록색(고급휘발유)

◇ 항공기용 휘발유[86]: 파란색

◇ 공업용 휘발유(유지 추출용, 드라이크리닝용, 고무 공업용 등): 무색

· 물에는 녹지 않지만 유기용제에 잘 녹고 유지 등을 잘 녹인다.

· 전기의 불량도체로서 정전기를 발생 · 축적할 위험이 있고, 점화원이 될 수 있다.

· 연소 시 불순물에 의해 SO_2, NO_2 가 발생하므로 유독하다.

· 폭발성의 측정치: 옥탄값(옥탄가)[*61]

· 가솔린의 제조방법[*62]: 직류법, 분해증류법(크래킹), 접촉개질법(리포밍)

---

85) 석유제품: 휘발유, 등유, 경유, 중유, 윤활유와 이에 준하는 탄화수소유[항공유, 용제(溶劑), 아스팔트, 나프타, 윤활기유, 석유중간제품 및 부생연료유(부생연료유: 등유나 중유를 대체하여 연료유로 사용되는 부산물인 석유제품을 말한다)] 및 석유가스(프로판 · 부탄 및 이를 혼합한 연료용 가스)를 말한다. (「석유 및 석유대체연료 사업법」 제2조제2호)

86) 항공휘발유: 왕복엔진(reciprocating engine)으로 구동되는 비행기에 사용되는 연료, 품질기준은 옥탄값(모터법) 99.6 이상, 사에틸납 0.56 g/L 이하

57. 원유의 분별증류

○ 분별증류(fractional distillation, 分別蒸溜)

여러 가지 액체 혼합물을 끓는점(boiling point) 차이를 이용하여 성분을 분리하는 방법

○ 원유의 분별 · 감압증류

원유는 여러 가지 탄화수소들의 혼합물로 원유를 분별 · 감압증류하면 끓는점에 따라 여러 가지 성분으로 분리된다. 증류탑의 윗부분에서부터 끓는점이 낮은 물질이 유출된다.

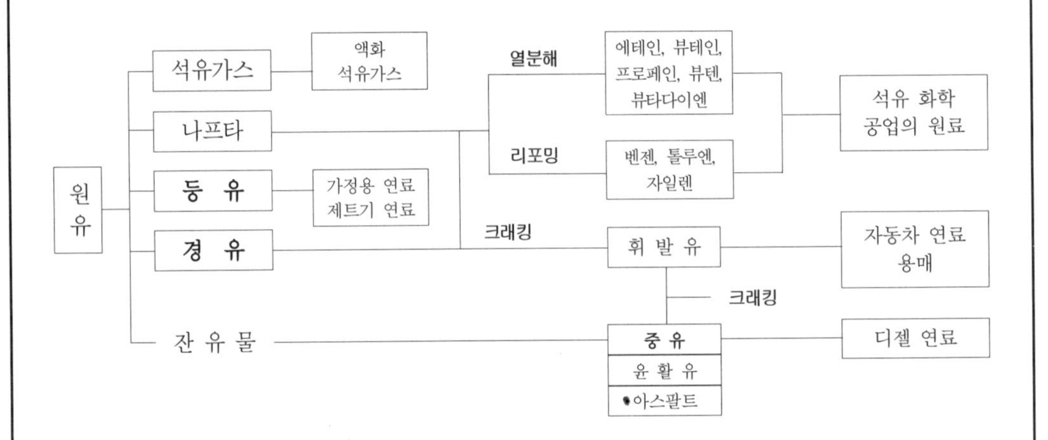

[원유의 분별증류 제품의 용도]

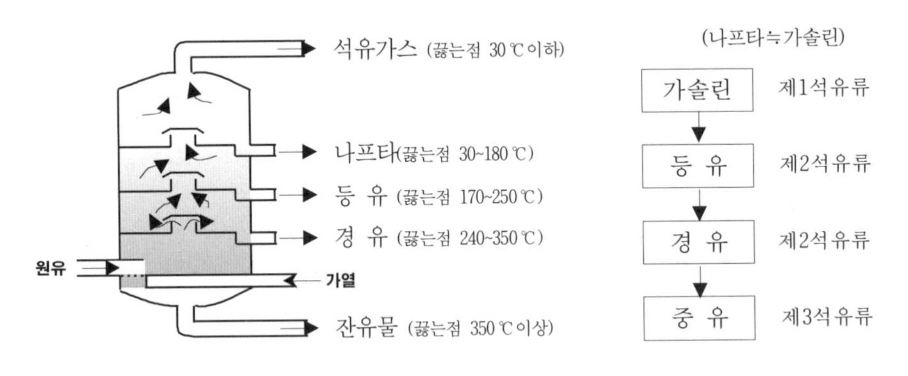

[증류탑] 끓는점이 낮은 것부터 차례로 나온다.

 58. 나프타

○ 나프타(naphtha, 납사)

· 끓는점 범위(30~180 ℃)와 성분의 구성으로 보면 가솔린 유분(溜分)과 실질적으로 동일하며, 이 유분을 내연기관의 연료 이외의 용도로, 특히 석유화학원료 등으로 사용할 경우에 나프타라고 한다.

· 끓는점 100 ℃를 중심으로 경질나프타와 중질나프타로 나누어진다. 일반적으로 공장에 공급되는 공업용 나프타는 여러 가지 비율의 탄화수소의 복잡한 혼성체로서 엄밀한 과학 분류는 되어 있지 않다. 성분 역시 원유의 원산지에 따라 다르며, 석유 성분 중에서 가장 수요가 많은 것으로 열분해나 리포밍에 의해 다양한 원료로 제공된다.

· 위험물 안전관리 관점에서 볼 때 나프타는 대부분 휘발유와 동일한 제1석유류(비수용성)로 판단되나 시료별 성분이 다양하므로 인화점이 21 ℃를 넘어 제2석유류에 해당할 수도 있다.

○ 열분해(pyrolysis)

가열에 의해 일어나는 분해를 말하며 크래킹이라고도 한다.

○ 크래킹(cracking)

· 끓는점이 높은 중질석유를 분해해서 끓는점이 낮은 경질석유(주로 분해가솔린)를 제조하는 것

· 실리카-알루미나 촉매를 사용해서 하는 접촉분해와 촉매를 사용하지 않고 고온고압 하에서 하는 열분해가 있다. 또 최근에 니켈, 텅스텐 등을 실리카-알루미나에 유지시킨 촉매를 사용하고, 고압의 수소를 이용해서 하는 수소화분해법(Hydrocracking)이 보급되어 가고 있다.

· 섬유화학 원료로서의 에틸렌, 프로필렌 등을 제조하기 위해 석유 나프타를 고온열분해 하는 것을 나프타분해라고 한다. 나프타분해를 단순히 크래킹이라고 생략해 말할 때도 있다.

○ 리포밍(reforming, 개질)

· 중질(重質) 가솔린에 고온처리를 함으로써 성분인 탄화수소의 구조를 변경시켜 옥탄값이 높은 고급 가솔린을 제조하는 조작. 석유의 유분(溜分) 중 중질가솔린(끓는점 100~185 ℃)은 옥탄값이 비교적 낮기 때문에, 그대로는 자동차 엔진의 연료로 사용할 수가 없다.

· 주로 긴 사슬구조의 탄화수소를 촉매와 함께 가압함으로써 고리 모양으로 만든다.

$$\underset{\text{헵테인(헵탄)}}{C_7H_{16}} \longrightarrow C_6H_{11}CH_3 \longrightarrow \underset{\text{톨루엔}}{C_6H_5CH_3} + 3H_2$$

· 고온처리를 할 때 촉매를 쓰지 않고 가열만 하는 경우를 열개질(thermal reforming)이라 하고, 촉매를 써서 처리하는 경우를 접촉개질(catalytic reforming)이라 한다.

59. LPG, LNG, CNG

○ LPG(액화석유가스, liquefied petroleum gas)

· 유전에서 석유와 함께 나오는 프로페인(프로판, C_3H_8), 뷰테인(부탄, C_4H_{10}) 등의 혼합기체를 상온에서 압축하여 액화시킨 것으로 가정용, 공업용 연료로 쓰인다.

· LPG는 액화 · 기화가 쉽고, 액화하면 체적이 작아진다. 상온(15℃) 하에서 프로페인은 액화하면 1/260의 부피로 줄어들며, 뷰테인은 1/230의 부피로 줄어들어 수송 • 저장이 쉽다.

· 뷰테인은 자동차 연료(택시, 승합 등) · 난방 · 이동용 버너 연료 등으로 사용되고 프로페인은 주로 취사용으로 사용되며 아파트 등 대형건물의 난방 · 산업체의 공업용 등으로 사용된다.

· LPG는 원래 무색 · 무취이나 질식 및 화재 등의 위험성 또는 환각의 위험성 때문에 쉽게 식별할 수 있는 냄새를 화학적으로 첨가한다.

· 산소 소모가 많아서 밀폐된 공간에서의 사용이 위험하고, 흡입하게 되면 뇌의 산소공급 부족으로 환각을 일으킨다.

○ LNG(액화천연가스, liquefied natural gas)

· 천연가스를 정제해서 얻은 메테인(메탄)을 주성분으로 하는 가스를 냉각시켜 액화한 것

· 메테인의 부피 백분율이 약 90% 이상이기 때문에 LNG와 LMG(Liquefied Methane Gas)는 호칭상 혼용(混用)되고 있다.

· 액화천연가스는 액화공정 전에 탈황 · 탈습 되기 때문에 그 성질이 천연가스보다 뛰어나고 더욱이 청결하며 황분이 없고 해가 없으며 고칼로리라는 점 등 장점이 많다.

· 천연가스의 주성분인 메테인은 1기압 하에서 -161.5℃ 이하로 온도를 내리면 액체가 되는데, 액화된 메테인의 부피는 표준상태인 기체 상태의 메테인 부피의 1/600 정도이고 비중은 0.42로 원유 비중의 약 1/2이 된다. 이 때문에 천연가스를 액화함으로써 수송 · 저장이 수월해지는 이점이 있다. 천연가스를 액화하는 목적은 첫째, 가스 산지와 멀리 떨어진 지역으로 해상수송하기 위해 액화하여 선적하기 위해서이다.

○ CNG(압축천연가스, Compressed Natural Gas)

· 압축천연가스(CH_4)는 가정 및 공장 등에서 사용하는 도시가스를 자동차 연료로 사용하기 위하여 약 200기압으로 압축한 것

· 고압의 압축된 기체(비중 0.61)로 공기(비중 1)보다 가볍고 누출되어도 쉽게 확산되며, 휘발유, 경유, LPG에 비하여 안전한 연료로 평가받고 있다.

60. 무연가솔린

○ 무연가솔린(Unleaded gasoline)

· 납(鉛) 성분을 제거한 가솔린

· 앤티노킹제(antiknocking agent)로 사용하던 납 화합물 대신에 MTBE, 메탄올, 에탄올 등 함산소 화합물을 첨가하여 옥탄가를 증가시킨 휘발유

○ 유연가솔린

· 가솔린의 옥탄값을 높이기 위해 4에틸납, 4메틸납 등의 첨가제를 혼합한 것이다. 납 성분이 배기가스와 함께 방출됨으로써 인체에 나쁜 영향을 미치는 것은 물론, 배기가스 중의 CO 또는 탄화수소의 양을 감소시키기 위해 설치한 촉매식 배기가스 정화장치의 촉매에도 나쁜 영향을 미침으로써 정화기능을 저해하기 때문에 문제가 유발된다.

$$\begin{array}{c} C_2H_5 \\ | \\ C_2H_5 - Pb - C_2H_5 \\ | \\ C_2H_5 \end{array}$$

· 4에틸납, 테트라에틸납(Tetraethyl Lead), TEL
· $(C_2H_5)_4Pb$
· 제3석유류(인화점 93 ℃, 지정수량 2,000 L)

· 납을 첨가한 가솔린에는 납이라는 유독물을 첨가하였다는 표시로서 자동차용은 붉은 빛깔, 항공기용은 푸른 빛깔로 착색되어 있는 것이 상례이다.(무연가솔린은 투명한 연한 노란색)

· 1992년 12월 31일까지 사용되었고 1993년부터는 무연휘발유가 사용되고 있다.

· 유연가솔린의 납 성분이 무연자동차의 삼원촉매(배기장치)에 접촉할 경우 촉매의 표면을 덮어 기능을 방해하므로 무연자동차에는 유연가솔린을 사용해서는 안 된다.

○ 무연가솔린의 앤티노킹제(내폭제)

· 납 화합물 대신에 MTBE, 메탄올, 에탄올 등 함산소 화합물을 첨가제로 사용한다.

$$\begin{array}{c} CH_3 \\ | \\ CH_3 - O - C - CH_3 \\ | \\ CH_3 \end{array}$$

· MTBE(Methyl Tertiary Butyl Ether)
· 산소성분이 휘발유의 연소를 도와 대기질 개선 효과
· 제1석유류(인화점 -28 ℃, 지정수량 200 L)

· MTBE는 경제성이 좋고 그 성질이 우수하여 가장 많이 사용되고 있으나 미국환경보호청(EPA)에 의해 발암성 물질로 지정되어 있으며, 토양과 지하수에는 심각한 오염을 일으킬 수 있다는 주장이 제기되어 미국 대부분의 주에서는 사용이 금지되었다.

해설 61. 옥테인값(옥테인가, 옥탄가, 옥탄값)

○ 옥테인값(옥테인가, 옥탄가, 옥탄값, octane value, octane number)

· 가솔린이 엔진 실린더 속에서 연소할 때 이상폭발(異常爆發, knocking)을 일으키지 않는 정도(앤티노크성, antiknock)를 수치로 나타낸 값

· 노킹에 대한 저항성(앤티노크성, 내폭성, antiknock property)을 수치화한 값

· 옥테인값은 전세계 대부분 RON(Research Octane Number, 실험규격은 ASTM D2699) 단위를 사용하고, 미국, 캐나다, 멕시코는 AKI(Anti-Knock Index, RON과 MON의 평균값) 단위를 사용한다. MON(Motor Octane Number)는 RON보다 실제 상황에 좀 더 부합하도록 시험하는 방법으로 RON 방식보다 낮은 수치가 나온다(실험규격은 ASTM D2700).

○ 가솔린엔진의 노킹(knocking)

· 가솔린의 연소과정에서 가솔린과 공기의 혼합기가 적정 폭발시점에 이르기 전에 일찍 폭발하거나 비정상적인 점화가 일어나 금속음을 발생시키는 이상폭발 현상

· 에너지 효율을 저해하는 요인이 되며, 피스톤 · 실린더 · 밸브 등에 무리를 주어 출력 저하 및 엔진 수명 단축의 원인이 된다.

○ 옥테인값의 측정방법

· 표준연료: 앤티노크성이 높은 아이소옥테인(C_8H_{18}, isooctane, 2,2,4-트라이메틸펜테인, 아이소옥탄)을 옥탄가 100으로 하고, 앤티노크성이 낮은 헵테인(C_6H_{16}, heptane, 헵탄)을 옥탄가 0으로 정하여 기준으로 삼는다.

· 옥테인값은 기준 시료인 '아이소옥테인 + 노말헵테인' 혼합물 중 아이소옥테인의 함유량을 비율(부피%)로 나타낸다.

ex) 아이소옥테인 90%, 헵테인 10%의 표준연료 ⇒ 옥테인값 90

· 실용가솔린의 옥테인값(RON)은 테스트 엔진을 사용해서 표준연료와 앤티노크성을 측정 · 비교하고, 같은 앤티노크성을 나타내는 표준연료의 옥테인값을 그 가솔린의 옥테인값으로 한다. 국내에서는 자동차용 휘발유의 옥테인값이 **94 이상**이면 **고급휘발유**로 본다.(「석유제품의 품질기준과 검사방법 및 검사수수료에 관한 고시」 [별표] 석유제품의 품질기준)

○ 옥테인값을 높이는 방법

· 옥테인값을 높이기 위해서는 옥테인값이 높은 탄화수소(톨루엔, 자일렌 등 방향족화합물)의 함유량을 높이도록 가솔린의 성분비를 바꾸는 방법과 앤티노크제(MTBE, ETBE, TAME Tertiary Amyl Methyl Ether, 바이오에탄올 등 antiknocking agent)를 첨가하는 방법이 있다.

62. 가솔린의 종류

분 류	종 류	일 반 성 질
제조상 분류	직류가솔린	원유의 단순 증류만으로 얻어진 가솔린으로 석유유분 중 30~210℃범위에서 유출되며 옥테인값이 낮아서 내연기관의 연료로는 적합하지 못하며 개질가솔린의 원료로 사용한다.
	분해가솔린	경유나 중유 같은 끓는점이 높은 중질유를 열분해 또는 접촉분해에 의해 끓는점이 낮은 석유로 분해하여 제조한 분자량이 작은 가솔린
	중합가솔린	탄소수가 적은 탄화수소 중 이중결합을 포함하는 물질을 결합하여 얻은 것, 화학구조적으로 볼 때 안티노크성이 좋은 고급가솔린
	천연가솔린	유전의 습성천연가스*에 함유되어 있는 비교적 끓는점이 낮은 가솔린 (케이싱헤드가솔린casing head gasoline, 가스가솔린, 갱구가솔린)
	인조가솔린	석탄액화 또는 수소와 일산화탄소로 합성한 것
	개질가솔린	직류가솔린을 개질하여 만든 것(reformed gasoline) 직류가솔린의 옥테인값을 높이기 위해 주로 촉매에 의한 화학반응처리로 품질을 개선한 가솔린, 개질유라고도 하는데 안정성과 가연성이 좋다.
용도상 분류	자동차용	직류가솔린에 분해가솔린 · 개질가솔린 등을 섞고, 다시 옥테인값을 높이기 위해 앤티노크제나 안정제를 첨가하여 제조
	항공기용	점화식 내연기관을 가진 프로펠러기(경비행기)의 연료, 접촉분해가솔린, 개질가솔린, 중합가솔린, 알킬레이트 등을 혼합한 것 대체로 옥테인값이 100 이상으로 자동차용보다 성상이 더 엄격하다.
	공 업 용	연료 이외의 목적으로 사용되는 것으로 첨가제가 없어서 무색이다. 세정용, 도료용, 유지 추출용, 드라이크리닝용, 고무 공업용 등

※ 습성천연가스: 가스의 일종으로 메테인(CH_4), 에테인(C_2H_6), 프로페인(C_3H_8), 뷰테인(C_4H_{10}), 펜테인(C_5H_{10}), 헥세인(C_6H_{12}) 등 이른바 중탄화수소(重炭化水素)를 상당히 함유하며, 압축 · 흡수 등의 방법으로 공업적으로 가솔린 성분을 채취할 수 있는 가스

유전의 유층(油層)으로부터 석유와 더불어 산출되는 천연가스는 유전가스, 석유계 천연가스라고 하는데, 습성가스에 속하는 것이 많다.

○ 제트연료는 항공가솔린과 전혀 다른 성상이 요구되고, 옥테인값과는 무관하며, 가솔린과 등유 유분(燈油溜分)에 걸친 액상(液狀) 탄화수소의 혼합체(混合體)이다.

○ 첨가제: 부식(corrosion), 노킹(knocking), 빙결(freezing), 산화(oxidation), 침전(precipitation) 등을 방지하는 첨가제와 색소 등을 첨가한다.

63. 유사휘발유

○ 유사휘발유의 관련법령상 명칭은 "가짜석유제품"으로 「석유 및 석유대체연료 사업법」 제2조에 따라 자동차의 연료로 사용하거나 사용할 목적으로 제조된 것을 말한다. 같은 법 제29조에서 가짜석유제품의 제조 등의 금지를 규정하고 있다.

○ 주요상품으로 세녹스, LP-Power, 수퍼카렉스 등 10여 종이 있으며, 인화점이 모두 -17℃ 이하로 위험물안전관리법령상 제4류 위험물 제1석유류로 분류되어 지정수량은 200 L이다.

○ 초기 제품은 솔벤트(40~60 %), 톨루엔 · 벤젠(30~50 %), 알코올류(10 %)를 혼합한 안정된 신연료 물질이었으나 현재 불법 거래되고 있는 가짜휘발유는 그 성분을 알 수 없다.

○ 새로운 연료의 개발과 사용을 독려해야 함에도 불구하고, 지난 2000년 특허 출원된 세녹스는 휘발유를 대체할 수 있는 연료로 유통되다 2004년 8월 11일 2심에서 불법판정을 받아 국내에서 유통이 금지되었고, 아직까지 현행법상 판매할 방법이 열려있지 않다. 유죄판결을 받은 이유는 ① 자동차 연료장치 부식의 개연성이 충분하고 ② 인체 유해물질을 배출해 정상적인 연료로 보기 어려우며 ③ 세금도 부과되지 않아 결과적으로 탈세에 이르렀고 ④ 일반 휘발유보다 가격이 싸서 석유시장의 유통질서를 혼란시켰다는 점이다.

「석유 및 석유대체연료 사업법」

○ 가짜석유제품: 조연제(助燃劑) · 첨가제 그 밖에 어떤 명칭이든 다음의 방법으로 제조된 것으로서 휘발유 또는 경유를 연료로 사용하는 자동차 · 건설기계 · 농업기계 · 군용차량의 연료로 사용하거나 사용하게 할 목적으로 제조된 것(석유대체연료[87]를 제외한다)을 말한다.

① 석유제품에 다른 석유제품(등급이 다른 석유제품을 포함한다)을 혼합하는 방법
② 석유제품에 석유화학제품[88]을 혼합하는 방법
③ 석유화학제품에 다른 석유화학제품을 혼합하는 방법
④ 석유제품이나 석유화학제품에 탄소와 수소를 함유한 물질을 혼합하는 방법

○ 가짜석유제품을 제조 · 수입 · 저장 · 운송 · 보관 또는 판매하거나, 가짜석유제품으로 제조 · 사용하게 할 목적으로 석유제품, 석유화학제품, 석유대체연료, 탄소와 수소가 들어 있는 물질을 공급 · 판매 · 저장 · 운송 또는 보관한 자 ⇒ 5년 이하의 징역 또는 2억원 이하의 벌금

○ 가짜석유제품임을 알면서 사용하거나 등록 · 신고하지 아니한 자가 판매하는 가짜석유제품을 사용한 자 ⇒ 3천만원 이하의 과태료

---

87) 석유대체연료: 석유제품 연소 설비의 근본적인 구조변경 없이 석유제품을 대체하거나 석유제품에 혼합하여 사용할 수 있는 연료로서 바이오연료, 재생합성연료 등(제2조제11호)

88) 석유화학제품: 석유로부터 물리 · 화학적 공정을 거쳐 제조되는 제품 중 석유제품을 제외한 유기화학제품으로서 나프타, 액화석유가스 또는 천연가스 등을 원료로 하여 나프타 분해공정, 벤젠 · 톨루엔 · 크실렌 추출공정 또는 합성가스 생산공정을 거쳐 생산된 탄화수소 물질(제2조제10호)

③ **원유**(Crude oil, Petroleum, C_nH_m, 原油, 석유) → 200 L

인화점(℃)	발화점(℃)	끓는점(℃)	녹는점(℃)	비중	증기비중	연소범위(%)
20 이하	**400 이상**	**-1~565**	-30~30	1 이하	1 이상	0.6~15

· 갈색에서 검은색까지 불투명한 색상을 가진 점성을 띤 인화성 액체이다.

· 땅속 깊은 곳에서 채굴한 정제되지 않은 천연 그대로의 탄화수소 혼합물이며, 황화합물, 질소산화물, 금속염류 등 불순물이 혼합되어 있다.

④ **벤젠**(Benzene, Benzole, C_6H_6, 벤졸) → 200 L

 또는

인화점(℃)	발화점(℃)	끓는점(℃)	녹는점(℃)	비중	증기비중	연소범위(%)
-11	**562**	**80**	5.5	0.87	2.8	1.4~8

· 무색투명한 액체로 독특한 냄새(방향성)가 나는 휘발성 액체이다.

· 용제, 도료, 합성수지, 계면활성제, 각종 석유화학공업의 원료로 사용된다.

· 방향족 탄화수소 중 가장 간단한 구조를 가진다.[*64]

· 증기는 마취성 · 독성이 있으며, 탄소가 많아 연소 시 심한 흑연을 발생한다.

$$2C_6H_6 + 15O_2 \longrightarrow 12CO_2 + 6H_2O$$

벤젠 이산화탄소 물

· 물에 녹지 않지만 알코올, 에터, 아세톤, 유기용제에 잘 녹는다.

· 유지, 수지, 유기 화합물을 잘 녹인다.

· 휘발하기 쉽고 인화점이 낮아서 정전기 스파크와 같은 아주 작은 점화원에 의해서도 인화한다.

· 순수한 벤젠은 녹는점이 5.5℃이기 때문에 겨울철에 응고하지만 인화점이 낮아서 응고 상태에서도 인화위험이 있다.(고체상태에서도 가연성 증기를 발생)

· 삼산화크롬(CrO_3)과 접촉 시 발화한다.

· 주로 원유를 정제한 나프타를 백금 촉매로 리포밍(reforming, 개질)하여 제조되지만 코크스를 생산하는 과정에서 부산물로 얻어지기도 한다.

· 공명구조를 이루고 있어 화학적으로 매우 안정하며, 공명구조가 파괴되는 첨가반응보다 공명구조가 유지되는 치환반응을 한다.*65

· 벤젠의 반응으로 다양한 벤젠유도체가 생성되며 구조가 간단한 대표적인 것들은 다음과 같다.

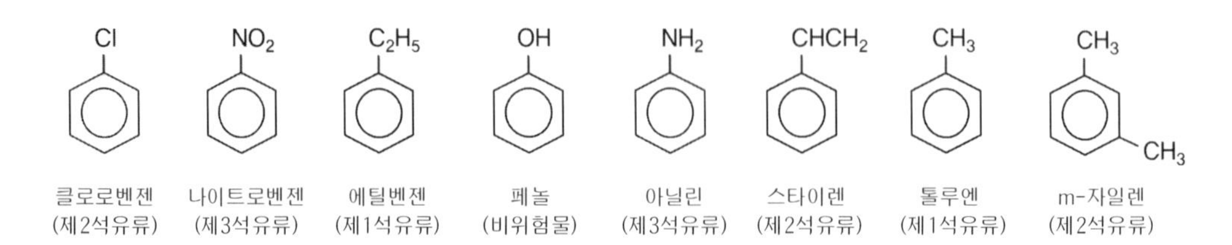

64. 벤젠의 구조

○ 벤젠의 공명구조

벤젠의 구조는 1865년 케쿨레(Kekule, A)에 의해 제안되었는데 6개의 C원자가 육각형의 고리 모양을 이루고 이중결합과 단일결합이 하나씩 교대로 있는 구조이다.

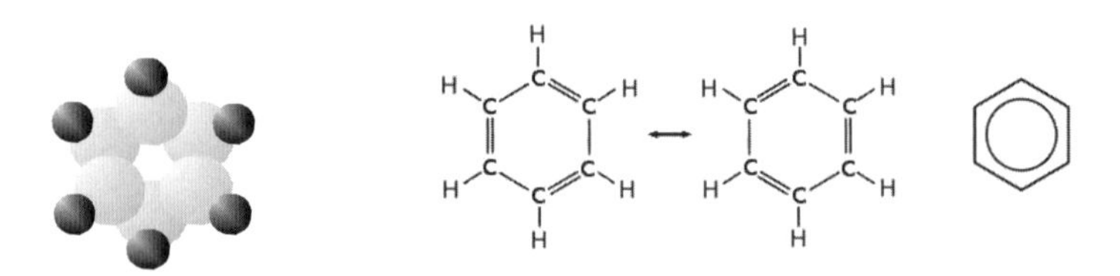

[벤젠핵의 공명과 표시방법]

그런데 탄소원자 간의 단일결합 길이는 0.154 nm이고, 이중결합 길이는 0.134 nm이어야 하는데 실제로 측정된 벤젠의 탄소원자 간의 거리는 모두 단일결합과 이중결합의 중간인 0.140 nm로 정육각형 평면 구조를 이루고 있다. (nm = 10^{-9}m, n은 '나노'라고 읽는다)

따라서, 벤젠의 실제 구조는 단일 결합과 이중결합이 고정된 것이 아니고 모든 결합이 1.5결합이 된다. 즉, 탄소원자의 원자가전자 4개 중 3개는 3개의 단일결합을 형성하고 나머지 1개는 모든 탄소원자 사이를 자유로이 다닌다. 이러한 구조를 '공명구조'라고 하며 매우 안정하다.

벤젠은 불포화 탄화수소이지만 공명혼성구조로 안정하기 때문에 첨가반응보다는 치환[89]반응이 잘 일어난다.

89) 치환: 화합물의 구성 성분 중 일부가 다른 원자나 원자단으로 바뀜

65. 벤젠의 반응

1. 벤젠의 치환반응: 할로젠화, 나이트로화, 설폰화, 알킬화 반응

· 할로젠화(halogenation): 철 촉매 존재 하에서 염소와 반응한다.

$$C_6H_5-H + Cl-Cl \xrightarrow{Fe} C_6H_5-Cl + HCl$$

벤젠 염소 클로로벤젠 염산

· 나이트로화(nitration): 진한 황산의 존재 하에 진한 질산을 작용시키면 니트로벤젠을 얻는다.

$$C_6H_5-H + HO-NO_2 \xrightarrow{\text{진한 } H_2SO_4} C_6H_5-NO_2 + H_2O$$

벤젠 질산 나이트로벤젠

· 술폰화(sulfonation): 발연황산(진한 황산)과 반응하여 벤젠술폰산이 된다.

$$C_6H_5-H + HO-SO_3H \xrightarrow{SO_3} C_6H_5-SO_3H + H_2O$$

벤젠 황산 벤젠술폰산

· 알킬화(alkylation): 벤젠에 무수염화알루미늄($AlCl_3$) 촉매 하에서 할로젠화알킬(R-X)을 작용시키면 알킬기가 치환되어 알킬벤젠(C_6H_5R)이 생긴다.

$$C_6H_5-H + Cl-CH_3 \xrightarrow{AlCl_3} C_6H_5-CH_3 + HCl$$

벤젠 염화메틸 톨루엔 염산

[프리델-크래프츠 반응, Friedel-Crafts reaction]

2. 벤젠의 첨가반응: 첨가반응은 일어나기 어렵기 때문에 특수한 촉매를 사용하여 반응시킨다.

· 수소첨가

$$C_6H_6 + 3H_2 = C_6H_6 + 3H_2 \xrightarrow[300℃]{Ni} C_6H_{12}$$

사이클로헥세인

· 염소첨가

$$C_6H_6 + 3Cl_2 = C_6H_6 + 3Cl_2 \xrightarrow{\text{햇빛}} C_6H_6Cl_6$$

벤젠헥사클로라이드 (BHC)

⑤ **톨루엔**(Toluene, $C_6H_5CH_3$, 메틸벤젠, 톨루올, 메틸벤졸) → 200 L

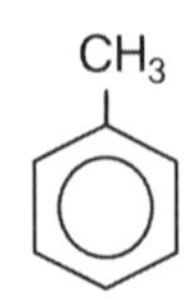

인화점(℃)	발화점(℃)	끓는점(℃)	녹는점(℃)	비중	증기비중	연소범위(%)
4.5	**480**	**110.6**	-93	0.86	3.14	1.27~7

· 무색액체로서 독특한 냄새가 나는 휘발성 액체이다.

· 래커, 고무풀, 수지, 페인트, 에나멜 등의 용제[*66], 화약, 유기합성, 도료, 염료 등에 쓰인다.

· 물에 녹지 않지만 알코올, 에터, 벤젠, 유기용제에 녹고 유지, 고무 등을 녹인다.

· 벤젠의 H원자 1개가 메틸기($-CH_3$)로 치환된 화합물로서 벤젠의 알킬화 반응에 의해 얻어진다.

$$C_6H_5-H + Cl-CH_3 \xrightarrow{AlCl_3} C_6H_5-CH_3 + HCl$$

벤젠　　염화메틸　　톨루엔　　염산

[Friedel-Crafts reaction][90)]

· BTX는 벤젠(Benzene), 톨루엔(Toluene), 자일렌(Xylene)의 머리글자를 합하여 부르는 약칭이다.

· 진한 질산과 진한 황산의 혼합액으로 나이트로화시키면 TNT(trinitrotoluene)가 만들어진다.

$$C_6H_5CH_3 + 3HNO_3 \xrightarrow{\text{진한 } H_2SO_4} C_6H_2CH_3(NO_2)_3 + 3H_2O$$

톨루엔　　질산　　T.N.T.　　물

· 그 밖의 위험성은 벤젠과 유사하다.(독성은 벤젠의 약 1/10정도)

---

90) Friedel-Crafts reaction(프리델-크래프츠반응): 1877년 C.프리델과 J.M. 크래프츠는 루이스산 촉매 하에서 방향족화합물에 알킬기를 도입하는 방법을 개발하였다. 방향족 탄화수소의 탄소에 결합된 수소를 알킬기로 치환하는 방법을 Friedel-Crafts 알킬화 반응이라 한다.

66. 용 제

○ 용제(溶劑, solvent)란 용질을 녹여 용액을 만드는 액체이다.

소금물의 소금은 용질, 물은 용제, 소금물은 염화나트륨수용액이라 한다. 그러나 보통 용제라고 말하는 것은 휘발성이 강한 시너, 전자제품 세척제, 화학제품 제조, 드라이크리닝 등에 사용되는 유기용제를 일컫는 경우가 많다.

○ 유기용제의 종류

· 유기용제는 현재 400종 이상의 물질이 알려져 있지만 대표적인 것은 페인트 희석제에 사용되는 시너, 세척 · 용해 · 희석 · 추출 등의 용도에 사용되는 공업용 휘발유 등이다.

공업용 휘발유는 「석유 및 석유대체연료 사업법」에서 용제로 표현된다. KS M 2611:2012은 공업용 휘발유에 관한 기준이며, 「석유대체연료의 품질기준과 검사방법 및 검사수수료에 관한 고시」 [별표]에서는 '용제'를 세척, 용해, 희석, 추출 등의 용도에 적당한 품질로서 물과 침전물을 함유하지 아니하고 일정 품질기준(인화점, 증류성상, 동판부식, 아닐린점, 밀도)에 적합한 것으로 1호~10호까지 10종으로 규정하고 있다. 이 중 위험물 안전관리 관점에서 중요한 인화점이 언급된 것은 3호(38℃ 이상), 6호(10℃ 이상), 7호 및 8호(38℃ 이상), 9호 및 10호(50℃ 이상)가 검색된다.

· 화학구조에 따라 분류하면
- 탄화수소계: 휘발유, 등유, 헥세인, 벤젠, 톨루엔, 자일렌 등
- 할로젠화 탄화수소: 다이클로로메테인, 클로로폼, 테트라클로로에틸렌 등
- 에스터: 초산메틸, 초산에틸, 초산프로필, 초산부틸 등
- 케톤: 아세톤, 메틸에틸케톤(MEK) 등
- 알코올, 알데하이드, 에터, 글라이콜 유도체, 기타로 분류한다.

○ 유기용제의 위험성

· 기름이나 지방을 잘 녹이며, 피부에 묻으면 지방질을 통과하여 체내에 흡수된다.
· 쉽게 증발하여 호흡을 통하여 잘 흡수된다.
· 인화성이 있어 불이 잘 붙는다.
· 대부분은 중독성이 강하여 뇌와 신경에 해를 끼쳐 마취와 두통을 일으킨다.

67. 시 너

○ 시너(thinner)는 도장(塗裝)을 할 때 도료(페인트)의 점성도를 낮추기 위해 사용하는 희석제이다. 페인트의 종류에 따라 시너의 종류도 수십 종으로 분류하나 대체로 페인트시너, 에나멜시너, 소부시너, 우레탄시너, 래커시너 등으로 구분되고 일반적으로는 페인트시너 또는 래커시너를 가리킨다.

○ 도료용 희석제: 한국산업표준 KS M 6060:2014

항목		종류			
		1 종	**2 종**	**3 종**	**4 종**
증류시험	초류점(℃)	110 ~ 155	150 이상	86 이상	110 이상
	93 ℃에서 유출량(%)	-	-	5 이하	-
	104 ℃에서 유출량(%)	-	-	46 이하	-
	50% 유출 온도(℃)	140 ~ 177	-	-	140 이하
	90% 유출 온도(℃)	160 ~ 195	210 이하	-	143 이하
	건점(℃)	215 이하	230 이하	130 이하	145 이하
인화점(℃)		**27 이상**	**38 이상**	**-**	**4 이상**
아닐린점(℃)		47 이하	43~60		
케톤 및 에스터(%)		-	-	35 이상	-
비휘발성 물질(g/mL)		0.02 이하			
겉모양		무색 투명하여야 한다.			
점적 시험		기름 자국이나 얼룩이 없어야 한다.			
구리 부식성		검게 변하지 않아야 한다.			
산값(KOH mL/g)		0.3 이하			
비고 제조자는 제품에 벤젠, 염소화탄화수소 및 기타 독성 물질 같은 해로운 것을 넣어서는 안 된다.					
용도		**알키드 또는 페놀 에나멜 및 바니시용**	**조합 페인트용**	**니트로셀룰로오스 래커용**	**아크릴 에나멜용**

○ 시너의 위험성

- 휘발유보다 인화점은 높으나 휘발성이 강하여 상온에서 증기를 다량으로 발생하므로 공기와 약간만 혼합하여도 연소폭발이 일어나기 쉽다.
- 산 또는 산화제와 접촉 시 화재위험성이 증가한다. 피부접촉 및 호흡 시 유독하다.
- 액체는 물보다 가벼우나 증기는 공기보다 무거워 증기가 유출되면 아래로 가라앉아 한 장소에 체류하기 쉽다.

○ 시중에 유통되고 있는 시너는 성분이 일정하지 않거나 인화점을 정확히 알 수 없는 경우가 많다. 대부분 제1석유류 범위(21 ℃ 미만) 내에 있을 것으로 추측된다.

68. 숭례문 시너

○ 숭례문 방화사건(2008.2.10)에 사용된 시너의 분석결과(한국소방산업기술원)

- 비점 68.2℃, **인화점 2.1℃**(제4류 위험물 제1석유류)
- 성분분석 결과

No.	용제명	함 량
1	Benzene	4.463
2	Heptane	0.765
3	Methylcyclohexane	2.947
4	Ethylcyclopentane	0.965
5	2,3-Dimethyl-2,3-dihydroxydutane	3.675
6	Toluene	10.977
7	2-Methyl heptane	2.153
8	3-Methyl heptane	1.353
9	cis-1,3-Dimethyl cyclohexane	1.800
10	Octane	7.107
11	n-Butyl acetate	3.759
12	Ethyl cyclohexane	3.342
13	1,1,3-Trimethyl cyclohexane	2.127
14	1-Methdxy-2-propyl acetate	17.364
15	o-Xylene	5.301
16	4-Methyl octane	2.314
17	3-Methyloctane	2.169
18	p-Xylene	1.923
19	1-Ethyl-4-methylcyclohexane	2.001
20	n-Nonane	3.428
21	Ethyl 3-ethoxypropionate	16.678
22	1-Ethoxy-1-methoxy ethane	3.391
	TOTALS	100.000

⑥ **에틸메틸케톤**(Ethyl Methyl Ketone[91], Methyl Ethyl Ketone, 2-Butanone, EMK, MEK, $CH_3COC_2H_5$, 2-뷰탄온, 뷰탄온, 메틸에틸케톤) → 200 L

```
    H       H   H
    |       |   |
H - C - C - C - C - H
    |   ‖   |   |
    H   O   H   H
```

※ 케톤의 일반식: R-CO-R′

인화점(℃)	발화점(℃)	끓는점(℃)	녹는점(℃)	비중	증기비중	연소범위(%)
-7	**505**	**80**	-80	0.8	2.5	1.8~10

· 휘발성이 강한 무색 액체로서 달콤한 냄새 또는 아세톤과 같은 냄새가 있다.

· 용제, 도료, 래커, 유기합성, 화약 등으로 사용된다.

· 물, 알코올, 에터, 벤젠, 유기용제에 잘 녹는다.

☞ 물에 잘 녹지만 「위험물안전관리에 관한 세부기준」 제13조제2항의 수용성 판정기준에 따라 비수용성 위험물로 분류된다.[*50]

· 탈지작용[92]이 있어 피부에 닿으면 화상을 입는다.

· 2차 알코올[93]인 아이소뷰틸알코올이 산화되면 메틸에틸케톤이 된다.

```
    H   H   H   H                       H       H   H
    |   |   |   |          -2H          |       |   |
H - C - C - C - C - H   ---------->  H - C - C - C - C - H
    |   |   |   |          산화          |   ‖   |   |
    H   OH  H   H                       H   O   H   H
```

아이소뷰틸알코올(2차알코올) → 에틸메틸케톤

· 연소하면 이산화탄소와 물이 생성된다.

$$2CH_3COC_2H_5 + 11O_2 \longrightarrow 8CO_2 + 8H_2O$$

에틸메틸케톤(EMK, MEK) 이산화탄소

· 증기를 대량 마시면 마취성과 구토를 일으킨다.

· 갈색병에 저장하며 통풍이 잘되는 냉암소에 저장한다.(직사일광에 의해 분해)

· 그 밖의 위험성은 아세톤과 유사하다.

---

91) IUPAC에서는 메틸 에틸 케톤이라는 이름을 더 이상 사용하지 않고 에틸 메틸 케톤 (Ethyl Methyl Ketone, EMK)으로 사용할 것을 권장하나, 대한민국 정부 및 민간에서는 여전히 메틸 에틸 케톤이 사용되고 있다. (곁가지 배열에 있어서 2가지 이상이 종류가 다른 곁가지가 있을 때는 알파벳 순으로 배열한다.)

92) 탈지 작용: 피하지방층의 지방을 녹여 피부 표면에 하얀 분비물을 생성

93) 2차 알코올: -OH기가 결합한 탄소에 결합한 R기의 수가 2개인 알코올

⑦ **초산메틸**(Methyl acetate, CH_3COOCH_3, 아세트산메틸, 메틸아세테이트, 메틸아세트산) → 200 L

```
   H                                  H   O       H
   |  //O      H                      |   ||      |
H—C—C         |                  H—C—C—O—C—H
   |  \O—C—H          또는            |           |
   H       |                          H           H
           H
```

인화점(℃)	발화점(℃)	끓는점(℃)	녹는점(℃)	비중	증기비중	연소범위(%)
-10	**502**	**58**	-98	0.93	2.55	3.1~16

· 무색 액체로 휘발성, 마취성이 있다. 상쾌한 냄새가 난다.
· 나이트로셀룰로오스 용제, 향료, 페인트, 유지 추출제, 시너 등으로 쓰인다.
· 물에 잘 녹으며 수지, 유지를 잘 녹인다. 피부에 닿으면 탈지작용이 있다.
☞ 물에 잘 녹지만 「위험물안전관리에 관한 세부기준」 제13조제2항의 수용성 판정기준에 따라 비수용성 위험물로 분류된다.*50
· 가장 간단한 구조의 초산에스터(아세트산의 에스터)이며 초산에스터 중 수용성이 가장 크다.

※ 초산에는 아세트산(CH_3COOH)을 나타내는 초산(醋酸)과 질산(HNO_3, 窒酸)의 일본식 명칭인 초산(硝酸)이 있으므로 반드시 구분하여야 한다.

⑧ **초산에틸**(Ethyl acetate, $CH_3COOC_2H_5$, 아세트산에틸, 에틸아세테이트, 에틸아세트산) → 200 L

인화점(℃)	발화점(℃)	끓는점(℃)	녹는점(℃)	비중	증기비중	연소범위(%)
-3	**426**	**77.5**	-84	0.9	3.04	2.2~11.4

· 무색투명한 과일 냄새가 나는 휘발성 액체이다.
· 용제, 추출제, 래커, 향료(파인애플향), 유기합성 원료 등으로 쓰인다.
· 물에 약간 녹고 알코올, 에터, 아세톤, 유기용제에 녹는다.
· 유지, 수지, 섬유소를 잘 녹인다.

⑨ **초산아이소프로필**(Isopropyl acetate, **$CH_3COOCH(CH_3)_2$**, 아이소프로필아세테이트, 초산이소프로필) → 200 L

인화점(℃)	발화점(℃)	끓는점(℃)	녹는점(℃)	비중	증기비중	연소범위(%)
4	**479**	**89**	-73	0.87	3.52	1.8~8

· 용제, 화장품, 잉크 등에 사용되는 무색투명한 휘발성 액체이다.

· 물에 약간 녹고 각종 플라스틱에도 침투하는 성질을 가진다.

· 그 밖의 위험성, 저장 · 취급 · 소화방법은 초산메틸(CH_3COOCH_3)에 준한다.

※ 그 밖에 초산에스터(아세트산의 에스터)에 속하는 초산뷰틸($CH_3COOC_4H_9$)과 초산아밀($CH_3COOC_5H_{11}$)은 인화점이 22~36℃ 정도이므로 지정수량 1,000 L인 제2석유류(비수용성)로 분류된다.

※ 아세트산(CH_3COOH, Acetic acid, 초산, 빙초산)은 인화점이 40℃이며 수용성이므로 지정수량 2,000 L인 제2석유류(수용성)에 해당한다.

⑩ **폼산메틸**(Methyl formate, **$HCOOCH_3$**, 포름산메틸, 개미산메틸, 의산메틸, 폼산메틸에스터, 의산메틸에스터, 의산메틸에스테르) → 400 L(수용성)

```
       O      H                      O       H
      //      |                      ||      |
H — C         O — C — H        H — C — O — C — H
      \       |                              |
       O — C — H        또는                 H
              |
              H
```

인화점(℃)	발화점(℃)	끓는점(℃)	녹는점(℃)	비중	증기비중	연소범위(%)
-19	**450**	**34**	-100	0.97	2.1	5~23

· 휘발성 액체로 알코올 냄새(럼주향)가 난다.

· 물, 에터, 에스터에 잘 녹는다.

· 폼산에스터(H-COO-R) 중 수용성이 가장 크다.

· 쉽게 가수분해하여 폼산과 유독성의 메탄올이 된다.

$$HCOOCH_3 + H_2O \longrightarrow HCOOH + CH_3OH$$

폼산메틸 　　　　　　　　 폼산(의산) 　 메탄올

· 소화방법은 가솔린에 준하나 수용성이므로 포는 내알코올포를 사용한다.

⑪ **폼산에틸**(Ethyl formate, **$HCOOC_2H_5$**, 포름산에틸, 개미산에틸, 의산에틸, 폼산에틸에스터, 의산에틸에스터, 의산에틸에스테르) → 200 L

인화점(℃)	발화점(℃)	끓는점(℃)	녹는점(℃)	비중	증기비중	연소범위(%)
-19	**455**	**54**	-80	0.92	2.55	2.8~16

· 달콤한 과일 향기를 가진 무색의 휘발성 액체이다. 증기는 마취성이 없다.

· 과일 향료, 용제, 살충제, 합성수지, 아세톤 대용, 훈증제 등으로 사용된다.

· 물에 약간 녹고 알코올, 에터, 벤젠, 유기용제에 녹는다.

· 물 또는 습기에 의해 가수분해된다.

※ 폼산(HCOOH, Formic acid, 포름산)은 인화점이 55℃이며 수용성이므로 지정수량 2,000 L인 제2석유류(수용성)에 해당한다. (p.251 참조)

⑫ **피리딘**(Pyridine, C_5H_5N, 아딘) → 400 L(수용성)

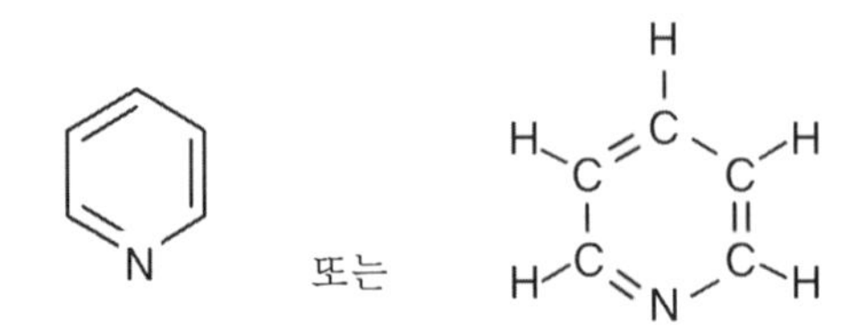

인화점(℃)	발화점(℃)	끓는점(℃)	녹는점(℃)	비중	증기비중	연소범위(%)
16	**482**	**115**	-42	0.98	2.73	1.8~12.4

· 순수한 것은 무색이지만 보통 불순물 때문에 황색 또는 갈색을 띠는 심한 악취가 나는 인화성 액체이다.
· 살충제, 알코올 변성제, 유기합성 원료, 의약, 용제 등으로 사용된다.
· 약알칼리성을 나타내고 독성이 강하며 흡습성이 있다.
· 물에 잘 녹으며 유기용매와도 잘 혼합한다.
· 수용액 상태에서도 인화의 위험이 있다.

⑬ **메틸메타크릴레이트**(Methyl methacrylate, MMA, CH_2=CCH_3COOCH_3) → 200 L

$$CH_2 = \underset{\displaystyle CH_3}{\underset{|}{C}} - COOCH_3$$

인화점(℃)	발화점(℃)	끓는점(℃)	녹는점(℃)	비중	증기비중	연소범위(%)
9	**435**	**100**	-48	0.94	3.5	2.1~12.5

· 자극적인 냄새가 나는 무색투명한 휘발성 액체이다.
· MMA수지, 광고 간판(아크릴판), 도료, 접착제, 건축자재 등에 쓰인다.
· 중합성, 전기전열성, 내약품성, 가공성이 뛰어나다.
· 중합물(PMMA: Poly methyl methacrylate)은 유리 모양으로서 단단하며 기후변화에 강하여 건축자재로 많이 쓰인다.
· 물에 녹지 않는다.

⑭ **아크롤레인**(Acrolein, Propenal, 2-Propenal, Acrylaldehyde, **CH_2=CHCHO**, 아크릴알데하이드, 아크릴알데히드, 프로펜알) → 200 L

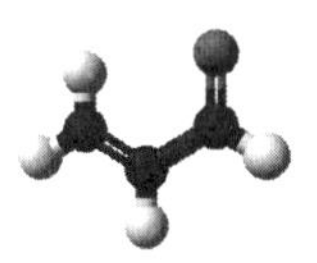

인화점(℃)	발화점(℃)	끓는점(℃)	녹는점(℃)	비중	증기비중	연소범위(%)
-29	**220**	**53**	-87	0.83	1.94	2.8~31

· 무색 액체로 자극적인 냄새가 난다.
· 증기는 독성이 있어 호흡기를 자극한다.
· 지방이 탈 때(튀김 요리 시) 발생하는 성분(냄새)으로 발암성 물질이다.
· 담배 연기 속에 폐암을 일으키는 주된 물질이기도 하다.
· 의약, 글리세린 제조, 아미노산 제조, 용제, 추출제 등으로 사용된다.
· 물, 에터, 알코올에 녹는다.
☞ 물에 잘 녹지만 「위험물안전관리에 관한 세부기준」 제13조제2항의 수용성 판정기준에 따라 비수용성 위험물로 분류된다.[*50]
· 매우 반응성이 풍부하고 중합하기 쉽다. 수지와 같은 고체가 된다.
· 공기에 의해 쉽게 산화되어 아크릴산이 된다.

$$2CH_2=CHCHO + O_2 \longrightarrow 2CH_2=CHCOOH$$

아크롤레인 → 아크릴산

특수인화물
제1석유류
알코올류
제2석유류
제3석유류
제4석유류
동식물유류

⑮ **사이안화수소**(Hydrogen cyanide, **HCN**, CHN, 시안화수소, 청화수소) → 400 L(수용성)

H－C≡N

인화점(℃)	발화점(℃)	끓는점(℃)	녹는점(℃)	비중	증기비중	연소범위(%)
-17	**538**	**26**	-14	0.69	**0.94**	5.6~40

· 쓴맛을 내며, 무색의 자극성 아몬드 냄새가 나는 맹독성 · 휘발성 액체이다.
· 염료, 농약, 의약, 향료, 전기도금, KCN 제조 등에 사용된다.
· 연소 시 푸른 불꽃을 내며 장기간 저장 시 암갈색의 폭발성 물질로 변한다.
· 철분 또는 황산(H_2SO_4) 등의 무기산을 안정제로 넣는다.
· 수용액에서는 사이안화이온(CN^-)을 내놓으며 부분적으로 이온화되어 약한 산성을 나타내는데 사이안화수소산(시안화수소산, Hydrocyanic acid) 또는 청산(靑酸, 일본식 명칭)이라 한다.
· 색깔이 암갈색으로 변하였거나 사용 후 3개월 경과 시 폐기시킨다.
· 제4류 위험물 중 드물게 증기가 공기보다 가볍다.
· 금속을 부식시키며, 물과 접촉하면 발열한다.

⑯ **사이클로헥세인**(Cyclohexane, C_6H_{12}, 시클로[94]헥산, 사이클로헥산) → 200 L

인화점(℃)	발화점(℃)	끓는점(℃)	녹는점(℃)	비중	증기비중	연소범위(%)
-18	**260**	**80**	6.5	0.77	2.9	1.3~8.4

· 무색투명한 액체로서 자극성이 있으며 석유와 같은 냄새가 난다.
· 연료, 유기용제, 페인트, 나일론 원료 등으로 사용된다.
· 물에 녹지 않지만 알코올, 에터에 녹는다.
· 화학적으로는 안정한 물질이다.
· 산화제, 가연성 물질과 혼합하면 발열 · 발화할 수 있다.

94) cyclo-(사이클로-): 접두사, '원형 또는 고리' 의 의미가 있다. 과거에는 '시클로' 라 하였다.

⑰ **에틸벤젠**(Ethylbenzene, $C_6H_5C_2H_5$) → 200 L

C_2H_5 또는 C_2H_5

인화점(℃)	발화점(℃)	끓는점(℃)	녹는점(℃)	비중	증기비중	연소범위(%)
15	**460**	**137**	-95	0.86	3.7	1.2~6.8

· 무색투명한 방향성 액체이다.
· 스타이렌($C_6H_5CH=CH_2$) 제조, 용제, 희석제, 유기합성에 사용된다.
· 물에 약간 녹고 알코올, 벤젠, 에터, 사염화탄소(CCl_4)에 잘 녹는다.
· 증기는 공기보다 무겁고 혼합기체를 쉽게 만들며 점화원에 의해 폭발한다.

⑱ **아크릴로나이트릴**(Acrylonitrile, AN, $CH_2=CHCN$, 아크릴로니트릴) → 200 L

$$H_2C=CH-C\equiv N$$

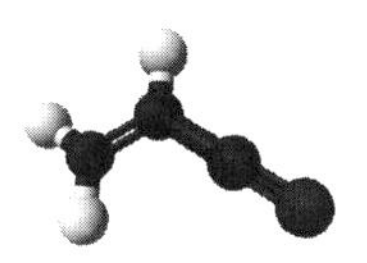

인화점(℃)	발화점(℃)	끓는점(℃)	녹는점(℃)	비중	증기비중	연소범위(%)
-5	**481**	**78**	-83	0.8	1.83	3~17

· 단맛이 있으며 자극적인 악취가 나는 무색 액체로 유독성 물질이다.
· 아크릴수지, NBR(부나-N 고무), ABS수지, AS수지, 도료 등에 사용된다.
· 물에는 조금 녹으며, 에틸알코올, 벤젠, 에터, 아세톤 등에 잘 녹는다.
· 반응성이 풍부하여 실온에서 매우 쉽게 중합한다.
· 빛에 노출되면 중합폭발의 위험성이 있다.

⑲ **헥세인**(Hexane, n-Hexane, C_6H_{14}, $CH_3(CH_2)_4CH_3$, 노말헥산, 노르말헥산[95]) → 200 L

$$
\begin{array}{ccccccccccccc}
 & & H & & H & & H & & H & & H & & H & \\
 & & | & & | & & | & & | & & | & & | & \\
H & - & C & - & C & - & C & - & C & - & C & - & C & - & H \\
 & & | & & | & & | & & | & & | & & | & \\
 & & H & & H & & H & & H & & H & & H &
\end{array}
$$

인화점(℃)	발화점(℃)	끓는점(℃)	녹는점(℃)	비중	증기비중	연소범위(%)
-20	**225**	**69**	-95	0.65	3	1.2~7.5

· 무색투명한 액체이다.

· 유기화학, 추출 용제, 접착제, 도료 등에 사용된다.

· 물에 녹지 않으며, 에틸알코올, 에터 등에 녹는다.

· 비극성 유기용매로 휘발유, 등유에 많이 포함되어 있다.

⑳ **헵테인**(Heptane, n-Heptane, C_7H_{16}, $CH_3(CH_2)_5CH_3$, 노말헵테인, 노르말헵탄) → 200 L

$$
\begin{array}{ccccccccccccccc}
 & & H & & H & & H & & H & & H & & H & & H & \\
 & & | & & | & & | & & | & & | & & | & & | & \\
H & - & C & - & C & - & C & - & C & - & C & - & C & - & C & - & H \\
 & & | & & | & & | & & | & & | & & | & & | & \\
 & & H & & H & & H & & H & & H & & H & & H &
\end{array}
$$

인화점(℃)	발화점(℃)	끓는점(℃)	녹는점(℃)	비중	증기비중	연소범위(%)
-4	**233**	**98**	-91	0.68	3.5	1~7

· 무색투명한 액체이다.

· 시너, 접착제, 분석용 시약 등에 사용된다.

· 가솔린 기관의 옥테인값(옥탄가)을 측정하는 표준물질로 쓰인다.

· 물에 녹지 않으며, 에틸알코올, 에터 등에 녹는다.

95) *n*-(normal, 곁가지가 없다는 의미, 노르말, 노말)은 IUPAC에서는 사용하지 않는다.

㉑ **아세토나이트릴**(Acetonitrile, CH_3CN, 아세토니트릴, 사이안화메틸, 사이안화메테인)
→ 400 L(수용성)

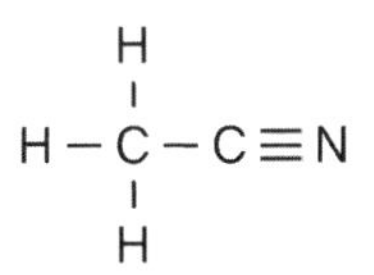

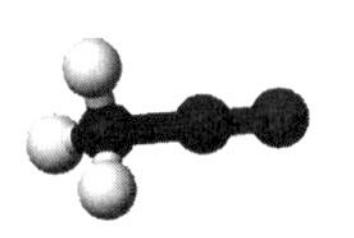

인화점(℃)	발화점(℃)	끓는점(℃)	녹는점(℃)	비중	증기비중	연소범위(%)
20	**524**	**82**	-46	0.78	1.42	3~16

· 무색의 액체로 향내가 나는 유독성 물질이다.
· 향료, 비타민B_1 제조, 합성섬유, 유기합성 원료 등으로 사용된다.
· 물, 알코올, 에터, 벤젠, 폼산 등에 녹는다.

㉒ **콜로디온**(Collodion, 파이록시린(Pyroxylin) + 에탄올 + 에터)

· 개별 화학물질이 아니며, 질소의 양, 용해량, 용제, 혼합률에 따라 다소 성질이 달라진다.
· 무색 또는 미황색의 끈기 있는 액체로 다른 물질의 표면에 도포하면 용제가 증발되어 물에 녹지 않는 가연성의 도막을 형성한다.
· 인화점은 에터와 에탄올의 함량에 따라 차이가 있다. 에틸에터와 에탄올의 비율이 3:1인 경우 물성이 -18℃ 이하 비점 35℃로서 종전까지는 특수인화물로 분류하였으나, 최근에 에틸에터와 에탄올이 여러 가지 비율(3:1, 2.5:1, 1:1, 1:3 등)로 혼합되어 다양한 물성을 지닌 콜로디온이 상품화됨에 따라 특수인화물 또는 제1석유류로 분류하여 관리하고 있다.
· 필름 제조, 도료, 접착제의 원료로서 엷게 늘려서 용제가 휘발하면 필름이 된다.
· 용제가 증발하면 파이록시린만 남아 인화하기 쉽고 탈 때는 제5류 위험물과 같이 폭발적인 연소를 한다.
· 'solution of nitrated cellulosein ether-alcohol'이라고도 한다.
· 화재 시 직접 주수하는 것은 효과가 없다. 물분무로 용기의 외벽을 냉각시키는데 주력한다. 대규모 화재인 경우 다량의 내알코올포로 질식소화한다.

3) 알코올류(Alcohols) - 400 L

- 1분자를 구성하는 탄소원자의 수가 3개 이하의 포화 1가 알코올(변성알코올 포함)로서 알코올의 함유량이 60 wt% 이상인 것
- 알킬기(C_nH_{2n+1}-)에 하이드록시기(-OH)가 붙어 있는 형태(R-OH)이다.
- 1분자 내 탄소원자의 수가 4개 이상이거나 알코올의 함유량이 60 wt% 미만이면 인화점에 따라 석유류로 분류한다.
- 포화알코올이란 C와 C의 결합이 -C-C-C- 와 같은 단일 결합을 이루고 있는 것을 말한다. 불포화 결합 즉, -C=C-, -C≡C- 같은 결합을 한 것은 인화점에 따라 석유류로 구분한다.
- 1가 알코올이란 하이드록시기[Hydroxy](-OH)가 1개인 것을 말하며, 2개 이상인 2가[$(OH)_2$], 3가[$(OH)_3$] 알코올은 인화점에 따라 석유류로 분류한다.
- 가연성 액체량이 60 wt% 미만이고 인화점 및 연소점(태그개방식 인화점측정기[*69]에 의한 연소점)이 에틸알코올 60 wt% 수용액의 인화점(약 22℃) 및 연소점(약 33℃)을 초과하는 것은 알코올류에서 제외한다.

※ 알코올류의 안전관리 관련 법령상 표현

(위험물안전관리법 시행령 별표1. 비고14. '알코올류')

> "알코올류"라 함은 1분자를 구성하는 탄소원자의 수가 1개부터 3개까지인 포화1가 알코올(변성알코올을 포함한다)을 말한다. 다만, 다음 각목의 1에 해당하는 것은 제외한다.
> 가. 1분자를 구성하는 탄소원자의 수가 1개 내지 3개의 포화1가 알코올의 함유량이 60중량퍼센트 미만인 수용액
> 나. 가연성액체량이 60중량퍼센트 미만이고 인화점 및 연소점(태그개방식인화점측정기에 의한 연소점을 말한다. 이하 같다)이 에틸알코올 60중량퍼센트 수용액의 인화점 및 연소점을 초과하는 것

(위험물안전관리법 시행규칙 별표11.Ⅲ. '알코올류 옥외저장소의특례')

> 1. 인화성고체, 제1석유류 또는 알코올류를 저장 또는 취급하는 장소에는 당해 위험물을 적당한 온도로 유지하기 위한 살수설비 등을 설치하여야 한다.
> 2. 제1석유류 또는 알코올류를 저장 또는 취급하는 장소의 주위에는 배수구 및 집유설비를 설치하여야 한다. 이 경우 제1석유류(온도 20℃의 물 100g에 용해되는 양이 1g미만인 것에 한한다)를 저장 또는 취급하는 장소에 있어서는 집유설비에 유분리장치를 설치하여야 한다.

 69. 태그개방식 인화점측정기

○ 태그개방식 인화점측정기(Tagliabue Open Cup tester, TOC)

액체 위험물의 인화점을 측정하는 장치로서 시료를 태그개방식 시험기의 단지에 넣고 서서히 일정한 속도로 가열한 다음 규정된 간격으로 작은 시험 불꽃을 일정한 속도로 단지 위를 통과시킨다. 이러한 시험 불꽃으로 단지에 들어 있는 액체의 표면에서 불이 붙는 최저온도를 인화점으로 한다.

⇒ 「위험물안전관리법 시행령」[별표 1] 비고 14의 나항에 '태그개방식 인화점측정기'에 대한 언급이 있으나 한국산업규격(KS)에는 태그개방식 인화점측정기를 이용한 인화점과 연소점 측정에 관한 내용이 없다.(석유제품 인화점 시험방법(KSM2080, KSM2019) 및 석유제품의 인화점 및 연소점 시험방법(KSM 2056)은 모두 1983년에 폐지됨)

⇒ 국내 기준에는 없고 미국 ASTM(American Society for Testing and Materials) 기준에는 있다.

○ **한국산업규격 KS M 2010:2008(원유 및 석유제품 인화점 시험 방법)**의 인화점 시험방법(4종류)

인화점의 종류	인화점의 시험방법	적용 기준	적용 유종
밀폐식 인화점	태그 밀폐식	인화점이 93℃ 이하인 시료	원유, 가솔린, 등유, 항공 터빈 연료유
	신속 평형법	인화점이 110℃ 이하인 시료	원유, 등유, 경유, 중유, 항공 터빈 연료유
	펜스키마텐스 밀폐식	밀폐식 인화점의 측정이 필요한 시료 및 태그 밀폐식 인화점 시험 방법을 적용할 수 없는 시료	원유, 경유, 중유, 전기 절연유, 방청유, 절삭유제
개방식 인화점	클리브랜드 개방식	인화점이 80℃ 이상인 시료 (단, 원유 및 연료유는 제외)	석유 아스팔트, 유동 파라핀, 에어 필터유, 석유 왁스, 방청유, 전기 절연유, 열처리유, 절삭유제, 각종 윤활유

· 인화점의 측정 방식에는 밀폐상태에서 가열하는 방식 및 개방 상태에서 가열하는 방식의 2가지가 있으며, 이를 각각 밀폐식 인화점, 개방식 인화점이라고 한다. 또한 같은 시료에는 통상 개방식 인화점이 밀폐식 인화점보다 높은 값을 나타낸다.

· **인화점**: 규정 조건에서 시료를 가열하여 작은 불꽃을 유면에 가까이 대었을 때, 기름의 증기와 공기의 혼합기체가 섬광을 발하며 순간적으로 연소하는 최저의 시료 온도

· **연소점**: 규정 조건에서 시료를 가열하여 작은 불꽃을 유면에 가까이 대었을 때, 기름의 증기와 공기의 혼합기체가 연속하여 5초 이상 연소하는 최저 시료 온도(연소점의 측정은 클리브랜드 개방식 인화점 시험방법에 따른다)

· **발화점**: 시료를 공기 중에서 가열했을 때 불꽃이나 화염의 접촉 없이도 자연 연소를 개시하는(발화하는) 최저 온도. (발화점 측정은 ASTM E 659-78에 따른다.)

70. 알코올의 명명법

○ 알코올(Alcohol)의 정의

한 개 이상의 하이드록시기(-OH)가 사슬이나 비방향족고리에 붙어있는 화합물을 말한다. 일반식은 ROH로 나타낸다.(R: 알킬기)

※ 알킬기(alkyl): 알케인(구. 알칸)에서 H원자 1개가 빠진 원자단으로, C_nH_{2n+1}의 일반식을 가지며 보통 약자 R로 표시한다.

알 칸	알킬기	이 름	알 칸	알킬기	이 름
CH_4(메테인) C_2H_6(에테인) C_3H_8(프로페인)	CH_3- C_2H_5- C_3H_7-	메틸기 에틸기 프로필기	C_4H_{10}(뷰테인) C_5H_{12}(펜테인) C_6H_{14}(헥세인)	C_4H_9- C_5H_{11}- C_6H_{13}-	뷰틸기 펜틸기 헥실기

○ 명명법: 알케인(Alkane)의 이름 끝에 '올'을 붙여 부른다.

※ 탄소화합물에서는 탄소의 수를 그리스어로 세어 물질의 이름을 정하므로 그리스어의 셈씨(수사)를 알아두면 편리하다.

수	1	2	3	4	5	6	7	8	9	10
수를 셀 때	mono	di(bi)	tri	tetra	penta	hexa	hepta	octa	nona	deca
물질 이름	metha	etha	propa	buta	penta	hexa	hepta	octa	nona	deca

· 알케인과 알코올의 명명(메탄올=메틸알코올, 에탄올=에틸알코올)

탄소수	1	2	3	4	5	6	7	8	9	10
알케인	메테인	에테인	프로페인	뷰테인	펜테인	헥세인	헵테인	옥테인	노네인	데케인
알코올	메탄올	에탄올	프로판올	뷰탄올	펜탄올	헥산올	헵탄올	옥탄올	노난올	데칸올

↦ *법상 알코올류* ↤↦ *인화점에 따라 석유류로 분류*

○ 알코올의 일반적 성질

· -OH기는 물에 녹아 이온화하지 않으므로 중성이다.(비전해질이다)
· 물과 같이 -OH기가 있어 물에 용해하나 C의 수가 많을수록 용해도는 작아진다.
· 같은 탄소수의 탄화수소에 비해 녹는점, 끓는점이 높다(-OH의 수소결합 때문)

71. 알코올의 분류

1. 분자량에 따른 분류

- 저급알코올 – 분자량이 작은 알코올 — 상온에서 액체
- 고급알코올 – 분자량이 큰 알코올 — 상온에서 고체

2. -OH 수에 따른 분류(~가 알코올)

분 류	-OH수	구 조 식	시 성 식	이 름	성질, 용도, 분류
1가 알코올	1	H H H−C−C−OH H H	C_2H_5OH	에탄올 (에틸알코올, 주정)	무색의 향기 있는 액체 주류 제조 알코올류
2가 알코올	2	H H−C−OH H−C−OH H	$C_2H_4(OH)_2$	에틸렌글라이콜	점성이 있는 액체 자동차의 부동액 제3석유류
3가 알코올	3	H H−C−OH H−C−OH H−C−OH H	$C_3H_5(OH)_3$	글리세롤 (글리세린)	유지의 성분 의약품이나 화장품 제3석유류

※ 1가 알코올은 탄소수에 따라 다음과 같이 상태가 달라진다.
C_1 ~ C_5: 액체상태, C_6 ~ C_{10}: 기름형태의 점성상태, C_{11} ~ : 고체상태

3. -OH가 결합된 탄소에 붙은 알킬기 수에 따른 분류(~차)

분 류	알킬기 수	일 반 식	구 조 식(예)	이 름
1차 알코올 (primary)	1	$R-CH_2OH$	H H H H−C−C−C−OH H H H	프로판올
2차 알코올 (secondary)	2	R \ CHOH / R'	H H H H−C−C−C−H H OH H	*iso*-프로판올
3차 알코올 (tertiary)	3	R R'—C—OH R''	CH_3 CH_3-C-OH CH_3	*tert*-뷰탄올

72. 알코올의 반응

○ 알칼리 금속과 반응: 수소를 발생한다.

$$2CH_3OH + 2Na \longrightarrow 2CH_3ONa + H_2\uparrow$$

메탄올　　나트륨　　나트륨메틸레이트

○ 산화반응: 알코올의 차수에 따라 다음과 같이 산화된다. 3차 알코올은 산화되지 않는다.

1차 알코올 —(산화 → / ← 환원)— 알데하이드 —(산화 → / ← 환원)— 카복시산

RCH₂OH ········ (−H₂) ········> RCHO ········ (+O) ········> RCOOH

CH_3OH(메탄올) ⟷ $HCHO$(폼알데하이드) ⟷ $HCOOH$(폼산)

C_2H_5OH(에탄올) ⟷ CH_3CHO(아세트알데하이드) ⟷ CH_3COOH(아세트산)

○ 에스터화 반응: 알코올과 카복실산을 진한 황산을 촉매로 하여 반응시키면 알코올의 H와 카복실산의 OH가 물로 되어 떨어지며 축합반응이 일어나는데, 이 반응을 에스터화 반응이라고 한다.

$$ROH + R'COOH \underset{가스분해}{\overset{에스터화}{\rightleftarrows}} R'COOR + H_2O$$

알코올　　카복실산　　에스터　　물

$$C_2H_5OH + CH_3COOH \rightleftharpoons CH_3COOC_2H_5 + H_2O$$

에탄올　　아세트산　　에틸메틸에스터　　물

○ 탈수반응: 에탄올에 탈수제(진한 황산)를 가하여 가열하면 온도에 따라 에틸렌(약 170℃)과 에터(약 130℃)가 생성된다.

$$C_2H_5OH + C_2H_5OH \longrightarrow C_2H_4 + H_2O$$

$$C_2H_5OH + C_2H_5OH \longrightarrow C_2H_5OC_2H_5 + H_2O$$

○ 아이오도폼반응(요오드포름반응): 에탄올에 아이오딘(요오드)과 [KOH수용액 또는 NaOH수용액]의 혼합액을 가하면 아이오도폼(요오드포름)의 노란색 앙금이 생기는데, 이 반응을 아이오도폼반응이라고 하며, 에탄올의 검출에 이용된다.

$$C_2H_5OH + 4I_2 + 6KOH \rightarrow CHI_3\downarrow + 5KI + HCOOK + 5H_2O$$

아이오딘　수산화칼륨　아이오도폼 아이오딘화칼륨

① **메탄올**(Methanol, Methyl alcohol, Wood alcohol, Wood naphtha, Wood spirit, **CH_3OH**, CH_4O, MeOH, 메틸알코올, 목정)

```
      H                        H
      |                        |
  H - C - OH              H - C - O - H
      |          또는          |
      H                        H
```

인화점(℃)	발화점(℃)	끓는점(℃)	녹는점(℃)	비중	증기비중	연소범위(%)
11	**464**	**65**	-98	0.79	1.1	6~36

· 무색투명한 액체로서 휘발성이 강하다.
· 용제, 바니스[96], 접착제, 잉크 부동액, 연료, 폼알데하이드(HCHO) 원료로 쓰인다.
· 알코올류 중에서 물에 가장 잘 녹으며, 유지, 수지 등을 잘 녹인다.
· 독성이 매우 강하여 눈에 들어가거나 7~10 mL를 먹으면 실명하고, 30~100 mL 먹으면 사망한다. 피부에 접촉하면 염증을 일으킨다. 증기는 환각성이 있다.
· 증기비중이 공기와 비슷하므로 넓게 확산하면 폭발성 혼합가스를 만들기 쉽다.
· 탄소함량이 적어 연소 시 완전연소하며 불꽃과 연기가 거의 없어 밝은 곳에서 연소할 때는 발견하기 힘들다.

$$2CH_3OH + 3O_2 \longrightarrow 2CO_2 + 4H_2O$$

메탄올 　 산소 　 이산화탄소 　 물

· K, Na 등 알칼리금속과 반응하여 수소기체(H_2)를 발생한다.

$$2CH_3OH + 2Na \longrightarrow 2CH_3ONa + 3H_2 \uparrow$$

메탄올 　 나트륨 　 나트륨메틸레이트 　 수소

· 수용액 상태에서도 인화 또는 폭발의 위험이 있으며, 수용액의 농도가 높아질수록 인화점이 낮아지므로 연소위험이 커진다.
· 화재 시에는 질식소화하며, 포말소화기를 사용할 때 화학포 및 기계포는 소포(거품이 터짐)되므로 특수포인 알코올형 포[97]를 사용한다.
· 메틸알코올이 산화되면 최종적으로 폼산(의산, 개미산, HCOOH)이 된다.

96) 바니스: varnish, 바니시, 니스 모양의 광택제, 유약, 니스
97) 알코올형포(alcohol-type foaming agents, 내알코올포): 수용성 액체용 포 소화약제라고도 하며 알코올, 에터, 케톤, 에스터, 알데하이드, 카복실산, 아민 등과 같은 가연성인 수용성 액체의 화재에 유효하다.

② **에탄올**(Ethanol, Ethyl alcohol, Pure alcohol, Grain alcohol, Drinking alcohol, $\mathbf{C_2H_5OH}$, CH_3CH_2OH, C_2H_6O, 에틸알코올, 주정)

```
    H   H                        H   H
    |   |                        |   |
H - C - C - OH               H - C - C - O - H
    |   |                        |   |
    H   H            또는         H   H
```

인화점(℃)	발화점(℃)	끓는점(℃)	녹는점(℃)	비중	증기비중	연소범위(%)
13	**365**	**80**	-144	0.79	1.59	3.3~19

· 무색투명한 액체로 술 냄새가 나며 휘발성이 있다.

· 용제, 래커, 의약, 음료, 화장품, 소독, 유기합성 원료 등으로 사용된다.

· 「주세법」에 의한 주류[*73]는 알코올 함량이 1 vol% 이상인 것을 말한다.

· 에탄올은 인류가 만들고 정제한 최초의 유기 화합물 중 하나로, 곡물과 설탕을 발효시켜 9천 년 동안 생산해 왔다고 한다.

· 물에 잘 녹으며 증기는 공기보다 무겁다. 독성은 없으나 마취성이 있다.

· 연소하면 완전연소하므로 밝은 곳에서 연소할 때는 불꽃을 발견하기 힘들다.

$$\underset{\text{에탄올}}{C_2H_5OH} + \underset{\text{산소}}{3O_2} \longrightarrow \underset{\text{이산화탄소}}{2CO_2} + \underset{\text{물}}{3H_2O}$$

· 에틸알코올이 산화되면서 최종적으로 아세트산(초산)이 된다.

$$\underset{\text{에탄올}}{C_2H_5OH} \xrightarrow[-2H]{\text{가열된 CuO}} \underset{\text{아세트알데하이드}}{CH_3CHO} + H_2O \xrightarrow[+[O]]{\text{Pt 촉매}} \underset{\text{아세트산}}{CH_3COOH} + H_2O$$

· 칼륨(K), 나트륨(Na)과 반응하여 가연성의 수소가스를 발생한다.

$$\underset{\text{에탄올}}{2C_2H_5OH} + \underset{\text{나트륨}}{2Na} \longrightarrow \underset{\text{나트륨에틸레이트}}{2C_2H_5ONa} + \underset{\text{수소}}{H_2\uparrow}$$

· 진한황산과 혼합하여 140℃로 가열하면 다이에틸에터가 유출되며 160℃로 가열하면 에틸렌가스가 생성된다.

· 140℃에서 진한황산과의 반응식

$$\underset{\text{에탄올}}{2C_2H_5OH} \xrightarrow[\text{탈수축합}]{C\text{-}H_2SO_4} \underset{\text{다이에틸에터}}{C_2H_5OC_2H_5} + H_2O$$

· 160 ℃에서 진한황산과의 반응식

$$C_2H_5OH \xrightarrow[160℃\ 탈수]{C\text{-}H_2SO_4} C_2H_4 + H_2O$$

에탄올 에틸렌 물

· 화재 시엔 알코올형포를 사용한다.

· 농도가 높아질수록 인화점이 낮아져서 인화위험이 높다. 수용액 농도가 60 % 미만에서도 인화하므로 주의가 필요하다.

· 아이오도폼반응(요오드포름반응)으로 황색 침전이 생긴다. → 에틸알코올 검출

※ 에틸알코올 60중량퍼센트(wt%) 수용액의 인화점과 연소점 실험결과[98]

→ 인화점(태그밀폐식) 22 ℃, 연소점(태그개방식) 33 ℃

Ethanol %(wt)	Flash point(℃)		Fire point(℃)
	Tag Closed Cup	Cleveland Open Cup	Tag Open Cup
10	46	60	74
20	36	50	52
30	30	42	44
40	27	38	37
50	24	34	34
60	22	30	33
70	21	28	32
80	19	25	31
90	17	23	28
100	12	20	25

[에탄올수용액의 밀폐식과 개방식의 인화점]

98) 김주석, 국립소방연구원, 2020.5.20. 소방방재신문 보도자료
https://www.fpn119.co.kr/136774 생활 속 위험물... '알코올 세정제와 소독제'

73. 주세법에 의한 주류

○「주세법」 제2조에 따른 주류와 알코올분의 정의

1. "주류"란 다음 각 목의 것을 말한다.

가. **주정**(酒精)
희석하여 음료로 할 수 있는 **에틸알코올**을 말하며, 불순물이 포함되어 있어서 직접 음료로 할 수는 없으나 정제하면 음료로 할 수 있는 조주정(粗酒精)을 포함한다.

나. **알코올분 1도 이상의 음료**
용해하여 음용할 수 있는 가루 상태인 것을 포함하되, 「약사법」에 따른 의약품 및 알코올을 함유한 조미식품으로서 '알코올분이 6도 미만인 것'과 '법 별표 제4호다목에 해당하는 주류 중 불휘발분 30도 이상인 것으로서 다른 식품의 조리과정에 첨가하여 풍미를 증진시키는 용도로 사용하기 위하여 제조된 식품'은 제외한다.

다. 주류 제조원료가 용기에 담긴 상태로 제조장에서 반출되거나 수입 신고된 후 추가적인 원료 주입 없이 용기 내에서 주류 제조원료가 발효되어 최종적으로 법 제2조제1호나목에 따른 음료가 되는 것

2. "알코올분" ~ 전체용량에 포함되어 있는 에틸알코올(15℃에서 비중이 0.7947인 것)

○「주세법」 제4조에 따른 주류의 종류

1. 주정
가. 녹말 또는 당분이 포함된 재료를 발효시켜 알코올분 85도 이상으로 증류한 것
나. 알코올분이 포함된 재료를 알코올분 85도 이상으로 증류한 것

2. 발효주류: 탁주, 약주, 청주, 맥주, 과실주

3. 증류주류(불휘발분 2도 미만): 소주, 위스키, 브랜디, 일반 증류주, 리큐르

4. 기타 주류
가. 용해하여 알코올분 1도 이상의 음료로 할 수 있는 가루상태인 것
나. 발효에 의하여 제성한 주류로서 제2호에 따른 주류 외의 것
다. 쌀 및 입국국(粒麴: 쌀에 곰팡이류를 접종하여 번식시킨 것)에 주정을 첨가해서 여과한 것 또는 이에 대통령령으로 정하는 재료를 첨가하여 여과한 것
라. 발효에 의하여 만든 주류와 제1호 또는 제3호에 따른 주류를 섞은 것으로서 제2호에 따른 주류 외의 것
마. 그 밖에 제1호부터 제3호까지 및 제4호가목부터 라목까지의 규정에 따른 주류 외의 것

③ **프로판올**(Propanol, **C_3H_7OH**, C_3H_8O, 프로필알코올)

· 프로필알코올은 노말, 아이소 2가지의 이성질체[99]가 있다.

○ 프로판올(Propyl alcohol, n-Propanol, 1-Propanol, C_3H_7OH, 프로필알코올, 정-프로필알코올, 정프로판올, 1-프로판올, 노르말프로판올)

```
    H   H   H
    |   |   |
H - C - C - C - OH
    |   |   |
    H   H   H
```

〔 1차 알코올 〕

인화점(℃)	발화점(℃)	끓는점(℃)	녹는점(℃)	비중	증기비중	연소범위(%)
15	**371**	**97**	-127	0.8	2.1	2.1~13.5

· 용제로 사용되는 무색의 액체로서 물, 유기용제에 잘 녹는다.
· 빛을 발산하면서 연소한다.

○ 아이소프로판올(Isopropyl alcohol, Isopropanol, 2-Propanol, CH_3CHCH_3OH, 아이소프로필알코올, 이소프로필알코올, 2-프로판올, 프로판-2-올)

```
    H   H   H
    |   |   |
H - C - C - C - H
    |   |   |
    H   OH  H
```

〔 2차 알코올 〕

인화점(℃)	발화점(℃)	끓는점(℃)	녹는점(℃)	비중	증기비중	연소범위(%)
12	**460**	**83**	-89.5	0.78	2.07	2~12

· 무색 액체로 알코올 냄새가 나며 물, 에터, 아세톤, 유기용제에 녹으며 유지, 수지 등 많은 유기 화합물을 녹인다.
· 용제, 추출제, 래커, 부동액, 소독제, 향료, 아세톤 제조 등에 사용된다.
· 에틸알코올보다 독성은 강하지만 중독 위험성은 약하다.

99) 이성질체(isomer): 같은 분자식을 가지고 있으나 원자 배열 또는 입체 구조가 서로 다른 분자

④ 변성알코올

공업용으로 이용되는 알코올로 주성분은 에틸알코올이며 여기에 변성제로 메탄올(CH_3OH, 약 10 %), 벤젠(C_6H_6), 가솔린, 피리딘(C_5H_5N), 석유 등 유독물질을 소량 첨가하여 음료용으로 사용하지 못하도록 한 것을 말한다.

⇒ 공식적인 명칭이 아니며 외국엔 없다.

※ 알코올의 인화점(℃): 11 13 12~15 28~35

메틸알코올 〈 에틸알코올 〈 프로필알코올 〈 뷰틸알코올 〈 아밀알코올

↳ 제2석유류

※ 알코올류, 초산에스터, 폼산에스터의 분자량 증가(탄소수 증가)에 따른 공통점

→ 수용성 감소, 휘발성 감소, 연소범위 감소, 비중 작아짐, 착화점 낮아짐
증기비중 커짐, 인화점 높아짐, 끓는점 높아짐, 점도 커짐, 이성질체 많아짐

74. 알코올류의 판정기준에 관한 업무지침(2007.6.11)

본 지침은 순수 알코올에 다른 물질이 혼합된 물질의 제4류위험물 해당여부 및 품명의 판정에 관한 업무처리 기준임

1. 알코올의 함량이 60중량% 이상인 수용액(水溶液)은 알코올류에 해당함

1.1. 알코올의 함량이 60중량% 미만인 수용액은 비위험물 임
 ⇒ 완제품인 주류(알코올의 함량이 60중량% 미만인 것)는 비위험물 임
 ⇒ 알코올의 함량이 60중량% 이상인 주류는 알코올류에 해당함
 ⇒ 60중량% 이상인 알코올 원액을 투입하여 주류를 제조하는 공정은 위험물(알코올류)을 취급(투입)하므로 일반취급소에 해당함

2. 알코올과 물 외의 성분(이하 "제3성분"이라함)의 혼합물에 있어서 제3성분의 함량이 10중량% 미만(알코올의 함량보다 제3성분의 함량이 적을 것)인 것은 시행령 별표 1 비고 제14호나목에 해당하는 경우 외에는 알코올류에 해당함

2.1. 알코올과 제3성분의 혼합물에 있어서 제3성분의 함량이 10중량% 미만(알코올의 함량보다 제3성분의 함량이 적을 것)인 것으로 시행령 별표 1 비고 제14호나목에 해당하는 경우에는 비위험물 임

2.2. 알코올과 제3성분의 혼합물에 있어서 제3성분의 함량이 10중량% 미만이면서 알코올의 함량보다 제3성분의 함량이 많은 것은 인화점 등 시행령 별표 1 비고 제12호 내지 제18호(제14호 제외)의 기준에 따라 알코올류 외의 제4류위험물 또는 비위험물에 해당함

2.3. 알코올과 제3성분의 혼합물에 있어서 제3성분의 함량이 10중량% 이상인 것은 인화점 등 시행령 별표 1 비고 제12호 내지 제18호(제14호 제외)의 기준에 따라 알코올류 외의 제4류위험물 또는 비위험물에 해당함

3. 알코올과 제3성분의 혼합물에 있어서 제3성분 중 위험물에 해당하는 물질이 함유된 경우에 그 위험물의 함량이 알코올의 10중량% 미만인 것은 시행령 별표 1 비고 제14호나목에 해당하는 경우 외에는 알코올류에 해당함

3.1. 알코올과 제3성분의 혼합물에 있어서 제3성분 중 위험물에 해당하는 물질이 함유된 경우에 그 위험물의 함량이 알코올의 10중량% 미만인 것으로 시행령 별표 1 비고 제14호나목에 해당하는 경우는 비위험물 임

주1) "2"는 제3성분에 위험물에 해당하는 물질이 함유된 경우와 함유되지 않은 경우 모두 적용되며, "3"은 제3성분에 위험물에 해당하는 물질이 함유된 경우에 적용됨. 즉, 제3성분에 위험물에 해당하는 물질이 함유된 경우에는 알코올의 함량과 비교하여 제3성분의 함량이 알코올의 10중량% 미만인 경우에는 "3"을 적용하며 그렇지 않은 경우에는 "2"를 적용함

주2) 본 지침은 알코올혼합물의 제4류위험물 해당여부와 제4류위험물 중 품명분류에 관한 판정기준이며, 알코올혼합물이 제4류 외의 위험물의 성상을 가지는 경우에는 해당 유별의 위험물에 해당함

예) 유기과산화물 95%와 알코올 5%의 혼합물이 유기과산화물의 성상을 가지는 경우 제5류 유기과산화물에 해당함

4) 제2석유류 - 1,000 L(수용성 2,000 L)

- 등유, 경유
- 1기압에서 인화점이 21℃ 이상 70℃ 미만인 것
- 도료류 그 밖의 물품에 있어서 가연성 액체량 40 wt% 이하이면서 인화점이 40℃ 이상인 동시에 연소점 60℃ 이상인 것은 제2석유류에서 제외한다.

※ 제2석유류의 안전관리 관련 법령상 표현

(위험물안전관리법 시행규칙 별표10.Ⅶ. '이동탱크저장소의 접지도선')

제4류 위험물 중 특수인화물, 제1석유류 또는 제2석유류의 이동탱크저장소에는 다음의 각 호의 기준에 의하여 접지도선을 설치하여야 한다.

1. 양도체(良導體)의 도선에 비닐 등의 전열(電熱)차단재료로 피복하여 끝부분에 접지전극 등을 결착시킬 수 있는 클립(clip) 등을 부착할 것
2. 도선이 손상되지 아니하도록 도선을 수납할 수 있는 장치를 부착할 것

(위험물안전관리법 시행규칙 별표13.Ⅳ.2.가. '주유취급소 펌프기기 주유관 선단 최대토출량')

펌프기기는 주유관 끝부분에서의 최대배출량이 제1석유류의 경우에는 분당 50 L 이하, 경유의 경우에는 분당 180 L 이하, 등유의 경우에는 분당 80 L 이하인 것으로 할 것. 다만, 이동저장탱크에 주입하기 위한 고정급유설비의 펌프기기는 최대배출량이 분당 300 L 이하인 것으로 할 수 있으며, 분당 배출량이 200 L 이상인 것의 경우에는 주유설비에 관계된 모든 배관의 안지름을 40 ㎜ 이상으로 하여야 한다.

① **등유**(燈油, Kerosene, Lamp oil) → 1,000 L

인화점(℃)	발화점(℃)	끓는점(℃)	녹는점(℃)	비중	증기비중	연소범위(%)
38~60	210	170~250[100]	-46	0.8~0.85	4~5	0.7~5

· 원유의 상압증류 시 휘발유와 경유 사이에서 유출(유출온도 170~250 ℃)되는 탄소수 C_9~C_{18} 정도의 포화 · 불포화탄화수소의 혼합물
· 등유(燈油)는 석유가 주로 등화용으로 사용하던 시대의 명칭으로 석유를 대표하기도 하였다. 영국에서는 'Paraffin' 또는 'Paraffin oil'[101]이라고 한다.
· 연료유(석유난로, 중앙난방 등), 용제유(희석제, 도료용 용제, 살충제, 세척제 등), 제트연료용[102] 등으로 쓰인다. 경유를 혼합한 것은 보일러등유(실외용,적색)이다.
· 분자식: 대략 $C_{10}H_{22}$~$C_{16}H_{34}$
· 정제한 것은 무색투명하나 오래 두면 연한 담황색을 띤다.
· 물에 불용이며 여러 가지 유기용제와 잘 섞이고 유지, 수지 등을 잘 녹인다.
· 분무상으로 분출되거나 다공성 가연물에 스며들면 인화위험이 높다.

※ 제트기의 연료[103]

제트기에 사용되는 제트유(Jet Oil, JP-8)는 등유 성분의 연료이다. 그러나 소형 프로펠러 비행기에는 휘발유 성분의 항공유(Aviation Gasoline)가 사용되며, 스텔스 폭격기처럼 레이더에 포착되지 않는 분사 및 연소 특성을 가진 독특한 연료가 사용되기도 한다.

제트유는 1996년까지 국제규격인 등유 성분의 JP-8과 미국을 중심으로 한 휘발유 성분의 JP-4가 공존하였다. 미국은 휘발유가 자국산 원유에서 생산수율이 높고, 생산비가 낮으며, 저온에도 강한 이점 등을 이용하여 1951년 JP-4를 공식 군용연료로 채택하였다. JP-4는 한국전쟁 당시 추운 기후에서 이상적인 성능을 발휘했으며, 미군의 영향력 확대와 더불어 세계의 보편적인 군사용 연료로 사용되었다.

하지만 JP-4는 베트남 전쟁에서 큰 타격을 받았다. 지상의 소형화기에 의해 관통만으로도 휘발성이 강한 연료탱크가 쉽게 폭발하였기 때문에 밀림전 특성상 필요한 지상 근접 항공작전 중에서 항공기 손실이 컸다. 또한 높은 휘발성과 낮은 인화점 때문에 수송 · 보관 중에도 위험하기는 마찬가지였다. 검토 끝에 미공군은 JP-8이 JP-4보다 군사용으로 더 효율적이라는 평가를 하였고, 이어서 NATO는 병참의 단순화를 위하여 1986년 모든 회원국의 연료를 JP-8로 통일할 것에 합의하였다.

100) 석유제품의 끓는점 범위는 대한석유협회, 한국화학산업협회 홈페이지를 참고하였다.
101) Paraffin oil: 제4류 제4석유류에 속하는 '미네랄 오일'을 이야기하기도 한다.
102) 항공터빈유: 터빈엔진(turbine engine) 또는 제트엔진(jet engine)으로 구동되는 비행기에 사용되는 연료, 품질기준은 빙점 -47 ℃ 이하, 인화점 38 ℃ 이상, 비중(15 ℃) 0.775~0.84
103) 대한석유협회 홈페이지 자료를 수정하여 인용함

② **경유**(經由, Diesel, Light oil, 디젤유) → 1,000 L

인화점(℃)	발화점(℃)	끓는점(℃)	녹는점(℃)	비중	증기비중	연소범위(%)
40~70	**265**	**240~350**	-6	0.85~0.88	4~5	1.1~6

· 원유의 상압증류 시 등유보다 조금 높은 온도에서 유출되는 탄소수 C_{15}~C_{20} 정도의 포화 · 불포화탄화수소의 혼합물로 등유와 비슷한 성질을 지닌다.
· 디젤엔진 또는 이와 유사한 내연기관의 연료로서 자동차용과 선박용으로 등급을 정하며, 자동차용 및 선박용 이외의 용도로 사용하는 경유는 자동차용 등급을 적용한다.[104] 보일러연료도 흔히 사용된다.
· 바이오디젤 함량(vol%)이 2 이상 7 이하여야 하며, 선박용은 빨간색이다.
· 분자식: 대략 $C_{15}H_{32}$~$C_{20}H_{42}$
· 폭발력의 기준: 세테인값[*75](세테인가, 세탄값, 세탄가)
· 불완전연소 시 자극성 또는 독성물질이 발생한다.
· 물에 불용이며 여러 가지 유기용제에 잘 녹는다.
· 그 밖의 특성은 등유와 유사하다.

※ 바이오디젤(BD)[bio-diesel]

「석유대체연료의 품질기준과 검사방법 및 검사수수료에 관한 고시」 [별표 2] 바이오디젤 품질기준을 만족하는 것으로서 식물성유 · 동물성유를 사용하여 제조한 연료를 말한다.

주로 폐식용유나 유채꽃, 콩 등 식물성유를 추출해 경유자동차의 연료로 사용한다. 일산화탄소, 질소산화물, 미세먼지, 이산화탄소의 배출량을 10~35% 감축할 수 있어 환경친화적이고 지속 생산이 가능하다. 그러나 제조원가가 경유보다 비싸며, 품질상으로 아직 완전히 검증되지 않은 상태이다.[105]

화학적으로 바이오디젤은 긴 지방산 고리를 가진 단일 알킬에스터 혼합물이다.
인화점(150℃)이 높아 경유에 비해 불이 잘 붙지 않고, 어는점(약 -5℃)이 높아서 추운 기후에 순수한 형태로 사용하는데 제약이 있다. 또한 5℃ 이하에서는 유동성이 떨어져 연료 공급이 원활하지 못하다.[106] 이러한 이유로 경유와 혼합하여 사용하며 대부분 7 vol% 이하로 적용한다.(휘발유에 섞는 바이오에탄올은 10 vol% 이하)

(BD의 단점: 경제성[생산단가], 연비 저하, 운행 중 시동 꺼짐, 저온 유동성 취약, 엔진마모 등)

---

104) 「석유제품의 품질기준과 검사방법 및 검사수수료에 관한 고시」 [별표] 석유제품의 품질기준
105) 대한석유협회 홈페이지 자료를 수정하여 인용함
106) 위키백과, 바이오디젤

75. 세테인값(세테인가, 세탄가, 세탄값)

○ 세테인값(세테인가, 세탄가, 세탄값, cetane value, cetane number)

· 디젤기관용 연료로서의 경유의 착화성 정도를 나타낸 값

· 앤티노크성(antiknock)을 수치화한 값

· 자연점화를 잘 일으키는 능력을 수치화한 값(옥테인값은 자연점화를 억제하는 능력)

· 가솔린의 옥테인값과 대응되는 것으로 옥테인값과 마찬가지로 이 값이 클수록 좋다.

○ 디젤엔진의 노킹(knocking)

· 디젤엔진은 가솔린엔진에 있는 점화플러그가 없고, 실린더 내부의 고온고압으로 압축된 공기에 연료를 주입하여 연료가 자연적으로 점화되도록 한다. 그렇기 때문에 적당한 타이밍에 자연적으로 점화가 일어나야 한다. 가솔린엔진에서는 이와 반대로 점화플러그가 불을 붙여주기 전까지 자연적으로 연소되지 않도록 버텨야 한다.

· 디젤엔진에서는 가솔린엔진과 반대로 점화가 늦으면 노킹이 일어나므로 이를 방지하기 위해서는 주입되는 연료의 점화성이 좋아야 한다.

· 세테인값이 높은 연료는 착화지연시간(연료가 분사되어 연소 될 때까지의 시간)이 짧아 분사초기에 연료가 착화되지 않아서 일어나는 노킹현상(Diesel knock)을 방지할 수 있다.

○ 세테인값 측정 방법

· 표준연료: 착화성이 좋은 세테인($C_{16}H_{34}$, Cetane, Hexadecane, 세탄, 노말세테인, n-세탄, 헥사데케인)을 세탄가 100으로 하고, 착화성이 낮은 알파메틸나프탈렌($C_{11}H_{10}$, α-메틸나프탈렌)의 세탄가를 0으로 정하여 기준으로 삼는다.

· 경유의 세테인값이 동일한 착화성을 나타내는 표준연료(세테인 + 알파메틸나프탈렌)에 혼합된 세테인의 vol%로 나타낸다.

· 세테인값이 높으면 연소 시 엔진출력 및 효율을 증가시키고 소음이 감소하는 장점이 있다. 그러나 세탄가가 너무 높으면 너무 빨리 점화되어 불완전연소가 일어날 수 있다.

· 국내 경유의 세탄가는 52~55 정도(자동차용 52 이상, 선박용 40 이상)이다.

○ 세테인값을 높이는 방법

· 디젤 연료의 점화성은 옥테인값과 달리 파라핀계가 높으므로 세테인값이 높은 파라핀계를 많이 섞으면 점화성을 높일 수 있어 저온시동성을 높일 수 있다. 그러나 연료의 착화성은 기온의 영향을 더 많이 받으므로, 경유는 저온에서 점성이 높아 겨울에는 시동성이 떨어진다.

· 경유의 세테인값을 높이기 위해서 질산알킬 등을 혼합하여(0.5 % 이하) 넣는데, 이것은 실린더 내에서 연료분사의 초기에 생기는 열분해 생성물의 산화를 촉진하고 착화지연을 적게 하는 작용을 한다.

③ **자일렌**(Xylene, Dimethylbenzene, Xylols, **$C_6H_4(CH_3)_2$**, C_8H_{10}, 크실렌, 다이메틸벤젠, 디메틸벤젠, 크시롤) → 1,000 L

인화점(℃)	발화점(℃)	끓는점(℃)	녹는점(℃)	비중	증기비중	연소범위(%)
25	**465 ~ 529**	**140**	-	0.86	3.7	1~7

· 나프타의 접촉개질반응으로 제조하거나 콜타르를 분류할 때 얻을 수 있는 무색의 방향성 액체로 세 종류의 이성질체가 있다.
· 무색투명하며 단맛과 마취성이 있으며 톨루엔과 성질이 비슷하다.
· 기초화학공업의 원료, 농약, 가솔린 연료, 합성수지, 접착제, 래커, 페인트, 에나멜 알키드수지 등의 용제로 쓰인다.
· 옥테인값이 높아 휘발유에 배합하여 연료로 사용한다.
· 물에 녹지 않고 알코올, 에터, 유기용제에 녹으며 유지, 수지 등을 녹인다.
· 3가지의 이성질체(*o*-자일렌, *m*-자일렌, *p*-자일렌)가 존재하며, 인화점은 25℃ 정도로 비슷하나 녹는점이 다르다.

구 분	ortho-Xylene (*o*-xylene, 오쏘-자일렌) 1,2-Dimethylbenzene (1,2-다이메틸벤젠)	meta-Xylene (*m*-xylene, 메타-자일렌) 1,3-Dimethylbenzene (1,3-다이메틸벤젠)	para-Xylene (*p*-xylene, 파라-자일렌) 1,4-Dimethylbenzene (1,4-다이메틸벤젠)
구조식	CH_3 CH_3	CH_3 CH_3	CH_3 CH_3
비 중	0.88	0.86	0.86
인화점(℃)	17 ~ 32	25 ~ 29	25 ~ 27
발화점(℃)	465	528	529
끓는점(℃)	144	138	138
녹는점(℃)	-25	-48	13
연소범위(%)	0.9 ~ 6.7	1.1 ~ 7	1.1 ~ 7
CAS번호	95-47-6	108-38-3	106-42-3
위험물구분	제2석유류(비수용성)		

④ **뷰탄올**(Butanol, Butylalcohol, n-Butylalcohol, n-Butanol, 1-Butanol, propylcarbinol, **C_4H_9OH**, $CH_3(CH_2)_3OH$, 부탄올, 정부틸알코올, 정부탄올) → 1,000 L

```
     H   H   H   H
     |   |   |   |
H — C — C — C — C — OH
     |   |   |   |
     H   H   H   H
```

OH

인화점(℃)	발화점(℃)	끓는점(℃)	녹는점(℃)	비중	증기비중	연소범위(%)
35	**343**	**117**	-90	0.81	2.55	1.4~11.2

· 무색액체로 달콤한 포도주 같은 냄새가 난다.

· 용제, 가소제, 의약품, 초산부틸 제조, 과일향, 안정제 등에 사용된다.

· 물에는 약간 용해하고 독성이 없으며 에터, 아세톤에 잘 용해한다.

· C_4H_9OH의 이성질체는 다음과 같이 4종이 존재한다.
분자식은 같지만 분자구조와 물리적 · 화학적 성질이 서로 다르다.

이성질체	구 조	인화점	녹는점	끓는점	위험물구분
n-Butanol (*n*-뷰탄올, 1-뷰탄올)	OH	35	-90	117	제2석유류 (비수용성)
sec-Butanol (*sec*-뷰탄올, 2-뷰탄올)	OH	27	-115	98	제2석유류 (비수용성)
iso-Butanol (아이소뷰탄올)	OH	28	-108	108	제2석유류 (비수용성)
tert-Butanol (*t*-뷰탄올, 3-뷰탄올, 2-methy-2-propanol)	OH	11	25.6	83	제1석유류 (수용성)

※ t-뷰탄올은 「위험물안전관리법」에 의한 액체(1기압 및 20 ℃에서 액상인 것 또는 20 ℃ 초과 40 ℃ 이하에서 액상인 것)에 해당하고 인화점이 11 ℃이므로 수용성 제1석유류이다. 그러나 기준 자체가 모호하고 약 26 ℃의 녹는점을 가진 물질을 인화성 액체로 판단하는 것은 무리가 있다.

⑤ **스타이렌**(Styrene, Styrene monomer, Ethenylbenzene, Phenylethene, Vinylbenzene, Phenylethylene, Styrol, Cinnamene, Styrolene, Styropol, $C_6H_5CH=CH_2$, C_8H_8, 스티렌, 스타이렌 모노머, 에테닐벤젠, 페닐에텐, 비닐벤젠, 페닐에틸렌, 스티롤, 신나맨, 스티로렌, 스티로폴) → 1,000 L

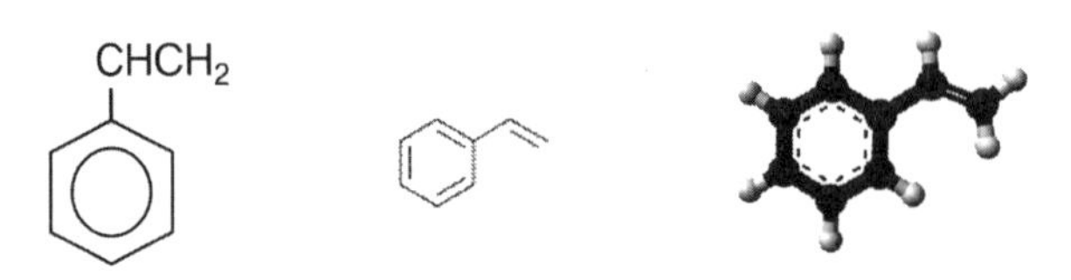

인화점(℃)	발화점(℃)	끓는점(℃)	녹는점(℃)	비중	증기비중	연소범위(%)
32	**490**	**146**	-31	0.9	3.6	0.9~6.8

· 무색투명한 액체로서 독특한 냄새가 난다.
· 고분자중합제품, 합성고무, 도료, 유화제, 포장재 등에 사용된다.
· 물에 녹지 않지만 알코올, 에터, 아세톤, CS_2(이황화탄소), 아세트산 등에 녹는다.
· 가열, 햇빛, 유기과산화물에 의해 쉽게 중합반응하여 점도가 높아져서 수지상(무색의 플라스틱과 같은 형상)으로 변한다.
· 실온에서 대기 중에 노출되면 서서히 중합이 일어나므로 시판품은 중합금지제가 포함되어 있다.
· 실온에서 인화가 쉽고, 화재 시에는 방향족화합물 특유의 그을음을 내며 연소하며 폭발성의 유기과산화물을 발생한다.
· 유독성 물질이며 마취성이 있다.
· 스타이렌의 중합체는 폴리스타이렌(polystyrene)이다.

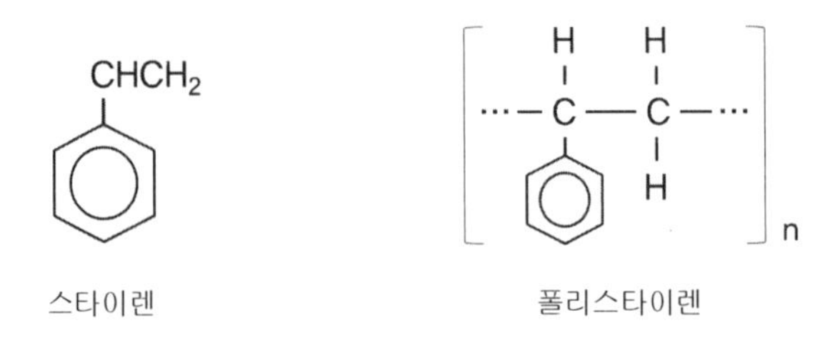

⑥ **사이클로헥사논**(Cyclohexanone, Ketohexamethylene, Oxocyclohexane, Sextone, Anon, Nadone, $C_6H_{10}O$, $(CH_2)_5CO$, 사이클로헥산온, 시클로헥산온) → 1,000 L

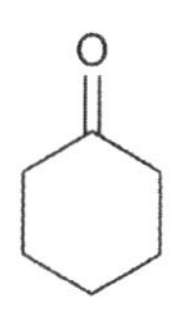

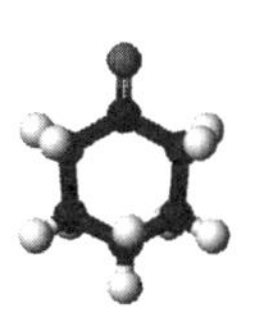

인화점(℃)	발화점(℃)	끓는점(℃)	녹는점(℃)	비중	증기비중	연소범위(%)
44	**420**	**156**	-16	0.94	3.4	1.1~9.4

· 무색에서 노란색까지의 투명한 액체이다.
· 유기용제, 나일론, 의약품, 염료, 수지 등에 사용된다.
· 아세톤과 같은 악취를 가지며, 부식성은 없다.
· 물, 에틸알코올, 에터에 잘 녹는다.

⑦ **사이클로헥산올**(Cyclohexanol, Cyclohexyl alcohol, Hexahydrophenol, Hexalin, Anol, Hydrophenol, Hydroxycyclohexane, Naxol, $C_6H_{11}OH$, $(CH_2)_5CHOH$) → 1,000 L

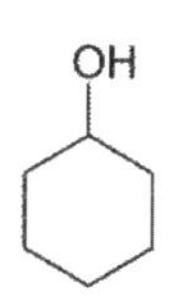

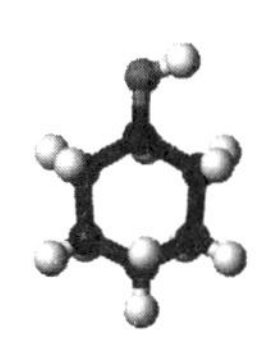

인화점(℃)	발화점(℃)	끓는점(℃)	녹는점(℃)	비중	증기비중	연소범위(%)
68	**300**	**161**	22	0.94	3.5	1.25~12.25

· 점성이 있고 악취가 나는 무색투명한 액체이다.
· 합성 중간체, 고무, 수지, 염료, 의약품 추출용제 등으로 사용된다.
· 물에 약간 녹으며, 에탄올, 아세톤, 에터, 유기용제에 잘 녹는다.
· 공기 중에 유기용제와 혼합하면 격렬하게 산화하여 발화한다.

⑧ **클로로벤젠**(Chlorobenzene, Benzene chloride, C_6H_5Cl, 클로로벤졸, 염화페닐, 클로로벤졸, 크로벤, 모노클로로벤젠) → 1,000 L

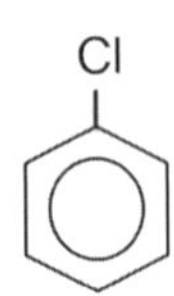

인화점(℃)	발화점(℃)	끓는점(℃)	녹는점(℃)	비중	증기비중	연소범위(%)
27	**593**	**132**	-45	1.1	3.88	1.3~11

· 무색 액체로 약한 아몬드 냄새가 난다.
· 페놀과 아닐린의 제조, 용제, 페인트, 래커, 농약, 유기합성의 원료로 쓰인다.
· 물에 녹지 않지만 많은 유기용제에 녹으며 유지, 고무, 수지를 녹인다.
· 마취성이 있으며 DDT[107]의 원료로 사용된다.

⑨ **브로모벤젠**(Bromobenzene, Phenyl bromide, C_6H_5Br, 브롬화페닐) → 1,000 L

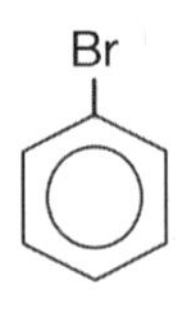

인화점(℃)	발화점(℃)	끓는점(℃)	녹는점(℃)	비중	증기비중	연소범위(%)
51	**566**	**155**	-31	1.49	5.4	1.6~

· 무색 또는 담황색의 투명한 액체이다.
· 난연제, 의약 · 농약 · 향료의 중간체, 염료, 모터유 첨가제 등으로 사용된다.
· 물에 녹지 않으며, 벤젠, 알코올, 에터에는 잘 녹는다.
· 연소 시 유독성의 일산화탄소, 이산화탄소, 브로민화수소를 발생한다.

107) DDT: 40년대 이후 사용되었던 농약의 한 종류.
$(ClC_6H_4)_2CH(CCl_3)$, 다이클로로 다이페닐 트라이클로로에테인.
1939년 스위스의 '파울 헤르만 뮐러' 에 의해 살충효과가 확인된 유기합성물.
1948년 뮐러는 강력한 해충구제효과로 노벨 생리의학상을 받았으나,
60년대에 DDT가 인체의 암 유발, 만성중독 등을 일으킨다는 사실이 확인,
결국 미국에서는 1972년, 우리나라는 1979년에 사용이 금지되었다.

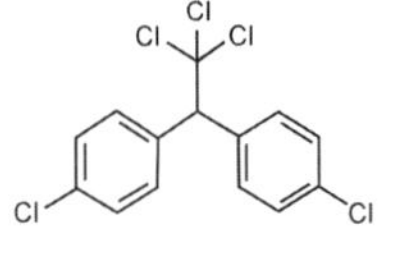

⑩ **벤즈알데하이드**(Benzaldehyde, Benzene carbaldehyde, Benzoic aldehyde, Artificial almond oil, Phenylmethanal, **C_6H_5CHO**, 벤즈알데히드) → 1,000 L

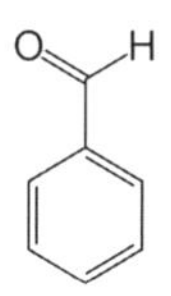

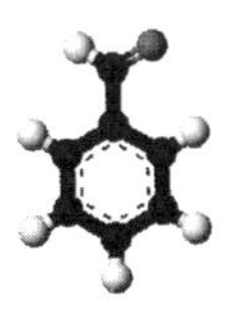

인화점(℃)	발화점(℃)	끓는점(℃)	녹는점(℃)	비중	증기비중	연소범위(%)
64	**190**	**179**	-26	1.05	3.65	1.4~8.5

· 아몬드 냄새가 나는 미황색의 액체이다.
· 의약품, 염료, 조미료, 향료, 플라스틱 등에 사용된다.
· 물에 녹지 않으며, 에틸알코올, 에터에는 잘 녹는다.
· 알칼리, 환원제, 산화제 등 광범위한 물질과 반응한다.

⑪ **알릴알코올**(Allyl alcohol, 2-Propenol, 2-Propenyl alcohol, **CH_2=$CHCH_2OH$**, C_3H_6O) → 1,000 L

$$\begin{array}{ccccccc} H & & H & & H & & \\ | & & | & & | & & \\ C & = & C & - & C & - & OH \\ | & & & & | & & \\ H & & & & H & & \end{array}$$

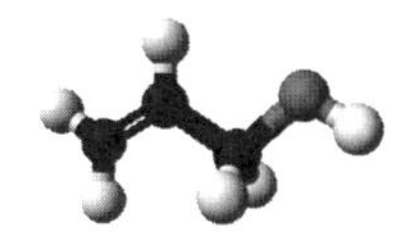

인화점(℃)	발화점(℃)	끓는점(℃)	녹는점(℃)	비중	증기비중	연소범위(%)
22	**443**	**97**	-129	0.85	2	2.5~18

· 가장 간단한 불포화알코올이며, 자극성의 겨자 냄새가 나는 무색의 액체이다.
· 수지, 의약, 향료, 용제, 글리세린의 합성원료, 건조 혈액 제조에 쓰인다.
· 알코올이지만 비수용성 제2석유류로 분류된다.
· 물보다 가볍고 물과 임의의 비율로 혼합한다.
· 고온, 산화제, 과산화물에 의해 중합을 이루기 쉽다.

⑫ **테레빈유**(Turpentine oil, Terebene, Pine resin, $C_{10}H_{16}$, 테레핀유, 송정유松精油, 타펜유, 솔기름) → 1,000 L

인화점(℃)	발화점(℃)	끓는점(℃)	녹는점(℃)	비중	증기비중	연소범위(%)
35	**253**	**155**	-55	0.86	4.7	0.8~6

· 침엽수와 특수한 종류의 소나무 수액을 정류하여 만든 기름

· 소나무과 식물의 생송진을 터펜타인Turpentine이라 하며, 조성은 송진rosin 85 %와 테레빈유 15 %이다. 이것을 수증기 증류하면 수유율收油率 약 20 %로 테레빈유를 얻을 수 있다.[108]

· 무색이나 담황색의 액체로 불쾌한 냄새가 난다.

· 향료 · 살충제 등으로 사용되는 피넨(pinene, $C_{10}H_{16}$)이 80~90 % 함유되어 있다.

· 페인트 희석제, 유지, 수지, 바니스, 향료, 의약품, 구두약 등에 사용된다.

· 물에 녹지 않지만 에터, 클로로폼, 이황화탄소에 녹는다.

· 공기 중에 방치하면 끈끈한 수지상태로 되고, 공기 중 산화중합하는 성질이 있어 천이나 포에 섞여 방치하면 발열, 축열하여 자연발화한다.

· 35 ℃ 이상에서 액체는 가연성 증기로 서서히 진화하며, 공기와 결합하여 0.8 % 이상의 농축 폭발성 혼합물을 형성하고, 240 ℃ 이상에서 점화된다.

· 종이나 천에 묻었을 때 Cl_2(염소)가스나 아이오딘(I_2)과 접촉하면 폭발한다.

108) 사이언스올, 과학백과사전, "테레빈유(turpentine oil)", https://www.scienceall.com

⑬ **큐멘**(Cumene, (1-Methylethyl)benzene, Isopropylbenzene, 2-Phenylpropane, Cumol, **$C_6H_5CH(CH_3)_2$**, C_9H_{12}) → 1,000 L

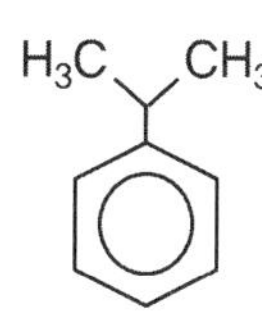

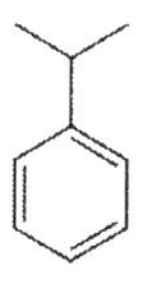

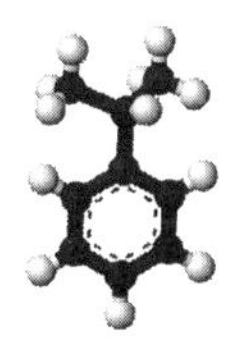

인화점(℃)	발화점(℃)	끓는점(℃)	녹는점(℃)	비중	증기비중	연소범위(%)
31	**425**	**153**	-96	0.86	4.15	0.9~6.5

· 무색투명한 방향성을 가진 인화성 액체이다.
· 원유와 정제유에 포함되어 있다.
· 대부분 아세톤과 페놀의 제조에 사용되며, 과산화물 원료, 산화촉진제, 항공용 가솔린 옥테인가 향상제, 용매 등으로도 사용된다.
· 큐멘 공정Cumene process은 호크 공정Hock process 또는 큐멘-페놀 공정Cumene-phenol process이라고도 하며, 벤젠Benzene과 프로필렌Propylene으로부터 가격이 더 높은 페놀Phenol과 아세톤Acetone을 생산하는 산업 공정이다.[109]
· 물에는 녹지 않으며, 알코올, 사염화탄소, 에터, 벤젠에 녹는다.
· 공기 중에 노출되면 산화되어 유기과산화물(큐멘하이드로퍼옥사이드)을 생성하고 다시 분해하여 아세톤과 페놀을 생성한다.

$$\underset{\text{큐멘}}{C_6H_5CH(CH_3)_2} + O_2 \rightarrow \underset{\text{큐멘하이드로퍼옥사이드}}{C_6H_5C(CH_3)_2OOH} \rightarrow \underset{\text{아세톤}}{CH_3COCH_3} + \underset{\text{페놀}}{C_6H_5OH}$$

109) 네이버 지식백과(화학백과), 큐멘 공정(cumene process)

⑭ **아세트산**(Acetic acid, Glacial acetic acid, **CH_3COOH**, CH_3CO_2H, $C_2H_4O_2$, AcOH, 초산, 빙초산, 에탄산) → 2,000 L(수용성)

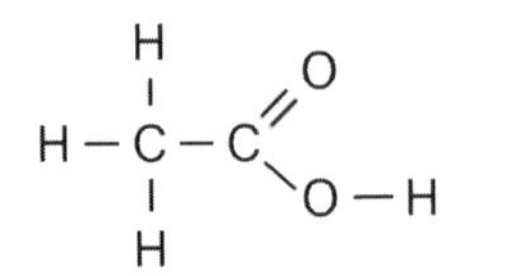

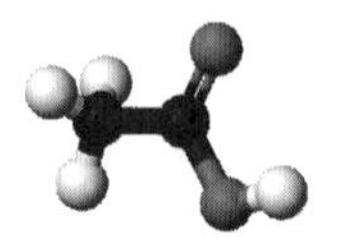

인화점(℃)	발화점(℃)	끓는점(℃)	녹는점(℃)	비중	증기비중	연소범위(%)
40	**485**	**118**	16.2	1.05	2.07	6~17

· 무색 액체로서 강한 자극성이 있으며 악취와 신맛이 난다.

· 초산(醋酸)이라고도 하며, 초산(硝酸)은 질산(HNO_3)의 일본식 이름이다.

· 용제, 초산에스터 제조, 무수초산, 의약품, 합성고무, 사진, 분석시약, 식초, 염색, 소독제 등에 사용된다.

· 3~5 % 수용액을 식초라 하며, 대표적인 카복실산 중 하나이다.

· 녹는점이 낮아 겨울에는 얼음 같은 상태로 존재하므로 별명을 빙초산이라 한다.

⇒ 이때도 증기를 발생하므로 인화의 위험이 있다.

· 공업용 빙초산은 중금속을 처리하지 않은 초산으로 식용에 부적합한 초산이다.

· 부식성이 있어 피부에 접촉하면 화상을 입고 물, 에탄올, 에터에 녹는다.

· 살균력이 있다.

· 질산(HNO_3), 과산화나트륨(Na_2O_2)과 반응하여 폭발을 일으킨다.

· 무수초산 [$(CH_3CO)_2O$]은 초산에서 물이 빠진 상태를 말하며, 초산과 물리적 성질이 다르나 인화점은 49 ℃, 발화점은 332 ℃로 제2석유류(비수용성)에 속한다.

· 수용액 농도 90 % 이하에선 잘 연소하지 않지만 점화하면 청색 불꽃을 내면서 연소한다.

$$\underset{\text{아세트산}}{CH_3COOH} + \underset{\text{산소}}{2O_2} \longrightarrow \underset{\text{이산화탄소}}{2CO_2\uparrow} + \underset{\text{물}}{2H_2O\uparrow}$$

· 연소 시 자극성 증기를 발생한다.

⑮ **폼산**(Formic acid, Methanoic acid, Hydrogen carboxylic acid, **HCOOH**, CH_2O_2, 개미산, 의산, 포름산, 메탄산) → 2,000 L(수용성)

$$H-C(=O)-O-H$$

인화점(℃)	발화점(℃)	끓는점(℃)	녹는점(℃)	비중	증기비중	연소범위(%)
55	**540**	**100.8**	8.5	1.22	1.6	18~57

· 무색투명한 액체로 코를 찌르는 것 같은 자극성 냄새가 있고 신맛이 있다.
· 개미나 벌 등의 체내에 있는 지방산의 한 종류로 1670년 피셔가 개미를 증류하여 처음으로 얻어 개미산으로도 알려져 있다.
· 용제, 합성원료, 염색, 피혁다듬질에 쓰인다.
· 아세트산보다 강산성이며 강한 신맛이 있고 피부에 닿으면 수포가 생긴다.
· 물, 알코올, 에터에 잘 녹으며 물보다 무겁다.
· 고농도의 것은 점화하면 푸른 불꽃을 내면서 연소한다.
· 촉매에 의해 분해하여 수소를 발생한다.

$$HCOOH \xrightarrow{Pt} H_2\uparrow + CO_2\uparrow$$

· 진한 황산에 의해 탈수되며 이때 맹독성의 CO를 발생한다.
(진한 황산과 접촉 방지)

$$HCOOH \xrightarrow{C\text{-}H_2SO_4} H_2O\uparrow + CO\uparrow$$

· 증기는 공기와 혼합하면 점화원에 의해 쉽게 인화한다.
· 칼륨, 나트륨 등 알칼리금속과 반응하여 수소를 발생한다.

⑯ **아크릴산**(Acrylic acid, Acroleic acid, 2-propenoic acid, Vinylformic acid, **CH_2=CHCOOH**, 2-프로펜산, 아크롤레익산, 바이닐폼산) → 2,000 L(수용성)

```
H         O
|         ||
C = C — C — OH
|    |
H    H
```

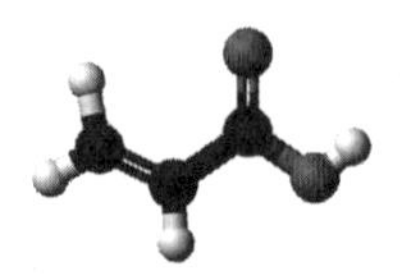

인화점(℃)	발화점(℃)	끓는점(℃)	녹는점(℃)	비중	증기비중	연소범위(%)
46	**438**	**139**	12	1.1	2.5	2.4~8

· 무색의 초산과 비슷한 자극성 냄새를 가진 액체이다.
· 래커, 니스, 잉크 등의 증점제, 섬유 재질제, 응집제, 고분자합성 등에 사용된다.
· 녹는점(응고점)이 12℃로 겨울에는 응고한다.
· 독성이 강하고 부식성과 환경유해성이 있다.
· 물, 에틸알코올, 에터 등에 잘 녹는다.

⑰ **에틸렌다이아민**(Ethylenediamine, 1,2-Diaminoethane, 1,2-Ethylenediamine, Edamine, Dimethylenediamine, **$C_2H_4(NH_2)_2$**, $C_2H_8N_2$, 에틸렌디아민) → 2,000 L(수용성)

H_2N—CH₂—CH₂—NH_2

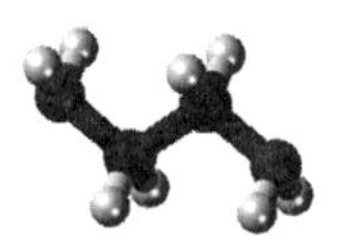

인화점(℃)	발화점(℃)	끓는점(℃)	녹는점(℃)	비중	증기비중	연소범위(%)
39	**379**	**118**	10	0.89	2.1	4.2~14.4

· 암모니아 냄새가 나는 무색의 액체이다.
· 계면활성제, 염료 고착제, 살충제, 제초제, 코팅제, 접착제 등에 사용된다.
· 물에 잘 녹으며 부식성이 강하다.
· 금속제 용기는 화재의 열에 의해 심하게 폭발한다. 탱크화재 시 탱크가 변색되면 폭발의 위험이 있다.

⑱ **하이드라진**(Hydrazine, Hydrazine anhydrous, Diazane, Diamine, Diamide, Hydrazine base, $\mathbf{N_2H_4}$, NH_2NH_2, $(NH_2)_2$, 히드라진, 다이아제인) → 2,000 L(수용성)

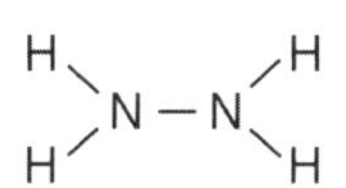

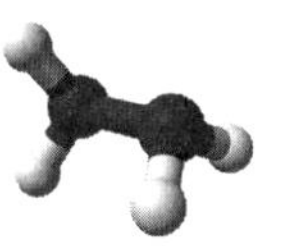

인화점(℃)	발화점(℃)	끓는점(℃)	녹는점(℃)	비중	증기비중	연소범위(%)
38	**270**	**113**	2	1	1.01	4.7~100

· 물과 비슷한 온도범위에서 액체로 존재하며 외관도 물과 같이 무색투명하다.
· 암모니아 냄새가 나며, 알칼리성으로 부식성이 큰 맹독성 물질이다.
· 로켓 · 항공기 연료(무수 하이드라진), 중합촉매, 플라스틱 발포제, 합성수지, 합성섬유, 의약품, 농약, 에어백용 기폭제, 부식 방지제 등으로 사용된다.
· 하이드라진 수화물은 무색의 발연성 액체이다.
· 강한 환원성 물질로 열, 화염, 스파크 기타 점화원과 접촉하면 급격히 폭발한다.
· 물, 알코올, 암모니아, 아민 등의 극성 용매에 잘 녹는다.
· 공기 중에서 가열하면 약 180 ℃에서 분해하여 암모니아, 질소, 수소가스를 발생한다.

$$2N_2H_4 \longrightarrow 2NH_3\uparrow + N_2\uparrow + H_2\uparrow$$

하이드라진 암모니아 질소 수소

· 산소가 존재하지 않아도 분해되어 폭발할 수 있다.
· 황산, 질산 등 강산과 나트륨, 칼륨, 철, 구리 등 금속과 접하면 발화 · 폭발한다.
· 금속산화물, 다공성 물질과 격렬하게 반응하여 불꽃을 발하며 발화한다.
· 고농도의 과산화수소와 혼촉하면 격렬하게 발열반응하며 폭발적으로 연소한다.

$$N_2H_4 + 2H_2O_2 \longrightarrow N_2\uparrow + 4H_2O\uparrow$$

하이드라진 과산화수소 질소 물

· 하이드라진의 증기가 공기와 혼합하면 폭발적으로 연소한다.

$$N_2H_4 + O_2 \longrightarrow N_2\uparrow + 2H_2O\uparrow$$

하이드라진

· 흡습성이 있고, 대기중으로부터 이산화탄소 및 산소를 흡수한다.
· 일본에서는 수화물 80 %(제3석유류) 이하로 시판된다.

5) 제3석유류 - 2,000 L(수용성 4,000 L)

- 중유, 클레오소트유
- 1기압에서 인화점이 70℃ 이상 200℃ 미만인 것
- 도료류 그 밖의 물품은 가연성 액체량이 40 wt% 이하인 것은 제외한다.

① **중유**(Fuel oil, Heavy oil, Bunker oil) → 2,000 L

· 갈색 또는 암갈색의 점성유로 액체 형태의 석유제품 중 밀도가 가장 높다.

· 원유의 상압증류 공정에서 LPG · 휘발유 · 등유 · 경유 등을 뽑아낸 후 정유탑 밑바닥에 최후까지 남는 유분으로 보통 원유 부피의 30~50 % 정도를 중유로 얻을 수 있다.

· 가격이 저렴하고 발열량이 높아서(석탄의 약 2배, 10,000 kcal/kg) 내연기관용, 보일러용 및 각종 노[furnace]용 등의 연료로 사용되어 연료유[Fuel Oil]라고도 하며, 분해공정의 원료로 공정처리를 하여 경질유(휘발유, 등유, 경유), 윤활유, 아스팔트, 왁스, 코크스 등을 제조하기도 한다.[110)]

· 우리나라 석유제품 중 수요가 가장 많다.

· 점도, 황 함량 등을 기준으로 구분하며 나라마다 분류기준이 다르다.

· 석유제품의 품질기준 및 KS M 2614(2017년)에 의한 중유의 분류[요약]

A중유	인화점 60℃ 이상, 동점도(50℃) 20 mm^2/s 이하, 황분 2 wt% 이하
B중유	인화점 65℃ 이상, 동점도(50℃) 50 mm^2/s 이하, 황분 3 wt% 이하
C중유	인화점 70℃ 이상, 동점도(50℃) 540 mm^2/s 이하, 황분 4 wt% 이하

· 인화점(60~150℃)이 높아서 가열하지 않으면 위험하지 않으나 일단 연소하면 소화가 곤란하다.

· Tank 화재 시 Boil Over, Slop Over[*52]를 일으킨다.

· A중유(벙커A유, B-A유, 경질중유, 미국의 No.4): 경유를 60 % 혼합한 것
  - 산업용 소형보일러, 소형 선박 연료, 요업, 금속제련 등에 사용된다.
  - 점도가 낮아 예열이 필요 없다.

---

110) 한국석유공사, 대한석유협회 홈페이지

· B중유(벙커B유, B-B유, LRFO Light Residue Oil, 미국의 No.5): 경유를 40% 혼합한 것
  - 중형보일러, 중형 선박 연료로 사용된다.
  - 보통 예열하여 사용한다. 최근에는 거의 생산되지 않는다.

· C중유(벙커C유, B-C유, 중질중유, 미국의 No.6)

인화점(℃)	발화점(℃)	끓는점(℃)	녹는점(℃)	비중	증기비중	연소범위(%)
70~150	**380~407**	**177~590**	13 이상	0.93~1.0	1 이상	1~5

  - 중유 가운데 가장 많이 소비되며, 대형보일러, 대형 저속 디젤기관(선박) 등의 연료로 예열하여 사용한다.
  - 천, 포 등 가연물에 스며들어 방치하면 자연발화의 위험이 있다.

※ 중유는 종류가 다양하여 인화점이 일정하지 않아 제3석유류가 아닌 경우가 있을 수 있다. 중유 전체를 제3석유류로 정하는 것보다 판정시험을 통하여 품명을 정하는 것이 합리적이다.

② **크레오소트유**(Creosote oil, Coal tar, 타르유, 액체피치유) → 2,000 L

인화점(℃)	발화점(℃)	끓는점(℃)	녹는점(℃)	비중	증기비중	연소범위(%)
74	**336**	**194~400**	20	1.05	1 이상	-

· 황색 또는 암록색의 기름 형태의 액체로 독특한 냄새가 나며 유독(살균성)하다.
· 석탄 건류 시 코크스가 제조되며, 부산물로 타르가 생성되어 이 타르의 약 7% 정도가 중유이며, 여기에 크레오소트유가 주로 함유되어 있다.
· 나프탈렌(⌬⌬), 안트라센(⌬⌬⌬)이 주성분으로 목재방부제[111], 살충제, 카본블랙 등에 사용된다.
· 물에 녹지 않지만 알코올, 에터, 벤젠, 톨루엔에 잘 녹는다.
· 타르산을 많이 함유하고 있어 타르유라고도 하며, 금속에 대해 부식성이 있어 내산성 용기에 수납하여야 한다.

111) 주로 철도버팀목(폐 침목의 방부처리제)에 사용(수명 10년)되다가 벤조피렌 등 발암물질이 검출되어 2009년 7월부터 폐 침목의 유통이 전면 금지되었다.

③ **아닐린**(Aniline, Aminobenzene, Aniline oil, Phenylamine, $C_6H_5NH_2$, 아미노벤젠, 아닐린 오일, 페닐아민) → 2,000 L

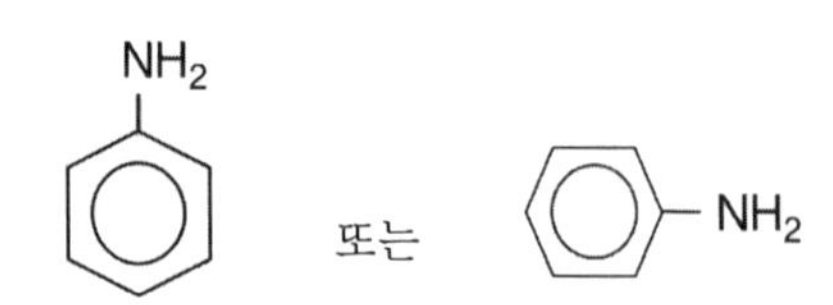

인화점(℃)	발화점(℃)	끓는점(℃)	녹는점(℃)	비중	증기비중	연소범위(%)
70	**615**	**184**	-6	1.02	3.2	1.3~11

· 암황색 또는 갈색의 액체로서 독특한 냄새가 난다.
· 의약, 염료, 향료, 석유정제, 화약, 페인트, 방향족화합물 합성원료 등으로 쓰인다. 최근에는 폴리우레탄 수지의 출발 원료로 대량으로 사용되고 있다.
· 벤젠과 함께 유기화학 및 화학공업에서 가장 중요한 화합물이다.
· 최초의 합성염료 재료로서 인디고(indigo, 천연염료 중에서 가장 많이 사용된 청색 염료인 쪽의 색소, 청바지의 색)를 대체하였다.
· 물에는 매우 적게 녹고(약 3 %), 알코올, 에터, 벤젠, 아세톤, 유기용제에 녹는다.
· 독성이 강하며 직사일광, 공기에 의해 적갈색으로 변한다.
· 알칼리금속 및 알칼리토금속와 반응하여 수소를 발생한다.
· 상온에서 인화위험은 적으나 가열하면 위험성이 증가한다.
· 강산화제와 혼합 시 발화, 폭발하며 진한 황산과 격렬하게 반응한다.

④ **m-크레솔**(*m*-Cresol, *m*-Cresylic acid, 3-Methylphenol, **$CH_3C_6H_4OH$**, C_7H_8O, *m*-크레졸, 메타크레졸) → 2,000 L

인화점(℃)	발화점(℃)	끓는점(℃)	녹는점(℃)	비중	증기비중	연소범위(%)
86	**558**	**203**	8	1.03	3.7	1.06~1.35

· 페놀과 같은 악취가 나며, 순수한 것은 무색 액체이나 시판품은 황색이다.
· 합성수지, 소독제, 비누액, 약품 원료 등으로 사용된다.
· 인화성보다 오히려 부식성(피부나 눈에 묻으면 심한 화상)에 주의하여야 한다.
· 물에는 잘 녹지 않고, 알코올, 에터, 클로로폼에 녹는다.
· 크레솔은 3가지 이성질체가 있으며, *m*-크레솔은 위험물에 해당하지만 *o*-크레솔과 *p*-크레솔은 비위험물이다.

구 분	*o*-Cresol (오쏘-크레솔) 2-Methylphenol	*m*-Cresol (메타-크레솔) 3-Methylphenol	*p*-Cresol (파라-크레솔) 4-Methylphenol
구조식			
인화점(℃)	81	86	85
끓는점(℃)	191	203	202
녹는점(℃)	30	8	35
CAS번호	95-48-7	108-39-4	106-44-5
위험물 구분	비위험물(특수가연물)	제3석유류(비수용성)	비위험물(특수가연물)

※ ortho-Cresol과 para-Cresol은 인화점이 제3석유류의 인화점 범위에 위치하지만, 상온(20 ℃)에서 고체 상태이므로 위험물에 해당하지 않는다(제2류 인화성 고체에도 해당하지 않는다). 「화재의 예방 및 안전관리에 관한 법률 시행령」〔별표2〕 특수가연물 중 '가연성 고체류'에 해당한다.(수량: 3,000 kg)

⑤ **나이트로벤젠**(Nitrobenzene, Nitrobenzol, Mirbane oil, **$C_6H_5NO_2$**, 니트로벤젠, 니트로벤졸, 미르반 오일) → 2,000 L

인화점(℃)	발화점(℃)	끓는점(℃)	녹는점(℃)	비중	증기비중	연소범위(%)
88	**482**	**211**	5	1.2	4.25	1.8~40

· 무색 또는 갈색의 투명한 맹독성 액체로 독특한(암모니아) 냄새가 난다.

· 나이트로벤젠의 대부분은 수소화 반응(환원)을 통하여 아닐린 제조에 사용되며, 염료 · 향료의 중간체, 산화제, 용제(질산섬유소), 먼지방지제 등으로 사용된다.

$$\underset{\text{나이트로벤젠}}{C_6H_5NO_2} + 3H_2 \longrightarrow \underset{\text{아닐린}}{C_6H_5NH_2} + 2H_2O$$

· 벤젠의 수소 1개가 나이트로기(NO_2)로 치환된 것이며, 나이트로기가 2개 이상 결합한 것은 자기연소를 하는 제5류 위험물인 '나이트로화합물'이 된다.

· 단독으로 자기연소성 · 폭발성은 없지만 가열하면 인화되어 유독가스를 발생한다.

· 물에 녹지 않지만, 에틸알코올, 에터, 벤젠에 녹으며 증기는 유독하다.

· 많은 유기 화합물이나 무기 화합물과 반응하여 폭발성 물질을 생성한다.

· 칼륨 또는 나트륨 합금에 의해 충격에 민감한 화합물을 형성한다.

⑥ **나이트로톨루엔**(2-Nitrotoluene, 1-Methyl-2-nitrobenzene, *o*-Nitrotoluene, ONT, **$NO_2(C_6H_4)CH_3$**, $C_7H_7NO_2$, 니트로톨루엔) → 2,000 L

인화점(℃)	발화점(℃)	끓는점(℃)	녹는점(℃)	비중	증기비중	연소범위(%)
106	**305**	**222**	-10	1.16	4.72	1.47~8.8

· 염료, 유기합성 등에 사용되는 냄새가 있는 노란색의 맹독성 액체이다.
· 물에 녹지 않으며, 알코올, 에터, 벤젠에 녹는다.
· 나이트로톨루엔은 3가지 이성질체가 있으며, *o*-나이트로톨루엔과 *m*-나이트로톨루엔은 위험물에 해당하지만 *p*-나이트로톨루엔은 비위험물이다.

구 분	*o*-Nitrotoluene (오쏘-나이트로톨루엔) 2-Nitrotoluene	*m*-Nitrotoluene (메타-나이트로톨루엔) 3-Nitrotoluene	*p*-Nitrotoluene (파라-나이트로톨루엔) 4-Nitrotoluene
구조식	CH_3, NO_2	CH_3, NO_2	CH_3, NO_2
인화점(℃)	106	102	106
끓는점(℃)	222	231	238
녹는점(℃)	-10	14	52
CAS번호	88-72-2	99-08-1	99-99-0
위험물 구분	제3석유류(비수용성)	제3석유류(비수용성)	비위험물

※ para-Nitrotoluene의 인화점은 제3석유류의 인화점 범위에 위치하지만, 녹는점이 52 ℃ 이므로 상온(20 ℃)에서 고체이기 때문에 위험물에 해당하지 않는다(제2류 인화성 고체에도 해당하지 않는다). 또한, 「화재의 예방 및 안전관리에 관한 법률 시행령」 〔별표2〕 특수가연물 중 '가연성 고체류'는 같은 별표 비고 5. 나. 에 의하여 '인화점이 100 ℃ 이상 200 ℃ 미만이고, 연소열량이 8 kcal/g 이상인 것'에 해당하여야 하나, 연소열이 약 6 kcal/g(CAMEO Chemicals 자료: 6,212 cal/g)이므로 특수가연물에도 해당하지 않는다.

⑦ **니코틴**(Nicotine, 3-(1-Methyl-2-pyrrolidyl)pyridine, Black Leaf, Destruxol orchid spray, **$C_{10}H_{14}N_2$**) → 2,000 L

인화점(℃)	발화점(℃)	끓는점(℃)	녹는점(℃)	비중	증기비중	연소범위(%)
101	**244**	**248**	-79	1.01	5.61	0.7~4

· 가열하면 생선 비린내가 나는 무색, 연노랑색의 기름진 액체이다.
· 공기와 습기에 노출 시 갈색으로 변함(흡습성이 있음)
· 살충제, 훈증제, 의약품 등에 사용된다.
· 분해되면 질소산화물과 일산화탄소를 포함하는 독성 연기를 발생한다.
· 수용성(miscible)이며, 알코올, 클로로폼, 에터, 등유, 오일류에도 잘 녹는다.
☞ 물에 잘 녹지만 「위험물안전관리에 관한 세부기준」 제13조제2항의 수용성 판정기준에 따라 비수용성 위험물로 분류된다.[*50] (메틸에틸케톤[제1석유류] 참조)
· 피부에 접촉하면 매우 유독하며 40~60 mg 섭취하면 사망할 수 있다.

⑧ **사에틸납**(Tetraethyllead, TEL, Tetraethylplumbane, **$Pb(C_2H_5)_4$**, $Pb(CH_3CH_2)_4$, $C_8H_{20}Pb$) → 2,000 L

$$\begin{array}{c} C_2H_5 \\ | \\ C_2H_5 - Pb - C_2H_5 \\ | \\ C_2H_5 \end{array}$$

인화점(℃)	발화점(℃)	끓는점(℃)	녹는점(℃)	비중	증기비중	연소범위(%)
93	**110**	**85**	-136	1.65	8.6	1.8~

· 특유의 냄새가 나는 무색투명한 점성이 있는 유독성 액체이다.
· 유기금속화합물이지만 자연발화성과 금수성이 없는 인화성 액체이다.
· 휘발유 첨가제인 안티노킹제로 사용되었으나 유해성 때문에 사용이 금지되었다.
· 물에는 녹지 않으며, 대부분의 유기용제에 잘 녹는다.

⑨ **에틸렌글라이콜**(Ethylene glycol, Ethane-1,2-diol, 1,2-Ethanediol, Glycol, Ethylene alcohol, $\mathbf{C_2H_4(OH)_2}$, $C_2H_6O_2$, 에틸렌글리콜, 글리콜) → 4,000 L(수용성)

```
     H
     |
H - C - OH        CH2 - OH
     |             |            CH2OHCH2OH      C2H4(OH)2
H - C - OH        CH2 - OH
     |
     H
```

인화점(℃)	발화점(℃)	끓는점(℃)	녹는점(℃)	비중	증기비중	연소범위(%)
120	**398**	**198**	-13	1.11	2.14	3.2~15.3

· 무색의 끈끈한 액체로서 단맛이 나며 흡습성이 있다.
· 가장 간단한 2가 알코올(-OH[하이드록시기, 수산기]가 2개인 알코올)이며 독성이 있다.
· 부동액(자동차용), 글리세린의 대용, 내한 윤활유, 의약품 등으로 사용된다.
· 물, 에틸알코올, 아세톤, 글리세린에 잘 녹고, CCl_4(사염화탄소), CS_2(이황화탄소), 클로로폼에는 녹지 않으며 가열되면 인화위험이 높다.

⑩ **에탄올아민**(Ethanolamine, 2-Aminoethanol, 2-Amino-1-ethanol, 2-Hydroxyethyl amine, Monoethanolamine, $\mathbf{NH_2CH_2CH_2OH}$, C_2H_7NO) → 4,000 L(수용성)

```
          H   H
H\        |   |
   N  -  C - C - OH          H2N      OH
H/        |   |                  \__/
          H   H
```

인화점(℃)	발화점(℃)	끓는점(℃)	녹는점(℃)	비중	증기비중	연소범위(%)
85	**410**	**170**	10	1.01	2.1	5.5~17

· 무색투명한 액체이지만 차가운 상태에서는 백색의 결정성 고체이다.
· 약간의 암모니아 냄새가 있다.
· 합성세제, 유화제, 화장품, 구두약, 광택제, 왁스, 농약, 용제 등에 사용된다.
· 흡습성이 있으며 물, 알코올에 쉽게 용해된다.
· 각종 산과 반응하여 에스터, 아미드, 염을 생성한다.

⑪ **글리세린**(Glycerin, Glycerine, Glycerol, **$C_3H_5(OH)_3$**, $C_3H_8O_3$, 글리세롤) → 4,000 L(수용성)

$$\begin{array}{c} H \\ | \\ H-C-OH \\ | \\ H-C-OH \\ | \\ H-C-OH \\ | \\ H \end{array} \qquad \begin{array}{l} CH_2-OH \\ | \\ CH-OH \\ | \\ CH_2-OH \end{array} \qquad CH_2OHCHOHCH_2OH \qquad C_3H_5(OH)_3$$

인화점(℃)	발화점(℃)	끓는점(℃)	녹는점(℃)	비중	증기비중	연소범위(%)
160	**370**	**182**	18	1.26	3.1	2.6~11.3

· 무색의 끈기 있는 액체로 단맛이 나며 흡습성이 있다.
· 보습제(화장품, 담배), 부동액, 화약, 향료, 제약, 제과, 비누 등에 사용된다.
· 흡습성이 매우 강하며, 황화수소(H_2S), 사이안화수소(HCN), SO_2도 흡수한다.
· 가장 간단한 3가 알코올(-OH하이드록시기, 수산기가 3개인 알코올)로서 물보다 무겁고 독성은 없다.
· 물, 알코올에 녹고, 에터, 벤젠에 녹지 않는다.
· 가열하면 비점 부근에서 분해하여 인화위험이 있다.

⑫ **포르말린**(Formalin, Formaldehyde solution, Methanal, **HCHO**, H_2CO, CH_2O, 폼알데하이드 37 % 수용액, 포름알데히드 37 % 수용액) → 4,000 L(수용성)

인화점(℃)	발화점(℃)	끓는점(℃)	녹는점(℃)	비중	증기비중	연소범위(%)
85	**-**	**100**	-	1.09	-	7~73

· 폼알데하이드(CH_2O)를 37 % 함유한 수용액의 상품명이다.
  - 폼알데하이드는 수용성, 독성가스이다.(연소범위 7~73 %, 끓는점 -21 ℃)
· 자극성 냄새를 갖는 무색투명한 액체로 표본의 방부제(1% 수용액으로 희석), 소독제, 살균제, 접착제 등에 이용되며 인체에 대한 독성(백혈병)이 매우 강하다.
· 장기간 보존하면 혼탁해지며, 시판품은 폼알데하이드 35~40 %에 중합을 방지하기 위해 메탄올을 1~15 % 첨가하기도 한다.
· 물 60 wt% 이상 함유 시 비위험물이다.

⓭ 페놀(Phenol, Carbolic acid, Benzenol, Phenylic acid, Hydroxybenzene, Oxybenzene, Phenic acid, **C_6H_5OH**, C_6H_6O, 석탄산, 카볼) → **비위험물**

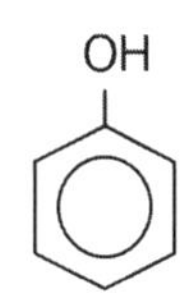

인화점(℃)	발화점(℃)	끓는점(℃)	녹는점(℃)	비중	증기비중	연소범위(%)
79.4	**715**	**181.7**	40.9	1.07	3.24	1.8~8.6

· 상온에서는 백색 결정의 괴상이므로 비위험물이다.
· 특이한(달콤한) 냄새가 있으며, 대기 중에서 수분을 흡수하여 액화한다.
· 소독약, 세균 발육 저지제, 화학 중간체, 의약품, 점성물질 조절제 등에 사용된다.
· 유독하고 부식성이 있으며, 묽은 용액은 단맛이 난다.
· 물, 알코올, 에터, 클로로폼, 글리세린, 알칼리에 녹는다.
· 녹는점 이상으로 가열되거나 수용액 상태에서는 인화성 액체(제3석유류, 수용성)와 동일하게 취급하여야 한다.

6) 제4석유류 - 6,000 L

- 기어유, 실린더유
- 1기압에서 인화점이 200℃ 이상 250℃ 미만인 것
- 도료류 그 밖의 물품은 가연성 액체량이 40 wt% 이하인 것은 제4석유류에서 제외한다.
- 인화점이 높아서 가열하지 않는 한 인화위험은 없으나 일단 액온이 상승하여 연소되면 소화가 매우 곤란하다.

① 기어유, 실린더유

· 기어유와 실린더유는 윤활유의 한 종류이다.
다만, 국내 석유제품의 품질기준에는 '실린더유'가 없다.

· 윤활유는 그 세부 종류가 매우 다양하고 이에 따른 인화점도 다양하여 실제 제품의 인화점에 따라 위험물 분류가 이루어져야 한다.

· 윤활유[Lubricant, lubricating oil]란 기계의 마찰면(고체와 고체 사이)에 작용하여 마찰을 줄이기 위해 바르는 기름이다. 점도가 높은 것(반고체)은 그리스라고도 한다.

· 윤활유의 기능: 마찰 감소(금속 표면에 유막 형성, 금속 마찰을 액체 마찰로 바꿈)
냉각, 하중 분산(부분 접촉 시 시스템 보호), 세정, 밀봉, 방청

· 윤활유의 분류: 원료, 점도, 성능, 용도 등으로 분류한다.

- 원료에 따른 분류: 석유계(석유 원유에서 제조한 것, 광유[Mineral oil])
동식물계 윤활유(지방유)
합성유(각종 탄화수소로부터 합성한 것[Synthetic oil])
- 용도에 따른 분류: 운송기관용, 산업기계용, 선박용, 금속가공유, 기타
- 점도에 따른 분류: SAE[112] 지수에 따라 다양
- 성능에 의한 분류: API[113]에서 정한 엔진 오일의 공식 규격에 의한 분류

---

112) SAE(Society of Automotive Engineers): 미국 자동차 기술협회에서 제정한 엔진 오일의 점도에 대한 규격으로 전 세계적으로 사용되고 있다.(https://www.s-oil7.com)

113) 미국석유협회 API(American Petroleum Institue)에서는 1900년도 자동차 대중화의 시작부터 각 엔진에 적합한 품질의 엔진 오일의 규격을 공식 인정하여 기호로서 표기하고 있는데, 가솔린의 경우 'S' (Service Category의 약자) 로 표시하고, 디젤의 경우 'C' (Commercial Category의 약자) 로 표시하여 뒤에 'A, B, C, D,... ' 를 붙이는 식으로 등급을 구분하고 있다.(https://www.s-oil7.com)

· 석유제품의 품질기준에 따른 윤활유의 종류 및 인화점

구 분			품질기준	종류	인화점(℃)
가	내연기관용 윤활유		KS M 2121 (2022)	내연기관 육상용(1종, 2종, 3종) 내연기관 선박용(2종, 3종, 4종)	50 이상 ~ 190 이상 ~
나	기계유		KS M 2126 (2019)	ISO VG 2 ~	80 이상 ~
다	**기어유**		KS M 2127 (2022)	공업용(1종, 2종) 자동차용(1종, 2종, 3종)	**170 이상 ~** **170 이상 ~**
라	냉동기유		KS M 2128 (2022)	1종(ISO VG 10 ~) 2종(ISO VG 15 ~)	140 이상 ~ 140 이상 ~
마	터빈유		KS M 2120 (2022)	1종(ISO VG 32 ~) 2종(ISO VG 32 ~)	180 이상 ~ 190 이상 ~
바	베어링 윤활유		KS M 2114 (2015)	점도 등급에 따라 ISO VG 2~ 철도용 베어링 윤활유(1종, 2종)	80 이상 ~ 170 이상 ~
사	자동 변속기유		KS M 2125 (2021)	자동차의 자동 변속기용	170 이상
아	열처리용 유		KS M 2170 (2022)	1종(1호, 2호) 2종(1호, 2호) 3종(1호, 2호)	170 이상 ~ 200 이상 ~ 230 이상 ~
자	압축기유		KS M 2500 (2022)	VDL, VC, VCL, VB, VBL	175 이상 ~
차	유압 작동유		KS M 2129 (2022)	유압 작동유(ISO VG 15 ~) 철도용 유압 작동유(1 · 2 · 3종)	140 이상 ~ 200 이상 ~
카	열매체유		KS M 2501 (2015)	ISO VG 10 ~	130 이상 ~
타	절삭유제		KS M 2173 (2020)	비수용성(1종, 2종, 3종, 4종) 수용성(W1종, W2종, W3종)	70 이상 ~ -
파	전기 절연유		KS C 2301 (2021)	1종~8종	130 이상 ~
하	프로세스유		KS M 2162 (2022)	1종(파라핀계): 1호~6호 2종(나프텐계): 1호~6호 3종(아로마틱계): 1호~5호	130 이상 ~ 130 이상 ~ 170 이상 ~
거	그리스	그리스	KS M 2130 (2021)	일반용, 구름 베어링용, 자동차용 섀시, 자동차용 휠, 집중 급유용, 고하중용, 기어 콤파운드	- - 150 이상 ~
		경질 그리스	KS M 2134	폐지	
		방청 그리스	KS M 2136 (2017)	1종, 2종	-
너	방청유	기화성 방청유	KS M 2209 (2015)	1종 2종	115 이상 120 이상
		지문 제거형 방청유	KS M 2210 (2009)	1종(KP-0)	38 이상
		방청 윤활유	KS M 2211 (2019)	1종(1호. 2호. 3호) 2종(1호. 2호. 3호)	130 이상 ~ 170 이상 ~
		용제 희석형 방청유	KS M 2212 (2022)	1종, 2종, 3종(1호), 4종 3종(2호)	38 이상 70 이상
		방청 페트롤레이텀	KS M 2213 (2009)	1종, 2종, 3종	175 이상

② **가소제**(Plasticizer)

· 휘발성이 적은 유기과산화물로 고분자 물질에 첨가하여 물성을 변화하여 가소성[114] 및 내열성, 내한성, 전기적 성질 등을 향상시키는 것으로 종류는 매우 다양하며 인화점 특성상 평시 화재위험은 거의 없다.

구 분	인화점(℃)
DOP (프탈산다이옥틸, 다이옥틸프탈레이트)	218
DIDP (프탈산다이아이소데실, 다이아이소데실 프탈레이트)	235
DINP (프탈산다이아이소노닐, 다이아이소노닐 프탈레이트)	228
DOA (다이옥틸 아디페이트)	205
DIDA (다이아이소데실 아디페이트)	229
DOZ (다이옥틸 아제레이트, 아제라인산비스(2에틸헥실))	211
DOS (세바신산다이옥틸)	215
DBS (세바신산다이뷰틸)	202
TCP (인산트라이크레실, 트라이크레실포스페이트)	230
DEHP (다이에틸헥실 프탈레이트)	216

· 무색무취이며 독성이 없다. 열과 빛에 안정하다.
· 대부분 비중은 물과 비슷한 1 안팎이며, 물과는 섞이지 않는다.
· 가소제 중에서 1기압, 20℃에서 고체인 것은 제4석유류에서 제외되며, 액체인 것은 인화점에 따라 다른 석유류로 분류될 수 있다.

114) 가소성: 소성 가능한 성질을 말하며, 소성이란 물질에 힘이 작용하면 상태가 변하며 힘이 제거되면 변한 상태 그대로 유지되는 성질이다. 탄성의 반대

③ **미네랄오일**(Paraffin oil, Liquid paraffin, 베이비 오일, 케이블 오일, 액체 파라핀, 액체 석유, 광유(鑛油), 파라핀 오일)

인화점(℃)	발화점(℃)	끓는점(℃)	녹는점(℃)	비중	증기비중	연소범위(%)
215	**300**	**360**	-18	0.86	-	-

· 냄새가 없는 무채색의 액체로 주성분은 알케인(alkane)과 파라핀(paraffin)이다.
· 원유를 석유로 정제하는 과정에서 생성되는 부산물로서 상대적으로 값이 싼 물질이며, 매우 대량으로 생산된다.
· 물에 녹지 않는다.
· 윤활유, 냉각제, 변압기유로 사용되며, 정제된 것은 화장품용으로도 사용된다.
· 향을 첨가하여 영국, 미국, 프랑스 등지에서 베이비 오일(baby oil)로 판매된다.

④ **메테인술폰산**(Methanesulfonic acid, Methylsulfonic acid, **CH_3SO_3H**, 메탄술폰산)

$$
\begin{array}{c} CH_3 \\ | \\ O{=}S{=}O \\ | \\ OH \end{array}
$$

인화점(℃)	발화점(℃)	끓는점(℃)	녹는점(℃)	비중	증기비중	연소범위(%)
233	**535**	**167**	20	1.48	3.3	-

· 썩은 달걀 냄새가 나는 무색투명한 액체로 흡습성과 조해성이 있다.
· 20℃ 이하에서는 고체이다.
· 물에 매우 잘 녹는다.
· 강한 산성과 높은 용해력을 가진 유기 화합물로, 산화 및 침전 반응에 널리 사용되어 전기 화학, 화학 산업, 의약품 제조, 정밀 청소 및 에칭, 산업용 용매, 금속 처리 및 부식 방지 등 다양한 분야에서 활용된다.

⑤ **스쿠알란**(Squalane, Squalan, 2,6,10,15,19,23-Hexamethyltetracosane, $C_{30}H_{62}$, 2,6,10,15,19,23-헥사메틸테트라코산)

인화점(℃)	발화점(℃)	끓는점(℃)	녹는점(℃)	비중	증기비중	연소범위(%)
220	-	176	-38	0.82	-	-

· 무색투명한 액체로 향기나 맛은 거의 없다.(CAS번호. 111-01-3)
· 스쿠알란은 스쿠알렌(스콸렌, Squalene, Trans-squalene, $C_{30}H_{50}$, 인화점 113℃, 제3석유류, CAS번호 111-02-4)에 수소를 첨가한 것이다.(스쿠알렌은 공기에 노출되면 산화하기 쉬우므로 이를 안정화하기 위해 수소를 첨가한다.)
· 스쿠알렌은 생물체 내에서 생화학적으로 합성되는 특이한 탄화수소로서, 콜레스테롤의 선구물질로서 신진대사 등에 중요하다. 특정의 어류, 특히 심해산 상어류의 간유 중에 비교적 다량으로 존재하는 불포화탄화수소로 사람의 피지, 면실유, 올리브유 등에도 존재한다.
· 화장품 성분에 주로 사용되며, 의약품 등으로도 사용된다.

❻ **메틸렌 다이페닐 다이아시소사이아네이트**(Methylene diphenyl diisocyanate, MDI, pure MDI, 4,4′-Methylenebis(phenyl isocyanate), $C_{15}H_{10}N_2O_2$, $CH_2(C_6H_4NCO)_2$, 4,4′-메틸렌 비스페닐 이소시아네이트) → **비위험물**

인화점(℃)	발화점(℃)	끓는점(℃)	녹는점(℃)	비중	증기비중	연소범위(%)
226	600	190	36	1.19	8.6	-

· 폴리우레탄폼[*76]의 주원료로 사용된다.

· Methylene diphenyl diisocyanate는 간단히 MDI로 명명하는데 세 가지의 이성질체(2,2'-MDI, 2,4'-MDI, 4,4'-MDI)가 있으며, 이중 4,4'가 가장 대중적으로 이를 Pure MDI라 한다.(CAS번호 101-68-8)

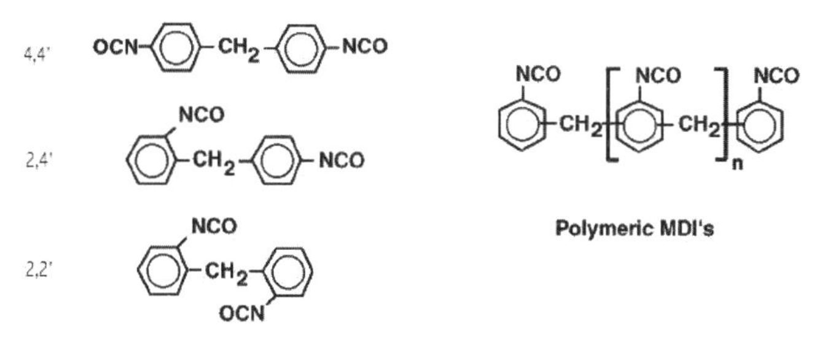

Pure MDI's

Polymeric MDI's

· 아이소사이아네이트기(-N=C=O)는 쉽게 수산기(-OH)와 결합한다(우레탄 결합). 이 반응을 이용하여 다이아이소사이아네이트isocyanate에 수산기 둘을 가진 분자를 반응시키면 선상고분자線狀高分子가 된다. 이 고분자가 폴리우레탄이다.

· 녹는점이 36℃로 평상시에는 연한 노란색의 고체이지만 가열하여 액상으로 사용되는 경우가 많아 건설공사장 등에서 화재가 빈번히 발생한다. 이를 예방하기 위하여 위험물로서의 규제 필요성이 있으나, 시행령 [별표1] 비고11의 '1기압과 섭씨 20도에서 액체인 것'에 해당되지 않기 때문에 **비위험물**이다.
다만, 녹는점 이상으로 가열하여 액체 상태로 사용하는 경우에는 인화성 액체(제4석유류)와 동일하게 취급하여야 한다.

76. 우레탄폼

○ 우레탄폼

· 액체상태의 폴리올(polyol)과 아이소사이아네이트(isocyanate)라는 두 화학물질을 섞은 후 발포제를 넣어서 만드는 화학물질을 말한다. 발포된 후 고체상태에서는 불에 매우 잘 타는 특수가연물로서 연소 시 CO, HCN, $COCl_2$ 등 각종 유독가스를 내뿜는 특징이 있고, 발포 전 액상인 경우에도 제4류 위험물에 해당하지만 위험성 검증 또는 허가 없이 건축현장 등(단열재, 흡음재 등)에서 사용하는 경우가 있어 많은 위험성에 노출되어 있다.

○ 경질폴리우레탄폼 취급 시 화재예방에 관한 기술지침(KOSHA GUIDE F-3-2014)

· 우레탄폼: 한국산업규격 KS M 3809:2006(경질폴리우레탄폼 단열재)에서 정한 100℃ 이하의 보온 및 보냉에 사용하는 경질폴리우레탄폼 단열재 등 미리 성형한 우레탄폼 단열판과 현장에서 시공하는 스프레이 우레탄폼을 말한다.

· 시스템폴리올: 폴리올에 촉매류, 정포제 및 발포제 등의 첨가제를 일정한 비율로 혼합하여 현장에서 별도의 부재료를 추가하지 않고 아이소사이아네이트와 바로 혼합시켜 우레탄폼을 발포·성형시킬 수 있도록 만든 폴리올을 말한다.

· 단열재용 우레탄폼의 주원료는 액상의 아이소사이아네이트와 폴리올이며, 부원료로는 반응속도 조절을 위한 촉매류 및 정포제와 발포제 등을 사용한다. 우레탄폼의 주원료로 가장 많이 사용되는 아이소사이아네이트, 폴리올 및 발포제의 일반적인 물성은 다음과 같다.

물질명	화학식	분자량	폭발범위	증기밀도	인화점(℃)	발화점(℃)
polymeric MDI	주1)	350~400	-	-	177 이상	-
PPG(경질용)	주2)	280~1250	-	1 이상	150 이상	-
발포제 (HCFC-141b)	CH_3CCl_2F	117	6.4~17.7	4	-	325 이상
발포제 (C-Pentane)	C_5H_{10}	70	1.1~8.7	2.4	-37	361

주1) NCO — CH2 — [NCO] n — CH2 — NCO

주2) $R-(O-CH(CH_3)-CH_2)_n-OH$

· 발포제는 HCFC-141b와 같은 탄화플루오르 계열을 주로 사용하며 열에 의하여 분해되는 경우 염산, 염소, 이산화탄소 및 일산화탄소와 같은 유독성 가스를 발생시킨다.

· HCFC-141b는 상온에서는 액상이지만 비점(32℃)이 낮아 발포 시 발생하는 열에 의하여 기화되어 발포체를 형성하고 발포 성형 후 조직 내에 남아 단열성능을 유지시킨다.

· 냉장고 등과 같은 냉동기기 제작에 사용되는 단열재 발포 시에는 용도에 따라 인화점이 낮은 사이클로펜테인(Cyclopentane)을 발포제로 사용한다.

7) 동식물유류 - 10,000 L

- 동물의 지육[115] 등 또는 식물의 종자나 과육으로부터 추출한 것으로서 1기압에서 인화점이 250℃ 미만인 것

  ☞ 「위험물안전관리법」 제20조제1항에 따라 행정안전부령으로 정하는 용기기준과 수납 · 저장기준에 따라 수납되어 저장 · 보관되고 용기의 외부에 물품의 통칭 명, 수량 및 화기엄금(화기엄금과 동일한 의미를 갖는 표시를 포함한다)의 표시가 있는 경우에는 동식물유류에서 제외한다.

- 주방화재(K급 화재)[116]와 같은 식용유에 의한 화재는 냉각소화를 하여야 한다. 식용유는 인화점이 상당히 높고 발화점과 인화점의 차이가 적으며, 발화점보다 끓는점이 높아 끓기 전에 발화되므로 식용유가 끓어올라 시각적으로 위험을 느끼기 전에 불이 붙는 상황이 발생할 수 있으며, 끓는점을 측정하기도 어렵다. 일시적으로 소화한 후에도 액체의 온도가 발화점 이상이 유지되어 재발화 가능성이 높기 때문에 발화점 이하로 냉각하여야 소화할 수 있다.

- 건성유는 다공성 가연물에 배어들어 장기 방치될 때 자연발화를 일으키므로 섬유류나 다공성 물질에 스며들지 않도록 하여야 한다.

- 동식물유 중 고체나 반고체 상태의 것은 위험물이 아닌 특수가연물이다. (20℃에서 고체 상태인 우지, 돈지, 팜유, 버터, 마가린, 양모지, 테로우 등)

- 「위험물안전관리법」에서는 '동식물유류'라는 품명으로 지정하고 있으나 유통되는 동식물유들은 조성이 일정치 않고 명칭으로만 판단하기에는 위험물판정에 무리가 있으므로 인화점을 기준으로 석유류로 판단하는 것이 바람직하다.
  참고로, 유통되는 식용유 제품들은 인화점이 250℃를 초과하는 것이 더 많다.

115) 지육(枝肉): 머리, 내장, 다리를 잘라 내고 아직 부위별로 나누지 않은 고기를 말한다.
116) 주방화재(K급 화재): 주방에서 동식물유를 취급하는 조리기구에서 일어나는 화재(NFTC101, 1.7.1.10)

★ 아이오딘값[*77]에 따른 유지의 종류별 특성

1. **건성유**drying oil: 아이오딘값 130 이상

종 류	원 료	비중	인화점(℃)	아이오딘값	용 도
해바라기유sunflower oil	해바라기씨	0.92	235	125~136	식용, 도료
동유(오동기름)	오동종자	0.93	289	175~195	도료
아마인유linseed oil	아마의 씨	0.93	222	170~204	도료
들기름perilla oil	들깨	0.93	279	192~208	도료, 식용
정어리유sardine oil	정어리	0.93	223	154~196	경화유[주)]

주) 수소를 첨가하여 불포화지방산을 포화지방산으로 바꾸어 고체로 만든 기름(Cn=17 이상)→ 마가린

2. 반건성유semidrying oil: 아이오딘값 100~130

종 류	원 료	비중	인화점(℃)	아이오딘값	용 도
채종유(카놀라유)	유채씨	0.91	223	95~127	식용, 윤활유
쌀겨유rice bran oil	쌀겨	0.92	234	99~108	식용, 비누
참기름sesame oil	참깨	0.92	255	104~116	식용
면실유cotten seed oil	목화씨	0.92	252	102~123	식용
옥수수유corn oil	옥수수 열매	0.92	232	109~133	식용
콩기름soybean oil	콩	0.92	282	117~141	식용, 경화유

3. 불건성유non-drying oil: 아이오딘값 100 이하

종 류	원 료	비중	인화점(℃)	아이오딘값	용 도
야자유cocoanut oil	야자유 열매	0.92	216	7~11	식용, 비누
올리브유olive oil	올리브 열매	0.91	225	80~85	화장품
피마자유caster oil	아주까리씨	0.96	229	81~91	도료, 윤활유
낙화생유peanut oil	땅콩	0.92	282	84~102	식용, 비누

77. 아이오딘값(요오드가)

○ 아이오딘값(아이오딘가, 요오드가, 요오드값, 옥소가, iodine value)

· 유지 및 왁스의 특성을 나타내는 수치, 불포화도의 척도

· 지방 100 g에 흡수되는 아이오딘의 g수로 단위가 없다. 유지에 흡수된 염화아이오딘의 양에 의해 산출된다.

· 아이오딘값의 대소는 유지에 함유된 지방산의 불포화정도를 나타내며 이 값에 의해서 유지의 건조성을 예상할 수 있다. 불포화정도가 클수록 건조하기 쉽고 반응성이 크며 산화열 축적에 의해 자연발화하기 쉽다.

· 아이오딘값이 클수록 녹는점이 낮고 이중결합이 많기 때문에 반응성이 풍부하고 산화되기 쉽다. 아이오딘값이 낮을수록 융점이 높고, 산화안정성이 좋다.

· 유지를 고온에서 장시간 가열하거나 자동산화가 진행되면 불포화지방산이 분해되므로 아이오딘값이 낮아진다. 또한 수소첨가에 의해서도 낮아진다.

○ 아이오딘값에 따른 유지의 구분

아이오딘값	구 분	성 질
130 이상	건 성 유	공기 중에서 산화되어 액 표면에 피막을 만드는 기름 (건조성이 강하다)
100~130	반건성유	공기 중에서 건성유보다 얇은 피막을 만드는 기름
100 이하	불건성유	공기 중에 피막을 만들지 않는 안정된 기름

· 건조성: 유지가 공기 중에서 산소를 흡수하여 산화 · 중합 · 축합을 일으킴으로써 차차 점성이 증가하여 마침내 고화(固化)하는 성질

→ 유지류의 구조식에 포함되는 이중결합의 수와 비례

· 얇은 막으로 만들어 공기 속에 방치하면 비교적 단시간 내에 고화(固化) 건조되므로 도료의 중요한 자재가 된다. 건성유(drying oil)에 코발트 · 망간 등의 지방산염 같은 금속비누를 가하여 가열하면 건조성이 더욱 높아지는데 이것을 보일유(油)라고 하며, 보일유에 안료(顔料)를 가한 것이 페인트이다.

① **피마자유**(Caster oil)

인화점(℃)	발화점(℃)	끓는점(℃)	녹는점(℃)	비중	증기비중	연소범위(%)
229	**449**	**313**	-12	0.96	-	-

· 아주까리 종자(한약명 피마자, 蓖麻子)를 압착하여 얻을 수 있는 불건성유이다.
· 순수한 것은 무색이나 불순물이 함유된 것은 미황색 또는 적갈색이다.
· 알코올, 빙초산, 에터, 클로로폼 등에 용해하며, 헥세인에는 녹지 않는다.
· 화장품, 의약품, 윤활유, 브레이크액, 가소제, 도료, 단열재, 일용품 등 광범위하게 이용되는 안정된 기름이다.

② **아마인유**(Linseed oil, Flaxseed oil)

인화점(℃)	발화점(℃)	끓는점(℃)	녹는점(℃)	비중	증기비중	연소범위(%)
222	**343**	**343**	-24	0.93	-	-

· 담황색으로 투명하지만 공기에 노출되면 표면에 막이 생긴다.
· 300℃ 이상 가열하면 쉽게 중합한다. 발연점[117] 107℃
· 인조 피혁, 잉크, 고무, 의약품, 페인트, 사료첨가용, 건강식품 등에 사용된다.

③ **올리브유**(Olive oil, 감람유)

인화점(℃)	발화점(℃)	끓는점(℃)	녹는점(℃)	비중	증기비중	연소범위(%)
225	**343**	**-**	-6	0.91	-	-

· 올리브의 과육을 직접 압착 또는 추출한 식물성 기름이다. 발연점 160~190℃
· 비교적 서늘하고 겨울이 없는 지중해 유역에서 주로 생산되며 역사가 깊다.
· 순수한 것은 무색이나 불순물이 함유된 것은 미황색 또는 적갈색이다.

117) 발연점(smoke point): 유지를 가열할 때 유지 표면에서 엷은 푸른 연기가 나기 시작할 때의 온도.
보통 식용 기름의 발연점은 종류마다 다르나 대략 200℃ 안팎이다.
기름에 유리지방산이 많이 포함되어 있을수록 더 빨리 분해되어 연기가 나기 시작하며 이때 독성물질이 나오므로 발연점이 낮을수록 인체에 유해하다.

④ **채종유**(Rapeseed oil, Canola oil, 유채유, 카놀라유)

인화점(℃)	발화점(℃)	끓는점(℃)	녹는점(℃)	비중	증기비중	연소범위(%)
223	**393**	-	-10	0.91	-	-

· 겨자과에 속하는 1~2년생 초본인 유채의 꽃씨로부터 압착 · 추출한 반건성유이다.
· 순수한 것은 무색이나 불순물이 함유된 것은 미황색 또는 적갈색이다.
· 식용, 식품 가공용, 경화유, 담금질유 등으로 사용된다. 발연점 238℃

⑤ **정어리유**(Sardine oil, Pilchard oil)

인화점(℃)	발화점(℃)	끓는점(℃)	녹는점(℃)	비중	증기비중	연소범위(%)
223	-	-	-	0.93	-	-

· 정어리에서 추출한 기름으로 수소를 첨가하면 경화유가 되기 때문에 마가린과 비누의 원료로 사용된다.
· 순수한 것은 무색이나 불순물이 함유된 것은 미황색 또는 적갈색이다.
· 알코올, 에터에 녹고 약 30℃에서 굳는 성질이 있다.

❻ **야자유**(Coconut oil, Coconut butter, 코코넛유) → **비위험물**

인화점(℃)	발화점(℃)	끓는점(℃)	녹는점(℃)	비중	증기비중	연소범위(%)
216	-	-	24.4	0.92	-	-

· 야자과실에서 추출한 기름으로 상온에선 반고체 상태이다.
· 순수한 것은 무색이나 불순물이 함유된 것은 미황색 또는 적갈색이다.
· 정제한 것은 제과용, 마가린 등에 이용되며, 공업용으로는 비누, 세제, 화장품, 의약품, 양초, 섬유 등에 사용된다.
· 인화점이 일정하지 않고 다양하게 검색되며(113℃[MSDS], 304℃[CAMEO]), 20℃에서는 고체이므로 **비위험물**이다. 발연점 177℃

5 제5류 위험물

- 자기반응성 물질(自己反應性 物質, self-reactive substances)이다.

  ⇨ 고체 또는 액체로서 폭발의 위험성 또는 가열분해의 격렬함을 가진 것으로 외부로부터 산소의 공급 없이도 연소·폭발을 일으킬 수 있는 물질(가연성+산화성)

1 품명 및 지정수량

품 명	설 명	지정수량
1. 유기과산화물	과산화기(-O-O-)를 가진 유기 화합물	제1종: 10 kg 제2종: 100 kg
2. 질산에스터	질산(HNO_3)의 수소가 **알킬기**로 치환된 형태의 화합물	
3. 나이트로화합물	나이트로기($-NO_2$)를 가진 유기 화합물	
4. 나이트로소화합물	나이트로소기(-NO)를 가진 유기 화합물	
5. 아조화합물	아조기(-N=N-)를 가진 유기 화합물	
6. 다이아조화합물	다이아조기($=N_2$)를 가진 유기 화합물	
7. 하이드라진 유도체	하이드라진(N_2H_4)으로부터 유도된 화합물	
8. 하이드록실아민	하이드록실아민(NH_2OH)	
9. 하이드록실아민염류	하이드록실아민(NH_2OH)과 산의 화합물	
10. 그 밖에 행정안전부령으로 정하는 것	금속의 아지화합물 - **금속**과 N_3와의 화합물(금속의 삼질소화합물) 질산구아니딘 - 질산(HNO_3)과 구아니딘($C(NH)(NH_2)_2$)의 화합물	
11. 위의 어느 하나에 해당하는 위험물을 하나 이상 함유한 것		

위험등급 Ⅰ - 제1종(지정수량 10 kg)

위험등급 Ⅱ - 제2종(지정수량 100 kg)

위험등급 Ⅲ - 없음

※ 제5류 위험물의 지정수량

기존에는 품명별로 지정수량을 10 kg, 100 kg 또는 200 kg으로 오랜 관행대로 정했으나 2024. 4. 30. 시행령을 개정하여, 품명이 아니라 고시로 정하는 시험을 실시한 후 위험성 유무와 등급에 따라 제1종(지정수량 10 kg)과 제2종(지정수량 100 kg)으로 구분하여 지정수량을 정하도록 변경되었다. 아직도 일본의 기준을 벗어나지 못하는 아쉬움은 있으나 판정시험 결과를 기준으로 하는 점은 합리적인 변화이다.

2 일반성질

1) 대부분 유기 화합물*35이며 유기과산화물을 제외하고는 질소를 함유한 유기 질소 화합물이다.(하이드라진 유도체는 무기 화합물)
2) 모두 가연성의 액체 또는 고체 물질이고 연소할 때는 다량의 유독가스를 발생한다.
3) 대부분이 물에 잘 녹지 않으며 물과 반응하지 않는다.
4) 분자 내에 산소를 함유(조연성)하므로 스스로 연소할 수 있다.
5) 연소속도[118]가 대단히 빨라서 폭발성이 있다.
   ⇒ 화약, 폭약의 원료로 많이 쓰인다.
6) 불안정한 물질로서 공기 중 장기간 저장 시 분해하여 분해열이 축적되는 분위기에서는 자연발화의 위험이 있다.
7) 가열, 충격, 타격, 마찰에 민감하며 강산화제 또는 강산류와 접촉 시 위험성이 현저히 증가한다.
8) 유기과산화물은 구조가 독특하며 매우 불안정한 물질로서 농도가 높은 것은 가열, 직사광선, 충격, 마찰에 의해 폭발한다.

3 저장 및 취급 방법

1) 잠재적 위험성이 크고 그 결과는 폭발로 이어지는 것이 많으므로 사전 안전조치가 중요하다.
2) 화염, 불꽃 등 점화원의 엄격한 통제 및 기계적인 충격, 마찰, 타격 등을 사전에 피한다.
3) 직사광선의 차단, 강산화제, 강산류와의 접촉을 방지한다.
4) 가급적 적게 나누어서 저장하고 용기파손 및 위험물의 누출을 방지한다.
5) 안정제(용제 등)가 함유된 것은 안정제의 증발을 막고 증발되었을 때는 즉시 보충한다.

118) 연소속도: 0.1~10 m/s, 폭발속도: 1,000~3,500 m/s → 제5류 위험물은 모두 3,500 m/s 이상

※ 제5류 위험물의 안전관리 관련 법령상 표현

(위험물안전관리법 시행규칙 별표18.Ⅱ.5. '저장 · 취급의 공통기준')

불티 · 불꽃 · 고온체와의 접근이나 과열 · 충격 또는 마찰을 피하여야 한다.

(위험물안전관리법 시행규칙 별표4.Ⅲ.2.라. '제조소등의 게시판에 표시하는 주의사항')

제5류 위험물 전부 ⇒ "화기엄금"(적색바탕에 백색문자)

(위험물안전관리법 시행규칙 별표19.Ⅱ.5. '적재 시 일광의 직사 또는 빗물의 침투 방지조치')

제5류 위험물 전부 ⇒ 차광성이 있는 피복으로 가릴 것
제5류 위험물 중 55℃ 이하의 온도에서 분해될 우려가 있는 것은 보냉 컨테이너에 수납하는 등 적정한 온도관리를 할 것

(위험물안전관리법 시행규칙 별표19.Ⅱ.6.[부표2] '적재 시 혼재기준')

지정수량의 1/10을 초과하여 적재하는 경우, 제5류 위험물은 제1류 · 제3류 · 제6류 위험물과 혼재할 수 없으며, 제2류 · 제4류 위험물과는 혼재할 수 있다.

(위험물안전관리법 시행규칙 별표19.Ⅱ.8. '운반용기 외부에 표시하는 주의사항')

제5류 위험물 전부 ⇒ "화기엄금" 및 "충격주의"

4 화재진압 방법

1) 자기반응성 물질이기 때문에 CO_2, 분말, 하론, 포 등에 의한 질식소화는 효과가 없으며, 다량의 물로 냉각소화하는 것이 적당하다
2) 초기화재 또는 소량화재 시에는 분말로 일시에 화염을 제거하여 소화할 수 있으나 재발화가 염려되므로 결국 최종적으로는 물로 냉각소화하여야 한다.
3) 화재 시 폭발위험이 상존하므로 충분히 안전거리를 유지하고 접근 시에는 엄폐물을 이용하며 방수 시에는 무인방수포 등을 이용한다.
4) 밀폐공간 내에서 화재 발생 시에는 반드시 공기호흡기를 착용하여 질식되는 일이 없도록 한다.

※ 제5류 위험물의 소화설비 적응성 관련 법령상 표현

(위험물안전관리법 시행규칙 별표17. I .4. '소화설비의 적응성')

소화설비의 구분			대상물 구분											
			건축물 · 그 밖의 공작물	전기설비	제1류 위험물		제2류 위험물			제3류 위험물		제4류 위험물	제5류 위험물	제6류 위험물
					알칼리금속과산화물등	그 밖의 것	철분 · 금속분 · 마그네슘등	인화성고체	그 밖의 것	금수성물품	그 밖의 것			
옥내소화전 또는 옥외소화전설비			○			○		○	○		○		○	○
스프링클러설비			○			○		○	○		○	△	○	○
물분무등소화설비	물분무소화설비		○	○		○		○	○		○	○	○	○
	포소화설비		○			○		○	○		○	○	○	○
	불활성가스소화설비			○				○				○		
	할로젠화합물소화설비			○				○				○		
	분말소화설비	인산염류등	○	○		○		○	○			○		○
		탄산수소염류등		○	○		○	○		○		○		
		그 밖의 것			○		○			○				
대형 · 소형 수동식소화기	봉상수(棒狀水)소화기		○			○		○	○		○		○	○
	무상수(霧狀水)소화기		○	○		○		○	○		○		○	○
	봉상강화액소화기		○			○		○	○		○		○	○
	무상강화액소화기		○	○		○		○	○		○	○	○	○
	포소화기		○			○		○	○		○	○	○	○
	이산화탄소소화기			○				○				○		△
	할로젠화합물소화기			○				○				○		
	분말소화기	인산염류소화기	○	○		○		○	○			○		○
		탄산수소염류소화기		○	○		○	○		○		○		
		그 밖의 것			○		○			○				
기타	물통 또는 수조		○			○		○	○		○		○	○
	건조사				○	○	○	○	○	○	○	○	○	○
	팽창질석 또는 팽창진주암				○	○	○	○	○	○	○	○	○	○

비고)

1. "○"표시는 해당 소방대상물 및 위험물에 대하여 소화설비가 적응성이 있음을 표시하고, "△"표시는 ...(생략)
2. 인산염류등은 인산염류, 황산염류 그 밖에 방염성이 있는 약제를 말한다.
3. 탄산수소염류등은 탄산수소염류 및 탄산수소염류와 요소의 반응생성물을 말한다.
4. 알칼리금속과산화물등은 알칼리금속의 과산화물 및 알칼리금속의 과산화물을 함유한 것을 말한다.
5. 철분 · 금속분 · 마그네슘등은 철분 · 금속분 · 마그네슘과 철분 · 금속분 또는 마그네슘을 함유한 것을 말한다.

5 제5류 위험물 각론

1) 유기과산화물(Organic peroxides)

- 과산화기(-O-O-)를 가진 유기 화합물
- 과산화수소의 유도체로 수소원자를 유기기(알킬기, 아릴기[119] 등)로 치환한 것
- 중합반응의 개시제, 촉매, 반응의 중간체 등 고분자 및 합성화학에 많이 사용되며 종류가 많다.
- 누설된 유기과산화물은 배수구에 흘려버리지 말며 강철제의 곡괭이나 삽 등을 사용하지 말아야 한다.
- 누설되었을 때 액체인 경우에는 팽창질석과 팽창진주암으로 흡수시키고 고체인 경우에는 팽창질석 · 팽창진주암을 혼합하여 제거한다. 흡수 또는 혼합 제거된 유기과산화물은 조금씩 소각하거나 흙 속에 매립한다.

※ 유기과산화물의 안전관리 관련 법령상 표현

(위험물안전관리법 시행령 별표1. 비고20. '유기과산화물' 관련)

> 제5류제11호의 물품에 있어서는 유기과산화물을 함유하는 것 중에서 불활성고체를 함유하는 것으로서 다음 각목의 1에 해당하는 것은 제외한다.
> 가. 과산화벤조일의 함유량이 35.5중량퍼센트 미만인 것으로서 전분가루, 황산칼슘2수화물 또는 인산수소칼슘2수화물과의 혼합물
> 나. 비스(4클로로벤조일)퍼옥사이드의 함유량이 30중량퍼센트 미만인 것으로서 불활성고체와의 혼합물
> 다. 과산화다이쿠밀의 함유량이 40중량퍼센트 미만인 것으로서 불활성고체와의 혼합물
> 라. 1 · 4비스(2-터셔리뷰틸퍼옥시아이소프로필)벤젠의 함유량이 40중량퍼센트 미만인 것으로서 불활성고체와의 혼합물
> 마. 사이클로헥산온퍼옥사이드의 함유량이 30중량퍼센트 미만인 것으로서 불활성고체와의 혼합물

119) 아릴기(aryl group): 방향족화합물에서 수소원자 하나를 뺀 원자단의 총칭.
지방족탄화수소에서 수소원자 하나를 뺀 알킬기(C_nH_{2n+1})와 대응된다.
벤젠에서 유도되는 페닐기($-C_6H_5$), 바이페닐기, 안트라센에서 유도되는 안트릴기, 페난트렌에서 유도되는 페난트릴기 등이 있다. 불포화원자단인 알릴기 $CH_2=CH-CH_2-$ 와는 구별된다.

(위험물안전관리법 시행규칙 별표5.Ⅷ.1.가 '지정과산화물의 정의')

제5류 위험물 중 유기과산화물 또는 이를 함유하는 것으로서 지정수량이 10㎏인 것

(위험물안전관리법 시행규칙 별표5.Ⅷ.2. '지정과산화물 옥내저장소 강화기준')

가. 옥내저장소는 당해 옥내저장소의 외벽으로부터 별표 4 Ⅰ제1호 가목 내지 다목의 규정에 의한 건축물(주거용 건축물, 학교·병원·극장, 문화재)의 외벽 또는 이에 상당하는 공작물의 외측까지의 사이에 부표 1에 정하는 안전거리를 두어야 한다. (부표1 생략)

나. 옥내저장소의 저장창고 주위에는 부표 2에 정하는 너비의 공지를 보유하여야 한다. 다만, 2 이상의 옥내저장소를 동일한 부지 내에 인접하여 설치하는 때에는 당해 옥내저장소의 상호간 공지의 너비를 동표에 정하는 공지 너비의 2/3로 할 수 있다. (부표2 생략)

다. 옥내저장소의 저장창고 기준

1) 저장창고는 150㎡ 이내마다 격벽으로 완전하게 구획할 것. 이 경우 격벽은 두께 30㎝ 이상의 철근콘크리트조 또는 철골철근콘크리트조로 하거나 두께 40㎝ 이상의 보강콘크리트블록조로 하고, 저장창고의 양측의 외벽으로부터 1m 이상, 상부의 지붕으로부터 50cm 이상 돌출하게 하여야 한다.

2) 저장창고의 외벽은 두께 20㎝ 이상의 철근콘크리트조나 철골철근콘크리트조 또는 두께 30㎝ 이상의 보강콘크리트블록조로 할 것

3) 저장창고의 지붕은 다음 각목의 1에 적합할 것

가) 중도리(서까래 중간을 받치는 수평의 도리) 또는 서까래의 간격은 30㎝ 이하로 할 것

나) 지붕의 아래쪽 면에는 한 변의 길이가 45㎝ 이하의 환강(丸鋼)·경량형강(輕量型鋼) 등으로 된 강제(鋼製)의 격자를 설치할 것

다) 지붕의 아래쪽 면에 철망을 쳐서 불연재료의 도리(서까래를 받치기 위해 기둥과 기둥 사이에 설치한 부재)·보 또는 서까래에 단단히 결합할 것

라) 두께 5㎝ 이상, 너비 30㎝ 이상의 목재로 만든 받침대를 설치할 것

4) 저장창고의 출입구에는 60분+방화문 또는 60분방화문을 설치할 것

5) 저장창고의 창은 바닥면으로부터 2m 이상의 높이에 두되, 하나의 벽면에 두는 창의 면적의 합계를 해당 벽면의 면적의 1/80 이내로 하고, 하나의 창의 면적을 0.4㎡ 이내로 할 것

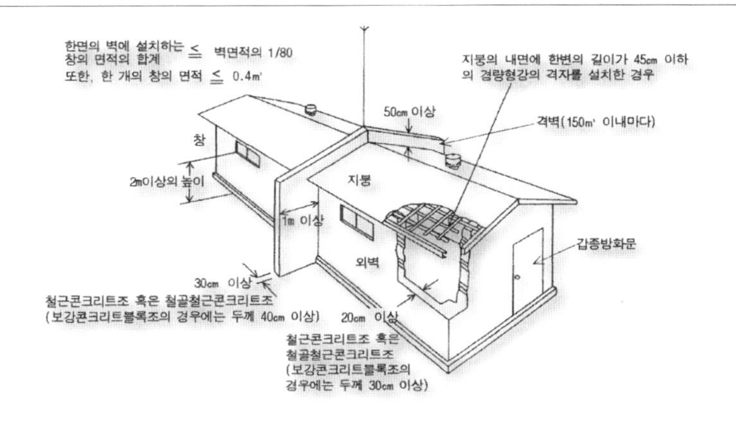

① **과산화벤조일**(Benzoyl peroxide, Dibenzoyl peroxide, BPO, **$(C_6H_5CO)_2O_2$**, 벤조일퍼옥사이드) - 제2종(100 kg)

C-O-O-C
‖　　　 ‖
O　　　 O

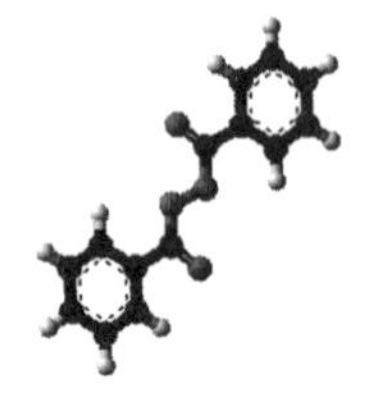

· 무미 무취의 백색 분말 또는 무색의 결정성 분말이다.
· 합성수지 중합촉매, 경화제, 고무 배합제, 밀가루 표백제, 화장품, 방부제, 의약 등 넓은 용도에 쓰이며, 유기과산화물 가운데 가장 오래전부터 사용되고 있다.
· 분해온도(발화점) 75~100℃, 녹는점 103~105℃, 비중 1.33
· 가열하면 80℃ 정도에서 흰 연기를 내며 분해하고, 일단 착화하면 순간적으로 폭발하고 유독성의 다량의 흑연을 발생한다.
· 물에 녹지 않으나 대부분의 유기용매에 녹는다.
· 유기물, 환원성 물질, 가연성 물질과 접촉하면 화재 또는 폭발을 일으킨다.
· 진한 황산 또는 진한 질산과 혼촉 시 분해를 일으켜 폭발한다.
· 소맥분 및 압맥(납작보리)의 표백제로 사용할 때 1 kg당 0.3 g 이하로 사용한다.
· 습기 없는 냉암소에 저장한다.
· 시판품의 희석제: 폭발성을 낮추기 위하여 프탈산다이메틸(DMP), 프탈산다이뷰틸(DBP)을 첨가한다.(순품은 딱딱한 분말상 결정으로 충격, 마찰에 민감하다)
· 함유량이 35.5 wt% 미만인 것으로 전분가루, 황산칼슘2수화물 또는 인산수소칼슘2수화물과의 혼합물은 제5류 위험물에서 제외한다.
· CAS번호 94-36-0

② **과산화에틸메틸케톤**(Ethyl methyl ketone peroxide, 2-Butanone peroxide, MEKPO, MEKP, EMKP, **$(CH_3COC_2H_5)_2O_2$**, $C_8H_{16}O_4$, 메틸에틸케톤 퍼옥사이드) - 제2종(100 kg)

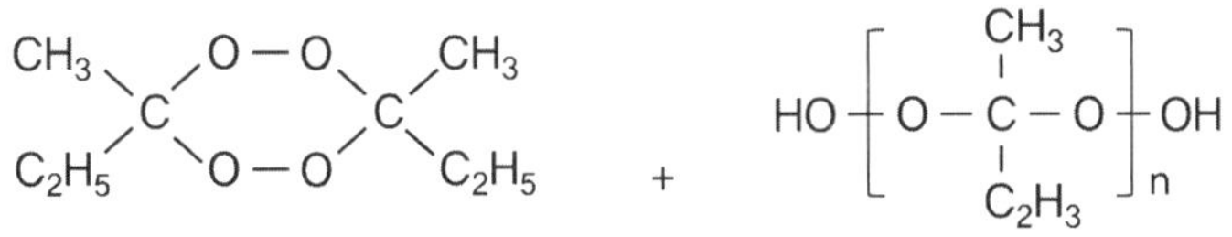

CH_3 O－O CH_3 / C C / C_2H_5 O－O C_2H_5 + $HO-[O-C(CH_3)(C_2H_5)-O]_n-OH$

· 사슬상 화합물(하이드로퍼옥사이드)와 환상 퍼옥사이드의 혼합물이다. 혼합비율에 의해 4~5 품종으로 나뉜다.
· 무색투명한 기름상의 액체로 독특한 냄새가 있다.
· 도료건조 촉진제, 합성수지 경화촉매, 비닐 및 에스터형 합성수지의 중합촉매로 쓰인다.
· 분해온도 40 ℃, 인화점 59 ℃ 이상, 발화점 555 ℃, 녹는점 20 ℃, 끓는점 118 ℃, 비중 1.06, 증기비중 2.5
· 헝겊, 탈지면 등 다공성 가연물과 접촉하면 30 ℃ 이하에서도 분해한다.
· 자연분해 경향이 있으며 40 ℃ 이상이 되면 분해가 촉진되고 80~100 ℃에서 격렬히 분해하여 110 ℃를 넘으면 백연을 발생하고 이것은 이물질과 접촉 시 발화 폭발한다.
· 상온에서도 산화철 등에 접하면 분해하며, 자외선에 의해 가열되면 분해한다.
· 물에 녹지 않으며, 알코올, 에터, 케톤 등에 녹는다.
· 순품은 분자 중 -OO-의 비율이 높기 때문에 분해성이 크고, 충격이나 마찰에 대해 민감하기 때문에 DMP(다이메틸프탈레이트, 프탈산다이메틸) 등의 가소제에 희석해 안정화시킨다. 순도는 30~55 % 정도
· 시판품의 희석제: 프탈산다이메틸(DMP), 프탈산다이뷰틸(DBP) 50~60 %
· 과거에는 60 % 이상 함유한 것을 '지정유기과산화물'로 정하고 있다가 2004년 5월 29일 「위험물안전관리법 시행령」이 제정되면서 삭제되었다.
· CAS번호 1338-23-4

③ **과산화아세트산**(Ethaneperoxoic acid, Peracetic acid, Peroxyacetic acid, PAA, Acetic peroxide, Acetyl hydroperoxide, CH_3CO_3H, $C_2H_4O_3$, 과초산) - 제2종(100 kg)

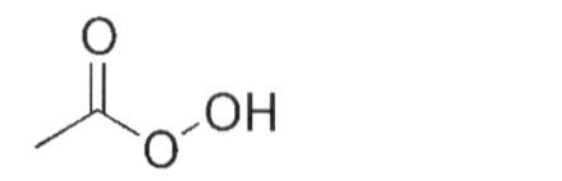

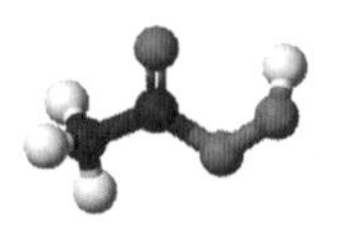

· 순도 39 % 정도의 무색투명한 액체로 지독히 역한 냄새가 난다.
· 나일론 직물 등 섬유의 표백제, 폴리에스터형 수지의 저온중합촉매, 살균제, 에폭시화제, 에폭시 가소제, 효소 불활성제 등으로 사용된다.
· 인화점 56 ℃, 녹는점 -0.2 ℃, 끓는점 105 ℃, 발화점 200 ℃, 비중 1.13, 증기비중 2.6
· 110 ℃ 정도의 가열로 발화, 폭발하며 강한 산화작용이 있다.
· 물, 에틸알코올, 에터, 벤젠에 녹는다.
· 물과 혼합하면 부식성이 매우 강하다.
· CAS번호 79-21-0

④ **과산화요소**(Urea hydrogen peroxide, Carbamide perhydrate, Hydrogen peroxide-Urea adduct, $CH_4N_2O \cdot H_2O_2$, $CO(NH_2)_2 \cdot H_2O_2$, 과산화 우레아)

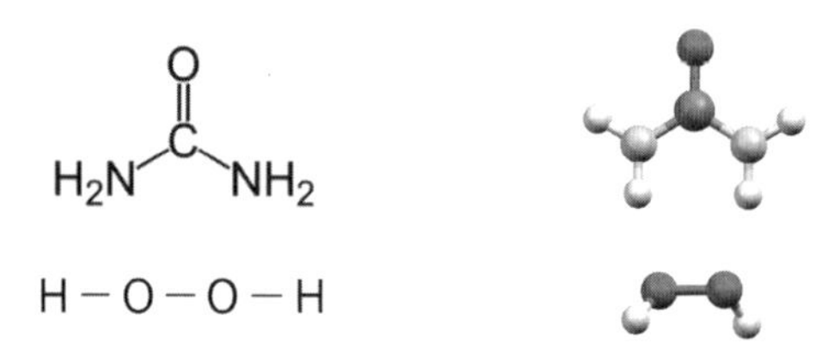

· 흰색 결정 또는 분말로 냄새가 없는 유독성 물질이다.
· 녹는점 85℃, 발화점 360 ℃, 비중 0.8, 증기비중 3.25
· 요소와 과산화수소 분자 사이에 수소결합이 존재한다.
· 수용액 속에서 과산화수소를 방출하며, 표백제, 살균제, 산화제로 사용된다.
· 약 40 ℃로 가열하면 분해하기 시작한다.
· 물, 에틸알코올, 에터에 잘 녹는다.
· CAS번호 124-43-6

⑤ **터셔리뷰틸 하이드로 퍼옥사이드**(t-Butyl hydroperoxide, TBHP, tert-Butyl hydro peroxide, 2-Methylpropane-2-peroxol, **$(CH_3)_3COOH$**, $C_4H_{10}O_2$, 3차뷰틸 하이드로 퍼옥사이드) - 제2종(100 kg)

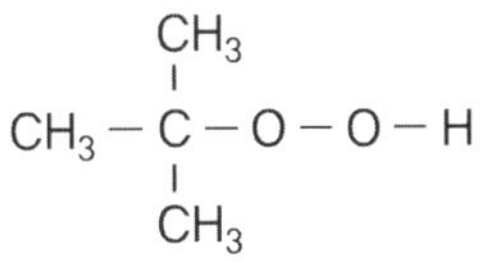

```
      CH3
       |
CH3 - C - O - O - H
       |
      CH3
```

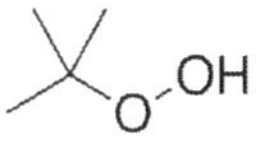

· 순수한 것은 녹는점이 5℃ 정도인 무색 또는 담황색의 액체이다.
· 인화점 43℃, 발화점 238℃, 비중 0.808, 증기비중 3.1
· 희석제로 물을 30% 이상 첨가하거나 터셔리뷰틸알코올(t-Butylalcohol)을 5% 첨가하여 안전성을 유지한다.
· 합성수지의 중합촉매, 경화제, 페인트 건조제 등으로 사용된다.
· 물, 에틸알코올, 에터, 벤젠에 잘 녹는다.
· 과거에는 70% 이상 함유한 것을 '지정유기과산화물'로 정하고 있다가 2004년 5월 29일 「위험물안전관리법 시행령」이 제정되면서 삭제되었다.
· CAS번호 75-91-2

⑥ **터셔리뷰틸 퍼옥시 아세테이트**(t-Butyl peroxyacetate, tert-Butyl peracetate solution, **$CH_3\cdot CO\cdot OO\cdot C(CH_3)_3$**, $C_6H_{12}O_3$) - 제2종(100 kg)

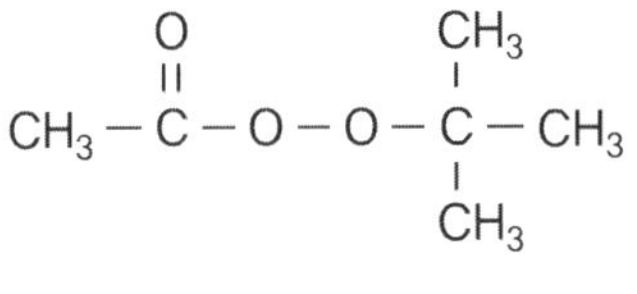

```
       O              CH3
       ||              |
CH3 - C - O - O - C - CH3
                       |
                      CH3
```

· 무색투명한 액체, 인화점 38℃, 녹는점 -30℃, 비중 0.885
· 불포화폴리에스터의 경화제, 합성수지 중온활성형 촉매로 넓은 용도를 가진다.
· 순수한 것은 폭발위험성이 크므로 50% 이하로 시판된다.
· 알코올, 초산에틸, 톨루엔, 헥산에 쉽게 용해한다.
· 과거에는 75% 이상 함유한 것을 '지정유기과산화물'로 정하고 있다가 2004년 5월 29일 「위험물안전관리법 시행령」이 제정되면서 삭제되었다.
· CAS번호 107-71-1

⑦ **터셔리뷰틸 퍼옥시 피바레이트**(t-Butyl peroxypivalate, tert-butyl perpivalate, **$(CH_3)_3 \cdot CO \cdot OO \cdot C(CH_3)_3$**, $C_9H_{18}O_3$) - 제2종(100 kg)

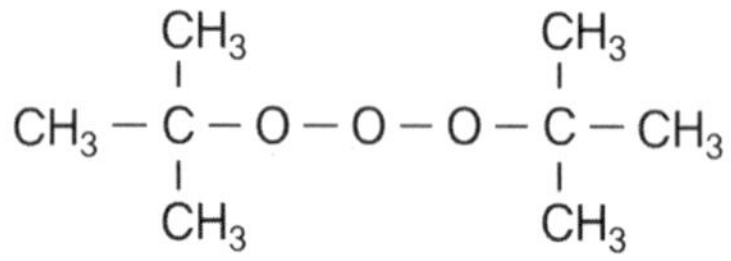

```
        CH3               CH3
         |                 |
CH3 -   C  - O - O - O -  C  - CH3
         |                 |
        CH3               CH3
```

· 인화점 67~71 ℃의 액체(순도 70 %의 희석 용액)이다.
· 염화바이닐, 에틸렌 중합개시제로 사용된다.
· 32 ℃에서 급속히 분해하고 가열 시 폭발한다.
· 희석제로 미네랄스피릿(mineral spirits)[120]을 25 % 첨가한다.
· 과거에는 75 % 이상 함유한 것을 '지정유기과산화물'로 정하고 있다가 2004년 5월 29일 「위험물안전관리법 시행령」이 제정되면서 삭제되었다.
· CAS번호 927-07-1

⑧ **다이아이소프로필 퍼옥시 다이카보네이트**(Diisopropyl peroxy dicarbonate, **$C_8H_{14}O_6$**, 디이소프로필 퍼옥시 디카보네이트) - 제2종(100 kg)

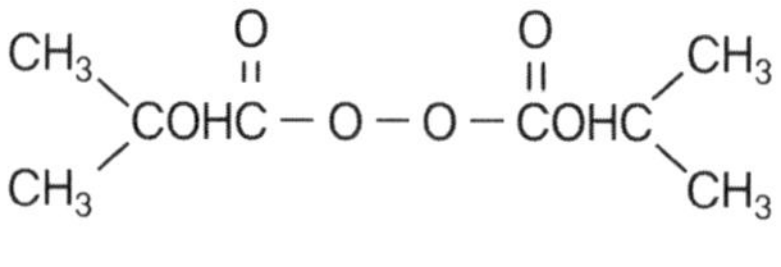

```
CH3       O           O       CH3
   \      ‖           ‖      /
    COHC - O - O - COHC
   /                         \
CH3                           CH3
```

· 50 % 용액 혹은 30 % 용액이 시판된다.
· 순수한 것은 녹는점이 8~10 ℃ 정도의 고체이다.
· 합성수지 중합개시제, 플라스틱렌즈 제조, 저온 중합촉매 등으로 사용된다.
· 중금속 분말과 접촉한 것은 폭발의 위험이 있다.
· 50 % 이하의 저장 온도는 -15 ℃ 이하로 한다.
· 과거에는 60 % 이상 함유한 것을 '지정유기과산화물'로 정하고 있다가 2004년 5월 29일 「위험물안전관리법 시행령」이 제정되면서 삭제되었다.
· CAS번호 105-64-6

---

120) 미네랄 스피릿: 비점이 140~220 ℃의 각종 탄화수소 혼합물로 방향족을 많이 함유한 것은 용해력이 크다. 비교적 값이 싸므로 유성 도료, 페인트의 용제 및 시너로 대량 사용된다.

⑨ **아세틸 퍼옥사이드**(Acetyl peroxide, $(CH_3CO)_2O_2$)

$$CH_3-\underset{\underset{O}{\|}}{C}-O-O-\underset{\underset{O}{\|}}{C}-CH_3$$

· 순수한 것은 녹는점 30℃ 정도의 고체이나 희석제로 다이메틸프탈레이트(DMP)를 첨가하여 25%용액으로 취급한다.
· 무색투명하고 매운 냄새를 가진 유독성 액체이다.
· 인화점 45℃, 녹는점 -8℃, 비중 1.2
· 합성수지 중합촉매, 살균제로 사용된다.
· 물에는 약간 녹고, 에터 또는 휘발성 용매와 접촉하면 격렬하게 폭발한다.
· 과거에는 25% 이상 함유한 것을 '지정유기과산화물'로 정하고 있다가 2004년 5월 29일 「위험물안전관리법 시행령」이 제정되면서 삭제되었다.
· CAS번호 110-22-5

⑩ **다이큐밀 퍼옥사이드**(Dicumyl peroxide, Di-α-cumyl peroxide, Isopropyl benzene peroxide, DCP, $[C_6H_5C(CH_3)_2]_2O_2$, $C_{18}H_{22}O_2$, 과산화다이쿠밀) - 제2종(100 kg)

$$C_6H_5-\underset{\underset{CH_3}{|}}{\overset{\overset{CH_3}{|}}{C}}-O-O-\underset{\underset{CH_3}{|}}{\overset{\overset{CH_3}{|}}{C}}-C_6H_5$$

· 흰색 또는 담황색의 분말이다.
· 시판품은 순도 98% 이상의 분체와 탄산칼슘 희석 40% 분체가 있다.
· 스타이렌의 중합개시제, 고분자 가교제 등으로 사용된다.
· 인화점 110℃, 녹는점 39℃, 끓는점 70℃, 비중 1, 증기비중 9.3
· 가열하면 70℃ 이상에서 분해하기 시작하여 120℃에서 격렬하게 분해·폭발한다.
· 여름의 고온 시 용융 후 고체화하는 경우가 있다. 30℃ 이하로 저장한다.
· 물에 녹지 않으며, 에탄올, 에터, 벤젠에는 잘 녹는다.
· 함유량이 40wt% 미만인 것으로 불활성 고체와의 혼합물은 제5류 위험물에서 제외한다.
· CAS번호 80-43-3

⑪ **1 · 4비스(터셔리뷰틸퍼옥시아이소프로필)벤젠**((1,4(or 1,3)-Bis[(t-butylperoxy) isopropyl] benzene), 1,4(또는 1,3)-비스[(t-부틸퍼옥시)이소프로필]벤젠, $C_{20}H_{34}O_4$) - 제2종(100 kg)

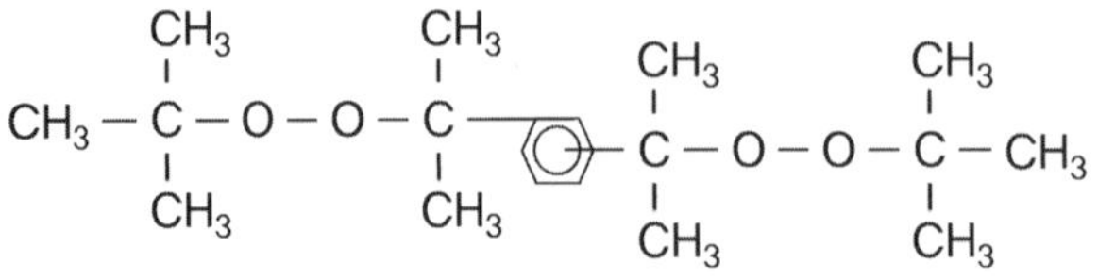

· 백색 또는 담황색의 고체
· 고온 분해성이며 메타 단독 또는 2종의 이성질체(메타, 파라)의 혼합물이다.
· 시판품은 순도 95 % 이상의 분체와 탄산칼슘 희석 40 % 분체가 있다.
· 인화점 120 ℃, 녹는점 49 ℃, 비중 0.936
· 물에는 녹지 않으며 일반 유기용제에는 녹는다.
· 함유량 40 wt% 미만인 것으로서 불활성 고체와의 혼합물은 제5류 위험물에서 제외한다.
· CAS번호 25155-25-3

⑫ **사이클로헥사논 퍼옥사이드**(Cyclohexanone peroxide, Cyclohexanone diperoxide, 사이클로헥사논 디퍼옥사이드, $C_{12}H_{22}O_6$) - 제2종(100 kg)

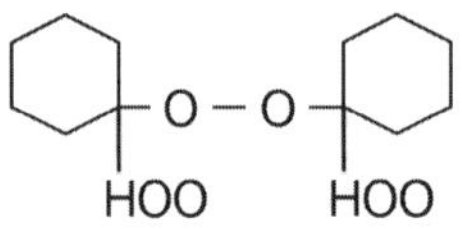

· 무색투명한 액체(순도 91 % 이하 물 9 % 이상)이다.
· 인화점 110 ℃, 발화점 360 ℃ 이상, 비중 1.14
· 불포화폴리에스터 수지 경화제로 사용된다.
· 순도에 따라 분체, 페이스트, 액체가 있다.
· 함유량이 30 wt% 미만인 것으로서 불활성 고체와의 혼합물은 제5류 위험물에서 제외한다.
· 과거에는 85 % 이상 함유한 것을 '지정유기과산화물'로 정하고 있다가 2004년 5월 29일 「위험물안전관리법 시행령」이 제정되면서 삭제되었다.
· CAS번호 12262-58-7

※ 구「소방법 시행령」 별표3 비고14. 에는 다음과 같이 명시되어 있었다.

구 「소방법 시행령」 [별표 3] 위험물

[비고] 14. "유기과산화물류"라 함은 다음 표의 품명과 과산화기(-O-O-)를 가진 유기 화합물로서 내무부장관이 정하여 고시하는 품명을 말하고, 이 표에서 정하는 함유율 이상의 것은 "지정유기과산화물"이라 한다.(2004.5.29. 이전까지)

<table>
<tr><th colspan="2">품 명</th><th>함유율(중량퍼센트)</th></tr>
<tr><td colspan="2">디이소프로필퍼옥시디카보네이트</td><td>60 이상</td></tr>
<tr><td colspan="2">아세틸퍼옥사이드</td><td>25 이상</td></tr>
<tr><td colspan="2">터셔리부틸피바레이트</td><td>75 이상</td></tr>
<tr><td colspan="2">터셔리부틸퍼옥시이소부틸레이트</td><td>75 이상</td></tr>
<tr><td rowspan="2">벤조일퍼옥사이드</td><td>수성의 것</td><td>80 이상</td></tr>
<tr><td>그 밖의 것</td><td>55 이상</td></tr>
<tr><td colspan="2">터셔리부틸퍼아세이트</td><td>75 이상</td></tr>
<tr><td colspan="2">호박산퍼옥사이드</td><td>90 이상</td></tr>
<tr><td colspan="2">메틸에틸케톤퍼옥사이드</td><td>60 이상</td></tr>
<tr><td colspan="2">터셔리부틸하이드로퍼옥사이드</td><td>70 이상</td></tr>
<tr><td colspan="2">메틸이소부틸케톤퍼옥사이드</td><td>80 이상</td></tr>
<tr><td colspan="2">시클로헥사논퍼옥사이드</td><td>85 이상</td></tr>
<tr><td colspan="2">디터셔리부틸퍼옥시프타레이트</td><td>60 이상</td></tr>
<tr><td colspan="2">프로피오닐퍼옥사이드</td><td>25 이상</td></tr>
<tr><td colspan="2">파라클로로벤젠퍼옥사이드</td><td>50 이상</td></tr>
<tr><td colspan="2">2-4디클로로벤젠퍼옥사이드</td><td>50 이상</td></tr>
<tr><td colspan="2">2-5디메틸헥산</td><td rowspan="2">70 이상</td></tr>
<tr><td colspan="2">2-5디하이드로퍼옥사이드</td></tr>
<tr><td colspan="2">비스하이드록시시클로헥실퍼옥사이드</td><td>90 이상</td></tr>
</table>

2) 질산에스터류(질산에스테르류, Nitric ester)

- 질산(HNO_3)의 수소가 알킬기로 치환된 형태의 화합물
- 알코올기를 가진 화합물을 질산과 반응시켜 알코올기가 질산기로 치환된 에스터

$$\underset{\text{알코올}}{ROH} + \underset{\text{질산}}{HNO_3} \rightarrow \underset{\text{에스터}}{RONO_2} + \underset{\text{물}}{H_2O}$$

① **나이트로셀룰로오스**(Nitrocellulose, NC, Collodion, **$[C_6H_7O_2(ONO_2)_3]n$**, 니트로셀룰로오스, 질화면, 초화면, 면화약, 질산섬유소, 나이트로셀롤로스) - 제1종(10 kg)

· 무색 또는 백색 고체로 햇빛에 의해 황갈색으로 변한다.
· 화약에 쓰이는 경우에는 면약 또는 면화약이라고 하고, 도료 · 셀룰로이드 · 콜로디온 등에 쓰이는 경우에는 질화면(窒化綿)이라고도 한다.
· 다이너마이트 원료, 인조견사, 셀룰로이드, 무연화약*78, 필름 등에 사용된다.
· 셀룰로오스[121]를 진한 질산과 황산에 혼합시켜 제조한 것이다.

$$\underset{\text{셀룰로오스}}{[C_6H_7O_2(OH)_3]n} + \underset{\text{질산}}{3HONO_2} \longrightarrow \underset{\text{나이트로셀룰로오스}}{[C_6H_7O_2(ONO_2)_3]n} + \underset{\text{물}}{3nH_2O}$$

· 인화점 12 ℃, 발화점 160~170 ℃, 끓는점 83 ℃, 분해온도 130 ℃, 비중 1.7
· 물에 녹지 않고 아세톤, 초산, 나이트로벤젠 등에 녹는다.
· 직사일광 및 산 · 알칼리의 존재 하에서 자연발화한다.
· 질화도(나이트로셀룰로오스 중의 질소농도)가 클수록 분해도, 폭발성, 위험도가 증가한다.
· 강면약의 질화도 N 〉 12.76 ⇒ 에터와 에틸알코올에 녹지 않는 것
약면약의 질화도 N 〈 10.18~12.76 ⇒ 에터와 에틸알코올에 녹는 것
· 건조한 NC는 마찰전기를 띠기 때문에 방전 불꽃에 의해 발화 위험이 있다.
· 건조한 상태에서는 폭발하기 쉬우나 물이 침수될수록 위험성이 감소하므로 저장 또는 운반 시에는 물(20 %) 또는 알코올(30 %)을 첨가하여 습윤시킨다.
· 130 ℃에서 서서히 분해하고 180 ℃에서 격렬히 연소하며 다량의 유독성 가스를 발생한다.

---

121) 셀룰로오스(cellulose): 고등식물의 세포벽의 주성분으로 목질부의 대부분을 차지하는 다당류로 섬유소(纖維素)라고도 한다. $(C_6H_{10}O_5)n$ 또는 $[C_6H_7O_2(OH)_3]_n$

② **나이트로글리세린**(Nitroglycerin, NG, $C_3H_5(ONO_2)_3$, $C_3H_5N_3O_9$, 질산글리세롤, 트라이나이트로글리세린, **TNG**) - 제1종(10 kg)

· 순수한 것은 무색투명한 기름 형태의 액체(공업용은 담황색)이다.

· 규조토에 흡수시킨 것을 다이너마이트라 하며, 무연화약의 주체이기도 하다.

· 생성반응식: 질산과 황산의 혼산 중에 글리세린을 반응시켜 만든다.

$$\begin{array}{l} CH_2-O-H \\ | \\ CH-O-H \\ | \\ CH_2-O-H \end{array} + 3HONO_2 \xrightarrow{H_2SO_4} \begin{array}{l} CH_2-O-NO_2 \\ | \\ CH-O-NO_2 \\ | \\ CH_2-O-NO_2 \end{array} + 3H_2O$$

글리세린 (제3석유류, 3가 알코올)　　질산　　NG

· 상온에서는 액체이지만 겨울에는 동결한다.(녹는점; 라빌형 2.8 ℃, 스테빌형 13.5 ℃)
⇒ 8~10 ℃에서 동결하여 결정으로 변한다.

· 동결하면 체적이 수축하고 밀도가 커진다.

· 동결된 글리세린은 액체보다 둔감하지만 고체이므로 외력에 대한 저항력이 국부적이 되므로 그 취급은 오히려 위험해진다.

· 혓바닥을 찌르는 듯한 단맛이 있다(감미로운 냄새가 있다). 비중 1.6

· 물에는 거의 녹지 않으나 메탄올, 에탄올, 벤젠, 클로로폼, 아세톤에 녹는다.

· 가열하면 40~50 ℃에서 분해하기 시작하고 200 ℃ 정도에서 스스로 폭발한다.

· 점화하면 즉시 연소하고 다량이면 폭발적이다.

$$\underset{NG}{4C_3H_5(ONO_2)_3} \longrightarrow \underbrace{12CO_2\uparrow + 10H_2O\uparrow + 6N_2\uparrow + O_2\uparrow}_{\text{다량의 가스}}$$

· 폭발속도detonation velocity 7,600 m/s[122], 폭발열heat of explosion 1,500 kcal/kg[123]

· 충격 · 마찰에 매우 민감하므로 운반 시 다공성 물질에 흡수시킨다.

· 증기는 코를 자극하고 취급 시 피부와 점막을 통하여 체내에 흡수되어 혈관을 확장하는 작용을 하여 발열 · 눈에 자극 · 두통 등의 중독증상이 있으며 심장발작(심장마비)의 응급약으로 사용된다.

---

122) 폭발속도 출처: Meyer, R., Köhler, J., Homberg, A. "Explosives, 2007, 6판"
123) 폭발열 출처: 한국과학창의재단, "사이언스올(https://www.scienceall.com)의 과학백과사전"

③ **나이트로글라이콜**(Nitroglycol, Ethylene glycol dinitrate, EGDN, 1,2-Dinitroxyethane, **CH_2ONO_2-CH_2ONO_2**, $C_2H_4(ONO_2)_2$, $C_2H_4N_2O_6$, 니트로글리콜) - 제1종(10 kg)

$$\begin{array}{l} CH_2 - O - NO_2 \\ | \\ CH_2 - O - NO_2 \end{array} \qquad O_2N\text{–}O\text{–}CH_2\text{–}CH_2\text{–}O\text{–}NO_2$$

· 순수한 것은 무색, 공업용은 담황색의 기름 형태의 액체이다.

· 끓는점 114℃, 녹는점 -22.8℃, 비중 1.49, 증기비중 5.2

· 화학적 조성, 화약적 성질이 NG와 비슷하며 NG보다 물에 녹기 쉽고, 휘발성도 NG보다 크며 들이마시면 격렬한 두통을 일으킨다.

· 나이트로글라이콜로 제조한 다이너마이트(부동 다이너마이트)는 여름철에 휘발성이 커서 흘러나오는 결점이 있다.

· 충격을 주거나 급열하면 폭굉하나 NG보다는 둔감한 편이다.

$$\underset{\text{나이트로글라이콜}}{C_2H_4N_2O_6} \longrightarrow 2CO_2 + 2H_2O + N_2$$

· 폭발속도 7,300 m/s, 폭발열 1,655 kcal/kg

· 여름철에는 인화성 증기를 발생하여 인화점이 낮은 석유류와 유사하다.

· 운송 시 안정제에 흡수시켜 운반한다.

④ **펜트라이트**(Penthrite, Pentaerythritol tetranitrate, PETN, **$C(CH_2NO_3)_4$**, $C_5H_8N_4O_{12}$, 펜타에리트리톨 테트라나이트레이트, 펜틴, 펜트리트) - 제1종(10 kg)

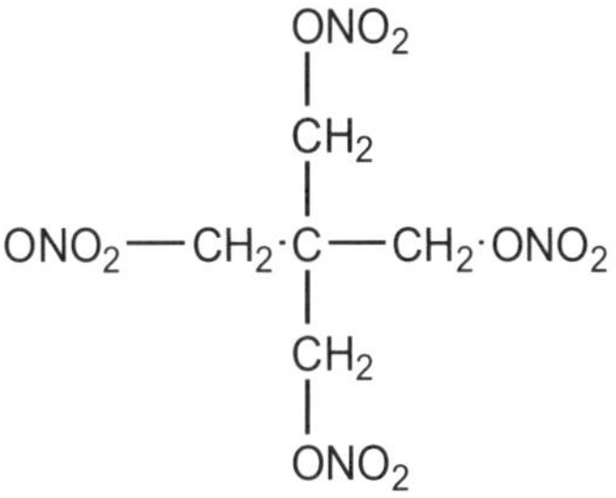

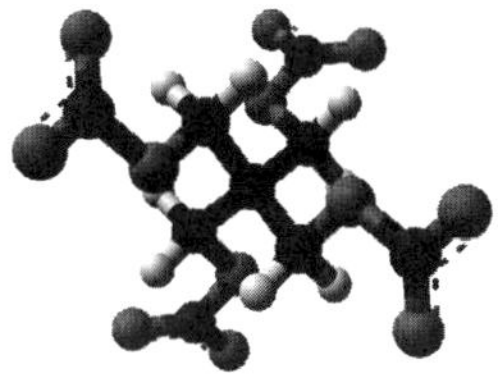

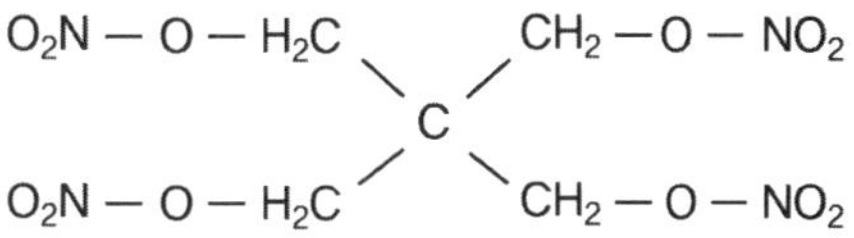

ONO_2
CH_2
$ONO_2 - CH_2 \cdot C - CH_2 \cdot ONO_2$
CH_2
ONO_2

$O_2N - O - H_2C$ $CH_2 - O - NO_2$
C
$O_2N - O - H_2C$ $CH_2 - O - NO_2$

- 백색 분말 또는 결정으로 물, 에터, 알코올에 녹지 않는다.
- 도폭선[*78]의 심약, 폭약[*79], 첨장약(뇌관을 채우는 약), 군용탄약으로 쓰인다.
- 발화점 225 ℃, 녹는점 141 ℃, 끓는점 180 ℃, 비중 1.74
- 가열하면 150 ℃ 이상에서 분해하기 시작하여 210 ℃에서 폭발한다.
- 폭발속도 8,400 m/s, 폭발열 1,500 kcal/kg, 폭발온도 4,230 ℃
- 열에 대해서는 둔감하지만 충격에 대해서는 예민하다.
- 습기가 있어도 뇌관에 의해 폭발하며 위력이 큰 고성능폭약이다.
- 1891년에 최초 합성된 후 1912년 독일에서 생산되어 2차 세계대전에서는 원자폭탄의 가장 중요한 기폭제였다. 현재는 RDX[124]로 대체되고 있다.

124) RDX: trimethylenetrinitramine, 헥소겐(hexogen), 사이클로나이트(cyclonite)라고도 하는 무색 결정이다.
저장이 편리하고 다른 폭발물, 가소제, 둔감제 등과 혼합하여 사용된다.
가장 강력한 폭발력을 지닌 군용폭약 중 하나이다. → '나이트로화합물'

78. 화약류 관련 용어

○ 화약류(explosives): 가벼운 충격이나 가열로 짧은 시간에 화학 변화를 일으킴으로써 급격히 많은 열과 가스를 발생하게 하여 순간적으로 큰 힘을 얻을 수 있는 물질

○ 점화 또는 점폭: 외부에너지에 의해서 발생한 연소가 화약 자신의 발열로 발전하는 과정

○ 기폭약(起爆藥, 점폭약): 외부에서의 점화 또는 발화점까지 가열하는 등에 의하여 쉽게 폭발하는 동시에 인접부의 폭약을 신속히 폭발시킬 수 있는 화약류

→ 뇌홍($Hg(ONC)_2$), 질화납(아지화납, lead azide, $Pb(N_3)_2$),
다이아조다이나이트로페놀(diazodinitrophnol, DDNP, $C_6H_2(NO_2)_2 \cdot O \cdot N_2$)

○ 예감제: 점화가 잘되게 하는 물질(↔ 둔감제), 첨장약(添裝藥, 점폭을 돕는 예민한 폭약)

○ 화공품(火工品): 폭파약을 안전하고 정확하게 폭파시킬 수 있는 화약 제품

☞ 도화선 → 뇌관(기폭약 → 첨장약) → 폭약
☞ 전기뇌관 → 도폭선 → 폭약
☞ 도화선 → 흑색 화약, 액체산소

○ 도화선(fuse): 어떤 거리만큼 떨어진 곳의 뇌관이나 흑색화약을 점폭 또는 점화시킬 목적에서 사용하는 화공품으로서, 일정한 시간의 여유를 두게 할 수 있다. 흑색화약의 분말을 심약으로 하여 삼실 · 무명실 · 방수지 등으로 싼 다음 겉에 칠을 하여 긴 줄 모양으로 만든 것이다.

○ 도폭선(detonating fuse): 폭약을 금속 또는 섬유로 피복한 끈 모양의 화공품으로 납 또는 주석의 관에 TNT, 펜트리트, 피크린산 또는 헥소겐 등을 다져 넣은 심약을 피복한 것이다. 폭약의 폭속을 측정할 때 기준 화약류로서 사용된다.

○ 뇌관(detonator): 피크린산, 나이트로글리세린 등의 화합 화약류는 점화에 의하여 즉시 폭굉하지 않으므로 기폭약을 작은 금속관에 넣어 이들 폭약의 폭굉을 유도시키는 것을 목적으로 만든 것이다. 공업용 뇌관은 금속 관체(管體)에 기폭약과 첨장약을 충전한 것으로 도화선을 사용하여 점화하고 폭약을 기폭시킨다.

※ 흑색화약(black gun powder, 유연화약): 질산염 혼합화약류로 KNO_3 75 %, S 15 %, C(목탄) 10 %로 혼합된 화약으로 화약류 중 가장 먼저 발명되었다(19세기 말경까지 유일한 화약). 불이 잘 붙고 추진제 점화용이나 도화선의 심약 등으로 쓰인다.

※ 무연화약: 탄환의 발사약에 주로 사용하며 종래의 흑색화약에 비해서 발사할 때 발생하는 연기가 적어 붙은 이름이지만 완전한 무연은 아니다. 나이트로셀룰로오스를 기제로 한 싱글베이스 화약과 나이트로셀룰로오스에 나이트로글리세린을 첨가한 더블베이스 화약이 있다. 로케트 추진약, 석유 천공용, 콘크리트 천공용으로 사용한다.

※ 다이너마이트(dynamite): 1866년 스웨덴의 Alfred Nobel이 발명하였으며, NG를 기본 물질로 하는 폭약으로서 산화제나 가연성 물질의 혼합물에 액체 상태의 NG를 흡수시킨 것

※ 질산암모늄 폭약: NH_4NO_3를 주성분으로 한 혼합 화약

※ ANFO(ammonium nitrate fuel oil) 폭약: 질산암모늄을 연료유에 혼합시킨 화약

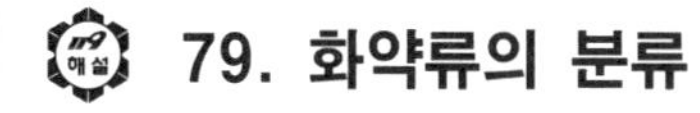

79. 화약류의 분류

1. 조성에 의한 분류

· 혼합화약류(explosive mixtures): 두 가지 이상의 비폭발성 물질을 기계적으로 혼합하여 폭발성을 나타내는 폭발성 혼합물 중 공업적으로 이용 가치가 있는 것

⇒ 질산염 혼합화약류, 염소산염 혼합화약류, 과염소산염 혼합화약류, 액체산소폭약

· 화합화약류(explosive compounds): 단일 화합물로부터 성립되는 화약류

⇒ 질산으로부터 유도된 화약류(질산에스터, 나이트로 화합물)

2. 성능에 의한 분류

· 화약(火藥): 추진적 폭발 효과를 이용하는 것(폭연을 이용한 것, 폭속 2,000 m/s 미만)

· 폭약(爆藥): 파괴적 폭발 효과를 이용하는 것(폭굉을 이용한 것, 폭속 2,000~8,000 m/s)

3. 용도에 의한 분류

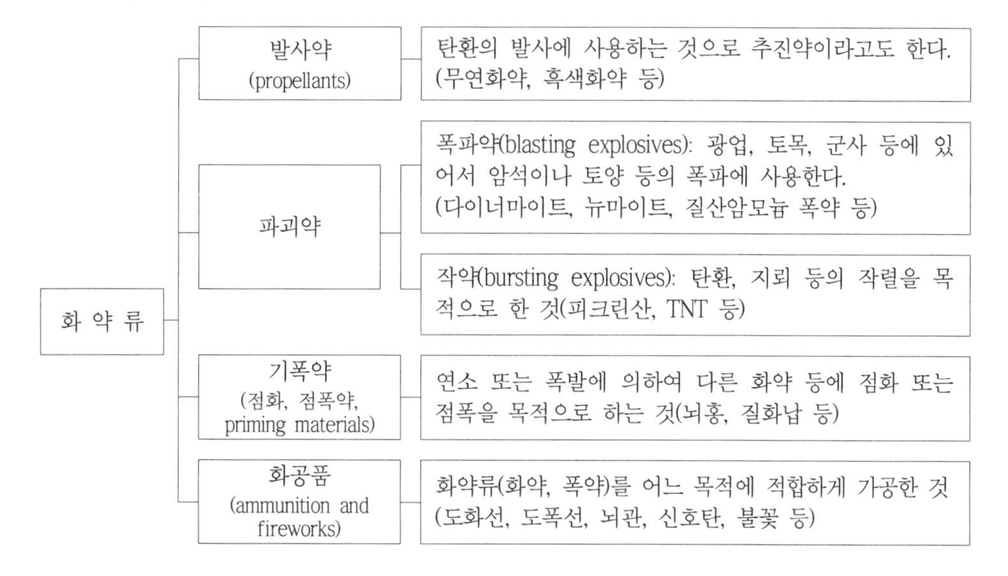

화 약 류
발사약
(propellants)
탄환의 발사에 사용하는 것으로 추진약이라고도 한다.
(무연화약, 흑색화약 등)
파괴약
폭파약(blasting explosives): 광업, 토목, 군사 등에 있어서 암석이나 토양 등의 폭파에 사용한다.
(다이너마이트, 뉴마이트, 질산암모늄 폭약 등)
작약(bursting explosives): 탄환, 지뢰 등의 작렬을 목적으로 한 것(피크린산, TNT 등)
기폭약
(점화, 점폭약, priming materials)
연소 또는 폭발에 의하여 다른 화약 등에 점화 또는 점폭을 목적으로 하는 것(뇌홍, 질화납 등)
화공품
(ammunition and fireworks)
화약류(화약, 폭약)를 어느 목적에 적합하게 가공한 것
(도화선, 도폭선, 뇌관, 신호탄, 불꽃 등)

4. 「총포 · 도검 · 화약류 등의 안전관리에 관한 법률」에 의한 분류

· **화약**: 흑색화약(또는 질산염), 무연화약(또는 질산에스터), 과염소산염, 산화납(또는 과산화바륨), 브로민산염, 크로뮴산납, 황산알루미늄을 주성분으로 하는 화약 등

· **폭약**: 기폭제, 질산염 · 염소산염 · 과염소산염을 주성분으로 하는 폭약, 질산에스터를 주성분으로 하는 폭약(다이너마이트), 나이트로기가 3개 이상이 들어있는 나이트로화합물과 이들을 주성분으로 하는 폭약, 액체산소폭약, 초유폭약, 함수폭약, 면약(12.2% 이상) 등

· **화공품**: 뇌관, 실탄 및 공포탄, 신관 및 화관, 도폭선, 미진동파쇄기, 도화선, 신호염관, 신호용 화공품, 시동약, 꽃불, 장난감용 꽃불, 자동차에어백용 가스발생기 등

⑤ **셀룰로이드**(Celluloid, $[C_6H_7O_2(ONO_2)_3]n$와 $C_{10}H_{16}O$ mixture) - 제2종(100 kg)

· 질화도가 낮은 나이트로셀룰로오스(질소함유량 10.5~11.5 %, 약질화면)에 장뇌[*80]와 알코올을 녹여 교질상태로 만든다. 알코올분을 증발시켜 성형된 것이 셀룰로이드 생지이다.
· 탁구공, 완구, 장식용 필름, 안경테, 문방구, 가정용품 등에 쓰인다.
· 무색 또는 황색의 반투명한 탄력성 있는 고체로 일종의 합성수지와 비슷하다.
· 물에 녹지 않지만 알코올, 아세톤, 질산에스터에 녹는다.
· 60~90 ℃로 가열하면 유연하고 가공하기 쉬워진다.
· 가열하면 140 ℃에서 불투명하게 되고 연기가 발생하며 165 ℃에서 착화한다.
· 장기간 방치된 것은 햇빛, 고온, 고습 등에 의해 분해가 촉진되고 이때 분해열이 축적되면 자연발화의 위험이 있다.
· 밀폐용기가 착화되면 폭발하고 가열에 의해서도 파열한다.
· 극히 착화하기 쉽고, 조각품일수록 위험도가 크다.
· 연소할 때 함유된 장뇌 때문에 심한 악취가 나며 연소할 때 HCN, HCOOH, CO 등 유독성 가스가 발생하므로 소화작업 시 반드시 공기호흡기를 착용해야 한다.

해설 80. 장뇌(camphor)

○ 의약품, 비닐제조, 좀약에 쓰이는 강한 냄새가 나는 밀랍과 같은 흰색이거나 투명한 고체이다.

○ 케톤의 일종, 분자식 $C_{10}H_{16}O$, 녹는점 175 ℃, 끓는점 204 ℃, 인화점 64 ℃, 비중 0.98

○ 승화성이 크며, 알코올, 에터, 벤젠 등 유기용제에는 잘 녹으나 물에는 잘 녹지 않는다. 작은 조각을 물에 띄우면 수면 위를 활발히 돌아다닌다.

○ 천연으로 산출되는 장뇌는 아시아 동부에서 자라는 녹나무에서 얻는다.

○ 셀룰로이드나 화약의 원료로서 수요가 증대됨에 따라 제1차 세계대전 중 독일에 의해서 합성이 이루어져, 전쟁 후에도 생산량이 증가하여 독일은 장뇌의 수출국이 되었다.

○ 의약분야에서는 캠퍼라고 하여 흥분 · 강심제로, 지방유에 녹여 근육주사로 투여한다.

⑥ **질산메틸**(Methyl nitrate, CH_3ONO_2, CH_3NO_3, 초산[125]메틸, 메틸 질산)

```
     H
     |
H — C — O — NO2
     |
     H
```

$H_3C-O-N^{+}(=O)-O^{-}$

· 무색투명한 유독성 · 휘발성 · 방향성 · 폭발성 액체이다.

· 휘발성이 매우 높은 액체이며, 파괴력은 나이트로글리세린과 비슷하다.

· 폭발속도 6,300 m/s, 폭발열 1,446 kcal/kg

· 끓는점 65 ℃(분해 · 폭발), 녹는점 -82 ℃, 비중 1.2, 증기비중 2.65

· 물에는 약간 녹고 알코올에는 잘 녹는다.

· 끓는점 이상 가열하면 폭발하며 제4류 위험물 제1석유류와 같은 위험성을 갖는다.

· CAS번호 598-58-3

⑦ **질산에틸**(Ethyl nitrate, $C_2H_5ONO_2$, $C_2H_5NO_3$, 초산에틸, 에틸 질산)

```
    H   H
    |   |
H — C — C — O — NO2
    |   |
    H   H
```

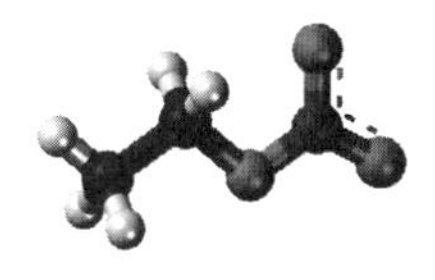

· 단맛이 나는 무색투명한 유독성 · 휘발성 · 방향성 · 폭발성 액체이다.

· 폭발속도 5,800 m/s, 폭발열 993 kcal/kg

· 끓는점 87 ℃, 녹는점 -102 ℃, 비중 1.1, 증기비중 3.1

· 물에는 거의 녹지 않지만 알코올과 대부분의 유기용매에는 용해된다.

· 폭발하한은 3.8 %이며 실온에서도 공기와 쉽게 폭발성 혼합물을 형성한다.

· 아질산(HNO_2), 알칼리 금속과 접촉하면 폭발한다.

· 끓는점 이상 가열하면 폭발하며 제4류 위험물 제1석유류와 같은 위험성을 갖는다.

· CAS번호 625-58-1

125) 초산(硝酸)은 질산(HNO_3)의 일본식 이름이다. 초산(醋酸) = 아세트산

3) 나이트로화합물(Nitro compounds, 니트로화합물)

- 나이트로기($-NO_2$)를 가진 유기 화합물($R-NO_2$)
- 유기 화합물의 탄소와 결합된 수소원자가 나이트로기($-NO_2$)로 치환된 화합물

① **2,4,6-트라이나이트로톨루엔**(2,4,6-Trinitrotoluene, 2,4,6-Trinitrotoluol, **TNT**, T.N.T., $C_7H_5N_3O_6$, $C_6H_2CH_3(NO_2)_3$, 트리니트로톨루엔) - 제1종(10 kg)

· 톨루엔을 진한 질산과 진한 황산의 혼합액으로 나이트로화시키면 만들어진다.

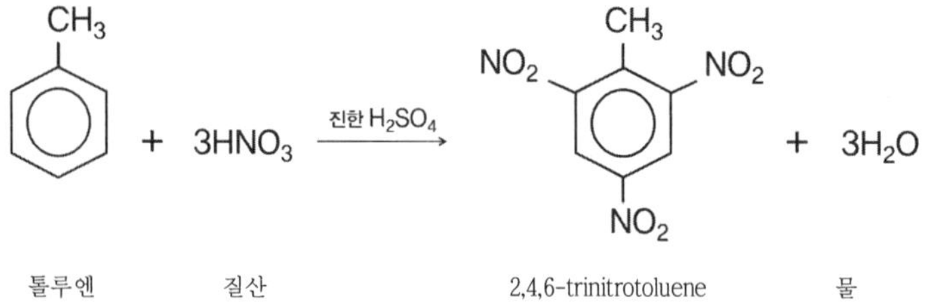

$$C_6H_5CH_3 + 3HNO_3 \xrightarrow{\text{진한 } H_2SO_4} C_6H_2CH_3(NO_2)_3 + 3H_2O$$

톨루엔 질산 2,4,6-trinitrotoluene 물

· 순수한 것은 무색 결정이나 보통은 담황색의 주상 결정이다.
· 햇빛에 의해 다갈색으로 변한다.
· 강력한 폭약이며 폭발력의 기준이 되기도 한다. 다른 나이트로화합물에 비해 폭속(6,900 m/s)이나 폭발력은 상대적으로 낮지만 융점이 적당하고 금속에 작용하지 않으며, 물에 녹지 않고 둔감하며 독성이 없는 등 작약의 조건을 모두 갖추고 있으므로 폭넓게 이용된다.
· 인화점 2 ℃, 녹는점 81 ℃, 끓는점 240 ℃(폭발), 비중 1.66, 폭발열 925 kcal/kg
· 물에 녹지 않고 알코올, 벤젠, 아세톤 등에 잘 녹는다.
· 알칼리와 혼합하고 있는 것은 발화점이 낮아서 160 ℃ 이하에서 폭발한다.
· 분해하면 다량의 기체를 발생한다.

$$2C_7H_5N_3O_6 \longrightarrow 3N_2\uparrow + 2C + 5H_2\uparrow + 12CO\uparrow$$ [126)]

TNT 질소 탄소 수소 일산화탄소

· 환원성 물질과 격렬히 반응하고 강산화제와 혼촉하면 발열, 발화, 폭발한다.
· 분말에 의하여 피부염, 모발의 변색을 일으키며 흡입 또는 피부에 침투하여 구토 · 식욕부진 · 위장 및 간장 장애를 일으킨다. 눈을 자극하며 체내에 침투하면 황달이나 시력장애를 일으킨다.

---

126) $2C_7H_5N_3O_6 \rightarrow 3N_2\uparrow + 7C + 5H_2O + 7CO\uparrow$ 로 표기하는 자료도 있다.

② **피크린산**(Picric acid, 2,4,6-Trinitrophenol, **TNP**, $C_6H_3N_3O_7$, $C_6H_2(NO_2)_3OH$, 피크르산, 트라이나이트로페놀, 트리니트로페놀) - 제1종(10 kg)

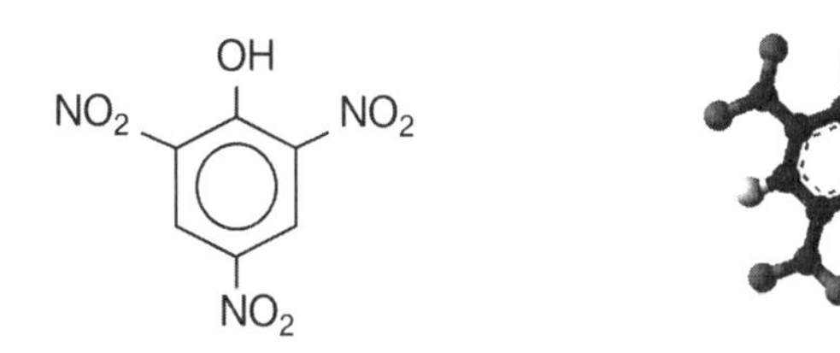

· 순수한 것은 무색이지만 보통 공업용은 휘황색의 침상 결정이다.
· 황색 염료, 농약, 도폭선의 심약, 뇌관의 첨장약, 금속부식제 등으로 사용된다.
· 수용액(강한 산성)은 황색을 띠며 쓴맛과 독성이 있다.
· 인화점 150 ℃, 발화점 300 ℃(폭발), 녹는점 121 ℃, 비중 1.8
· 폭발속도 7,350 m/s, 폭발열 1,000 kcal/kg
· 충격 · 마찰에 비교적 둔감하며 공기 중 자연분해하지 않기 때문에 장기간 저장할 수 있다.
· 물, 에탄올, 아세톤, 에터에 녹는다.
· 금속과 반응하여 H_2를 발생하고, Fe · Pb · Cu · Zn 등의 금속과 화합하여 예민한 금속염(피크린산 염)을 만들며 건조한 것은 폭발 위험이 있다.
· 단독으로 충격 · 타격 · 마찰에 둔감하고 탈 때 검은 연기를 내고 타지만 폭발은 하지 못한다. 그러나 에틸알코올을 혼합한 것은 타격으로 폭발한다.
· 용융하여 덩어리로 된 것은 타격에 의해 폭굉[detonation, 爆轟]을 일으키며 TNT보다 폭발력이 크다.
· 가열하면 300 ℃에서 분해 · 폭발한다.

$$2C_6H_3N_3O_7 \longrightarrow 4CO_2 + 3N_2\uparrow + 2C + 3H_2\uparrow + 6CO\uparrow$$ [127]

TNP　　이산화탄소　질소　탄소　수소　일산화탄소

· 용기는 나무상자가 적당하며, 운반 시에는 수분을 10~20 % 정도 침윤시킨다.

127) 제5류 위험물의 폭발반응식은 복잡하므로 다음과 같이 생성물을 순서대로 암기하는 것이 편리하다.

TNG →	이 물 질 산	(이산화탄소/물/질소/산소)
TNT →	질 탄 수 일	(질소/탄소/수소/일산화탄소)
TNP →	이 질 탄 수 일	(이산화탄소/질소/탄소/수소/일산화탄소)

③ **테트릴**(Tetryl, Tetril, 2,4,6-Tetryl, Nitramine, n-Methyl-n,2,4,6-tetranitroaniline, 2,4,6-trinitrophenylmethylnitramine, $C_7H_5N_5O_8$, $(NO_2)_3C_6H_2N(CH_3)NO_2$, 2,4,6-트라이나이트로페닐메틸나이트라민) - 제1종(10 kg)

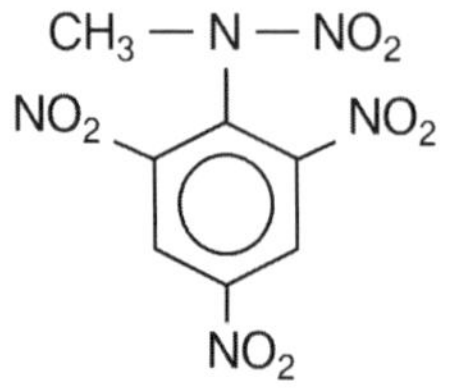

· 담황색의 침상 결정이며 흡습성이 없다.
· 산업용 점폭약, 뇌관의 첨장약으로 사용된다.
· 끓는점 190 ℃(폭발), 녹는점 131 ℃, 비중 1.57, 폭발속도 7,570 m/s
· 물에 녹지 않으나 알코올, 에터, 아세톤, 벤젠 등에 녹는다.
· 피크린산 · TNT보다 충격 마찰에 예민하고 폭발력도 크다.
· 테트릴 65~75 % + TNT 35~25 % 혼합 폭약을 테트리톨이라 한다.

④ **다이노셉**(Dinoseb, 2-sec-Butyl-4,6-dinitrophenol, 4,6-Dinitro-o-sec-butylphenol, 6-(1-Methyl-propyl)-2, $C_{10}H_{12}N_2O_5$, 디노셉)

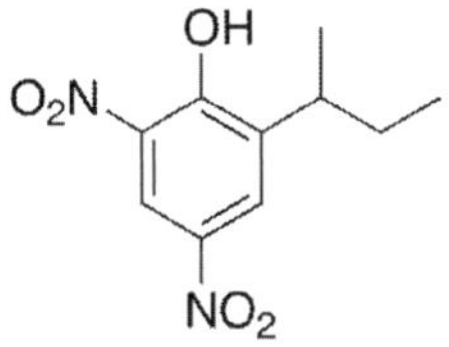

· 노란색에서 주황색까지의 자극성 냄새가 나는 결정이다.
· 인화점 100 ℃, 녹는점 42 ℃, 끓는점 184 ℃, 비중 1.27, 증기비중 8.3
· 살충제(진드기), 제초제, 고엽제로 사용된다.
· 제초제로 사용되었던 다이나이트로페놀(dinitrophenol)의 대용품이었으나 선천적 기형을 유발하는 독성이 보고됨에 따라 미국에서는 1986년에 유통을 금지시켰다.
· 물에는 잘 녹지 않으나 에탄올, 에터, 톨루엔, 자일렌에 녹는다.

⑤ **나이트로메테인**(Nitromethane, Nitrocarbol, CH_3NO_2, 니트로메탄) - 제2종(100 kg)

```
      H
      |
  H - C - NO2
      |
      H
```

· 나이트로화합물 중 가장 간단한 것으으로 점성이 있는 무색투명한 액체이다.

· 인화점 36 ℃, 녹는점 -29 ℃, 끓는점 102 ℃, 발화점 417 ℃, 비중 1.14, 증기비중 2.1, 연소범위 7.3~100 %, 물 용해도 9.5 vol%, 폭발속도 6,290 m/s

· 추출용제, 살충제, 화학 안정제, 화학 중간체, 폭발성 혼합물의 성분, 코팅제, 세척제, 로켓과 경주용 차량 연료, 가솔린첨가제 등에 사용된다.

· 물, 에탄올, 에터, 아세톤, 사염화탄소, 알칼리에 녹는다.

· 알칼리나 이물질 혼입에 의한 폭발 위험이 있고, 발암성 물질이다.

⑥ **나이트로에테인**(Nitroethane, $CH_3CH_2NO_2$, 니트로에탄) - 제2종(100 kg)

```
      H   H
      |   |
  H - C - C - NO2
      |   |
      H   H
```

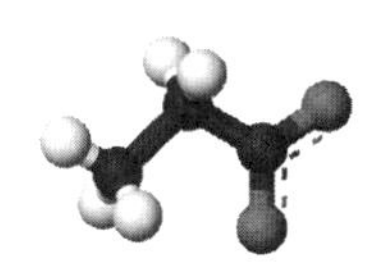

· 무색 기름 형태의 과일 냄새가 약간 나는 약산성 액체이다.

· 인화점 28 ℃, 녹는점 -90 ℃, 끓는점 115 ℃, 발화점 414 ℃, 비중 1.05, 증기비중 2.6, 연소범위 3.4%~ , 물 용해도 9.5 vol%

· 안정제, 농약 원료 등에 사용된다.

· 에탄올, 에터, 클로로폼, 알칼리 수용액에 녹는다.

⑦ **다이나이트로벤젠**(Dinitrobenzene, DNB, **$C_6H_4(NO_2)_2$**, $C_6H_4N_2O_4$, 디니트로벤젠)
- 제2종(100 kg)

· 벤젠의 수소원자 2개가 나이트로기($-NO_2$)로 치환된 방향족 나이트로화합물로서 3가지 이성질체(*o*-, *m*-, *p*-)가 있다.
· 벤젠 또는 나이트로벤젠을 혼산(황산+질산)으로 나이트로화하면
약 90 %의 *m*-DNB가 생성되며 나머지가 *o*-DNB, *p*-DNB이다.

구 분	*o*-DNB (오쏘-다이나이트로벤젠) 1,2-Dinitrobenzene	*m*-DNB (메타-다이나이트로벤젠) 1,3-Dinitrobenzene	*p*-DNB (파라-다이나이트로벤젠) 1,4-Dinitrobenzene
구조식			
비 중	1.565	1.575	1.587
끓는점(℃)	319	303	299
녹는점(℃)	116	90	172
CAS번호	528-29-0	99-65-0	100-25-4
위험물구분	제5류 나이트로화합물-제2종		

· 담황색의 침상 결정 또는 분말로 인화점 150 ℃(o-), 폭발한계 1.8~9.8 %이다.
· 알코올에 녹고 물에 약간 녹는다.
· 질산암모늄 폭약의 예감제, 폭약의 장약, 염료, 유기화학공업의 원료로 사용된다.
· 분말은 공기와 혼합하면 분진 폭발의 가능성이 있다.
· 폭약으로서는 둔감하지만 점화하면 격렬히 연소하고 타격에 의해 폭발한다.
· *m*-다이나이트로벤젠의 폭발속도 6,100 m/s
· 강산화제, 진한질산, 금속분과 혼합하면 발화위험이 있다.

⑧ **다이나이트로톨루엔**(Dinitrotoluene, DNT, Methyldinitrobenzene, $C_6H_3(NO_2)_3CH_3$, $C_7H_6N_2O_4$, 디니트로톨루엔)

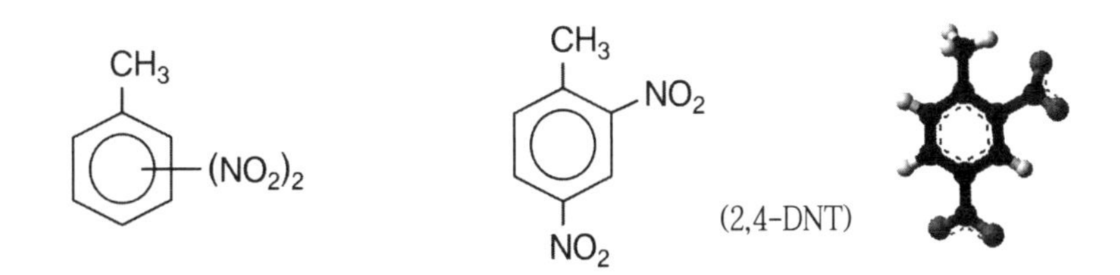

· 톨루엔의 수소원자 2개가 나이트로기(-NO_2)로 치환된 방향족 나이트로화합물로서 6가지 이성질체가 가능하다. 이 중 2,4-DNT 한 가지만 위험물로 등재되어 있고, 2,6-DNT는 비위험물로 등재되어 있다.

· NDT의 이성질체: 2,3-DNT, 2,4-DNT, 2,5-DNT, 2,6-DNT, 3,4-DNT, 3,5-DNT

· 톨루엔을 혼산(황산+질산)과 반응시켜 나이트로화하면 나이트로톨루엔, DNT, TNT 순으로 생성되는데, DNT는 2,4-DNT가 주된 생성물이다.

· 보통 담황색의 결정으로 고체이지만 약하고 독특한 냄새가 난다.

· 유기합성, 화약의 중간체, TNT 합성, 폭약의 예감제, 가소제 등으로 사용된다.

· 인화점 207℃, 녹는점 70.5℃, 끓는점 250℃, 발화점 400℃, 비중 1.32

· 물에는 녹지 않고 알코올, 에터에 녹는다.

· 폭약으로는 둔감하여 폭굉하지 않으므로 질산암모늄과 혼합하여 사용된다.

⑨ **나이트로페놀**(Nitrophenol, $HOC_6H_4NO_2$, $\mathbf{C_6H_5NO_3}$, 니트로페놀)

· 페놀의 수소원자 1개가 나이트로기($-NO_2$)로 치환된 방향족 나이트로화합물로서 3가지 이성질체(*o*-, *m*-, *p*-)가 있다.

구 분	*o*-Nitrophenol (오쏘-나이트로페놀) 1-Hydroxy-2-nitrobenzene 2-Nitrophenol	*m*-Nitrophenol (메타-나이트로페놀) 1-Hydroxy-3-nitrobenzene 3-Nitrophenol	***p*-Nitrophenol** (파라-나이트로페놀) 1-Hydroxy-4-nitrobenzene **4-Nitrophenol**
구조식	OH, NO_2	OH, NO_2	OH, NO_2
비 중	1.657	1.485	1.479
끓는점(℃)	214	194	273
녹는점(℃)	45	97	111.4(승화)
CAS번호	88-75-5	554-84-7	100-02-7
위험물구분	비위험물	-	**니트로화합물(제2종)**

※ 국가위험물통합정보시스템에는 *p*-Nitrophenol만 '나이트로화합물(제2종)'로 등재되어 있고, *o*-Nitrophenol(2-Nitrophenol)은 비위험물로 등재되어 있다.

· 모두 냄새가 없는 황색 결정이다.

· 진통제, 지시약(*m*-nitrophenol은 pH지시약으로 사용되었으나 1995년 일본에서 규격이 폐지되었다), 살균제 등으로 사용된다.

· *p*-나이트로벤젠: 인화점 169℃, 발화점 283℃

· 물에 조금 녹으며, 알코올, 에터, 이황화탄소, 벤젠에 녹는다.

· 분말 상태로 공기와 혼합하면 분진 폭발의 가능성이 있다.

⑩ **다이나이트로페놀**(Dinitrophenol, DNP, Dinofan, **$C_6H_3OH(NO_2)_2$**, $C_6H_4N_2O_5$, 디니트로페놀)

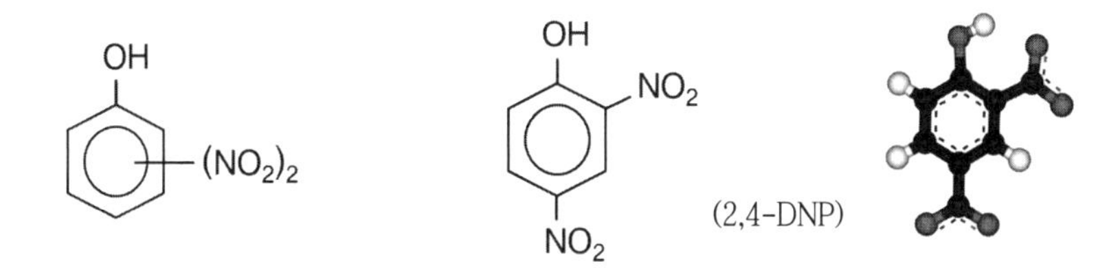

· 페놀의 수소원자 2개가 나이트로기($-NO_2$)로 치환된 방향족 나이트로화합물로서 6가지 이성질체(2,3-DNP, 2,4-DNP, 2,5-DNP, 2,6-DNP, 3,4-DNP, 3,5-DNP)가 있으나 국가위험물통합정보시스템에 등재된 위험물은 2,4-DNP 한 가지이다.
· 달콤하고 곰팡이 냄새가 나는 무색 또는 황색의 결정이다.
· 인화점 0℃, 녹는점 111℃, 끓는점 351℃, 비중 1.683
· 페놀이나 나이트로페놀에 비해 강한 산이다.
· 염료 중간체, 방부제, 피크르산 제조, 살충제, 폭약 등으로 사용된다.
· 물에 녹지 않고 벤젠, 톨루엔, 클로로폼, 알칼리성 수용액에 녹는다.
· 분말 상태로 공기와 혼합하면 분진 폭발의 가능성이 있다.

⑪ **사이클로트라이메틸렌 트라이나이트라민**(Cyclotrimethylene trinitramine, Cyclonite, **RDX**, **Hexogen**, Trimethylenetrinitramine, $C_3H_6N_6O_6$, $(CH_2NNO_2)_3$, 시클로나이트, 사이클로나이트, 트리메틸렌트리니트로아민, **헥소젠**, 헥소겐)

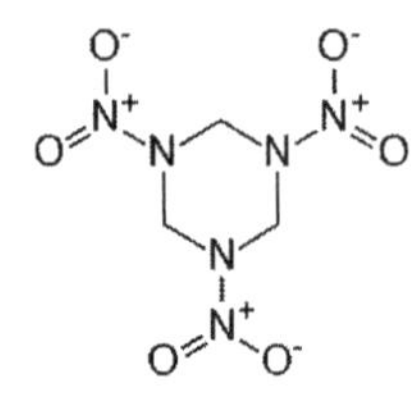

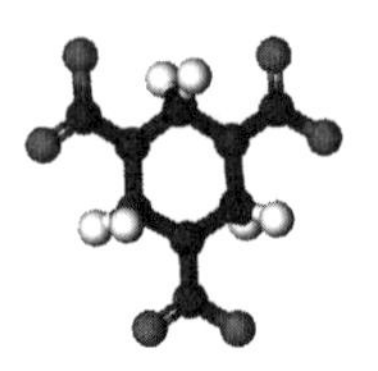

· 독성이 있는 무색 결정이다.
· 가장 강력한 폭발력을 지닌 군용폭약 중 하나이다.
· 녹는점 205℃, 끓는점 234℃, 비중 1.82, 폭발속도 8,750 m/s
· 물에는 녹지 않고 아세톤에 녹는다.
· 저장이 편리하고 다른 폭발물, 가소제, 둔감제 등과 혼합하여 사용된다.
· 전폭약, 뇌관의 기본 장약에 사용된다. 융점이 높아서 단독으로 사용하기는 어렵지만, 다른 폭약과 혼합하거나 유지나 왁스와 혼합해 이용한다.
· 신경을 경련시키는 독성이 있어 분진은 유독하다.
· 폭약적 성질은 PETN(PentaErythritol TetraNitrate, 펜트라이트)과 유사하며, 테트릴보다 강력하다.

4) 나이트로소화합물(Nitroso compounds, 니트로소화합물)

- 나이트로소기(-NO)를 가진 유기 화합물(R-N=O)
- 유기 화합물의 탄소와 결합된 수소원자가 나이트로소기(-NO)로 치환된 화합물

① N,N′-다이나이트로소펜타메틸렌테트라민(N,N'-Dinitrosopentamethylene tetramine, DNPT, Cellmic A, $C_5H_{10}N_4(NO)_2$, $C_5H_{10}N_6O_2$) - 제2종(100 kg)

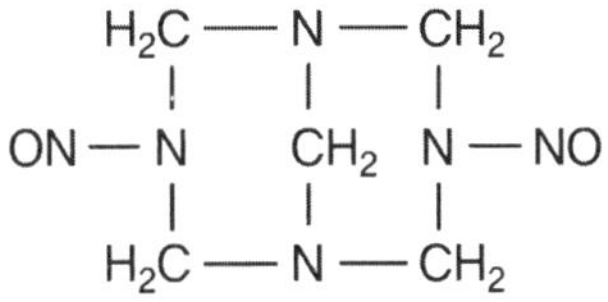

```
       H2C — N — CH2
        |    |    |
 ON — N    CH2   N — NO
        |    |    |
       H2C — N — CH2
```

· 담황백색의 분말로서 가열하거나 산을 가하면 폭발하기 쉽다.
· 스폰지 · 고무 · 플라스틱의 발포제로 가장 오래전부터 사용되어 왔다.
· 녹는점 190 ℃, 분해온도 203 ℃, 비중 1.45
· 물, 벤젠, 알코올, 아세톤에는 조금 녹으며, 석유, 휘발유에는 녹지 않는다.

② N-나이트로소페닐하이드록실아민알루미늄(Aluminum N-nitrosophenyl-hydroxyl amine, $(C_6H_5N_2O_2)_3Al$) - 제2종(100 kg)

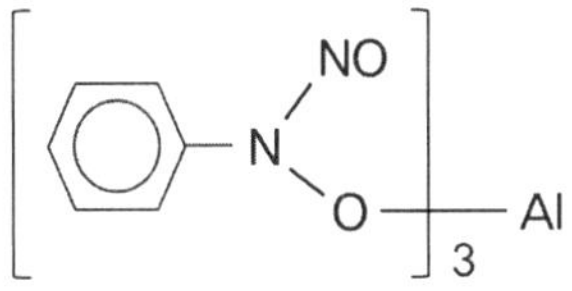

$$\left[C_6H_5-N(NO)-O \right]_3 Al$$

· 연한 황갈색 분말이다.
· 열중합 금지제, 열안정제, 경화지연제 등으로 사용된다.
· 녹는점 160 ℃(분해), 비중 1.389
· 물에는 녹지 않으며, 유기용제에 녹는다.

5) **아조화합물**(Azo compounds)

- 아조기(-N=N-)를 가진 유기 화합물
- 제조공정은 불안하나 완성품은 안정하다. 주로 염료로 쓰인다.

① **아조다이카본아마이드**(Azodicarbonamide, Azobisformamide, 1,1′-Azobisform amide, Diazenedicarboxamide, $NH_2CON=NCONH_2$, $C_2H_4N_4O_2$, 아조디카본아미드, 아조비스폼아미드, 디아젠디카복시아미드, 폼아마이드) - 제2종(100 kg)

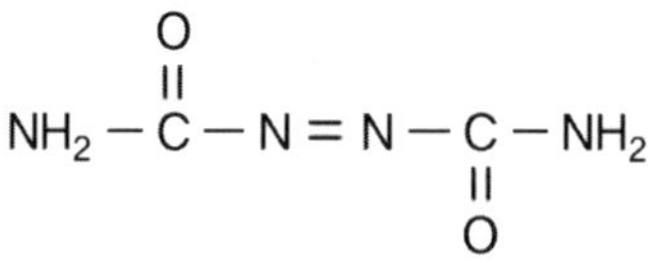

$$NH_2-\underset{}{\overset{\overset{\displaystyle O}{\|}}{C}}-N=N-\underset{\underset{\displaystyle O}{\|}}{C}-NH_2$$

· 담황색 또는 오랜지색의 분말로 무독성이며 물보다 무겁다.
· 고무 · 합성수지의 발포제, 식품 첨가제(E927), 밀가루 표백제 등으로 사용된다.
· 녹는점 205 ℃ 에서 분해하여 다량의 가스를 발생한다. 비중 1.65
· 발포공정에 있어서는 폭발적으로 분해할 위험이 있다.
· 건조상태, 고농도의 높은 고온에서 매우 위험하고 강한 타격에 의해서도 위험하다.
· 물에는 녹지 않으며, 에틸알코올, 에터, 벤젠에는 잘 녹는다.

② **아조비스아이소뷰티로나이트릴**(Azobisisobutyronitrile, 2,2′-Azobisisobutyronitrile, AIBN, 2,2′-Azobis(2-methylpropanenitrile), $(CH_3)_2C(CN)N=NC(CH_3)_2CN$, $C_8H_{12}N_4$) - 제2종(100 kg)

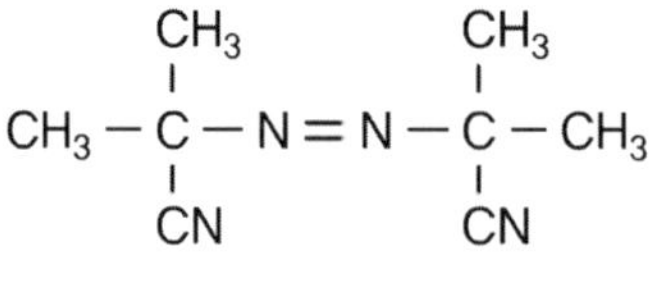

$$CH_3-\underset{\underset{\displaystyle CN}{|}}{\overset{\overset{\displaystyle CH_3}{|}}{C}}-N=N-\underset{\underset{\displaystyle CN}{|}}{\overset{\overset{\displaystyle CH_3}{|}}{C}}-CH_3$$

· 백색 결정성 분말로 물에 잘 녹지 않고 알코올, 에터에 녹는다.
· 중합 개시제, 고무 · 합성수지의 발포제 등으로 사용된다.
· 발화점 64 ℃, 녹는점 102 ℃, 비중 1.1
· 녹는점에서 분해하여 많은 가스를 발생하며 일부 유독성 가스(HCN)를 낸다.

③ **2,2′-아조비스-(2-아미노프로판)다이하이드로클로라이드**(2,2′-Azobis-(2-aminopropane)dihydrochloride, $C_8H_{18}N_6 \cdot 2HCl$, 2,2'-아조비스(2-아미노프로판)이염산염)

$$HCl-NH=C(NH_2)-C(CH_3)_2-N=N-C(CH_3)_2-C(NH_2)=NH-HCl$$

· 담황색의 결정으로 물에 녹고 알코올, 아세톤에 잘 녹지 않는다.
· 합성수지의 수용성 중합개시제로 사용된다.
· 녹는점 178℃, 인화점 115℃

④ **아조벤젠**(Azobenzene, $C_6H_5N=NC_6H_5$, $C_{12}H_{10}N_2$)

$$C_6H_5-N=N-C_6H_5$$

· 적색 또는 오렌지색의 결정으로 트랜스(trans)형과 시스(cis)형이 있다.
· 염료, 액정의 광스위치 등으로 사용된다.
· 트랜스아조벤젠: 등적색 결정, 녹는점 68℃, 끓는점 293℃, 인화점 476℃
· 시스아조벤젠: 트랜스아조벤젠의 용액에 빛을 비추면 시스형으로 이성화되며, 불안정하여 실온에서 다시 안정한 트랜스형으로 된다.

trans-azobenzene $\underset{h\nu' \text{ or heat}}{\overset{h\nu}{\rightleftharpoons}}$ *cis*-azobenzene

· 물에 녹지 않으며, 알코올, 에터, 아세트산 등 유기용제에 잘 녹는다.

6) **다이아조화합물**(Diazo compounds, 디아조화합물)

- 다이아조기(=N_2)를 가진 유기 화합물
- 빛, 자외선에 의해 분해되기 쉽고, 유기과산화물과 비슷한 위험성을 갖는다.
- 반응성이 대단히 풍부하여 유기합성에 중요한 물질이다.

① **다이아조다이나이트로페놀**(Diazodinitrophenol, DDNP, Dinol, $C_6H_2ON_2(NO_2)_2$, $C_6H_2N_4O_5$)

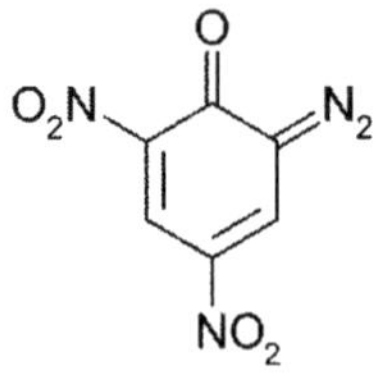

· 빛나는 황색의 미세한 분말 또는 결정이다.
· 물에는 녹지 않고 탄산칼슘($CaCO_3$), 수산화나트륨(NaOH) 용액에 녹는다.
· 기폭제, 점폭약, 공업용 뇌관 등으로 이용된다.
· 발화점 170 ℃, 비중 1.63, 폭발속도 6,600 m/s
· 매우 예민한 물질로서 건조한 상태에서는 낮은 압력을 가하거나 가열하면 폭발하므로, 40% 이상의 물 또는 물-알코올 혼합물과 함께 보관한다.

※ DDNP는 나이트로기(-NO_2)와 다이아조기(=N_2)를 동시에 갖고 있어
나이트로화합물로 분류하거나 다이아조화합물로도 분류할 수 있다.
(국가위험물통합정보시스템에는 나이트로화합물로 분류되어 있다.)
위험물을 분류하는 기준은 '화재위험성'이므로
이러한 전통적인(일본식) 분류는 법의 목적과 현재의 기술상황에 맞게 개선할 필요성이 있다.

7) **하이드라진 유도체**(Hydrazine derivatives, 히드라진 유도체)

- 하이드라진(N_2H_4)은 제4류 위험물(제2석유류, 수용성)이지만,
  하이드라진으로부터 유도된 화합물은 제5류 위험물의 한 품명으로 정하고 있다.
  그러나 제5류 위험물에 해당하지 않거나 비위험물인 것이 더 많이 존재하므로,
  위험물 판정을 위해서는 판정시험 결과를 바탕으로 하여야 한다.
  (☞ '하이드라진 유도체'를 단독 품명으로 분류하는 것은 의미가 없다)
- 폭발성, 강한 환원성 물질로 불안정하고 연소속도가 빠르다.

① **황산하이드라진**(Hydrazine sulfate, Hydrazinium hydrogensulfate, Segidrin, Sehydrin, $NH_2NH_2 \cdot H_2SO_4$, $N_2H_4 \cdot H_2SO_4$, $N_2H_6SO_4$, $[N_2H_5]^+[HSO_4]^-$)

$$\left[H_2N{-}\overset{+}{N}H_3 \right]\left[HO{-}S(=O)_2{-}O^- \right]$$

· 무색무취의 결정 또는 백색의 결정성 분말이다.
· 플라스틱 발포제, 농약, 중합촉매, 합성수지, 의약품(항암제) 등으로 사용된다.
· 녹는점 254 ℃(분해), 비중 1.37
· 강력한 산화제이며 피부접촉 시 부식성이 강하고 유독하다.
· 온수에 용해하기 쉬우나 알코올에는 녹지 않는다.

② **메틸하이드라진**(Methylhydrazine, Monomethylhydrazine, Hydrazomethane, CH_3NHNH_2, CH_6N_2) - 제2종(100 kg)

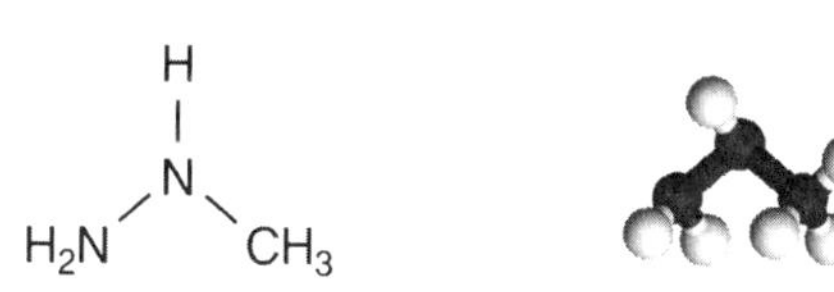

· 암모니아 냄새가 나는 무색투명한 폭발성 · 맹독성 · 부식성 액체이다.
· 농약 · 의약의 원료, 미사일 추진제, 고분자 첨가제, 사진 약품 등에 사용된다.
· 인화점 1 ℃, 발화점 196 ℃, 녹는점 -52.4 ℃, 끓는점 87.5 ℃, 비중 0.87,
  증기비중 1.59, 폭발한계 2.5~92 %

· 저분자량 알코올에 모든 비율로 녹는다.
· 공기 중에서 물을 흡수해 흰 연기를 발생하고 자연발화한다.
· 목재, 옷감, 석면, 흙 등의 다공성 물질과 접촉하면 공기 중에서 자연발화한다.
· 35 % 이하의 수용액은 인화 위험성이 없으나 고농도의 용기는 항상 질소로 밀봉해 보관한다.

③ **2,4-다이나이트로페닐하이드라진**(2,4-Dinitrophenylhydrazine, $(NO_2)_2C_6H_3NHNH_2$, $C_6H_6N_4O_4$, 2,4-디니트로페닐히드라진, 2,4-DNPH, 2,4-DNP)

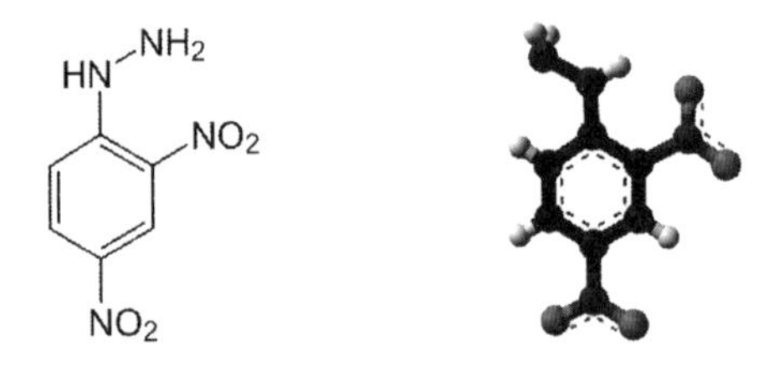

· 보라색 형광을 나타내는 등적색의 분말이다.
· 카보닐기의 확인 시약(Brady 시약)[128]으로 사용된다. 녹는점 198 ℃
· 충격과 마찰에 민감하여 젖은 상태로 보관하며, 건조하면 폭발할 수 있다.

※ 2,4-DNPH는 나이트로기(-NO_2)를 갖고 있어 나이트로화합물로도 분류될 수 있다.
(국가위험물통합정보시스템에는 하이드라진 유도체로 분류되어 있다.)
위험물을 분류하는 기준은 '화재위험성'이므로
이러한 전통적인(일본식) 분류는 법의 목적과 현재의 기술상황에 맞게 개선할 필요성이 있다.

128) 브래디(Brady 시약: 메탄올과 진한 황산을 함유한 용액에 DNPH를 용해시켜 제조하는 것으로 케톤과 알데하이드를 검출하는 데 사용된다.

④ 그 밖의 하이드라진 유도체

- 염산하이드라진(Hydrazine hydrochloride, N_2H_4HCl) - 제2종(100 kg)
  ⇒ 백색 결정성 분말, 녹는점 89 ℃, 끓는점 240 ℃(분해)
- 황산다이하이드라진(Hydrazine hemisulfate salt, $H_{10}N_4O_4S$) - 제2종(100 kg)
  ⇒ 실험시약으로 사용되는 흰색 결정, 녹는점 85 ℃, 분해온도 180 ℃
- N,N-다이메틸하이드라진(N,N-Dimethylhydrazine, $C_2H_8N_2$) - 제2종(100 kg)
  ⇒ 담황색의 투명한 액체, 인화점 15 ℃, 끓는점 63 ℃, 비중 0.78
- p,p′-옥시비스(벤젠설포닐하이드라자이드)(p,p'-Oxybis(benzenesulfonyl hydrazide), 4,4′-Oxydibenzenesulfonylhydrazide, $O(C_6H_4SO_2NHNH_2)_2$) - 제2종(100 kg)
  ⇒ 플라스틱 발포제로 사용되는 백색 미분말, 분해온도 155 ℃
- 티오세미카바자이드(Thiosemi carbazide, Hydrazinecarbothioamide, $NH_2CSNHNH_2$) - 제2종(100 kg)
  ⇒ 의약 · 농약 원료로 사용되는 백색 결정, 분해온도 180 ℃
- 3-메틸-5-피라졸론(3-Methyl-5-pyrazolone, $C_4H_6N_2O$) - 제2종(100 kg)
  ⇒ 방청제, 방식제로 사용되는 백색 결정, 녹는점 215 ℃
- *p*-톨루엔설포닐하이드라지드(*p*-Toluenesulfonyl hydrazide, TSH, $C_7H_{10}N_2O_2S$) - 제2종(100 kg)
  ⇒ 고무의 발포제로 사용되는 백색 미분말, 분해온도 105 ℃
- 티오카보하이드라지드(Thiocarbohydrazide, Thiocarbazide, $N_2H_3CSN_2H_3$, 티오카바지드)
  ⇒ 사진약 원료로 사용되는 백색 또는 담황색 결정, 분해온도 166 ℃
- 4-나이트로페닐하이드라진((4-Nitrophenyl)hydrazine, $C_6H_7N_3O_2$)

※ 비위험물에 해당하는 하이드라진 유도체

	명 칭	영문명	분자식	CAS NO.
1	펜타플루오로페닐하이드라진	Pentafluorophenylhydrazine	$C_6F_5NHNH_2$	828-73-9
2	3-플루오로페닐하이드라진 하이드로클로라이드	3-Fluorophenylhydrazine hydrochloride	$FC_6H_4NHNH_2 \cdot HCl$	2924-16-5
3	1,2-다이아세틸히드라진	1,2-Diacetylhydrazine	$CH_3CONHNHCOCH_3$	3148-73-0
4	4-(트라이플루오로메톡시)페닐 하이드라진 하이드로클로라이드	4-(Trifluoromethoxy)phenyl hydrazine hydrochloride	$CF_3OC_6H_4NHNH_2 \cdot HCl$	133115-72-7
5	4-(트라이플루오로메틸)페닐 하이드라진	4-(Trifluoromethyl)phenyl hydrazine	$CF_3C_6H_4NHNH_2$	368-90-1
6	하이드라진 모노브로민화수소	Hydrazine monohydrobromide	$H_2NNH_2 \cdot HBr$	13775-80-9
7	2,4,6-트라이클로로페닐 하이드라진	2,4,6-Trichlorophenyl hydrazine	$C_6H_5Cl_3N_2$	5329-12-4
8	하이드라진 아세트산	Hydrazine acetate	$H_2NNH_2 \cdot CH_3CO_2H$	13255-48-6
9	2-풀로일하이드라진	2-Furoylhydrazine	$C_5H_6N_2O_2$	3326-71-4
10	2-하이드라진벤조티아졸	2-Hydrazinobenzothiazole	$C_7H_7N_3S$	615-21-4
11	인산하이드라진	Hydrazine phosphate	$N_2H_4 \cdot H_3PO_4$	23488-13-3
12	염화페닐하이드라지늄	Phenylhydrazinium chloride	$C_6H_5NHNH_2.HCl$	59-88-1

※ 제4류 위험물에 속하는 하이드라진 유도체

○ 다이메틸하이드라진(Dimethylhydrazine, $(CH_3)_2N_2H_2$)

⇒ 제4류 위험물 제1석유류(수용성), 지정수량 400 L

· 무색 또는 담황색의 투명한 유독성 · 흡습성 액체이다.

· 인화점 -10 ℃, 발화점 249 ℃, 녹는점 -58 ℃, 끓는점 60 ℃, 비중 0.78

○ 가수하이드라진(Hydrazine monohydrate, 하이드라진수화물, $N_2H_4 \cdot H_2O$)

⇒ 제4류 제3석유류(수용성), 지정수량 4,000 L

· 무채색의 액체로 암모니아 냄새가 나는 맹독성 물질이다.

· 인화점 73 ℃, 녹는점 -51 ℃, 끓는점 120 ℃, 비중 1, 증기비중 1.7

○ 페닐하이드라진(Phenylhydrazine, Hydrazinobenzene, $C_6H_5NHNH_2$)

⇒ 제4류 제3석유류(비수용성), 지정수량 2,000 L

· 악취가 나며 무색 또는 흰색의 기름형태의 독성 · 폭발성 액체이다.

· 인화점 89 ℃, 발화점 174 ℃, 녹는점 18 ℃, 끓는점 53 ℃, 비중 1.1, 증기비중 3.7

○ 메틸(1-)-1-페닐하이드라진(Methyl(1-)-1-phenylhydrazine, $CH_3C_6H_5N_2H_2$)

⇒ 제4류 제3석유류(비수용성), 지정수량 2,000 L

· 특이한 향기가 나는 부식성 · 자극성의 갈색~노란색의 액체이다.

· 인화점 92 ℃, 끓는점 224 ℃, 비중 1.04

8) 하이드록실아민(Hydroxylamine, Hydroxyazane, Amionl, Azanol, **NH_2OH**, H_3NO, 히드록실아민, 하이드록시아제인, 아미놀, 아제놀) - **제2종(100 kg)**

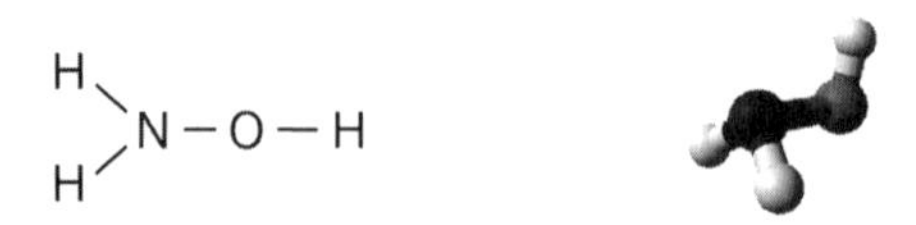

· 암모니아의 산화된 유도체로 무기 화합물이다.

· 순수한 것은 조해되기 쉽고 독성이 있는 무색의 바늘 모양의 불안정한 결정이나 대부분 수용액 상태로 사용된다.

· 유기합성, 사진정착액, 로켓추진제 연료 등으로 사용된다.

· 인화점 129 ℃, 녹는점 33 ℃, 끓는점 58 ℃(분해), 비중 1.22

· 고체인 경우 실온에서 불안정하여 $NH_3 + N_2 + H_2O$ 로 되고 일부는 N_2O가 되기도 한다.

· 공기 중에서 가열하면 폭발하여 질소가스와 수증기를 발생한다.

$$4NH_2OH + O_2 \longrightarrow 2N_2\uparrow + 6H_2O\uparrow$$

하이드록실아민 산소 질소 물

· 화학적으로는 암모니아와 비슷하며, 수용액은 강알칼리성으로 환원제로 쓰인다.

· 50 % 수용액은 무색투명하며, 비중은 1.12, 끓는점은 116 ℃(분해)이다.

· 1999년 이래로 50 % 수용액이 철 또는 철 이온에 의해(정확한 이유는 알려지지 않음) 분해되어 폭발한 사고사례가 일본에서 수 차례 보고됨에 따라 우리나라에서도 하이드록실아민이나 하이드록실아민염류를 취급하는 설비에는 철이온 등의 혼입을 방지하거나 안전거리를 강화하는 등의 조치를 2004년 7월 7일 「위험물안전관리법 시행규칙」 제정 시부터 법적으로 강제하고 있다.

· CAS번호 7803-49-8

※ 하이드록실아민의 안전관리 관련 법령상 표현

(위험물안전관리법 시행규칙 별표4.XII.4. '히드록실아민등의 제조소 특례')

> ※ 제5류 위험물 중 하이드록실아민·하이드록실아민염류 또는 이중 어느 하나 이상을 함유하는 것(이하 "하이드록실아민등"이라 한다)
>
> 가. 지정수량 이상의 하이드록실아민등을 취급하는 제조소의 위치는 Ⅰ제1호가목부터 라목까지의 규정에 따른 건축물(주거용 건축물, 학교·병원·극장, 문화재, 가스시설)의 벽 또는 이에 상당하는 공작물의 외측으로부터 해당 제조소의 외벽 또는 이에 상당하는 공작물의 외측까지의 사이에 다음 식에 의하여 요구되는 거리 이상의 안전거리를 둘 것
>
> $$D = 51.1\sqrt[3]{N}$$
>
> D : 거리(m)
>
> N : 해당 제조소에서 취급하는 하이드록실아민등의 지정수량의 배수
>
> 나. 가목의 제조소의 주위에는 다음의 기준에 적합한 담 또는 토제(土堤)를 설치할 것
>
> 1) 담 또는 토제는 해당 제조소의 외벽 또는 이에 상당하는 공작물의 외측으로부터 2 m 이상 떨어진 장소에 설치할 것
> 2) 담 또는 토제의 높이는 하이드록실아민등을 취급하는 부분의 높이 이상으로 할 것
> 3) 담은 두께 15 ㎝ 이상의 철근콘크리트조·철골철근콘크리트조 또는 두께 20 ㎝ 이상의 보강콘크리트블록조로 할 것
> 4) 토제의 경사면의 경사도는 60도 미만으로 할 것
>
> 다. 하이드록실아민등을 취급하는 설비에는 하이드록실아민등의 온도 및 농도의 상승에 의한 위험한 반응을 방지하기 위한 조치를 강구할 것
>
> 라. 하이드록실아민등을 취급하는 설비에는 **철 이온** 등의 혼입에 의한 위험한 반응을 방지하기 위한 조치를 강구할 것

※ 일반취급소에서도 이를 준용한다. 별표16.XII.2.

(위험물안전관리법 시행규칙 별표5.VIII.4. '하이드록실아민등의 옥내저장소 특례')

> 하이드록실아민등을 저장 또는 취급하는 옥내저장소에 대하여 강화되는 기준은 하이드록실아민등의 온도의 상승에 의한 위험한 반응을 방지하기 위한 조치를 강구하는 것으로 한다.

(위험물안전관리법 시행규칙 별표6.XI.3. '하이드록실아민등의 옥외탱크저장소 특례')

> 가. 옥외탱크저장소에는 하이드록실아민등의 온도의 상승에 의한 위험한 반응을 방지하기 위한 조치를 강구할 것
>
> 나. 옥외탱크저장소에는 철 이온 등의 혼입에 의한 위험한 반응을 방지하기 위한 조치를 강구할 것

※ 옥내탱크저장소(별표7.Ⅱ.), 지하탱크저장소(별표8.Ⅳ.3), 이동탱크저장소(별표10.Ⅹ.3)에서도 이를 준용한다.

9) **하이드록실아민염류**(히드록실아민염류)

- 하이드록실아민과 산의 화합물, 하이드록실아민으로부터 유도된 화합물

① **황산하이드록실아민**(Hydroxylamine sulfate, Hydroxylammonium sulfate, $(NH_3OH)_2SO_4$, $(NH_2OH)_2H_2SO_4$, 하이드록실암모늄황산염, 하이드록실아민황산염) - 제2종(100 kg)

$$\left[H_3N^{+}\text{—}OH \right]_2 \left[SO_4 \right]^{2-}$$

· 암모니아 냄새가 나는 무채색 또는 흰색의 고체이다.

· 분해점 120 ℃, 녹는점 170 ℃, 비중 1.88

· 가열하면 120 ℃에서 분해가 시작되고, 170 ℃ 이상에서 폭발적으로 분해한다.

· 강력한 환원제인 동시에 완만한 산화제이기도 하다.

· 물에 매우 잘 녹으며, 수용액은 강산성으로 금속(철, 동, 알루미늄 등)을 부식시키고 금속과 접촉하면 수소가스가 발생되므로 스테인리스제, 또는 폴리에틸렌 내장의 용기에 보관한다.

② **염산하이드록실아민**(Hydroxylamine hydrochloride, Hydroxylammonium chloride, NH_3OHCl, 하이드록실암모늄염산염, 하이드록실아민염산염) - 제2종(100 kg)

$$\left[H_3N^{+}\text{—}OH \right]^{+} Cl^{-}$$

· 백색 결정으로 습한 공기 중에서 서서히 분해한다.

· 녹는점 152 ℃(분해), 비중 1.67

· 115 ℃ 이상으로 가열하면 폭발하는 경우가 있다.

· 그 밖의 성질은 황산하이드록실아민과 유사하다.

10) 금속의 아지화합물(Azide)

- 아자이드화수소(HN_3)의 수소가 금속으로 치환된 것($-N_3$기[azido]를 갖는 화합물)
- 불안정하며 폭발성이 있는데 은, 수은, 납, 구리 등의 염은 특히 격렬하다. 알칼리 및 알칼리토금속의 염은 폭발성이 없고 가열하면 온화하게 분해하여 질소와 금속이 된다.
- 납을 비롯한 각종 중금속의 아자이드화물은 뇌관, 신관 등의 기폭제로 사용된다.

① **아지화나트륨**(Sodium azide, NaN_3, 나트륨아자이드) - 제1종(10 kg)

· 맹독성을 갖는 무색무취의 소금 모양 결정이다, 비중 1.846
· 자동차에어백 추진제[129], 살충제, 뇌관, 항공기의 안전슈트 등에 사용된다.
· 물에 잘 녹고, 에터에는 녹지 않는다. 수용액은 알칼리성이다.
· 가열하면 275 ℃에서 격렬히 분해하여 질소와 나트륨이 된다.

$$\underset{\text{나트륨아자이드}}{2NaN_3} \longrightarrow \underset{\text{나트륨}}{2Na} + \underset{\text{질소}}{3N_2\uparrow}$$

② **아지화납**(Lead(Ⅱ) azide, $Pb(N_3)_2$, PbN_6, 납아자이드, 아지드화납Ⅱ)

· 순수한 것은 무색 결정이나 햇빛에 의해 갈색으로 변한다.
· 기폭제, 포탄의 뇌관으로 사용되며 가열, 충격, 마찰 등에 쉽게 폭발한다.
· 녹는점 350 ℃(발화점), 비중 4.7, 폭발속도 5,180 m/s
· 일단 점화하면 순간적으로 폭발하고 물속에서도 폭발한다.
· 구리, 아연, 카드뮴과 반응하여 이들의 아자이드를 만들며, 특히 구리와 접촉하면 매우 격렬하게 반응하므로 뇌관을 만들 때 구리관체의 사용을 금한다.
· 매우 민감하므로 고무용기로 절연하여 물속에 저장한다.

---

129) 자동차 에어백: 차량에 충격이 가해지게 되면, 전자기계적으로 나트륨아자이드에 열이 가해지며 가열된 나트륨아자이드는 폭발 분해되어 공기의 주성분인 질소가스와 금속성 나트륨을 발생시킨다. 화상의 우려가 되는 나트륨 성분은 실리카나 산화철에 의해 제거된다.
차를 폐차시킬 경우 에어백을 분리하여 쌓아두거나 차와 함께 분쇄해 버릴 수도 있다. 분쇄하며 물을 뿌리는 경우는 매우 위험하다. 에어백 용기가 부서질 경우 나트륨아자이드는 토양에 누출되며 나트륨아자이드 더스트를 발생시킨다.

11) 질산구아니딘(Guanidine nitrate, $C(NH_2)_3NO_3$, $CH_5N_3 \cdot HNO_3$, $CH_5N_3 \cdot xHNO_3$, $CH_6N_4O_3$)

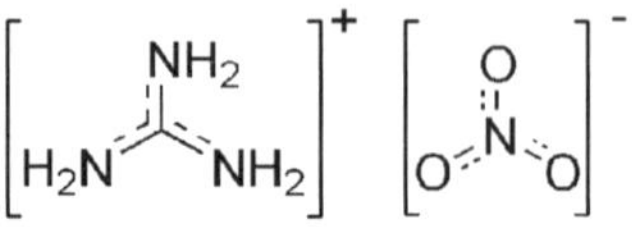

· 질산(HNO_3)과 구아니딘[$C(NH)(NH_2)_2$ 또는 $HN{=}C(NH_2)_2$]의 화합물이다.
· 백색 결정으로서 매우 강한 산화제이다.
· 연소 시 낮은 화염온도와 높은 가스방출력을 가진 물질이므로 모형 헬리콥터 · 모형 비행기의 일원추진제[130], 고체연료, 작약의 혼합성분, 자동차 에어백의 질소 기체를 발생시키는 추진제 성분으로 쓰인다.
· 녹는점 214℃, 비중 1.436
· 가열, 충격, 마찰에 의하여 분해 · 폭발한다.
· 연소하면 독성 · 부식성 물질인 질산, 질소산화물을 생성한다.
· 물, 알코올에 녹고, 아세톤, 벤젠, 에터에는 녹지 않는다.

130) 일원추진제: 로켓용 액체 추진약의 하나로 연료와 산화제가 하나로 섞인 추진제 (단일추진제, 단원 추진약, 일원 추진제, monopropellant)

6 제6류 위험물

- 산화성 액체(oxidizing liquid)이다.

  ⇨ 액체로서 산화력의 잠재적인 위험성 또는 충격에 민감성을 가진 것

1 품명 및 지정수량

품 명	지정수량	설 명
1. 과염소산	300 kg	$HClO_4$
2. 과산화수소		H_2O_2, 농도가 36 wt% 이상인 것
3. 질산		HNO_3, 비중이 1.49 이상인 것
4. 그 밖에 행정안전부령이 정하는 것		할로젠간화합물
5. 위의 어느 하나 이상을 함유한 것	300 kg	

모두 위험등급 Ⅰ이다.

※ 제6류 위험물 요약

품 명	지정수량	위험등급
과염소산, 과산화수소, 질산, 할로젠간화합물	300 kg	Ⅰ

2 일반성질

1) 모두 불연성 물질이지만 다른 물질의 연소를 돕는 산화성 · 지연성 액체이다.
2) 산소를 많이 함유하고 있으며(할로젠간화합물은 제외) 물보다 무겁고 물에 잘 녹는다.
3) 증기는 유독하며(과산화수소 제외) 피부와 접촉 시 점막을 부식시키는 유독성 · 부식성 물질이다.
4) 염기와 반응하거나 물과 접촉할 때 발열한다.
5) 강산화성 물질(제1류 위험물)과 접촉 시 발열하고 폭발하며 이때 가연성 물질이 혼재되어 있으면 혼촉발화의 위험이 있다.

3 저장 및 취급 방법

1) 용기의 파손, 변형, 전도 방지
2) 용기 내 물, 습기의 침투 방지
3) 가연성 물질, 강산화제, 강산류와의 접촉 방지
4) 가열에 의한 유독성 가스의 발생 방지

※ 제6류 위험물의 안전관리 관련 법령상 표현

(위험물안전관리법 시행규칙 별표18.Ⅱ.6. '저장 · 취급의 공통기준')

가연물과의 접촉 · 혼합이나 분해를 촉진하는 물품과의 접근 또는 과열을 피하여야 한다.

(위험물안전관리법 시행규칙 별표19.Ⅱ.5.가. '적재 시 일광의 직사 방지조치')

제6류 위험물 전부 ⇒ 차광성 있는 피복으로 가릴 것

(위험물안전관리법 시행규칙 별표19.Ⅱ.6.[부표2] '적재 시 혼재기준')

지정수량의 1/10을 초과하여 적재하는 경우, 제6류 위험물은 제2류 · 제3류 · 제4류 · 제5류 위험물과 혼재할 수 없으며, 제1류 위험물과는 혼재할 수 있다.

(위험물안전관리법 시행규칙 별표19.Ⅱ.8. '운반용기 외부에 표시하는 주의사항')

제6류 위험물 전부 ⇒ "가연물접촉주의"

4 화재진압 방법

1) 화재 시 가연물과 격리한다.
2) 소량화재는 다량의 물로 희석할 수 있지만 원칙적으로 물을 사용하지 말아야 한다.
3) 유출 시 마른 모래나 중화제로 처리한다.
4) 화재진압 시는 공기호흡기, 방호의, 고무장갑, 고무장화 등 보호장구는 반드시 착용한다.

※ 제6류 위험물의 소화설비 적응성 관련 법령상 표현

(위험물안전관리법 시행규칙 별표17. Ⅰ.4. '소화설비의 적응성')

소화설비의 구분			대상물 구분											
			건축물·그 밖의 공작물	전기설비	제1류 위험물		제2류 위험물			제3류 위험물		제4류 위험물	제5류 위험물	제6류 위험물
					알칼리금속과산화물등	그 밖의 것	철분·금속분·마그네슘등	인화성고체	그 밖의 것	금수성물품	그 밖의 것			
옥내소화전 또는 옥외소화전설비			○			○		○	○		○		○	○
스프링클러설비			○			○		○	○		○	△	○	○
물분무등소화설비	물분무소화설비		○	○		○		○	○		○	○	○	○
	포소화설비		○			○		○	○		○	○	○	○
	불활성가스소화설비			○				○				○		
	할로젠화합물소화설비			○				○				○		
	분말소화설비	인산염류등	○	○		○		○	○			○		○
		탄산수소염류등		○	○		○	○		○		○		
		그 밖의 것			○		○			○				
대형·소형 수동식소화기	봉상수(棒狀水)소화기		○			○		○	○		○		○	○
	무상수(霧狀水)소화기		○	○		○		○	○		○		○	○
	봉상강화액소화기		○			○		○	○		○		○	○
	무상강화액소화기		○	○		○		○	○		○	○	○	○
	포소화기		○			○		○	○		○	○	○	○
	이산화탄소소화기			○				○				○		△
	할로젠화합물소화기			○				○				○		
	분말소화기	인산염류소화기	○	○		○		○	○			○		○
		탄산수소염류소화기		○	○		○	○		○		○		
		그 밖의 것			○		○			○				
기타	물통 또는 수조		○			○		○	○		○		○	○
	건조사				○	○	○	○	○	○	○	○	○	○
	팽창질석 또는 팽창진주암				○	○	○	○	○	○	○	○	○	○

비고)

1. "○"표시는 해당 소방대상물 및 위험물에 대하여 소화설비가 적응성이 있음을 표시하고, "△"표시는 제4류 위험물을 저장 또는 취급하는 장소의 살수기준면적에 따라 스프링클러설비의 살수밀도가 다음 표에 정하는 기준 이상인 경우에는 해당 스프링클러설비가 제4류 위험물에 대하여 적응성이 있음을, 제6류 위험물을 저장 또는 취급하는 장소로서 폭발의 위험이 없는 장소에 한하여 이산화탄소소화기가 제6류 위험물에 대하여 적응성이 있음을 각각 표시한다.

살수기준면적(㎡)	방사밀도(L/㎡분)		비 고
	인화점 38℃ 미만	인화점 38℃ 이상	
279 미만 279 이상 372 미만 372 이상 465 미만 465 이상	16.3 이상 15.5 이상 13.9 이상 12.2 이상	12.2 이상 11.8 이상 9.8 이상 8.1 이상	살수기준면적은 내화구조의 벽 및 바닥으로 구획된 하나의 실의 바닥면적을 말하고, 하나의 실의 바닥면적이 465㎡ 이상인 경우의 살수기준면적은 465㎡로 한다. 다만, 위험물의 취급을 주된 작업내용으로 하지 아니하고 소량의 위험물을 취급하는 설비 또는 부분이 넓게 분산되어 있는 경우에는 방사밀도는 8.2L/㎡분 이상, 살수기준면적은 279㎡ 이상으로 할 수 있다.

2. 인산염류등은 인산염류, 황산염류 그 밖에 방염성이 있는 약제를 말한다.
3. 탄산수소염류등은 탄산수소염류 및 탄산수소염류와 요소의 반응생성물을 말한다.
4. 알칼리금속과산화물등은 알칼리금속의 과산화물 및 알칼리금속의 과산화물을 함유한 것을 말한다.
5. 철분 · 금속분 · 마그네슘등은 철분 · 금속분 · 마그네슘과 철분 · 금속분 또는 마그네슘을 함유한 것을 말한다.

5 제6류 위험물 각론

1) 과염소산(Perchloric acid, $HClO_4$) - 300 kg

· 무색무취의 기름 형태의 액체이며 공기 노출 시 발연($HCl\uparrow$)한다.

· 분석화학용 시약, 유리합성용 촉매, 금속 용해제 등으로 쓰인다.

· 황산이나 질산보다 더 강력한 산이며, 순도 72.4 % 이상의 과염소산은 위험해서 상품으로 유통되지 않는다.

· 염소의 산소산 중 가장 강한 산이다.($HClO < HClO_2 < HClO_3 < HClO_4$)

· 녹는점 -112 ℃(72 %수용액은 -17 ℃), 끓는점 39 ℃(공비혼합물[131] 203 ℃), 비중 1.76, 증기비중 3.5

· 매우 불안정하며 강력한 산화성, 불연성 · 유독성 · 자극성 · 부식성 물질이다.

· 알코올과 에터에 폭발위험이 있고, 불순물과 섞여 있는 것은 폭발이 용이하다.

· 물과 접촉하면 소리를 내면서 발열하며 6종류의 안정된 고체 수화물을 만든다.

→ $HClO_4 \cdot H_2O$, $HClO_4 \cdot 2H_2O$, $HClO_4 \cdot 2.5H_2O$,
$HClO_4 \cdot 3H_2O$(2종류가 있음), $HClO_4 \cdot 3.5H_2O$

· 가열하면 폭발하고 분해하여 유독성의 HCl을 발생한다.

· 많은 유기물과 접촉 시 폭발적으로 발화 또는 폭발한다.

· Fe, Cu, Zn과 격렬하게 반응하고 산화물이 된다.(유리 용기에 보관한다)

· 가열하면 92 ℃ 이상에서는 폭발적으로 분해하여 염소와 산소 가스를 발생한다.

$$4HClO_4 \longrightarrow 2Cl_2\uparrow + 7O_2\uparrow + 2H_2O$$

과염소산 염소 산소 물

---

131) 공비혼합물(共沸混合物, azeotrope, azeotropic mixture, 함께 끓는 혼합물)
두 성분 이상의 혼합액과 평형상태에 있는 증기의 성분비가 혼합액의 성분비와 같을 때의 혼합액
(기체의 조성과 액체의 조성이 동일한 혼합물, 공비상태에 있는 용액)
일반적으로 용액을 증류하면 조성이 변하면서 끓는점도 변하게 된다. 그러나 특별한 성분비의 액체는 순수액체와 같이 일정한 온도에서 성분비가 변하지 않고 끓는데, 이때 용액과 증기의 성분비는 같아진다. 이 경우 계(系)는 공비상태에 있다고 하고, 그 성분비를 공비조성(共沸組成), 그 용액을 공비혼합물, 그 공비혼합물의 끓는점인 평형온도를 공비점(공비온도)이라고 한다.
→ 72 %의 과염소산수용액이 공비혼합물에 해당된다.

2) 과산화수소(Hydrogen peroxide, Dihydrogen dioxide, H_2O_2) - 300 kg

· 농도가 36 wt% 미만인 것은 위험물에 해당하지 않는다.

· 순수한 것은 점성이 있는 무색투명한 액체로 다량인 경우는 청색을 띤다.

· 표백제, 의약품, 식품의 살균제, 소독제, 로켓연료, 치아미백 등으로 사용되며, 농도에 따른 용도 및 특성은 다음과 같다.

농도(%)	용도 및 특성
3	상처 소독[옥시돌, 옥시풀], 핏자국 제거, 표백제
3~8	머리카락 탈색 'peroxide blonde'
8 이상	피부와 점막을 상하게 할 수 있다.
30~35	보통의 시판품, 공업용 표백제, 병원의 감염전파 방지
36 이상	위험물로 규제됨
50	펄프와 종이 표백
60 이상	충격에 의해 단독 폭발 가능
65 이상	가연성 물질을 발화시킨다. 기름 모양의 액체
70 이상	분해가스를 이용한 일원추진제(monopropellant), 로켓 추진제, 1940년대~1950년대에는 잠수함 엔진 작동용으로도 사용함

· 불연성이지만 유독(강한 표백작용과 살균작용)하며 반응성이 크다.

· 고농도의 경우는 피부에 닿으면 화상(수종)을 입는다.

· 증기는 유독하지 않다.

· 농도에 따라 밀도, 녹는점, 끓는점 등 물리적 성질이 달라진다.

농도(%)	35	50	70	90	100
밀도(g/cm^3)	1.13	1.19	1.28	1.39	1.46
녹는점(℃)	-33	-52	-40	-11	-0.43
끓는점(℃)	108	114	125	141	150

· 물, 에터, 알코올에 녹고, 벤젠, 석유에터에는 녹지 않는다.

· 가열에 의해 끓는점 부근에서 분해하면 물과 산소가 발생한다.

$$2H_2O_2 \longrightarrow 2H_2O + O_2\uparrow$$

과산화수소 물 산소

· 저농도(30 % 이하) 수용액은 서서히 분해하며, 분해할 때 발생하는 발생기 산소 [O]에 의해 살균작용을 한다.

$$H_2O_2 \longrightarrow H_2O + [O]\uparrow$$

과산화수소 물 발생기 산소

· 암모니아와 접촉하면 폭발의 위험이 있으며, 탄소화합물과 접촉 시 분해된다.
· 수용액은 불안정하여 금속 분말이나 수산이온이 있으면 분해한다.
· 강력한 산화제이나 환원제로도 사용된다.
· 90 % 이상의 수용액은 분해 작용을 이용하여 유도탄 발사, 로켓의 추진제, 잠수함 엔진의 작동용으로 쓰인다.

$$\underset{\text{하이드라진}}{N_2H_4} + \underset{\text{과산화수소}}{2H_2O_2} \longrightarrow \underset{\text{물}}{4H_2O} + \underset{\text{질소}}{N_2}$$

· 분해를 막기 위하여 수용액에는 안정제(인산 H_3PO_4, 요산 $C_5H_4N_4O_3$)를 가한다.
· 용기는 착색하여 직사광선이 닿지 않도록 하며(갈색유리병) 뚜껑은 작은 구멍을 뚫거나 가스가 빠지는 구조로 하여 분해가스를 방출하게 하여야 한다.
· 금속용기와는 급격히 반응하여 산소를 방출하며 때로는 폭발 위험이 있으므로 사용하지 말아야 한다.

3) 질산(Nitric acid, HNO_3) - 300 ㎏

· 비중이 1.49(약 89.6 %) 이상인 것만 위험물로 규정한다.
· 표준품질은 순도 98 %, 비중 1.51과 순도 68 %, 비중 1.41, 끓는점 121 ℃이다.
· 무색 또는 담황색의 유독성 · 부식성 · 발연성백연 액체이다.
· 상당히 유독하며 강한 산화성 물질로 3대 강산(황산, 질산, 염산)[132] 중 하나이다.
· 의약품, 셀룰로이드, 화약, 폭약, 비료, 염료, 야금 등 다양하게 사용된다.
· 녹는점 -42 ℃, 끓는점 83 ℃(순도에 따라 다름), 비중 1.502, 증기비중 3.2
· 피부에 닿으면 화상을 입고 노랗게 변한다.(잔토프로테인Xanthoprotein 반응)[133]
· 고농도의 경우 물 · 강염기와 접촉 시 발열하며 비산한다.
· 햇빛에 의해 분해하여 NO_2를 발생하므로 갈색병에 넣어 냉암소에 보관한다.

$$4HNO_3 \longrightarrow 2H_2O + 4NO_2 + O_2$$

질산 이산화질소

· 묽은 산은 금속을 녹이고 수소가스를 발생한다.

$$Ca + 2HNO_3 \longrightarrow Ca(NO_3)_2 + H_2\uparrow$$

칼슘 질산 질산칼슘

· Fe(철), Co(코발트), Ni(니켈), Al(알루미늄), Cr(크롬) 등은 묽은 질산에는 녹으나 진한 질산에서는 부식되지 않는 얇은 피막이 금속 표면에 생겨 부동태가 되므로 녹지 않는다.
· 질산과 염산을 1:3의 부피로 섞으면 왕수[*31]가 되어 금과 백금을 녹일 수 있다.
· 가열하면 분해하여 적갈색의 유독한 이산화질소와 발생기 산소를 발생한다.

$$2HNO_3 \longrightarrow H_2O + 2NO_2\uparrow + [O]$$

질산 이산화질소 발생기 산소

(분자로 결합되기 전 원자상태로 있는 산소)

· H_2S, PH_3, HI, C_2H_2 등과 반응 · 폭발하며 유기물 중에 침투되면 자연발화한다.
· CS_2, 아민류, 하이드라진 유도체와 혼촉하면 발화 또는 폭발한다.
· 유기물과 혼합하면 발화한다.

$$C + 4HNO_3 \longrightarrow CO_2\uparrow + 4NO_2\uparrow + 2H_2O$$

탄소 질산 이산화탄소 이산화질소

---

132) 황산(H_2SO_4, sulfuric acid)과 염산(HCl, hydrochloric acid)은 위험물이 아닌 유독물질이다.
133) 크산토프로테인 반응 또는 잔토프로테인 반응(Xanthoprotein reaction): 단백질 검출반응의 일종

4) 발연질산(Fuming nitric acid, 發煙窒酸, $HNO_3 \cdot xNO_2$) - 300 kg

· 진한 질산에 이산화질소를 과잉으로 녹인 무색 또는 적갈색의 발연성 액체로 공기 중에서 갈색 증기(NO_2)를 낸다.

· 용액 내에 질산의 비율이 86 %가 넘으면 발연질산이라 부른다.

· 이산화질소가 들어 있는 양에 따라 흰색과 붉은색으로 특징화된다.

· 산화제, 나이트로화제, 유기합성, 의약품, 염료합성 등에 사용된다.

· 인체에 유독하며 진한 질산보다 산화력이 세다.

※ 황산(Sulfuric acid, Oil of vitriol, H_2SO_4, 녹밴유) → **비위험물**

· 과거에는 비중이 1.82 이상이면 위험물로 지정되어 있었다.

① 1958년 7월 4일 제정된 「소방법 시행령」〔별표 1〕에서는 '농유산'(濃硫酸, 진한황산, 비중 1.82 이상의 것, 지정수량 200 ㎏)을 제5류로 정하고 있었으며,

② 1968년 1월 15일 개정 시에는 〔별표 4〕로 변경되면서 위험물의 분류가 1~5류에서 1~6류로 확대되었고 '농황산'(지정수량 200 ㎏)은 제6류의 한 품명이었다.

③ 1973년 12월 29일 「소방법 시행령」전부개정 시에는 〔별표 4〕에서 〔별표 2〕로 변경되었으며, 1992년 7월 28일 전부개정 시에는 다시 〔별표 3〕으로 이동되면서 지정수량이 300 ㎏으로 늘어났고, 지정수량 80 ㎏이었던 발연질산 · 발연황산 · 무수황산(SO_3)은 삭제되었다. 이때 지정 유기과산화물 목록이 비고란에 표로 도입되었다.

④ 2004년 5월 29일 「위험물안전관리법 시행령」이 제정되면서 「소방법 시행령」〔별표 3〕에 규정되어 있던 황산은 삭제되었다.

· 시약용의 비중은 1.84(98 %), 공업용은 1.82 미만이다.
· 무색무취의 흡습성 · 부식성 · 유독성 액체이다.
· 녹는점 3~10.5 ℃, 끓는점 290~340 ℃, 증기비중 3.4
· 화학공업의 기초 원료로서 특히 비료, 섬유, 무기약품, 금속제련 등에 사용된다.
· 강력한 산화제이며 환원성 물질과 격렬하게 반응한다.
· 폭발성 · 인화성은 없지만, 희석된 황산이 철 등의 금속과 반응해 수소가 발생했을 때는 인화 · 폭발의 위험이 있다.
· 희석 시에는 황산에 물을 절대 붓지 않으며, 물에다 황산을 서서히 가한다.
· 비위험물로 분류된다.

※ 발연황산(Fuming sulfuric acid, Oleum, $H_2S_2O_7$, $H_2SO_4 + SO_3$, 오레움)

· 진한황산에 SO_3를 흡수시킨 무색의 끈적끈적한 발연성 액체로 항상 공기 중에서 흰 연기(SO_3)를 낸다.
· 발연질산은 질산으로 보아 위험물에 해당할 수 있으나 발연황산은 황산과 마찬가지로 비위험물로 분류된다. 1992년 이전의 「소방법 시행령」에는 발연질산과 발연황산의 지정수량은 80 ㎏이었다.

4) 할로젠간화합물(Interhalogen compounds, 할로겐간화합물) - 300 ㎏

- 일반식 XYn(X가 Y보다 무거운 할로젠인 경우, n-1,3,5,7)
- 보통 2개의 할로젠(F, Cl, Br, I)으로 이루어진 불안정한 2원자 화합물이다.

구분	F	Cl	Br	I
F	F_2			
Cl	ClF, ClF_3, ClF_5	Cl_2		
Br	BrF, BrF_3, BrF_5	BrCl	Br_2	-
I	IF, IF_3, IF_5, IF_7	ICl, I_2Cl_6	IBr	I_2

※ 출처: 위험물질론, 이봉우 · 류종우 공저, 비전커뮤니케이션, 2011년, p.723

① **삼플루오린화브로민**(Bromine trifluoride, BrF_3, 삼불화브롬)

· 자극적인 냄새가 나는 연한 노란색의 유독성 액체이다.
· 끓는점 125℃, 녹는점 8.77℃, 비중 2.8
· 황산에 잘 녹고 물과 접촉하면 폭발할 수 있으며, 가연성 물질을 점화할 수 있다.

② **오플루오린화브로민**(Bromine pentafluoride, BrF_5, 오불화브롬)

· 자극적인 냄새가 나는 연한 노란색의 부식성 · 발연성 액체이다.
· 끓는점 40.75℃, 녹는점 -60.5℃, 비중 2.5
· 물과 접촉하면 폭발할 수 있으며, 산과 반응하여 부식성 가스를 발생시킨다.

③ **오플루오린화아이오딘**(Iodine pentafluoride, IF_5, 오불화요오드)

· 자극성 냄새가 나는 무색~연한 노란색의 유독성 · 부식성 액체이다.
· 끓는점 100.5℃, 녹는점 9.43℃, 비중 3.25
· 물과 격렬하게 반응하여 유독물질 또는 인화성 가스를 발생한다.

부 록

1 GHS의 개념 및 주요 내용
2 GHS의 물리적 위험성 분류
3 우리나라 위험물 분류의 연혁

The details of fire hazard chemicals
Fourth revised edition

1 GHS의 개념 및 주요 내용

1.1 GHS의 목적

GHS란 Globally harmonized system of classification and labelling of chemicals의 약자로 화학물질의 분류 및 표지에 관한 세계조화시스템이다.

세계적으로 화학물질의 사용량이 증가함에 따라 이로움과 더불어 해로움도 늘어나 여러 국가나 기구는 그 해로움에 관한 정보를 작업장, 소비자, 응급대응자 또는 운송과정에 전달하기 위하여 법률 또는 규정을 다양한 형태로 정하여 왔다.

화학물질의 종류가 갈수록 많아지고 사용되는 환경이 서로 달라 모든 화학물질을 단순한 개별 규정들로 정하는 것은 불가능하다. 따라서 GHS의 목적은 다양한 장소와 환경에서 화학물질의 안전한 사용을 위하여 화학물질의 본질과 위험성에 대한 정보를 일관성 있게 제공하는 것을 목적으로 한다.

기존의 법률이나 규정이 여러 측면에서 유사하기는 하지만 국가마다 동일한 화학물질에 대한 표지나 SDS(Safety Data Sheets, 안전보건자료)가 다르며, 위험성의 분류기준이 다를 수 있다. 또한, 위험성 정보를 전달하는 시기와 방법도 달라서 국제 무역에 참여하는 기업들은 이러한 법률과 규정을 적용하기가 매우 복잡하여 많은 전문가가 필요하지만 적지 않은 국가에서는 이러한 역량을 갖추지 못하고 있다. 화학물질이 전 세계적으로 광범위하게 거래되고 종류와 사용량이 빠르게 증가하고 있으므로 GHS는 인간과 환경을 보호하기 위해 기본이 되는 필수 시스템이다.

GHS는 국제적으로 오랫동안 합의되어온 절차와 방법에 따라 계속 개선되고 있으며, 주요 구성요소는 다음과 같이 크게 2가지이다.

- 건강, 환경 및 물리적 위험성에 따른 물질과 혼합물의 분류기준
- 표지와 안전보건자료(SDS)를 포함한 유해성 정보전달 요소

1.2 GHS의 구성

2003년 8월 발간되어 2년마다 개정되는 GHS는 4개의 Part와 부속서로 구성되며, 보라색 표지로 출판되어 퍼플북(Purple Book)이라고도 불린다.

2023년 10차 개정판은 서론, 물리적 위험성(17종), 건강 유해성(10종), 환경 유해성(2종) 그리고 11개의 부속서로 나열되어 있다. 목차는 다음과 같다.

Part1. INTRODUCTION / 서론

- Chapter 1.1 Purpose, scope and application of the GHS / GHS의 목적, 범위 및 적용
- Chapter 1.2 Definitions and abbreviations / 정의 및 약어
- Chapter 1.3 Classification of hazardous substances and mixtures / 유해 물질과 혼합물의 분류
- Chapter 1.4 Hazard communication: Labelling / 유해성 정보전달: 표지
- Chapter 1.5 Hazard communication: Safety Data Sheets (SDS) / 유해성 정보전달: 안전보건자료

Part2. PHYSICAL HAZARDS / 물리적 위험성

- Chapter 2.1 Explosives / 폭발물

⋮

- Chapter 2.17 Desensitized explosives / 둔감화된 폭발물

Part3. HEALTH HAZARDS / 건강 유해성

- Chapter 3.1 Acute toxicity / 급성 독성

⋮

- Chapter 3.10 Aspiration hazard / 흡인 유해성

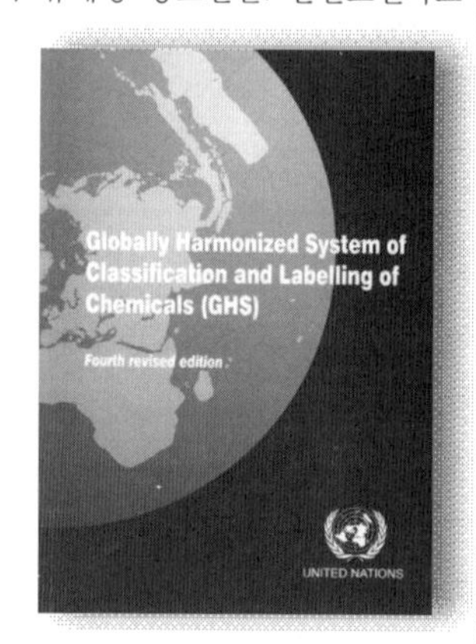

Part4. ENVIRONMENT HAZARDS / 환경 유해성

- Chapter 4.1 Hazardous to the aquatic environment / 수생환경 유해성
- Chapter 4.2 Hazardous to the ozone layer / 오존층 유해성

ANNEXES / 부속서

- Annex 1 Classification and labelling summary tables / 분류 및 표지 요약표
- Annex 2 *(Reserved) / (개정중)*
- Annex 3 Codification of hazard statement, codification and use of precautionary statements, codification of hazard pictograms and examples of precautionary pictograms / 유해위험 문구 목록, 예방조치 문구 목록 및 사용, 그림문자 표시법
- Annex 4 Guidance on the preparation of Safety Data Sheets (SDS) / 안전보건자료 작성지침
- Annex 5 Consumer product labelling based on the likelihood of injury / 소비재 표시
- Annex 6 Comprehensibility testing methodology / 이해도 평가방법
- Annex 7 Examples of arrangements of GHS label elements / GHS 표지 요소의 배치 예시
- Annex 8 An example of classification in the Globally Harmonized System / GHS 분류 예시
- Annex 9 Guidance on hazards to the aquatic environment / 수행환경 유해성 지침
- Annex 10 Guidance on transformation/dissolution of metals and metal compounds in aqueous media / 수성 매질에서 금속 및 금속화합물의 변형/용해 지침
- Annex 11 Guidance on other hazards not resulting in classification / 기타 미분류 유해성 지침

Part2의 Physical Hazards(물리적 위험성) 17종은 화재나 폭발과 관련된 위험성을 분류한 것으로 이 중 가스, 자기발열성 물질, 금속부식성 물질 등을 제외한 10가지가 우리나라의 위험물에 해당할 수 있다.

시험방법과 판정기준은 세부적으로 우리나라와 다른 부분이 많으나 기본적인 성질에 관하여 물리적 위험성과 위험물을 비교하면 다음 표 1.1과 같다.

표 1.1 GHS의 Physical Hazards와 위험물

Physical Hazards	위험물(일본, 대한민국)
1. Explosives 폭발물	제5류 자기반응성 물질
2. Flammable gases 인화성 가스	
3. Aerosols and chemicals under pressure 에어로졸 및 고압 화학물질	
4. Oxidizing gases 산화성 가스	
5. Gases under pressure 고압 가스	
6. Flammable liquids 인화성 액체	제4류 인화성 액체
7. Flammable solids 인화성 고체	제2류 가연성 고체
8. Self-reactive substances and mixtures 자기반응성 물질 및 혼합물	제5류 자기반응성 물질
9. Pyrophoric liquids 자연발화성 액체	제3류 자연발화성 물질 및 금수성 물질
10. Pyrophoric solids 자연발화성 고체	제3류 자연발화성 물질 및 금수성 물질
11. Self-heating substances and mixtures 자기발열성 물질 및 혼합물	
12. Substances and mixtures, which in contact with water, emit flammable gases 물 반응성 물질	제3류 자연발화성 물질 및 금수성 물질
13. Oxidizing liquids 산화성 액체	제6류 산화성 액체
14. Oxidizing solids 산화성 고체	제1류 산화성 고체
15. Organic peroxides 유기과산화물	제5류 자기반응성 물질
16. Corrosive to metals 금속부식성 물질	
17. Desensitized explosives 둔감화된 폭발물	

1.3 GHS의 주요 용어

1.3.1 CHEMICALS (화학물질)

화학물질(Chemical)은 물질(Substance)과 혼합물(Mixture)을 말하며 이들의 정의는 다음과 같다.[134)]

▷ **물질**: 자연 상태에서 또는 생산 공정에서 얻어진 원소 또는 원소 간 화합물로서 제품의 안전성을 위한 첨가제 및 공정상 발생한 불순물은 포함하며, 물질의 안전성에 영향 또는 조성의 변화 없이 분리될 수 있는 용제는 제외한다.[135)]

▷ **혼합물**: 서로 반응하지 않는 둘 이상의 물질들로 이루어진 혼합물 또는 용액[136)] (합금Alloy을 포함한다)[137)]

이 두 용어를 근거로 Chemical의 개념을 풀어보면 다음 그림 1.1과 같다.

A
원소 및 원소 간의
화학반응에 의하여
생성된 화합물
B
안전성을 위한
첨가제 및
불순물 포함
C
반응하지 않는 두
가지 이상 물질들의
혼합물 또는 용액

SUBSTANCE = A + B, MIXTURE = C

CHEMICAL = SUBSTANCE + MIXTURE = A + B + C

그림 1.1: GHS에 의한 Chemical의 개념

134) GHS 10th revised edition, 1.3.2.1.1 및 1.3.3.1.2

135) Chemical elements and their compounds in the natural state or obtained by any production process, including any additive necessary to preserve the stability of the product and any impurities deriving from the process used, but excluding any solvent which may be separated without affecting the stability of the substance or changing its composition

136) Mixture or solutions composed of two or more substances in which they do not react

137) Alloys are considered to be mixtures for the purpose of classification under the GHS

1.3.2 HAZARD vs. RISK (유해성과 위험성)

'Hazard' 란 기존의 과학적 연구를 토대로 알려진 화학물질의 **본질적 특성**으로서 정상적인 생물학적 활동을 저해하는 능력 및 연소, 폭발, 부식성 등의 피해를 줄 수 있는 성질을 말한다.[138] 우리나라 환경부 「화학물질관리법」(구. 「유해화학물질관리법」)에서는 2004년 '유해성(有害性)' 이란 용어를 최초로 도입하였고, 고용노동부에서는 「화학물질의 유해성·위험성 평가에 관한 규정」(고용노동부예규)을 2011년 제정하여 같은 용어를 도입하였는데, 두 기관 모두 해당 법령의 목적에 맞추어 인체에 미치는 영향을 중심으로 변형하여 정의하고 있다.

'Risk' 는 피해가 일어날 **잠재적 가능성**을 포함한 것으로서 **노출되었을 때의 피해 가능성**을 말하며 이를 수식으로 표현하면 다음과 같으며, 환경부에서는 이를 '위해성' 으로, 노동부에서는 '위험성' 으로 정의하였으나 소방분야에서는 이에 관한 언급이 없다.

HAZARD × EXPOSURE = RISK

GHS의 Physical hazards는 물리적 위험성, Health hazards는 건강 유해성, Environmental hazards는 환경 유해성으로 번역하고 있다. 이를 정리하면 다음 표 1.2와 같다.

표 1.2: HAZARD와 RISK의 국내법상 표현

	HAZARD	RISK	법규
환경부	유해성 화학물질의 독성 등 사람의 건강이나 환경에 좋지 아니한 영향을 미치는 화학물질 고유의 성질	위해성 유해성이 있는 화학물질이 노출되는 경우 사람의 건강이나 환경에 피해를 줄 수 있는 정도	유해화학물질관리법 (2004년 개정, 도입) → 현행과 동일[139]
고용 노동부	유해성 화학물질의 독성 등 인체에 영향을 미치는 화학물질의 고유한 성질	위험성 근로자가 유해성이 있는 화학물질에 노출됨으로써 건강장해가 발생할 가능성과 건강에 영향을 주는 정도의 조합	화학물질의 유해성·위험성 평가에 관한 규정(예규) (2011년 제정, 도입) → 현행과 동일[140]

138) GHS 10th revised edition 1.1.2.6.2.1 참고
139) 「화학물질관리법」 (2014.2.6., 일부개정), 제2조(정의)
140) 「신규화학물질의 유해성 · 위험성 조사 등에 관한 고시」 고용노동부고시(2024.1.9., 일부개정)

정보전달 측면에서 본다면 어떤 형태로든 유해성과 위험성이 모두 포함되어야 한다. 각 시스템은 정보를 제공하는 상황과 방식 및 잠재적 노출에 관해 제공하는 세부 내용이 다를 수 있으나 기본적으로 유해성의 노출을 최소화할 수 있다면 위험성도 최소화될 수 있으므로 사용자에게 유해성 노출로 나타나는 위험성을 알려야 한다.

추가적인 관련 용어로서 Hazard class, Hazard category, Hazard statement가 있으며 그 의미는 다음과 같다.[141)]

▹ **HAZARD CLASS**

GHS는 물질 또는 혼합물의 본질적인 특성^hazard^만을 기준으로, 유해성을 물리적 위험성^physical hazards^, 건강 유해성^health hazards^, 환경 유해성^environmental hazards^으로 크게 구분하고 있다. Hazard class는 물리적 위험성, 건강 유해성, 환경 유해성에 포함되는 성질을 말한다.
(예; 인화성 고체, 산화성 가스, 유기과산화물, 발암물질, 경구 급성 독성 등)

▹ **HAZARD CATEGORY**

각 Class의 하위 구분을 Category라 한다. 단, 고압가스는 4개의 그룹(Group), 자기반응성 물질과 유기과산화물은 7개의 형식(Type)으로 구분한다.
(예; 인화성 액체는 4가지의 Category가 있고, 인화성 고체는 2가지의 Category가 있다.)

▹ **HAZARD STATEMENT**

유해성의 정도를 포함하여 제품의 적당한 부분에 표시하는 유해성을 설명하는 문구로서 유해성 분류 및 유해성 분류의 하위 구분에 지정된 문구를 말한다.

141) GHS 10th revised edition CHAPTER 1.2

1.3.3 BUILDING BLOCK APPROACH (블록 접근법)

GHS의 PART 1 INTRODUCTION[142]을 살펴보면 'Building block approach'를 명확한 설명 없이 언급하고 있는데 이 접근방식의 요점은 다음과 같다.

GHS는 (장난감 벽돌)블록 모음이다. Hazard class는 블록이며 Hazard class 안의 Category도 블록이다. 블록 모음 상자 안의 일부 블록을 사용하여 다양한 모형을 만들더라도 블록 자체의 특성은 유지되듯이 각국은 자국 시스템의 여러 부분에 어떤 'GHS 블록'을 적용할지를 자유롭게 결정하되 적용의 일관성을 유지해야 한다는 것이다. 예를 들어, 화학물질의 발암성을 다루는 경우에는 GHS에 의한 분류체계와 표지를 따라야 한다.

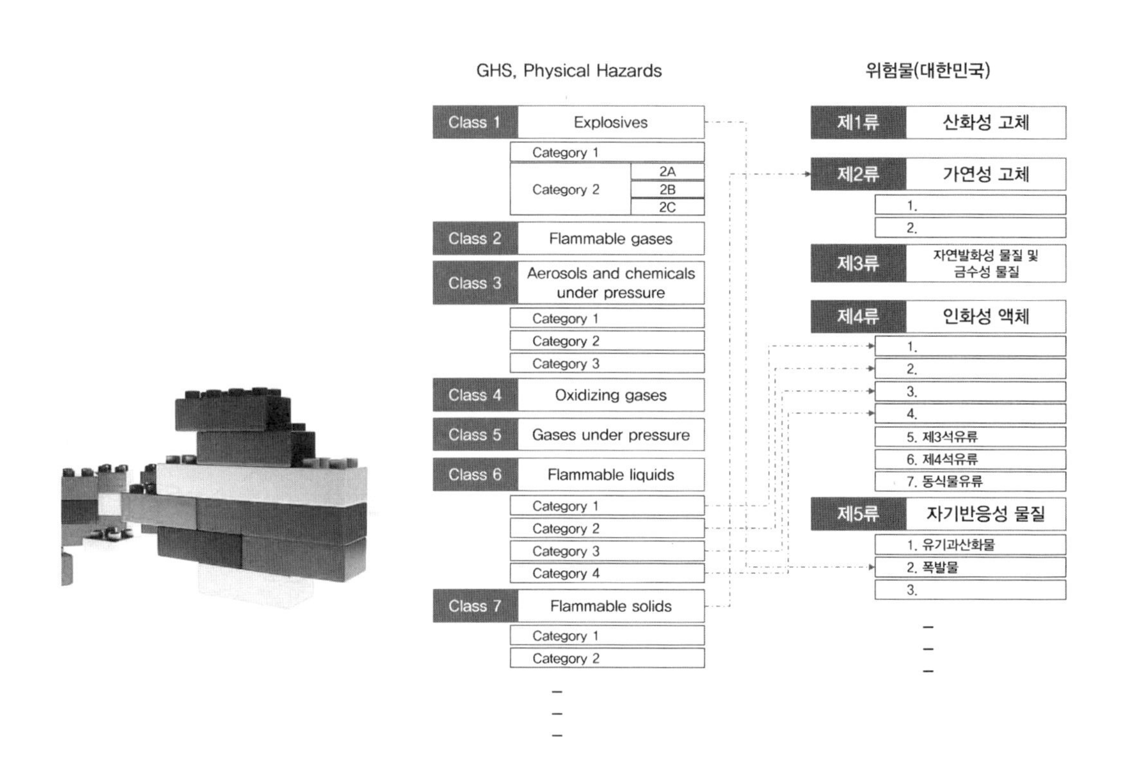

그림 1.2: BUILDING BLOCK APPROACH

즉, GHS 적용 시 국가 또는 부문 간의 특성화가 가능하다는 것이다. 각 부문 또는 시스템에서 유해성 분류의 부분적 적용이 가능하며 GHS의 기준과 요건에 따라 일관되게 다루기만 한다면 GHS를 적절하게 시행하는 것으로 간주한다.

142) GHS 10th revised edition 1.1.3.1.5

1.3.4 FLAMMABLE vs. COMBUSTIBLE (인화성과 가연성)

인화성(flammable)과 가연성(combustible)은 불이 잘 붙는 성질을 나타내는 용어로 일반적으로 혼용하여 사용할 때가 많지만 액체의 경우 미국의 NFPA 30[143]에 따르면 인화성 액체(flammable liquid)는 인화점이 37.8 ℃(100 °F) 미만, 가연성 액체(combustible liquid)는 인화점이 37.8 ℃(100 °F) 이상인 것으로 구분하고 있으므로 인화성(flammable)이 가연성(combustible)보다 불이 더 잘 붙는다(위험성이 강하다)는 의미로 해석된다.

GHS에서는 가연성(combustible)이란 용어를 사용하지 않고 인화성(flammable)이란 용어만을 사용한다. GHS는 인화성 액체를 NFPA와 달리 인화점이 93 ℃ 이하인 것으로 정의하며, 인화성 기체는 20 ℃, 표준기압(101.3 kPa)에서 연소범위를 갖는 기체, 인화성 고체는 쉽게 불이 붙거나 마찰로 인하여 화염이 일어나거나 불의 원인이 될 수 있는 고체로 정의한다.

참고로 우리나라에서는 불과 화재(원하지 않는 불)를 구분하고 있지만 영문의 특성상 불과 화재를 모두 fire로 표현하고 있다. 또한 연소성(燃燒性)이란 단어는 가연성(可燃性)과 마찬가지로 영어로는 Combustibility이지만 한자를 풀이해보면 부족한 표현이므로 사용하지 말기를 권장한다.

1.3.5 SELF-REACTIVE vs. SELF-HEATING (자기반응성과 자기발열성)

자기반응성(self-reactive)은 산소(공기)와의 접촉 없이 강렬한 발열분해반응이 일어나기 쉬운 열적으로 불안정함을 의미하며 GHS에서는 폭발성, 산화성, 유기과산화물이 갖는 불안정성은 제외한다.

자기발열성(self-heating)은 에너지 공급 없이 공기와 반응하여 스스로 열을 발생하는 성질을 말하며, 많은 양의 물질이 서서히 발열하는 점에서 자연발화성(pyrophoric)과 다르게 분류한다.

143) NFPA 30 Flammable and Combustible Liquids Code, 4.2.2 ~ 4.2.3

1.3.6 PYROPHORIC (자연발화성)

자연발화성(pyrophoric) 기체는 54 ℃ 이하의 온도에서 공기 중 자발적으로 발화하기 쉬운 기체를 말하며, 자연발화성 액체와 고체는 적은 양일지라도 공기와 접촉한 후 5분 이내에 발화하기 쉬운 것을 말한다.

적은 양이 짧은 시간에 발화할 수 있다는 점에서 자기발열성과 구분되며, 산소와 접촉하여 발화한다는 점에서 자기반응성과도 구분된다.

1.3.7 MANUAL OF TESTS AND CRITERIA (시험 및 판정 기준 매뉴얼, MTC)

RTDG[144](UN Model Regulations, UN 위험물운송권고)의 운송위험물 분류와 GHS의 물리적 위험성 분류에 관한 시험방법과 절차, 판정 기준을 다루는 지침서이다.

본래 목적은 RTDG를 보조하기 위하여 개발되었으나 이후 GHS가 제정되면서 이 지침서를 준용하였다.

이전 명칭은 최초 제정 목적에 따라 'Recommendation on the Transport of Dangerous Goods, Manual of Tests and Criteria' 이었으나 2019년 7차 개정판부터 현재와 같이 명칭을 수정하였다. 이 지침은 유엔경제사회이사회(ECOSOC)[145]의 위험물운송전문가위원회(CETDG)[146]에서 1984년 최초로 채택하여 계속 개정되었으며, 이 위원회는 2001년에 위험물운송 및 GHS 전문가위원회(CETDG/GHS)[147]로 대체되었다.[148]

RTDG에 따른 운송위험물의 분류는 표 1.3과 같고, Manual of Tests and Criteria의 주요 내용은 표 1.4와 같다.

---

144) Recommendation on the Transport of Dangerous Goods (UN Model Regulations), 1956년 세계 최초로 제정된 위험물운송에 관한 UN권고이다. 표지가 오렌지색으로 발간되어 '오렌지북' 이라고도 하며 (GHS는 보라색 표지로 발간되어 '퍼플북' 이라고도 함), 2023년 23번째 개정판을 발행하였다.

145) United Nations Economic and Social Council, 16개 국제연합 전문기구들의 활동을 지휘·조정하기 위하여 설립된 국제연합 전문기관

146) Committee of Experts on the Transport of Dangerous Goods

147) Committee of Experts on the Transport of Dangerous Goods and the Globally Harmonized System of Classification and Labelling of Chemicals

148) Manual of Tests and Criteria, 8th revised edition, UN, 2023. Introduction

표 1.3: RTDG에 따른 운송위험물 분류

물질(혼합물과 용액 포함)과 제품은 위험성[hazard] 또는 가장 우세한 위험성에 따라 9가지 Class 중 하나로 분류하며, 이 중 일부는 Division으로 세분화되어 있다.[149]

Class		Division
1	Explosives / 폭발물	1.1: 대폭발 위험성이 있는 물질과 제품 1.2: 대폭발의 위험성은 없으나 분출 위험성(projection hazard)이 있는 물질과 제품 1.3: 대폭발의 위험성은 없으나 화재위험성이 있고 약한 폭발 위험성(blast hazard) 또는 분출 위험성이 있는 물질과 제품 1.4: 심각한 위험성을 보이지 않는 물질과 제품 1.5: 대폭발의 위험성은 있지만 매우 둔감한 물질 1.6: 대폭발 위험성이 없는 매우 둔감한 제품
2	Gases / 가스	2.1: 인화성 가스 2.2: 비인화성 및 비독성 가스 2.3: 독성가스
3	Flammable liquids / 인화성 액체	
4	Flammable solids / 인화성 고체	4.1: 인화성 고체, 자기반응성 물질, 둔감화된 폭발물 및 중합물질 4.2: 자연발화성 물질 4.3: 물과 접촉하여 인화성 가스를 방출하는 물질
5	Oxidizing substances and organic peroxides / 산화성 물질과 유기과산화물	5.1: 산화성 물질 5.2: 유기과산화물
6	Toxic and infectious substances / 독성 및 전염성 물질	6.1: 독성 물질 6.2: 전염성 물질
7	Radioactive material / 방사성 물질	
8	Corrosive substances / 부식성 물질	
9	Miscellaneous dangerous substances and articles, including environmentally hazardous substances / 그 밖의 위험성 물질 및 물품(환경위험성 물질 포함)	

※ 방사성 물질은 RTDG의 Class 7에 해당하는 물질이지만
국제원자력기구(IAEA: International Atomic Energy Agency)가 정하는 방사성 물질의 안전운송규정(Regulations for the safe Transport of Radioactive Material)에 의해 별도로 규정을 정하고 있다.

149) RTDG 23th revised edition, 2.0.1.1 Definitions

표 1.4: Manual of Tests and Criteria의 주요 내용

구 분		분류 절차, 시험방법 및 판정기준
Part Ⅰ	폭발물	11. Test series 1: 물질의 폭발성 12. Test series 2: 물질의 둔감도(폭발물 해당 여부) 13. Test series 3: 시험된 형태로 물질의 Division 부여 여부 14. Test series 4: 제품, 포장된 제품, 포장된 물질의 Division 부여 여부 15. Test series 5: 물질의 Division 1.5 해당 여부 16. Test series 6: 물질 또는 제품의 Division 1.1, 1.2, 1.3, 1.4 해당 여부 및 폭발물 제외 여부 17. Test series 7: 제품의 Division 1.6 해당 여부 18. Test series 8: 폭약 중간체(ANE)인 질산암모늄 에멀젼/현탁액/젤의 산화성 물질 해당 여부 및 탱크 저장 적합성 평가
Part Ⅱ	자기반응성 물질, 유기과산화물, 중합 물질	21. Test series A: 폭굉(detonation) 전파 22. Test series B: 포장 내부 폭굉 23. Test series C: 폭연(deflagration) 전파 24. Test series D: 포장 내부 빠른 폭연 25. Test series E: 밀폐상태에서 열의 영향 26. Test series F: 폭발력 27. Test series G: 포장 내부 열 폭발 28. Test series H: 자기가속 분해온도
Part Ⅲ	다양한 Class	31. 에어로졸의 가연성 32. 둔감화된 폭발성 액체 및 인화성 액체 33. 인화성 고체, 둔감화된 폭발성 고체, 자연발화성 물질 및 물과 접촉하여 인화성 가스를 방출하는 물질 34. 산화성 고체 및 산화성 액체 35. 가스 및 가스 혼합물의 화학적 불안정성 결정 37. 금속부식성 물질 38. 운송 Class 9 물질 및 제품 39. 고체 질산암모늄 비료
Part Ⅳ	운송장비	41. 휴대용 탱크와 다중요소 가스 컨테이너(MEGCs)의 동적 종방향 충격 시험
Part Ⅴ	운송 외 분야	51. 둔감화된 폭발물
부록	다양한 형태의 실험정보	표준기폭장치 사양, 브루스톤과 샘플 비교법, 샘플 케비테이션, 시험 세부 사항에 대한 국가별 연락처, 통풍구 크기 측정 시험 방법 예시, 스크리닝 순서, 플래시 구성 시험, 소형무기 시험, 나이트로셀룰로오스 혼합물의 안정성 시험 등

1.4 GHS에 따른 화학물질의 유해성 분류

RTDG와 달리 방사성 물질은 별도로 구분하지 않고, 표 1.5, 표 1.6 및 표 1.7과 같이 물리적 위험성 17종, 건강 유해성 10종, 환경 유해성 2종으로 구분하고 있다.

표 1.5: PHYSICAL HAZARDS (물리적 위험성)

Class	PHYSICAL HAZARDS	물리적 위험성
1	Explosives	폭발물
2	Flammable gases	인화성 가스
3	Aerosols and chemicals under pressure	에어로졸 및 고압 화학물질
4	Oxidizing gases	산화성 가스
5	Gases under pressure	고압 가스
6	Flammable liquids	인화성 액체
7	Flammable solids	인화성 고체
8	Self-reactive substances and mixtures	자기반응성 물질 및 혼합물
9	Pyrophoric liquids	자연발화성 액체
10	Pyrophoric solids	자연발화성 고체
11	Self-heating substances and mixtures	자기발열성 물질 및 혼합물
12	Substances and mixtures, which in contact with water, emit flammable gases	물과 접촉하여 인화성 가스를 방출하는 물질 및 혼합물
13	Oxidizing liquids	산화성 액체
14	Oxidizing solids	산화성 고체
15	Organic peroxides	유기과산화물
16	Corrosive to metals	금속부식성
17	Desensitized explosives	둔감화된 폭발물

비고 1. 'PHYSICAL HAZARDS'는 '물리적 유해성'으로 번역하는 것이 다른 인체 유해성 및 환경 유해성과 균형이 맞으나 기존의 정부기관들의 합의에 따라 '물리적 위험성'으로 번역한다.

2. 'GAS'는 '기체'로 번역하여야 하는 것이 옳으나 우리나라 국민생활의 오랜 관행을 고려하여 '가스'로 정하고 문장 내에서의 해설 등 일반적으로 사용될 때는 기체로 번역한다.

3. 최초 제정 시 물리적 위험성은 16종이었으나 제6차 개정판(2015년)에 둔감화된 폭발성 물질이 추가되어 모두 17종이 되었다.

표 1.6: HEALTH HAZARDS (건강 유해성)

Class	HEALTH HAZARDS	건강 유해성
1	Acute toxicity	급성 독성
2	Skin corrosion/irritation	피부 부식성/자극성
3	Serious eye damage/eye irritation	심한 눈 손상/자극성
4	Respiratory or skin sensitization	호흡기 또는 피부 과민성
5	Germ cell mutagenicity	생식세포 변이원성
6	Carcinogenicity	발암성
7	Reproductive toxicity	생식독성
8	Specific target organ toxicity single exposure	특정 표적장기 독성 - 1회 노출
9	Specific target organ toxicity repeated exposure	특정 표적장기 독성 - 반복 노출
10	Aspiration hazard	흡인 유해성

표 1.7: ENVIRONMENTAL HAZARDS (환경 유해성)

Class	ENVIRONMENTAL HAZARDS	환경 유해성
1	Hazardous to the aquatic environment	수생환경 유해성
2	Hazardous to the ozone layer	오존층 유해성

GHS 분류는 순수 물질과 혼합물을 대상으로 하며, "제품(articles)" 은 제외한다. 여기서 제품이란 OSHA[150]의 Hazard Communication Standard(29 CFR 1910.1200)의 정의에 따라 액체나 입자가 아닌 것으로 구체적인 모양과 제조 목적을 가지고 사용기간 동안 일반적인 조건에서는 내용물이 유출되거나 인간에게 노출되지 않는 밀폐된 완제품을 말한다.[151]

GHS의 목적 중 한 가지는 자율적 분류(self-classification)를 가능한 한 쉽게 할 수 있도록 Class와 그 하위 구분을 단순 명료하게 하는 것이다. 많은 Class의 하위 구분이 반정량적 semi-quantitative 또는 정성적qualitative이고 분류 목적으로 데이터를 해석하기 위해 전문가의 판단이 필요하다. 일부 Class(눈 자극성, 폭발성, 자기반응성 등)에 대해서는 사용 편의성을 높이기 위해 판정 논리에 의사결정트리 접근법(decision tree approach)을 제공한다.[152]

150) OSHA: The Occupational Safety and Health Administration of the United States of America
151) GHS 10th revised edition, 1.3.2.1 및 29 CFR 1910.1200

물리적 위험성 판정을 위한 신뢰성 있는 자료를 확보하기 위해서는 시험조건을 표준화하여야 하며 그에 따른 시험결과는 판정을 위한 과학적 기초이다. 그러나 GHS 자체에서는 순수 물질과 혼합물에 대해서 반드시 판정시험을 요구하는 것은 아니며, 활용 가능한 기존 자료를 이용할 수 있다.[153]

혼합물의 경우, 혼합물 자체의 시험자료가 있는 경우에는 해당 자료를 근거로 판정하고, 시험자료가 없는 경우에는 혼합물의 성분 등 이용 가능한 자료에 근거하여 판정할 수 있다.[154] 또한 혼합물 시료를 만들기 위하여 제조하는 중에 반응이 일어나 새로운 생성물이 발생하는 경우에는 그 생성물에 대한 판정시험을 다시 실시하여야 하므로 판정과 관련된 실제 시료(안정한 상태의 것)를 사용하여야 한다.

시험하지 않은 혼합물에 판정에 영향을 미칠 수 있는 성분(불순물 혹은 첨가물)이 포함된 경우에는 주성분에 대한 분류기준값/농도한계(cut-off values/concentration limits)[155]을 참고하여야 한다.

시험하지 않은 혼합물을 성분들의 유해성에 근거하여 분류하는 경우에는 혼합물을 구성하는 성분들의 일반적[generic] 분류기준값/농도한계를 사용한다. 채택된 분류기준값/농도한계로 대부분의 유해성이 충분히 식별되기는 하지만, 조화된[harmonized] 분류기준값/농도한계 이하의 농도로 유해한 성분이 함유되어도 여전히 식별 가능한 유해성이 나타나는 경우도 있다.[156]

일반적으로 GHS에서 채택한 일반적 분류기준값/농도한계는 모든 관할범위와 모든 부문에 동일하게 적용해야 한다. 하지만 분류기기에 어떤 성분이 일반적 분류기준값/농도한계 이하에서도 유해하다는 정보가 있는 경우에는 해당 성분을 포함한 혼합물은 그에 따라 적절히 분류하여야 헌디.[157]

GHS의 요구 사항에 따라 혼합물에 대한 평가를 수행할 때는 혼합물 성분 간의 시너지 효과(synergistic effects) 발생 가능성에 대한 모든 가용 정보를 고려하여야 하며, 길항효과(antagonistic effects)를 기준으로 혼합물을 덜 위험한 Category로 분류하기 위해서는 충분한 데이터가 뒷받침되어야 한다.[158]

---

152) GHS 10th revised edition, 1.3.2.1.2
153) GHS 10th revised edition, 1.3.2.4.1
154) GHS 10th revised edition, 1.3.2.3.1
155) "cut-off value" 와 "concentration limit" 라는 용어는 동등하며 서로 교환하여 사용할 수 있다. 관할 당국은 분류를 유발하는 임계값을 정의하기 위해 두 용어 중 하나를 선택할 수 있다.
156) GHS 10th revised edition, 1.3.3.2.1
157) GHS 10th revised edition, 1.3.3.2.2
158) GHS 10th revised edition, 1.3.3.3

2 GHS의 물리적 위험성 분류별 정의와 하위 구분

CHAPTER 2.1 폭발물 (Explosives)

2.1.1 정의 및 일반 고려 사항

2.1.1.1 정의

1) 폭발성 물질 또는 혼합물[159]: 자체의 화학반응에 의해 주위 환경에 손상을 줄 수 있는 온도, 압력 및 속도를 가진 가스를 발생시키는 고체·액체 상태의 물질 또는 혼합물. 다만 화공 물질 또는 혼합물의 경우에는 가스를 발생하지 않더라도 폭발성 물질 또는 혼합물에 포함된다.

2) 화공 물질 또는 혼합물[160]: 비폭굉성의 자발적인 지속 발열반응[161]의 결과로 열, 빛, 소리, 가스, 연기 또는 이들의 조합에 의해 효과를 내도록 제작된 물질 또는 혼합물

3) 폭발성 물품[162]: 하나 이상의 폭발성 물질 또는 혼합물을 포함한 물품

4) 폭발 또는 화공 효과[163]: 충격, 폭발blast, 파편화, 분출projection, 열, 빛, 소리, 가스 및 연기를 포함하는 자발적인 지속 발열반응에 의해 생성된 효과

5) Division: Manual of Tests and Criteria(이하 "MTC" 라 한다)의 Part Ⅰ에 따라 일정 조건에서의 폭발성 물질, 혼합물 또는 물품의 분류

※ 일반적으로 운송을 위한 목적으로 Division[164]을 정하며, UN Model Regulations(이하 "RTDG" [165]라 한다)에 따라 포장을 추가할 수 있다.

6) 1차 포장[166]: 폭발성 물질, 혼합물 또는 물품이 사용될 때까지 보관될 수 있도록 Division에 정한 조건의 최소 포장 수준

---

159) An explosive substance or mixture
160) A pyrotechnic substance or mixture
161) non-detonative self-sustaining exothermic chemical reaction
162) An explosive article
163) Explosive or pyrotechnic effect
164) 폭발물 운송 목적의 Division은 1.1에서 1.6까지 6개로 크게 구분한다.
165) RTDG; Recommendation on the Transport of Dangerous Goods, UN Model Regulations
166) primary packaging

2.1.1.2 적용 범위

2.1.1.2.1 폭발물의 종류

(a) 폭발성 물질 및 혼합물

(b) 폭발성 물품. 다만 부주의 또는 의도치 않게 점화 또는 기폭하는 경우에 분출 projection, 화염, 연기, 발열 또는 큰 소음으로 인하여 장치 외부에 어떠한 영향도 주지 않는 정도의 폭발성 물질이나 혼합물을 포함하거나 그러한 특성을 가진 장치는 제외한다.

(c) 그밖에 실질적으로 폭발 또는 화공 효과를 목적으로 제조된 물질, 혼합물 및 물품

2.1.1.2.2 폭발물에서 제외되는 것

(a) MTC의 Test series 8에 의해 '산화성 액체의 Category 2' 또는 '산화성 고체의 Category 2'로 분류되는 질산암모늄 기반의 에멀젼, 현탁액 또는 젤

(b) '둔감화된 폭발물'로 분류되는 물질 및 혼합물

(c) 자체적으로 폭발 또는 화공 효과를 생성하기 위해 제조되지 않은 물질 및 혼합물

(ⅰ) 자기반응성 물질 및 혼합물

(ⅱ) 유기과산화물

(ⅲ) MTC의 부록6의 판정 절차에 따라 폭발성이 없는 것으로 간주되는 것

(ⅳ) MTC의 Test series 2에 따라 Hazard class에 포함시키기에는 너무 둔감한 것

(ⅴ) MTC의 Test series 6에 따라 RTDG의 폭발물에서 제외되는 것

※ Test series 2를 수행하려면 상당한 양의 물질이 필요하므로 연구개발 초기 단계에서는 이용할 수 없을 수 있다. 연구개발단계의 물질 및 혼합물이 MTC의 Test series 2를 수행하기에 충분한 물질이 존재하지 않고 다음 기준에 모두 해당한다면, 추가적인 과학적 특성 분석을 위해 자기반응성 물질 및 혼합물 Type C로 간주될 수 있다.

(a) 폭발 또는 화공 효과를 위하여 제조되지 않은 물질이나 혼합물

(b) 물질 또는 혼합물의 분해 에너지가 2,000 J/g 미만인 경우

(c) Test 3(a)과 Test 3(b)의 결과가 음성인 경우

(d) Test 2(b)의 결과가 6 mm의 오리피스 직경에서 "no explosion"인 경우

(e) Test F.3에서 납 블록의 확장이 물질 또는 혼합물 10 g 당 100 mL 미만인 경우

2.1.1.2.3 RTDG의 위험물 목록에 따라 Class 1 이외의 Class에서 특정 UN번호가 부여된 폭발성 물품의 경우

1) RTDG의 Class 2, 3, 4 또는 5에서 특정 UN 번호가 부여된 폭발성 물품은 GHS에서도 해당 Category로 분류된다. 그러나 운송 중이거나 운송 분류가 특정 조건에 의존하지 않는 경우 또는 물품이 의도된 기능대로 사용 중인 경우에는 폭발물에서 제외된다. (2.1.1.3.4 참조)

2) RTDG의 Class 9에서 특정 UN 번호가 부여된 폭발성 물품은 (운송 중이거나 운송 분류가 특정 조건에 의존하지 않는 경우 또는 물품이 의도된 기능에 따라 사용 중인 경우) Sub-category 2C로 분류된다.(2.1.1.3.4 참조)

※ 관할 당국의 승인을 받으면 Class 6의 Division 6.1 또는 Class 8에서 특정 UN 번호가 부여된 폭발성 물품은 GHS의 Hazard class와 운송 분류에 해당하는 Category로 분류될 수 있고, 1)의 후단과 같이 제외될 수 있다.

※ RTDG에 따르면 물품에는 일반적으로 포장 등급[167)]이 고려되지 않으므로 이를 기준으로 해당 GHS의 Hazard class의 Category를 항상 부여할 수 없다. 이 경우에는 함유된 물질 및 혼합물의 GHS 분류를 위하여 전문가의 판단이 필요하다.

2.1.1.3. 그밖에 고려 사항

2.1.1.3.1 RTDG에 따른 분류와의 관계

물질, 혼합물 및 물품을 폭발성 물질로 분류하는 GHS 분류는 주로 RTDG에 따라 운송에 사용되는 분류를 기반으로 한다. 따라서 RTDG에 따른 Division과 MTC Part I 에 따른 일부 기본 시험 결과는 GHS 분류와 밀접한 관련이 있다.

이전 시험 및 특성 분석을 바탕으로 전문가의 판단을 통해 분류할 수 있는 경우 별도의 시험 데이터가 필요하지 않다. 경우에 따라 시험 조건[configuration] 변경이 시험 결과에 미치는 영향 여부를 고려하여 유사한 시험방법(시료)을 사용할 수도 있다.

Division은 폭발물의 안전한 운송을 목적으로 설계되었지만, GHS 분류는 다른 부문, 특히 공급과 사용 부문에서 적절한 위험 커뮤니케이션을 위해 파생되었다. 따라서 특정 포장과 같은 운송 조건이 폭발성에 미치는 완화 효과는 운송 외부 부문에서는 존재하지 않을 수 있다.

167) packing group(PG): 위험화물 운송 관련 용어로, 포장된 위험물이 나타내는 위험의 정도를 말한다. 포장 목적상 위험도에 따라 3가지 등급 중 하나로 지정된다.(PG I, PG II, PG III)

2.1.1.3.2 Division의 조건[configuration] 의존성

폭발물의 Hazard class 지정은 물질과 혼합물의 고유한 폭발 특성에 기초한다. 그러나 Division을 지정하는 것은 포장 조건과 이러한 물질 및 혼합물로 구성된 물품에 내포된 조건에도 달려있다.

Division은 폭발물의 Division이 지정될 때의 조건과 부합할 때(예; 운송 또는 저장 시) 적절한 분류이며, 안전거리와 같은 위험물 허가 또는 안전 조치의 기초가 될 수 있다. 반면에 Hazard category는 안전한 취급을 위한 분류이다.

2.1.1.3.3 Category의 계층 구조

Category 2에는 Division이 지정된 폭발물만 포함되며 RTDG의 Class 1에 해당한다. Category 2의 Sub-category는 1차 포장된 상태의 위험성 또는 물품 자체의 위험성을 기초로 분류한다.

Division이 지정되지 않은 폭발물은 Category 1에 속한다. 이는 Division을 지정하기에는 너무 위험하다고 간주하거나, (아직) Division을 지정하기에 적합한 조건이 아니기 때문일 수 있다. 따라서 Category 1의 폭발물은 Category 2의 폭발물보다 반드시 더 위험하지는 않다.

2.1.1.3.4 생애 주기[life cycle]에 따른 분류 변화

Division 지정은 시험 당시의 조건에 따라 달라지므로 조건재구성의 결과로 폭발물의 분류가 생애 주기 동안 변경될 수 있다.

특정 조건에서 Division이 지정되어 Category 2의 Sub-category로 분류된 폭발물은 해당 조건이 바뀌면 해당 Division을 더 이상 유지할 수 없다.

새로운 조건에서 다른 Division이 지정된 경우에는 Category 2의 다른 Sub-category로 분류해야 할 수도 있으며, Division이 지정되지 않은 경우에는 Category 1로 분류해야 할 수도 있다. 그러나 의도된 기능 또는 기능 준비를 위해 1차 포장을 제거하거나 설치 또는 배치하는 것을 포함하여 폭발물을 사용하는 것은 이러한 재분류를 요구하지 않는다.

2.1.1.3.5 Hazard class에서 제외

폭발성을 가진 일부 물질, 혼합물 및 물품은 충분히 민감하지 않거나 특정 조건에서 심각한 폭발 위험성을 나타내지 않기 때문에 폭발물에서 제외된다. SDS(Safety Data Sheet)는 이러한 물질 및 혼합물의 폭발 특성과 해당 제품의 폭발 위험성에 대한 정보를 전달하는 적절한 수단이다.

2.1.2 분류기준

2.1.2.1 이 Class의 물질, 혼합물 및 물품은 다음 표에 따라 두 가지 Category 중 하나로 분류되며, Category 2의 경우 세 가지 Sub-category 중 하나로 분류된다.

표 2.1.1: **폭발물의 판정 기준**

Category	Sub-category	판정 기준
1		폭발성 물질, 혼합물 또는 물품 (a) Division이 지정되지 않은 경우 (i) 폭발 또는 화공 효과를 내기 위해 제조된 것 (ii) MTC Test series 2의 시험 결과 양성을 보이는 물질 또는 혼합물 (b) Division이 지정된 조건의 1차 포장이 아니며*, Division이 지정되지 않은 폭발성 물품 (i) 1차 포장이 없는 경우 (ii) 중간 포장 재료, 간격 또는 임계 방향까지 고려하여 폭발 효과를 약화하지 않는 1차 포장이 있는 경우
2	2A	Division이 지정된 폭발성 물질, 혼합물 및 물품 (a) Division 1.1, 1.2, 1.3, 1.5, 1.6 (b) Division 1.4이며, Sub-category 2B 또는 2C에 해당하지 않는 것**
	2B	Division 1.4 및 S 이외의 호환 그룹으로 지정된 폭발성 물질, 혼합물 및 물품으로서 다음 세 가지에 모두 해당하는 것 (a) 의도된 기능대로 작동했을 때 폭발하거나 분해되지 않음 (b) MTC test 6(a) 또는 6(b)에서 High hazard event***를 나타내지 않음 (c) High hazard event***를 완화하기 위해 1차 포장으로 제공될 수 있는 기능 외에는 감쇠 기능이 필요하지 않음
	2C	Division 1.4 호환 그룹 S로 지정된 폭발성 물질, 혼합물 및 물품으로서 다음 세 가지에 모두 해당하는 것 (a) 의도된 기능대로 작동했을 때 폭발하거나 분해되지 않음 (b) MTC test 6(a) 또는 6(b)에서 High hazard event***를 나타내지 않거나, 이러한 테스트 결과가 없거나, MTC test 6(d)에서도 유사한 결과가 나타남 (c) High hazard event***를 완화하기 위해 1차 포장으로 제공될 수 있는 기능 외에는 감쇠 기능이 필요하지 않음

* 사용을 위해 1차 포장에서 제거된 Category 2의 폭발물은 Category 2에 계속 분류된다.

** 제조업체, 공급업체 또는 관할 당국은 데이터 또는 기타 고려 사항에 따라 Division 1.4의 폭발물이 Sub-category 2B 또는 2C의 기술기준을 충족하더라도 Sub-category 2A로 분류할 수 있다.

*** MTC에 따른 Test 6(a) 또는 6(b)를 수행할 때 나타나는 High hazard event

(i) 천공, 홈, 상당한 함몰 또는 굽힘과 같은 증거판 witness plate shape 의 심각한 변화

(ii) 대부분의 구속 confining 물질의 순간적인 산란

2.1.2.2 Division은 다음과 같다.

(a) Division 1.1: 대규모 폭발 위험성이 있는 물질, 혼합물 및 물품(대규모 폭발이란 보유하고 있는 모든 양의 대부분이 폭발하는 것을 말한다)

(b) Division 1.2: 대규모 폭발 위험성은 없으나 분출[projection] 위험성이 있는 물질, 혼합물 및 물품

(c) Division 1.3: 대규모 폭발 위험성은 없으나 화재 위험성이 있고 약한 폭발[blast] 위험성 또는 약한 분출 위험성이 있는 물질, 혼합물 및 물품으로서, 상당한 복사열을 발산하면서 연소하거나 약한 폭발 또는 분출 효과를 일으키면서 순차적으로 연소하는 것

(d) Division 1.4: 심각한 위험성은 없으나 점화[ignition] 또는 기폭[initiation]에 의해 약간의 위험성이 있는 물질, 혼합물 및 물품으로서, 그 폭발의 영향은 주로 포장 내부에 국한되고 주목할 만한 정도의 크기 또는 범위로 파편의 분출이 일어나지 않으며, 외부화재에 의해 폭발을 일으키지 않는 것

(e) Division 1.4 호환[compatibility] 그룹 S: 포장이 화재로 인하여 손상되지 않는 한 우발적으로 생긴 위험한 영향이 포장 내에 한정되도록 포장되거나 설계된 물질, 혼합물 및 물품으로서, 폭발 또는 분출 효과는 포장 주변의 즉각적인 소방 또는 기타 비상 대응 활동을 크게 방해하지 않는 범위 내로 한정된다.

(f) Division 1.5: 대규모 폭발 위험성이 있으나 매우 둔감한 물질 또는 혼합물
대규모 폭발 위험성은 있지만 매우 둔감하여 정상적인 상태에서는 기폭 가능성 또는 연소가 폭굉[detonation]으로 전이될 가능성이 거의 없는 물질 및 혼합물이다. 대량으로 존재할 때는 연소에서 폭굉으로 전이될 가능성이 더 크다.

(g) Division 1.6: 대규모 폭발 위험성이 없는 매우 둔감한 물품
대부분 극도로 둔감한 물질 또는 혼합물을 함유한 물품으로 우발적인 기폭 또는 전파 가능성이 거의 없는 물품이다. Division 1.6 물품의 위험성은 단일 물품의 폭발로 제한된다.

※ 일부 규제 목적을 위해 Division은 호환 그룹으로 더 세분화된다. (RTDG 2.1.2 참조)

※ Division 1.4 호환 그룹 S는 고유의 Division은 아니지만 추가 기준에 따른 별도의 분류이다.

※ 폭발성 물질 또는 혼합물에 대한 분류시험은 있는 그대로(as presented) 시험해야 한다. 공급 또는 운송을 위하여 물리적 형태가 변경되거나, 실질적으로 다른 성상을 가질 수 있다고 판단되는 경우에는 해당 물질 또는 혼합물을 새로운 형태로 시험해야 한다.

CHAPTER 2.2 인화성 가스 (Flammable gases)

2.2.1 정의

1) 인화성 가스: 20 ℃, 표준압력 101.3 kPa에서 공기와 혼합하여 연소범위를 갖는 가스
2) 자연발화성 가스: 54 ℃ 이하의 온도에서 공기 중에서 자연발화하기 쉬운 인화성 가스
3) 화학적으로 불안정한 가스: 공기나 산소가 없어도 폭발적으로 반응할 수 있는 인화성 가스

2.2.2 분류기준

인화성 가스는 다음 표와 같이 1A, 1B 또는 2로 분류한다. 자연발화성 가스와 화학적으로 불안정한 인화성 가스는 항상 1A로 분류한다.

표 2.2.1: **인화성 가스의 판정 기준**

Category			판정 기준
1A	인화성 가스		20 ℃, 표준압력 101.3 kPa에서, 공기 중 13 vol% 이하일 때 연소할 수 있거나 연소하한과 상관없이 공기 중 연소상한과 연소하한의 차이가 12 % 이상인 가스. 단, 1B의 기준을 충족하는 경우 제외한다.
	자연발화성 가스		54 ℃ 이하의 공기 중에서 자연발화하는 인화성 가스
	화학적으로 불안정한 가스	A	20 ℃, 표준압력 101.3 kPa에서 화학적으로 불안정한 인화성 가스
		B	20 ℃ 이상 또는 101.3 kPa 이상에서 화학적으로 불안정한 인화성 가스
1B	인화성 가스		1A의 인화성 기준을 충족하지만 자연발화성도 아니고 화학적으로 불안정하지 않은 가스로서, 공기 중 연소하한이 6 vol% 이상이거나 기본 연소속도가 10 cm/s 미만인 것
2	인화성 가스		1A, 1B 외에 20 ℃, 표준압력 101.3 kPa에서 공기와 혼합된 상태에서 연소범위를 가지는 가스

※ 참고

1. 암모니아와 메틸브로마이드는 규제 목적에 따라 특별한 사례로 간주할 수 있다.
2. 에어로졸은 인화성 가스로 분류하지 않는다.
3. Category 1B에 해당하는 자료가 없는 경우, Category 1A의 기준을 충족하는 인화성 가스는 Category 1A로 분류한다.
4. 자연발화성 가스의 자연발화는 항상 즉각적이지 않으며 지연이 있을 수 있다.
5. 자연발화성 자료가 없는 인화성 가스 혼합물은 자연발화성 성분이 1 vol% 이상 함유된 경우 자연발화성 가스로 분류한다.

CHAPTER 2.3 에어로졸 및 고압 화학물질 (Aerosols and chemicals under pressure)

에어로졸과 고압 화학물질은 유사한 위험성을 갖고 각각의 분류는 연소 특성과 연소열을 기준으로 하지만, 저장용기[receptacle]의 허용 압력, 용량 및 구조로 인해 별도의 Hazard class로 구분되며 별도의 섹션으로 구분한다.[168]

2.3.1 에어로졸 (Aerosols)

2.3.1.1 정의

에어로졸: 에어로졸 분무기를 말하는 것으로 재충전이 불가능한 금속, 유리 또는 플라스틱 용기에 압축가스, 액화가스 또는 용해가스를 충전하거나 액체, 반죽[paste] 또는 분말과 함께 충전하고, 가스에 현탁시킨 고체 또는 액체 입자 형태나 거품, 페이스트, 분말, 액체 또는 가스 상태로 배출하는 분사장치를 갖춘 것

2.3.1.2 분류기준

에어로졸은 연소 특성 및 연소열 그리고 MTC의 subsection 31.4, 31.5, 31.6에 따라 수행된 점화거리시험[169], 밀폐공간점화시험[170] 및 거품인화성시험[171]에 따라 표 2.3.1과 같이 세 가지 Category 중 하나로 분류한다.

GHS 기준에 따른 인화성 가스[chapter 2.2], 인화성 액체[chapter 2.6], 인화성 고체[chapter 2.7]로 분류되는 성분이 1 wt% 이상 함유되거나 연소열이 20 kJ/g 이상인 경우에는 Category 1 또는 Category 2로 분류된다.

---

168) GHS 최초 제정 시에는 '인화성 에어로졸' 이었으나 제4차 개정판(2011년)에는 '에어로졸' 로 변경되었고, 제8차 개정판(2019년)에는 '에어로졸 및 고압 화학물질' 로 변경되었다.
169) MTC 31.4 Ignition distance test for spray aerosols
170) MTC 31.5 Enclosed space ignition test
171) MTC 31.6 Aerosol foam flammability test

표 2.3.1: **에어로졸의 판정 기준**

Category	판정 기준
1	(a) 가연성 성분의 함량이 85 wt% 이상이며, 연소열이 30 kJ/g 이상인 에어로졸 (b) 스프레이 에어로졸: 점화거리시험에서 점화거리가 75 cm 이상인 것 (c) 거품 에어로졸: 거품인화성시험에서 다음에 해당하는 것 (i) 화염높이가 20 cm 이상이면서 화염지속시간이 2초 이상인 것 (ii) 화염높이가 4 cm 이상이면서 화염지속시간이 7초 이상인 것
2	(a) 스프레이 에어로졸: 점화거리시험에서 Category 1에 해당하지 않는 것으로서 (i) 연소열이 20 kJ/g 이상인 것 (ii) 연소열이 20 kJ/g 미만이고 점화거리가 15 cm 이상인 것 (iii) 연소열이 20 kJ/g 미만이고 점화거리가 15 cm 미만이면서, 밀폐공간점화시험에서 환산점화시간 300 s/㎥ 이하 또는 폭연밀도 300 g/㎥ 이하인 것 (b) 거품 에어로졸: 거품인화성시험에서 Category 1에 해당하지 않는 것으로서 화염높이가 4 cm 이상이고 화염지속시간이 2초 이상인 것
3	(a) 가연성 성분이 1 wt% 이하이고 연소열이 20 kJ/g 미만인 에어로졸 (b) 가연성 성분이 1 wt%를 초과하고 연소열이 20 kJ/g 이상이지만, 점화거리시험, 밀폐공간점화시험 또는 거품인화성시험 결과 Category 1이나 Category 2의 기준을 충족하지 않는 에어로졸

※ 참고

1. 가연성 성분: 자연발화성, 자기발열성, 물 반응성 물질 및 혼합물은 에어로졸의 성분으로 사용하지 않기 때문에 에어로졸의 가연성 성분에 포함되지 않는다.

2. 위의 가연성 분류 절차에 없는, 가연성 성분이 1 % 이상이거나 연소열이 20 kJ/g 이상인 에어로졸은 에어로졸 Category 1으로 분류하여야 한다.

3. 에어로졸은 인화성 가스[chapter 2.2], 고압 화학물질[section 2.3.2], 고압가스[chapter 2.5], 인화성 액체[chapter 2.6], 인화성 고체[chapter 2.7]의 추가적인 범위에 포함되지 않지만, 그 내용물에 따라 라벨링 요소를 포함하여 다른 Hazard class의 범위에 포함할 수 있다.

2.3.2 고압 화학물질 (Chemicals under pressure)

2.3.2.1 정의

고압 화학물질: 에어로졸 분무기 외의 압력용기에 20 ℃에서 200 kPa(게이지압) 이상의 압력으로 기체와 함께 가압된 액체 또는 고체(반죽paste, 분말)

※ 고압 화학물질은 액체나 고체가 50 wt% 이상 포함된 것이며, 가스를 50 % 이상 포함한 혼합물은 고압가스로 본다.

2.3.2.2 분류기준

고압 화학물질은 가연성 성분(인화성 가스chapter 2.2, 인화성 액체chapter 2.6, 인화성 고체chapter 2.7)의 함량과 연소열에 따라 표 2.3.2와 같이 세 가지 Category 중 하나로 분류한다.

표 2.3.2: **고압 화학물질의 판정 기준**

Category	판정 기준
1	가연성 성분이 85 wt% 이상이고 연소열이 20 kJ/g 이상인 고압 화학물질
2	(a) 가연성 성분이 1 wt%를 초과하고 연소열이 20 kJ/g 미만인 고압 화학물질 (b) 가연성 성분이 85 wt% 미만이고 연소열이 20 kJ/g 이상인 고압 화학물질
3	가연성 성분이 1 wt% 이하이고 연소열이 20 kJ/g 미만인 고압 화학물질

※ 참고

1. 가연성 성분: RTDG에 따라 고압 화학물질에는 자연발화성, 자기발열성, 물 반응성 물질 및 혼합물이 허용되지 않기 때문에 고압 화학물질의 가연성 성분은 자연발화성, 자기발열성, 물 반응성 물질 및 혼합물을 포함하지 않는다.
2. 고압 화학물질은 에어로졸section 2.3.1, 인화성 가스chapter 2.2, 고압가스chapter 2.5, 인화성 액체chapter 2.6, 인화성 고체chapter 2.7의 추가적인 범위에 포함되지 않지만, 그 내용물에 따라 라벨링 요소를 포함하여 다른 Hazard class의 범위에 포함될 수 있다.

CHAPTER 2.4 산화성 가스 (Oxidizing gases)

2.4.1 정의

산화성 가스: 일반적으로 산소를 공급함으로써 공기보다 다른 물질의 연소를 더 잘 일으키거나 돕는 가스

※ "공기보다 다른 물질의 연소를 더 잘 일으키거나 돕는 가스" 란 ISO 10156:2017에 명시된 방법에 따라 산화력이 23.5 % 이상인 순수 가스 또는 혼합가스를 의미한다.

2.4.2 분류기준

이 Class의 산화성 가스는 다음 표와 같이 단일 Category로 분류한다.

표 2.4.1: **산화성 가스의 판정 기준**

Category	판정 기준
1	일반적으로 산소를 공급함으로써 공기보다 다른 물질의 연소를 더 잘 일으키거나 돕는 가스

CHAPTER 2.5 고압가스 (Gases under pressure)

2.5.1 정의

고압가스: 20 ℃에서 200 kPa(게이지압) 이상의 압력으로 용기에 충전된 가스 또는 액화되거나 냉장액화된 가스

2.5.2 분류기준

고압가스는 포장(충전) 시 물리적 상태에 따라 다음 표와 같이 네 가지 Group 중 하나로 분류한다.

표 2.5.1: **고압가스의 판정 기준**

Group	판정 기준
압축가스	가압하여 용기에 충전했을 때, -50 ℃에서 완전히 기체 상태인 가스 (임계온도 -50 ℃ 이하의 모든 가스를 포함한다)
액화가스	가압하여 용기에 충전했을 때, -50 ℃ 초과 온도에서 부분적으로 액체인 가스 (a) 고압액화가스: 임계온도가 -50 ℃에서 65 ℃인 가스 (b) 저압액화가스: 임계온도가 65 ℃를 초과하는 가스
냉장액화가스	용기에 충전했을 때 자체의 낮은 온도 때문에 부분적으로 액체인 가스
용해가스	가압하여 용기에 충전한 가스가 액상 용매에 용해된 가스

※ 참고

1. "임계온도"란 압력에 관계 없이 순수 기체를 액화할 수 없는 온도를 말한다.
2. 에어로졸과 고압 화학물질은 고압가스로 분류되지 않아야 한다.(CHAPTER 2.3 참조)

CHAPTER 2.6 인화성 액체 (Flammable liquids)

2.6.1 정의

인화성 액체: 인화점이 93 ℃ 이하인 액체

2.6.2 분류기준

인화성 액체는 다음 표와 같이 네 가지 Category 중 하나로 분류한다.

표 2.6.1: **인화성 액체의 판정 기준**

Category	판정 기준
1	인화점이 23 ℃ 미만이고 초기끓는점이 35 ℃ 이하인 것
2	인화점이 23 ℃ 미만이고 초기끓는점이 35 ℃를 초과하는 것
3	인화점이 23 ℃ 이상 60 ℃ 이하인 것
4	인화점이 60 ℃ 초과 93 ℃ 이하인 것

※ 참고

1. 인화점이 55 ~ 75 ℃인 가스오일[gas oil], 디젤유 및 난방유[light heating oil]는 규제 목적에 따라 특수그룹으로 간주 될 수 있다.
2. 인화점이 35 ℃ 초과 60 ℃ 이하인 액체는 MTC, section 32, Part Ⅲ의 지속 연소성 Test L.2에서 음성 결과가 얻어진 경우는 규제 목적(운송 등)에 따라서 비인화성 물질로 간주 될 수 있다.
3. 페인트, 에나멜, 래커, 바니시, 접착제 및 광택제와 같은 점성이 있는 인화성 액체는 일부 규제 목적(예. 수송)에 의해 특수그룹으로 간주 될 수 있다. 이러한 액체들은 관련 규정 또는 관할 당국에 의하여 비인화성으로 분류 또는 결정할 수 있다.
4. 에어로졸은 인화성 액체로 분류해서는 안 된다.(CHAPTER 2.3 참조)

CHAPTER 2.7 인화성 고체 (Flammable solids)

2.7.1 정의

1) 인화성 고체: 쉽게 불이 붙거나 마찰에 의하여 화재를 일으키거나 화재를 돕는 고체
2) 쉽게 불이 붙는 고체: 성냥불 같은 점화원과 짧은 접촉에 의하여 쉽게 불이 붙거나 화염이 빠르게 확산하는 경우 위험한 분말, 과립 또는 반죽paste 형태의 물질
3) 금속 분말: 금속 또는 금속 합금의 분말

2.7.2 분류기준

2.7.2.1 분말, 과립 또는 반죽 형태의 물질 또는 혼합물은 MTC, Part Ⅲ, subsection 33.2에 설명된 시험방법에 따라 수행된 1회 이상의 시험에서 시험 실행 시간이 45초 미만 또는 연소속도가 2.2 ㎜/s를 초과하는 경우, "쉽게 불이 붙는 고체"로 분류한다.

2.7.2.2 금속 분말은 점화했을 때 그 반응이 10분 이내에 시료 길이(100 mm) 전체로 퍼질 때 인화성 고체로 분류한다.

2.7.2.3 마찰에 의해 화재를 일으킬 수 있는 고체는 명확한 기준이 확립될 때까지 기존의 것(성냥 등)과의 유사성을 기준으로 이 등급으로 분류한다.

2.7.2.4 인화성 고체는 다음 표와 같이 MTC, Part Ⅲ, subsection 33.2의 Test N.1을 사용하여 두 가지 Category 중 하나로 분류한다.

표 2.7.1: **인화성 고체의 판정 기준**

Category	판정 기준
1	연소속도시험 (a) 금속분말 이외의 물질 또는 혼합물: 습윤 부분이 화재를 막지 못하고, 연소시간이 45초 미만이거나 연소속도가 2.2 mm/s를 초과하는 것 (b) 금속분말: 연소시간이 5분 이하인 것
2	연소속도시험 (a) 금속분말 이외의 물질 또는 혼합물: 습윤 부분이 4분 이상 화재를 막고, 연소시간이 45초 미만이거나 연소속도가 2.2 mm/s를 초과하는 것 (b) 금속분말: 연소시간이 5분 초과, 10분 이하인 것

※ 고체 물질 또는 혼합물의 분류시험은 있는 그대로(as presented) 시험해야 한다. 공급 또는 운송을 위하여 물리적 형태가 변경되거나, 실질적으로 다른 성상을 가질 수 있다고 판단되는 경우에는 해당 물질 또는 혼합물을 새로운 형태로 시험해야 한다.

※ 에어로졸은 인화성 고체로 분류해서는 안 된다.(CHAPTER 2.3 참조)

CHAPTER 2.8 자기반응성 물질 및 혼합물 (Self-reactive substances and mixtures)

2.8.1 정의

2.8.1.1 자기반응성 물질 또는 혼합물: 산소(공기)의 참여 없이도 강렬한 발열 분해를 쉽게 일으킬 수 있는 열적으로 불안정한 액체, 고체 물질 또는 혼합물

GHS에 따라 폭발물, 유기과산화물 또는 산화성으로 분류되는 물질 또는 혼합물은 제외한다.

2.8.1.2 자기반응성 물질 또는 혼합물은 실험실에서 시료를 밀폐상태에서 가열했을 때 폭굉, 빠른 폭연, 격렬한 효과를 보이기 쉬운 폭발적 특성을 가진 것으로 본다.

2.8.2. 분류기준

2.8.2.1 다음에 해당하는 자기반응성 물질 또는 혼합물은 이 Class에서 제외한다.

(a) 폭발물[chapter 2.1]

(b) 산화성 액체[chapter 2.13] 또는 산화성 고체[chapter 2.14]
(단, 가연성 유기 물질을 5 % 이상 포함하는 것은 별도로 한다)

(c) 유기과산화물[chapter 2.15]

(d) 분해열이 300 J/g 미만인 것

(e) 50 kg 포장에 대한 자기가속분해온도(SADT)[172]가 75 ℃ 보다 높은 것

※ 가연성 유기 물질을 5 % 이상 포함하는 산화성 물질(산화성 액체[chapter 2.13] 또는 산화성 고체[chapter 2.14])의 혼합물은 위의 (a), (c), (d) 또는 (e) 기준을 충족하지 않는 경우 자기반응성 물질 분류 절차를 거쳐야 한다. 자기반응성 물질 Type B ~ F (2.8.2.2 참조)의 특성을 나타내는 혼합물은 자기반응성 물질로 분류한다.

2.8.2.2 자기반응성 물질 또는 혼합물은 다음 원칙에 따라 Type A 에서 G까지 일곱 가지의 Category 중 하나로 분류한다.

(a) 포장된 상태에서 폭굉 또는 빠른 폭연을 할 수 있는 자기반응성 물질 및 혼합물
→ 자기반응성 물질 Type A

(b) 포장된 상태에서 폭굉도 빠른 폭연도 하지 않지만 그 포장 내에서 열적 폭발을 일으키기 쉬운 자기반응성 물질 및 혼합물 → 자기반응성 물질 Type B

---

172) SADT; Self-Accelerating Decomposition Temperature

(c) 포장된 상태의 물질이나 혼합물이 폭굉, 빠른 폭연 및 열적 폭발도 일으키지 않는 폭발 특성을 가진 자기반응성 물질 및 혼합물 → 자기반응성 물질 Type C

(d) 실험실 테스트에서 다음 중 어느 하나에 해당하는 폭발 특성을 보이는 자기반응성 물질 및 혼합물 → 자기반응성 물질 Type D

(ⅰ) 부분적으로 폭굉하며, 빠른 폭연을 하지 않으며 밀폐상태에서 가열했을 때 격렬한 효과를 보이지 않음

(ⅱ) 전혀 폭굉하지 않고, 느린 폭연을 하며 밀폐상태에서 가열했을 때 격렬한 효과를 보이지 않음

(ⅲ) 전혀 폭굉 또는 폭연을 하지 않고 밀폐상태에서 가열했을 때 중간 정도의 효과를 보임

(e) 실험실 테스트에서 전혀 폭굉도 폭연도 하지 않고 밀폐상태에서 가열했을 때 낮은 효과를 보이거나 효과를 전혀 보이지 않는 자기반응성 물질 및 혼합물
→ 자기반응성 물질 Type E

(f) 실험실 테스트에서 공동상태[cavitated state]에서 폭굉하지 않고 폭연도 전혀 하지 않으며, 밀폐상태에서 가열했을 때 낮은 효과를 보이거나 효과를 전혀 보이지 않으며 폭발력이 낮거나 없는 자기반응성 물질 및 혼합물
→ 자기반응성 물질 Type F

(g) 실험실 테스트에서 공동상태에서 폭굉하지 않고 폭연도 전혀 하지 않으며, 밀폐상태에서 가열했을 때 효과를 전혀 보이지 않으며 폭발력도 없는 자기반응성 물질 및 혼합물. 열적으로 안정적(50 ㎏ 포장의 경우, SADT가 60 ~ 75 ℃)이며, 액체 혼합물의 경우에는 끓는점이 150 ℃ 이상인 희석제로 둔감화시킨 것
→ 자기반응성 물질 Type G

만일 혼합물이 열적으로 안정하지 않거나 끓는점이 150 ℃ 미만인 희석제로 둔감화시킨 경우에는 자기반응성 물질 Type F로 본다.

※ Type G는 위험 커뮤니케이션 요소[label elements]가 지정되어 있지 않다.

※ Type A부터 G까지는 모든 시스템에 필요하지 않을 수 있다.

2.8.2.3 온도 제어 기준

자기반응성 물질은 SADT가 55 ℃ 이하인 경우 온도 제어를 받아야 한다. SADT를 결정하는 테스트 방법과 제어 및 비상 온도 도출은 MTC, Part Ⅱ, section 28에 따르며, 선택된 테스트는 포장의 크기와 재질 모두에서 대표적인 방식으로 수행되어야 한다.

CHAPTER 2.9 자연발화성 액체 (Pyrophoric liquids)

2.9.1 정의

자연발화성 액체: 적은 양으로도 공기와 접촉 후 5분 이내에 발화하는 액체

2.9.2 분류기준

자연발화성 액체는 다음 표에 따라 MTC, Part Ⅲ, subsection 33.4.5의 Test N.3을 이용하여 단일 Category로 분류한다.

표 2.9.1: **자연발화성 액체의 판정 기준**

Category	판정 기준
1	액체를 불활성 운반체inert carrier에 가해 공기에 노출했을 때 5분 이내에 발화하거나 공기와 접촉한 여과지가 5분 이내에 발화 또는 탄화하는 것

CHAPTER 2.10 자연발화성 고체 (Pyrophoric solids)

2.10.1 정의

자연발화성 고체: 적은 양으로도 공기와 접촉 후 5분 이내에 발화하는 고체

2.10.2 분류기준

자연발화성 고체는 다음 표에 따라 MTC, Part Ⅲ, subsection 33.4.4의 Test N.2를 이용하여 단일 Category로 분류한다.

표 2.10.1: **자연발화성 고체의 판정 기준**

Category	판정 기준
1	공기와 접촉하면 5분 이내에 발화하는 고체

※ 고체 물질 또는 혼합물의 분류시험은 있는 그대로(as presented) 시험해야 한다. 공급 또는 운송을 위하여 물리적 형태가 변경되거나, 실질적으로 다른 성상을 가질 수 있다고 판단되는 경우에는 해당 물질 또는 혼합물을 새로운 형태로 시험해야 한다.

CHAPTER 2.11 자기발열성 물질 및 혼합물 (Self-heating substances and mixtures)

2.11.1 정의

자기발열성 물질 및 혼합물: 자연발화성 액체 또는 고체가 아닌 것으로 주위에서 에너지를 공급받지 않고 공기와 반응하여 스스로 발열하는 고체·액체 물질 또는 혼합물

이 물질 또는 혼합물은 대량의 물질(킬로그램)이 오랜 기간(시간 또는 일)을 거쳐 발화된다는 점에서 자연발화성 액체 또는 고체와 다르다.

※ 자기발열은 해당 물질이나 혼합물이 공기 중의 산소와 점진적으로 반응하여 열을 발생시키는 과정이다. 열 생성 속도가 열 손실 속도를 초과하면 물질이나 혼합물의 온도가 상승하여 일정 시간[induction time]이 지나면 자체 점화 및 연소로 이어질 수 있다.

2.11.2 분류기준

2.11.2.1 물질 및 혼합물은 MTC, Part Ⅲ, subsection 33.4.6에 설명된 시험방법에 따라 자기가열성 물질로 분류될 수 있다.

(a) 140 ℃에서 25 mm 큐브 샘플을 사용하여 양성의 결과가 나옴

(b) 140 ℃에서 100 mm 샘플 큐브를 사용한 테스트에서 양성의 결과가 나오고, 120 ℃에서 100 mm 샘플 큐브를 사용한 테스트에서 음성의 결과가 나옴. 그리고 해당 물질이나 혼합물은 3 m^3 이상의 부피로 포장되어야 한다.

(c) 140 ℃에서 100 mm 샘플 큐브를 사용한 테스트에서 양성의 결과가 나오고, 100 ℃에서 100 mm 샘플 큐브를 사용한 테스트에서 음성의 결과가 나옴. 그리고 해당 물질이나 혼합물은 450 L 이상의 부피로 포장되어야 한다.

(d) 140 ℃에서 100 mm 샘플 큐브를 사용한 테스트에서 양성의 결과가 나오고, 100 ℃에서 100 mm 샘플 큐브를 사용한 테스트에서 양성의 결과가 나옴

2.11.2.2 자기발열성 물질 및 혼합물은 다음 표와 같이 MTC, Part Ⅲ, subsection 33.4.6의 Test N.4의 시험 결과에 따라 두 가지의 Category 중 하나로 분류한다.

표 2.11.1: **자기발열성 물질 및 혼합물의 판정 기준**

Category	판정 기준
1	140 ℃에서 25 mm 샘플 큐브(정육면체 시료)를 이용한 시험에서 양성인 것
2	(a) 140 ℃에서 100 mm 샘플 큐브를 이용한 시험에서 양성이고, 140 ℃에서 25 mm 샘플 큐브를 이용한 시험에서 음성이며, 포장 부피가 3 m^3를 초과하는 물질 또는 혼합물 (b) 140 ℃에서 100 mm 샘플 큐브를 이용한 시험에서 양성이고, 140 ℃에서 25 mm 샘플 큐브를 이용한 시험에서 음성이며, 120 ℃에서 100 mm 샘플 큐브를 이용한 시험에서 양성이고, 포장 부피가 450 L를 초과하는 물질 또는 혼합물 (c) 140 ℃에서 100 mm 샘플 큐브를 이용한 시험에서 양성이고, 140 ℃에서 25 mm 샘플 큐브를 이용한 시험에서 음성이며, 100 ℃에서 100 mm 샘플 큐브를 이용한 시험에서 양성인 물질 또는 혼합물

※ 참고

1. 고체 물질 또는 혼합물의 분류시험은 있는 그대로(as presented) 시험해야 한다. 공급 또는 운송을 위하여 물리적 형태가 변경되거나, 실질적으로 다른 성상을 가질 수 있다고 판단되는 경우에는 해당 물질 또는 혼합물을 새로운 형태로 시험해야 한다.
2. 위 판정 기준은 27 m^3 샘플 큐브에 대해 목탄의 자연발화온도인 50 ℃를 기준으로 한다. 27 m^3 의 부피에 대한 자연발화온도 50 ℃보다 높은 물질 및 혼합물은 이 Hazard class로 지정되어서는 안 된다. 450 L의 부피에 대해 자연발화온도가 50 ℃를 초과하는 물질 및 혼합물은 Category 1로 지정되어서는 안 된다.

CHAPTER 2.12 물과 접촉하여 인화성 가스를 방출하는 물질 및 혼합물
(Substances and mixtures, which in contact with water, emit flammable gases)

2.12.1 정의

물과 접촉하여 인화성 가스를 방출하는 물질 및 혼합물: 물과 상호작용하여 스스로 인화성이 되거나 위험한 양의 인화성 가스를 방출하기 쉬운 고체·액체 물질 또는 그 혼합물

2.12.2 분류기준

물과 접촉하여 인화성 가스를 방출하는 물질 및 혼합물은 MTC, Part Ⅲ, subsection 33.5.4의 Test N.5를 이용하여 다음 표와 같이 세 가지 Category 중 하나로 분류한다.

표 2.12.1: **물과 접촉하여 인화성 가스를 방출하는 물질 및 혼합물의 판정 기준**

Category	판정 기준
1	상온에서 물과 격렬하게 반응하여 발생 가스가 저절로 발화하거나, 상온에서 물과 쉽게 반응하여 인화성 가스의 발생 속도가 10 L/kg·min 이상인 물질 또는 혼합물
2	Category 1에 해당하지 않는 것으로, 상온에서 물과 쉽게 반응하여 인화성 가스의 최대 발생 속도가 20 L/kg·hr 이상인 물질 또는 혼합물
3	Category 1과 2에 해당하지 않는 것으로 상온에서 물과 천천히 반응하여 인화성 가스의 최대 발생 속도가 1 L/kg·hr 이상인 물질 또는 혼합물

※ 참고

1. 시험 절차의 어느 단계에서라도 자발적으로 발화하는 물질 또는 혼합물은 물과 접촉하여 인화성 가스를 방출하는 물질 및 혼합물로 분류한다.
2. 고체 물질 또는 혼합물의 분류시험은 있는 그대로(as presented) 시험해야 한다. 공급 또는 운송을 위하여 물리적 형태가 변경되거나, 실질적으로 다른 성상을 가질 수 있다고 판단되는 경우에는 해당 물질 또는 혼합물을 새로운 형태로 시험해야 한다.

CHAPTER 2.13 산화성 액체 (Oxidizing liquids)

2.13.1 정의

산화성 액체: 그 자체로는 반드시 가연성이 아니지만, 일반적으로 산소를 생성하여 다른 물질의 연소를 유발하거나 도울 수 있는 액체

2.13.2 분류기준

산화성 액체는 MTC, Part Ⅲ, subsection 34.4.2의 Test O.2를 이용하여 다음 표와 같이 세 가지 Category 중 하나로 분류한다.

표 2.13.1: **산화성 액체의 판정 기준**

Category	판정 기준
1	물질(또는 혼합물)과 셀룰로오스의 중량비 1:1 혼합물로 시험했을 때, 자발적으로 발화하거나, 그 평균압력상승시간이 50 % 과염소산과 셀룰로오스의 중량비 1:1 혼합물의 평균압력상승시간 미만인 물질 또는 혼합물
2	Category 1에 해당하지 않는 것으로, 물질(또는 혼합물)과 셀룰로오스의 중량비 1:1 혼합물로 시험했을 때, 그 평균압력상승시간이 염소산나트륨 40 % 수용액과 셀룰로오스의 중량비 1:1 혼합물의 평균압력상승시간 이하인 물질 또는 혼합물
3	Category 1과 2에 해당하지 않는 것으로, 물질(또는 혼합물)과 셀룰로오스의 중량비 1:1 혼합물로 시험했을 때, 그 평균압력상승시간이 질산 65 % 수용액과 셀룰로오스의 중량비 1:1 혼합물의 평균압력상승시간 이하인 물질 또는 혼합물

CHAPTER 2.14 산화성 고체 (Oxidizing solids)

2.14.1 정의

산화성 고체: 그 자체로는 반드시 가연성이 아니지만, 일반적으로 산소를 생성하여 다른 물질의 연소를 유발하거나 도울 수 있는 고체

2.14.2 분류기준

산화성 고체는 MTC, Part Ⅲ, subsection 34.4.1의 Test O.1 또는 subsection 34.4.3의 Test O.3을 이용하여 다음 표와 같이 세 가지 Category 중 하나로 분류한다.

표 2.14.1: **산화성 고체의 판정 기준**

Category	Test O.1을 이용한 판정 기준	Test O.3을 이용한 판정 기준
1	시료와 셀룰로오스의 중량비 4:1 또는 1:1 혼합물을 시험했을 때, 그 평균연소시간이 브로민산칼륨과 셀룰로오스의 중량비 3:2 혼합물의 평균연소시간 미만인 물질 또는 혼합물	시료와 셀룰로오스의 중량비 4:1 또는 1:1 혼합물을 시험했을 때, 그 평균연소속도가 과산화칼슘과 셀룰로오스의 중량비 3:1 혼합물의 평균연소속도 이상인 물질 또는 혼합물
2	Category 1에 해당하지 않는 것으로, 시료와 셀룰로오스의 중량비 4:1 또는 1:1 혼합물을 시험했을 때, 그 평균연소시간이 브로민산칼륨과 셀룰로오스의 중량비 2:3 혼합물의 평균연소시간 이하인 물질 또는 혼합물	Category 1에 해당하지 않는 것으로, 시료와 셀룰로오스의 중량비 4:1 또는 1:1 혼합물을 시험했을 때, 그 평균연소속도가 과산화칼슘과 셀룰로오스의 중량비 1:1 혼합물의 평균연소속도 이상인 물질 또는 혼합물
3	Category 1과 2에 해당하지 않는 것으로, 시료와 셀룰로오스의 중량비 4:1 또는 1:1 혼합물을 시험했을 때, 그 평균연소시간이 브로민산칼륨과 셀룰로오스의 중량비 3:7 혼합물의 평균연소시간 이하인 물질 또는 혼합물	Category 1과 2에 해당하지 않는 것으로, 시료와 셀룰로오스의 중량비 4:1 또는 1:1 혼합물로 시험했을 때, 그 평균연소속도가 과산화칼슘과 셀룰로오스의 중량비 1:2 혼합물의 평균연소속도 이상인 물질 또는 혼합물

※ 참고

1. 일부 산화성 고체는 특정 조건(예; 대량 저장 시)에서 폭발위험이 있을 수 있다. 예를 들어, 일부 유형의 질산암모늄은 극한 조건에서 폭발할 수 있으며, 이 위험을 평가하기 위해 "Resistance to detonation test" (IMSBC Code, Appendix 2, section 5)을 사용할 수 있다. SDS[Safety Data Sheet]에는 적절한 정보가 표기되어야 필요하다.
2. 고체 물질 또는 혼합물의 분류시험은 있는 그대로(as presented) 시험해야 한다. 공급 또는 운송을 위하여 물리적 형태가 변경되거나, 실질적으로 다른 성상을 가질 수 있다고 판단되는 경우에는 해당 물질 또는 혼합물을 새로운 형태로 시험해야 한다.

CHAPTER 2.15 유기과산화물 (Organic peroxides)

2.15.1 정의

2.15.1.1 유기과산화물: 2가의 -O-O- 구조를 포함하고 있는 액체 또는 고체 유기물질로, 1개 혹은 2개의 수소 원자가 유기라디칼로 치환된 과산화수소의 유도체

이 용어는 유기과산화물의 혼합물도 포함한다.

유기과산화물은 발열 자기가속분해[173]를 할 수 있어 열적으로 불안정한 물질 또는 혼합물이며, 쉽게 폭발 · 분해하거나 빠르게 타거나 충격이나 마찰에 민감하거나 다른 물질과 위험하게 반응할 수 있다.

2.15.1.2 유기과산화물은 실험실에서 제형을 테스트할 때 폭굉하거나 빠르게 폭연하거나 또는 밀폐상태에서 가열했을 때 격렬한 효과를 보이는 폭발 특성을 가지고 있다.

2.15.2 분류기준

2.15.2.1 다음과 같은 것을 포함하는 유기과산화물에서 제외한다.

1) 과산화수소를 1 % 이하로 함유할 경우, 1 % 이하의 가용 산소

2) 과산화수소를 1 ~ 7 % 함유할 경우, 0.5 % 이하의 가용 산소

※ 유기과산화물의 가용 산소 함량은 다음 공식에 따른다.

$$16 \times \sum_{i}^{n} [\frac{n_i \times c_i}{m_i}]$$

여기서, n_i = 유기과산화물 i의 분자당 과산소 그룹의 수

c_i = 유기과산화물 i의 농도(wt%)

m_i = 유기과산화물 i의 분자량

2.15.2.2 유기과산화물은 다음 원칙에 따라 Type A부터 Type G까지 일곱 가지의 Category 중 하나로 분류한다.

(a) 포장된 상태에서 폭굉하거나 급속한 폭연을 할 수 있는 유기과산화물
→ 유기과산화물 Type A

(b) 포장된 상태에서는 폭굉하지 않고 급속한 폭연도 하지 않으나, 그 포장물 내에서 열 폭발thermal explosion을 일으킬 수 있는 폭발 특성을 가지는 유기과산화물

173) exothermic self-accelerating decomposition

→ 유기과산화물 Type B

(c) 물질과 혼합물이 포장된 상태에서는 폭굉이나 급속한 폭연 및 열 폭발을 할 수 없는 폭발 특성을 가진 유기과산화물

→ 유기과산화물 Type C

(d) 실험실 테스트에서 다음 중 어느 하나의 성질과 상태를 나타내는 유기과산화물

(i) 폭굉이 부분적이며, 급속한 폭연을 하지 않고, 밀폐상태에서 가열했을 때 격렬한 효과를 보이지 않음

(ii) 전혀 폭굉하지 않고, 느리게 폭연하며, 밀폐상태에서 가열했을 때 격렬한 효과를 보이지 않음

(iii) 전혀 폭굉 또는 폭연을 하지 않고 밀폐상태에서 가열했을 때 중간 정도 효과를 보임

→ 유기과산화물 Type D

(e) 실험실 테스트에서 전혀 폭굉 또는 폭연을 하지 않고, 밀폐상태에서 가열했을 때 낮은 효과를 보이거나 전혀 효과를 보이지 않는 유기과산화물

→ 유기과산화물 Type E

(f) 실험실 테스트에서 공동상태[cavitated state]에서 폭굉하지 않고 폭연도 전혀 하지 않으며, 밀폐상태에서 가열했을 때 낮은 효과를 보이거나 효과를 전혀 보이지 않으며 폭발력이 낮거나 없는 유기과산화물

→ 유기과산화물 Type F

(g) 실험실 테스트에서 공동상태에서 폭굉하지 않고 폭연도 전혀 하지 않으며, 밀폐상태에서 가열했을 때 효과를 전혀 보이지 않으며 폭발력도 없는 유기과산화물. 열적으로 안정적(50 kg 포장의 경우, SADT가 60 ℃ 이상)이며, 액체 혼합물의 경우에는 끓는점이 150 ℃ 이상인 희석제로 둔감화시킨 것

→ 유기과산화물 Type G

만일 그 유기과산화물이 열적으로 안정하지 않거나 끓는점이 150 ℃ 미만인 희석제로 둔감화시킨 경우에는 유기과산화물 Type F로 본다.

※ Type G는 위험 커뮤니케이션 요소[label elements]가 지정되어 있지 않았지만 다른 Hazard class 속하는 속성들은 고려하여야 한다.

※ Type A부터 G까지는 모든 시스템에 필요하지 않을 수 있다.

2.15.2.3 온도 제어 기준

다음에 해당하는 유기과산화물들은 온도 제어가 필요하다.

(a) SADT가 55 ℃ 이하인 유기과산화물 Type B와 C

(b) SADT 50 ℃ 이하로 밀폐상태에서 가열했을 때[174] 중간 정도의 효과를 보이거나, SADT 45 ℃ 이하로 밀폐상태에서 가열했을 때 낮은 효과를 보이거나 효과를 보이지 않는 유기과산화물 Type D

(c) SADT가 45 ℃ 이하인 유기과산화물 Type E와 F

SADT를 결정하는 테스트 방법과 제어 및 비상 온도 도출은 MTC, Part Ⅱ, section 28에 따르며, 선택된 테스트는 포장의 크기와 재질 면에서 대표적인 방식으로 수행되어야 한다.

174) MTC, Part Ⅱ, test series E(To determine the effect of heating under confinement)

CHAPTER 2.16 금속부식성 (Corrosive to metals)

2.16.1 정의

금속부식성 물질 및 혼합물: 화학적인 작용으로 금속을 물질적으로 손상하거나 심지어 파괴할 수 있는 물질이나 혼합물

2.16.2 분류기준

금속부식성 물질 및 혼합물은 다음 표와 같이 MTC, Part Ⅲ, subsection 37.4의 Test methods for corrosion to metal에 따라 단일 Category로 분류한다.

표 2.16.1: **금속부식성 물질 및 혼합물의 판정 기준**

Category	판정 기준
1	55 ℃에서 강철과 알루미늄에 대한 표면 부식률 시험 시 둘 중 어느 하나라도 부식속도가 연간 6.25 mm를 초과하는 물질 또는 혼합물

※ 강철 또는 알루미늄에 대한 초기 테스트에서 테스트 중인 물질이나 혼합물이 부식성을 나타내는 경우 다른 금속에 대한 후속 테스트가 필요하지 않다.

CHAPTER 2.17 둔감화된 폭발물 (Desensitized explosives)

2.17.1 정의 및 일반 고려 사항

2.17.1.1 둔감화된 폭발물: 폭발물의 범위에 속하는 물질 또는 혼합물이 17.2에 명시된 기준을 충족하도록 폭발 특성을 억제하기 위해 감도를 줄인[phlegmatized] 것이므로 Hazard class "폭발물"에서 제외될 수 있다.(1.1.2.2 참조)

2.17.1.2 둔감화된 폭발물 분류의 구성

(a) 둔감화된 폭발성 고체: 물 또는 알코올에 적시거나 다른 물질로 희석하여 균일한 고체 혼합물을 형성하여 폭발 특성을 억제한 폭발성 물질 또는 혼합물(물질의 수화물 형성으로 둔감화한 것을 포함한다)

(b) 둔감화된 폭발성 액체: 물 또는 다른 액체에 용해 또는 현탁(懸濁, suspended) 시켜 균일한 액체 혼합물을 형성하여 폭발 특성을 억제한 폭발성 물질 또는 혼합물

2.17.2 분류기준

2.17.2.1 발열 분해 에너지가 300 J/g 이상인 둔감화된 폭발물

※ 발열 분해 에너지는 적절한 열량 측정 기법을 사용하여 추정할 수 있다. (MTC, Part Ⅱ, section 20, subsection 20.3.3.3)

※ 발열 분해 에너지가 300 J/g 미만인 물질 및 혼합물은 다른 물리적 Hazard class (인화성 액체 또는 인화성 고체 등)에 해당 여부를 고려해야 한다.

2.17.2.2 다음 기준을 모두 충족하는 둔감화된 폭발물

(a) 실질적인 폭발 또는 화공 효과를 일으키기 위해 제조된 것이 아닐 것

(b) MTC, Test series 6(a) 또는 6(b)에 따른 대폭발의 위험성이 없고, MTC, Test series 3에 따라 너무 민감하거나 열적으로 불안정하지 않을 것

또는 MTC, Test series 2에 따라 "폭발물"에 포함시키기에 너무 둔감할 것

(c) MTC, subsection 51.4의 연소속도시험에 따라 대폭발의 위험성이 없고, 교정연소속도가 1,200 kg/min 이하일 것

※ 위 2.17.2.2 기준을 충족하지 않는 둔감화된 폭발물은 "폭발물"로 분류해야 한다.

2.17.2.3 위와 별도로, 니트로셀룰로오스는 이 Class를 위하여 고려된 니트로셀룰로오스 혼합물에 사용되기 위해서는 MTC의 부록 10에 따라 안정적이어야 한다.

※ 니트로셀룰로오스 이외의 폭발물을 포함하지 않은 니트로셀룰로오스 혼합물은 2.17.2.2의 (b) 기준 중 "MTC, Test series 3에 따라 너무 민감하거나 열적으로 불안정하지 않을 것" 을 충족할 필요가 없다.

2.17.2.4 둔감화된 폭발물은 공급 및 사용을 위해 포장된 상태로 다음 표와 같이 MTC, Part Ⅴ, subsection 51.4에 명시된 연소속도시험(외부화재)으로 측정된 교정연소속도(corrected burning rate, Ac)에 따라 네 가지 Category 중 한 가지로 분류한다.

표 2.17.1: **둔감화된 폭발물의 판정 기준**

Category	판정 기준
1	교정연소속도가 300 kg/min 이상 1,200 kg/min 미만인 둔감화된 폭발물
2	교정연소속도가 140 kg/min 이상 300 kg/min 미만인 둔감화된 폭발물
3	교정연소속도가 60 kg/min 이상 140 kg/min 미만인 둔감화된 폭발물
4	교정연소속도가 60 kg/min 미만인 둔감화된 폭발물

※ 참고

1. 둔감화된 폭발물은 특히 습윤으로 둔감화된 경우라면 일반적인 보관 및 취급 중에 균질하게 유지되고 분리되지 않도록 준비해야 한다. 제조업체/공급업체는 SDS에 유통기한에 대한 정보와 둔감화를 입증하는 정보를 제공하여야 한다. 특정 조건에서 공급 및 사용 중에 둔감제(저감제, 습윤제, 처리제 등)의 함량이 감소하여 잠재적인 위험성이 증가할 수 있다. 또한 SDS에는 물질이나 혼합물이 충분히 둔감화되지 않았을 때 화재, 폭발 또는 분출 위험을 피하기 위한 조언이 포함되어야 한다.

2. 둔감화된 폭발물은 일부 규제 목적(운송 등)에 따라 다르게 취급될 수 있다. 운송 목적의 둔감화된 고체 폭발물의 분류는 RTDG의 Chapter 2.4, section 2.4.2.4에서, 둔감화된 액체 폭발물의 분류는 Chapter 2.3, section 2.3.1.4에서 다루고 있다.

3. 둔감화된 폭발물의 폭발 특성은 MTC, Test series 2에 의하여 결정되어야 하며 SDS에서 정보가 전달되어야 한다. 운송 목적의 둔감화된 액체 폭발물에 관한 시험은 MTC, section 32, subsection 32.3.2에서 다루며, 운송 목적의 둔감화된 고체 폭발물의 시험은 MTC, section 33, subsection 33.2.3에서 다루고 있다.

4. 저장, 공급 및 사용 목적의 둔감화된 폭발물은 "폭발물", "인화성 액체", "인화성 고체" 의 추가적인 범위에 포함되지 않는다.

③ 우리나라 위험물 분류의 연혁

현행법령에서는 위험물을 6개의 '유'로 대분류하고 '품명'으로 중분류, 그 밖의 것 등으로 세분류하고 있다. 이러한 분류체계는 1958년 제정된 「소방법시행령」 제2장 위험물의 취급, 제18조(위험물)에 따른 [별표 제1호]의 내용으로 최초 규정되었다.

이후 2004년 「소방법시행령」이 폐지되기 직전에는 '제3장 위험물의 취급, 제12조(위험물 및 특수가연물)'에 따른 [별표 3]으로 변경되었다가 같은 해 5월 「위험물안전관리법 시행령」이 제정되면서 [별표 1]에 규정되었다.

2004년에 만들어진 「위험물안전관리법 시행령」 [별표 1]은 지금까지 큰 변화 없이 20년 이상 그 골격을 유지하며 오늘에 이르고 있다.

1. 위험물 분류의 시작

1958년 3월 11일 제정된「소방법」에 이어 같은 해 7월 4일 제정된「소방법시행령」제18조에서는 45개 품명의 위험물을 5개의 '유'로, 위험성에 따라서는 '갑'과 '을'의 '속종'으로 구분하고 각각의 '수량'을 정하였다.

맞춤법이 안정되지 못한 시기였고 일본어를 한글로 그대로 옮겨 적어(더 정확히 말하면 영어나 독일어를 일본어로 옮겨 적은 것을 다시 한글로 옮긴 것) 품명의 정확한 의미가 전달되기 어려웠다. 물질과 제품(물품), 성분과 용기(포장), 재료와 완제품을 구분할 수 없었다. 이 당시의「소방법시행령」[별표 제1호]는 표 3.1과 같다.

표 3.1: 1958년 위험물 분류(시행령 [별표 제1호])

유별	품명	속종	수량
제1류	염소산염류, 과염소산염류, 과산화물A, 과산화물B	갑	50 kg
	과망강산염류, 초산염류	을	1,000 kg
제2류	황인	갑	20 kg
	유화인, 적인	을	50 kg
	유황		100 kg
	금속분A	갑	500 kg
	금속분B		1,000 kg
제3류	금속「카륨」, 금속「나도륨」	갑	5 kg
	탄화카리슈무, 인화석탄	을	300 kg
	생석탄	을	500 kg
제4류	애1데루, 이유화탄소, 고로지온	갑	50 ℓ
	아세톤, 아세도아루데히도, 제1석유류		100 ℓ
	혹산에스데루류, 의산에스데루류, 멧지루엣지루게돈, 알골류, 빼리찐		200 ℓ
	구로루벤조1루		300 ℓ
	제2석유류, 데레핀유, 장뇌유, 송근류		500 ℓ
	제3석유류	을	2000 ℓ
	동식물유지		3000 ℓ
제5류	초산에스데루류	갑	10 kg
	셀률로이드류		150 kg
	니도로화합물		200 kg
	발연초산, 발연유산, 구로루스루후은산, 무수산산		80 kg
	농초산, 농유산, 무수그로무산		200 kg

2. 「소방법시행령」 1차 개정(1962. 4. 27.) ~ 4차 개정(1968. 1. 15.)

1962년 4월에는 「소방법시행령」이 최초로 개정되었는데 '대통령령'에서 '각령'으로 바뀌었으나 위험물 분류는 변함이 없었으며, 1965년 3차 개정 시 '대통령령'으로 다시 변경되었다.

이후 1968년 1월 15일 4차 개정 시에 대폭 개정되어 위험물의 분류가 [별표 제1호]에서 [별표4]로 이동하고 준위험물이 [별표2]로 특수가연물이 [별표3]으로 신설되었다. '기름찌꺼기 기타 가연성물품'을 구체화한 '준위험물'은 6개 '유별'로 대분류하고, 26개의 '품목'으로 소분류하면서 각각의 '수량'을 정하였다.

표 3.2: 1968년에 신설된 '준위험물' (시행령 [별표2])

유별	품 목	수 량
제1류	아염소산염류	10 킬로그램
	취소산염류	15 〃
	옥소산염류	20 〃
	중그로무산염류	600 〃
제2류	유지류 및 유포류, 부잡사	100 〃
	유개스	1,000 〃
제3류	금속리지움	5 〃
	금속칼슘	50 〃
	염화알미늄, 수소화물	60 〃
	카리슘시리곤	200 〃
제4류	락카바데, 고무풀, 제1종 인화물	200 〃
	나후타린, 송지, 바라후인, 제2종 인화물, 장뇌	600 〃
제5류	니트로소화합물, 지니트로소벤다메지렌데도라민, 니도롭아미도	40 〃
제6류	주염소산	30 〃
	염화지오니루, 염화스루후리루	80 〃

3.「소방법시행령」 5차 개정(1972. 12. 28.) ~ 6차 개정(1973. 12. 29.)

1972년 5차 개정 시에는 큰 변화가 없었지만 1973년 6차 개정 시에는 기존 [별표2]의 준위험물이 [별표3]으로 이동하고 [별표4]의 위험물이 [별표2]로 이동하면서 위험물의 '품별'과 준위험물의 '품목'이 모두 '품명'으로 변경되었고, 위험물의 '수량'도 '지정수량'으로 변경되었다(준위험물의 '수량'은 그대로 유지됨). 1968년 4차 개정 시 '종속'으로 바뀐 '속종'은 6차 개정 시에 삭제되었다. ([별표2]에서는 사라졌지만 1982년 내무부령으로 제정된「소방시설의 설치 · 유지 및 위험물제조소등 시설의 기준 등에 관한 규칙」 제145조제1항에 "위험물은 갑종위험물과 을종위험물로 구분한다."는 조항이 남아 있었다.)

1973년 6차 개정에서 용어의 변화도 많았지만 보다 큰 변화는 45개였던 위험물의 품별이 38개의 품명으로 바뀐 것인데, 주로 제4류에 열거되었던 개별 물질들이 같은 품명으로 묶였다(에-텔, 2황화탄소, 골로지온 → 특수인화물). 준위험물에는 큰 변화가 없었다.

표 3.3: 1973년 위험물 분류(시행령 [별표2])

유별	품 명	지정수량
제1류	염소산염류, 과염소산염류, 과산화물	50킬로그램
	질산염류, 과망간산염류	1,000킬로그램
제2류	황인	20킬로그램
	황화인, 적인	50킬로그램
	유황	100킬로그램
	금속분A	500킬로그램
	금속분B	1,000킬로그램
제3류	금속칼륨, 금속나트륨	5킬로그램
	탄화칼륨(카바이트), 인화석회	300킬로그램
	생석회	500킬로그램
제4류	특수인화물	50릿터
	제1석유류	100릿터
	초산에스테르류, 의산에스테르류, 메틸에틸케톤, 알코올류, 피리딘	200릿터
	클로로벤젠	300릿터
	제2석유류	500릿터
	제3석유류	2,000릿터
	제4석유류, 동식물유류	3,000릿터
제5류	질산에스테르류	10킬로그램
	셀룰로이드류	150킬로그램
	니트로화합물	200킬로그램
제6류	발연질산, 발연황산, 크로로설폰산, 무수황산	80킬로그램
	농황산, 농질산, 무수크로움산	200킬로그램

4. 「소방법시행령」 7차 개정(1976.3.27.) ~ 19차 개정(1992.7.28.)

1976년 7차 개정부터 1992년 5월 18차 개정까지 약 15년간 큰 변화 없이 일부 품명의 명칭만 개선되거나 비고란의 내용이 정정 또는 추가되었다.

1992년 7월 19차 개정 시 준위험물이 삭제되는 등 많은 변화가 생기면서 현재의 위험물 분류와 유사한 모양을 갖추기 시작하였는데, 기존의 준위험물의 일부가 위험물에 포함되었고 '품명'은 '품명 및 품목'으로 변경되면서 '품목'의 정의(비고 1. 품명 및 품목은 "○○○류"로 표기된 위험물을 말한다)도 신설되었다. 또한, 비고 14에 '지정유기과산화물'의 품명과 함유율이 표기되는 등 좀 더 체계적인 분류가 시작되었다. 표 3.4에 1992년 7월 19차로 개정된 위험물 분류를 나타내었다.

표 3.4: 1992년 위험물 분류(시행령 [별표3])

유별	성질	품명 및 품목	지정수량
제1류	산화성고체	아염소산염류, 염소산염류, 과염소산염류, 무기과산화물류	50킬로그램
		취소산염류	100킬로그램
		질산염류, 옥소산염류, 무수크롬산	300킬로그램
		과망간산염류	1,000킬로그램
		중크롬산염류	3,000킬로그램
제2류	가연성 고체	황린	20킬로그램
		황화린, 적린	50킬로그램
		유황	100킬로그램
		철분, 마그네슘	500킬로그램
		금속분류	1,000킬로그램
제3류	자연발화성 물질 및 금수성물질	칼륨, 나트륨, 알킬알루미늄, 알킬리튬	10킬로그램
		알칼리금속(칼륨 및 나트륨 제외) 및 알칼리토금속류	50킬로그램
		유기금속화합물류(알킬알루미늄류 및 알킬리튬 제외)	50킬로그램
		금속수소화합물류, 금속인화합물류	300킬로그램
		칼슘 또는 알루미늄의 탄화물류	300킬로그램
제4류	인화성액체	특수인화물류	50리터
		제1석유류	100리터
		알코올류	200리터
		제2석유류	1,000리터
		제3석유류	2,000리터
		제4석유류	6,000리터
		동식물유류	10,000리터
제5류	자기반응성 물질	유기과산화물류, 질산에스테르류	10킬로그램
		셀룰로이드류	100킬로그램
		니트로화합물류, 니트로소화합물류, 아조화합물류	200킬로그램
		디아조화합물류, 히드라진 및 그 유도체류	200킬로그램
제6류	산화성액체	과염소산, 과산화수소, 황산, 질산	300킬로그램

5. 「소방법시행령」 20차 개정(1994.7.20.) ~ 38차 개정(1999.7.29.)

1992년에 개정된 위험물 분류는 2004년 소방법시행령이 폐지될 때까지 큰 틀의 변화 없이 그 내용만 조금씩 변경되었다.

1994년 20차 개정 시에는 일부 품명 및 품목의 명칭이 개선되었고, '비고'에 한국산업규격 KS M 2010이 도입되었으며 '액체'의 정의 및 '자기반응성물질'의 정의가 신설되었다.

1995년 22차 개정 시에는 '비고'에 '내무부장관이 정하여 고시하는 기준'이 언급되었으며(고시는 제정되지 않았다), 1997년 24차 개정 시에는 제2류에 '인화성고체'가 추가되었고, 황린이 제2류에서 제3류로 변경되었으며, 제5류의 '히드라진유도체류'가 '히드라진 및 그 유도체류'로 변경되었다. 그리고 '비고'에는 '인화성고체'의 정의, '알코올류' 제외 규정, '히드라진 및 그 유도체류' 제외 규정이 신설되었고, 제4석유류의 인화점 범위를 기존의 '200 ℃ 이상'에서 '200 ℃ 이상 300 ℃ 미만'으로 변경하였다.

1999년 28차 개정 시에는 '품목'이 사라지면서 기존의 '품명 및 품목'이 '품명'으로 정리되었다.

6.「위험물안전관리법 시행령」 제정(2004. 5. 29.)

2004년에 「소방법」이 폐지되고 「위험물안전관리법」이 제정되면서 위험물 분류에도 커다란 변화가 있었다. 이때 제정된 「위험물안전관리법 시행령」 [별표1]은 <Table-5>와 같다.

위 표의 내용 중 '그 밖에 행정자치부령이 정하는 것'은 「위험물안전관리법 시행규칙」 제3조에 다음과 같이 규정하였다.

> **제3조 (위험물 품명의 지정)** ① 위험물안전관리법시행령(이하 "영"이라 한다) 별표 1 제1류의 품명란 제10호에서 "행정자치부령이 정하는 것"이라 함은 다음 각호의 1에 해당하는 것을 말한다.
> 1. 과요오드산염류
> 2. 과요오드산
> 3. 크롬, 납 또는 요오드의 산화물
> 4. 아질산염류
> 5. 차아염소산염류
> 6. 염소화이소시아눌산
> 7. 퍼옥소이황산염류
> 8. 퍼옥소붕산염류
>
> ② 영 별표 1 제3류의 품명란 제11호에서 "행정자치부령이 정하는 것"이라 함은 염소화규소화합물을 말한다.
>
> ③ 영 별표 1 제5류의 품명란 제10호에서 "행정자치부령이 정하는 것"이라 함은 다음 각호의 1에 해당하는 것을 말한다.
> 1. 금속의 아지화합물
> 2. 질산구아니딘
>
> ④ 영 별표 1 제6류의 품명란 제4호에서 "행정자치부령이 정하는 것"이라 함은 할로겐간화합물을 말한다.

표 3.5: 2004년 위험물 분류(위험물 및 지정수량)

위험물				지정수량
유별	성질	품명		
제1류	산화성 고체	1. 아염소산염류 2. 염소산염류 3. 과염소산염류 4. 무기과산화물		50킬로그램
		5. 브롬산염류 6. 질산염류 7. 요오드산염류		300킬로그램
		8. 과망간산염류 9. 중크롬산염류		1,000킬로그램
		10. 그 밖에 행정자치부령이 정하는 것 11. 제1호 내지 제10호의 1에 해당하는 어느 하나 이상을 함유한 것		50킬로그램, 300킬로그램 또는 1,000킬로그램
제2류	가연성 고체	1. 황화린 2. 적린 3. 유황		100킬로그램
		4. 철분 5. 금속분 6. 마그네슘		500킬로그램
		7. 그 밖에 행정자치부령이 정하는 것 8. 제1호 내지 제7호의 1에 해당하는 어느 하나 이상을 함유한 것		100킬로그램 또는 500킬로그램
		9. 인화성고체		1,000킬로그램
제3류	자연발화성 물질 및 금수성 물질	1. 칼륨 2. 나트륨 3. 알킬알루미늄 4. 알킬리튬		10킬로그램
		5. 황린		20킬로그램
		6. 알칼리금속(칼륨 및 나트륨을 제외한다) 및 알칼리토금속		50킬로그램
		7. 유기금속화합물(알킬알루미늄 및 알킬리튬을 제외한다)		50킬로그램
		8. 금속의 수소화물 9. 금속의 인화물 10. 칼슘 또는 알류미늄의 탄화물		300킬로그램
		11. 그 밖에 행정자치부령이 정하는 것 12. 제1호 내지 제11호의 1에 해당하는 어느 하나 이상을 함유한 것		10킬로그램, 50킬로그램 또는 300킬로그램
제4류	인화성 액체	1. 특수인화물		50리터
		2. 제1석유류	비수용성액체	200리터
			수용성액체	400리터
		3. 알코올류		400리터
		4. 제2석유류	비수용성액체	1,000리터
			수용성액체	2,000리터
		5. 제3석유류	비수용성액체	2,000리터
			수용성액체	4,000리터
		6. 제4석유류		6,000리터
		7. 동식물유류		10,000리터
제5류	자기반응성 물질	1. 유기과산화물 2. 질산에스테르류		10킬로그램
		3. 니트로화합물 4. 니트로소화합물 5. 아조화합물 6. 디아조화합물 7. 히드라진 유도체		200킬로그램
		8. 히드록실아민 9. 히드록실아민염류		100킬로그램
		10. 그 밖에 행정자치부령이 정하는 것 11. 제1호 내지 제10호의 1에 해당하는 어느 하나 이상을 함유한 것		10킬로그램, 100킬로그램 또는 200킬로그램
제6류	산화성 액체	1. 과염소산 2. 과산화수소 3. 질산 4. 그 밖에 행정자치부령이 정하는 것 5. 제1호 내지 제4호의 1에 해당하는 어느 하나 이상을 함유한 것		300킬로그램

시행령 [별표1]의 '비고'는 더욱 정교하고 세밀하게 변경되었는데, 주요 변경 내용은 다음과 같다.

(1) 용어 정의 신설: '가연성 고체', '인화성 액체'

(2) 제4석유류의 인화점 범위 변경

- 200 ℃ 이상 300 ℃ 미만 → 200 ℃ 이상 250 ℃ 미만

(3) 동식물유류의 인화점 범위 신설: 250 ℃ 미만

(4) '알코올류' 정의 및 제외조건 변경

- 1분자 내의 탄소원자수가 5개 이하
  → 1분자를 구성하는 탄소원자의 수가 1개부터 3개까지
- 퓨젤유 삭제
- 농도가 60용량퍼센트 미만인 것과 그 밖의 알코올로서 1기압과 섭씨 20도에서 액상인 것은 제9호의 석유류로 본다. 다만, 음료용 주류 완제품으로서 포장된 것은 제외한다.
  → 다만, 다음 각목의 1에 해당하는 것은 제외한다.
  가. 1분자를 구성하는 탄소원자의 수가 1개 내지 3개의 포화1가 알코올의 함유량이 60중량퍼센트 미만인 수용액
  나. 가연성액체량이 60중량퍼센트 미만이고 인화점 및 연소점(태그개방식 인화점측정기에 의한 연소점을 말한다. 이하 같다)이 에틸알코올 60중량퍼센트수용액의 인화점 및 연소점을 초과하는 것

(5) 히드라진 및 그 유도체류 관련 내용 삭제

(6) 용어정의 삭제: 니트로화합물, 니트로소화합물, 황산

(7) 유기과산화물류 관련 내용 변경

- 지정유기과산화물 목록 삭제
- 유기과산화물을 함유하는 것 중 제외되는 것 신설

(8) 복수성상물품 판정기준 신설

(9) 위험물 판정기관 지정 신설: 공인시험기관 또는 한국소방검정공사

7. 위험물 분류의 변화 요약

표 3.6: 「소방법시행령」 개정에 따른 위험물 분류 변화 요약

구분	「소방법시행령」 개정 시기	위험물 분류의 변화
제정	대통령령 제1382호, 1958.07.04., 제정	유별(5), 품명(45), 속종(갑, 을), 수량
1차 개정	각령 제687호, 1962.04.27., 일부개정	〃
2차 개정	각령 제1382호, 1963.07.11., 일부개정	〃
3차 개정	대통령령 제2143호, 1965.06.03., 일부개정	〃
4차 개정	대통령령 제3345호, 1968.01.15., 전부개정	유별(6), 품별(45), 종속(갑, 을), 수량 *준위험물 신설: 유별(6), 품목(26), 수량
5차 개정	대통령령 제6410호, 1972.12.28., 일부개정	〃
6차 개정	대통령령 제6974호, 1973.12.29., 전부개정	유별(6), 품명(38), 지정수량 *준위험물: 유별(6), 품명(26), 수량
7차 개정	대통령령 제8038호, 1976.03.27., 전부개정	〃
8차 개정	대통령령 제8581호, 1977.06.02., 일부개정	〃
9차 개정	대통령령 제9849호, 1980.04.15., 일부개정	〃
10차 개정	대통령령 제10619호, 1981.11.06., 전부개정	유별(6), 품명(38), 지정수량 *준위험물: 유별(6), 품명(26), 지정수량
11차 개정	대통령령 제10882호, 1982.08.07., 타법개정	〃
12차 개정	대통령령 제10926호, 1982.09.28., 일부개정	〃
13차 개정	대통령령 제11461호, 1984.06.30., 일부개정	〃
14차 개정	대통령령 제12781호, 1989.08.18., 타법개정	〃
15차 개정	대통령령 제13034호, 1990.06.29., 일부개정	〃
16차 개정	대통령령 제13173호, 1990.12.01., 타법개정	〃
17차 개정	대통령령 제13245호, 1991.01.08., 일부개정	〃
18차 개정	대통령령 제13655호, 1992.05.30., 타법개정	〃
19차 개정	대통령령 제13701호, 1992.07.28., 전부개정	유별(6), 성질(6), 품명 및 품목(45), 지정수량 *준위험물 삭제
20차 개정	대통령령 제14334호, 1994.07.20., 일부개정	〃
21차 개정	대통령령 제14446호, 1994.12.23., 타법개정	〃
22차 개정	대통령령 제14747호, 1995.08.10., 일부개정	〃
23차 개정	대통령령 제15389호, 1997.06.11., 타법개정	〃
24차 개정	대통령령 제15485호, 1997.09.27., 일부개정	유별(6), 성질(6), 품명 및 품목(46), 지정수량
25차 개정	대통령령 제15581호, 1997.12.31., 타법개정	〃
26차 개정	대통령령 제15598호, 1997.12.31., 타법개정	〃
27차 개정	대통령령 제16058호, 1998.12.31., 타법개정	〃
28차 개정	대통령령 제16489호, 1999.07.29., 일부개정	유별(6), 성질(6), 품명(46), 지정수량 *품목 삭제
29차 개정	대통령령 제16678호, 1999.12.31., 타법개정	〃
30차 개정	대통령령 제16757호, 2000.03.24., 타법개정	〃
31차 개정	대통령령 제17048호, 2000.12.29., 타법개정	〃
32차 개정	대통령령 제17154호, 2001.03.20., 일부개정	〃
33차 개정	대통령령 제17558호, 2002.03.30., 일부개정	〃
34차 개정	대통령령 제17791호, 2002.12.05., 타법개정	〃
35차 개정	대통령령 제17816호, 2002.12.26., 타법개정	〃
36차 개정	대통령령 제18039호, 2003.06.30., 타법개정	〃
37차 개정	대통령령 제18146호, 2003.11.29., 타법개정	〃
38차 개정	대통령령 제18343호, 2004.03.29., 타법개정	〃
폐지	대통령령 제18374호, 2004.04.24., 타법폐지	-

참고 문헌

〈단행본〉

소방학교 표준교재 "2023 신입교육과정, 소방전술 Ⅰ, 화재2, 제4편 위험물성상"

김창섭, "실험실위험물 안전관리 가이드", 서울소방재난본부, 2009

김창섭 외, "위험물 출입검사 실무", 서울소방재난본부, 2019

김창섭, "위험물안전관리법", 토파민, 2012

김 정, "무기화학" 제4판, 자유아카데미, 2012

법제처, "알기 쉬운 법령 정비기준" 제10판, 2023

신승원, "화학물질관리 주요 정책이슈 소개", 사업장 화학물질관리전문교육, ㈜티오이십일, 2013

이덕환 외3, "화합물 명명법 요약", 청문각, 2002

이봉우 · 류종우, "위험물질론", 비전커뮤니케이션, 2011

이순원 · 권영욱, "이공학을 위한 무기화학 강의", 사이플러스, 2011

오백균 · 인세진 · 전경수 · 최돈묵, "위험물안전관리론", 동화기술, 2013

장석화, "소방·방재 용어대사전", 한진, 2004

정기성 · 천창섭 · 김창섭, "소방학개론" 제2판, 토파민, 2016

조한길, "EBS 일반화학", 엠디엔피학원, 2011

진복권, "소방기술사 Ⅱ", 한성문화, 2005

하정호 · 이창욱 · 차순철, "최신 핵심소방기술", 호태, 2005

현성호, "일반화학", 성안당, 2012

호성케멕스(주), "14303 화학상품" 한국어판

화학교재연구회, "맥머리의 유기화학", 사이플러스, 2012

화학교재연구회, "줌달의 일반화학" 8th edition, 사이플러스, 2011

화학교재연구회, "대학화학의 기초" 제13판, 자유아카데미, 2011

〈국내 논문〉

김창섭, "특수재난의 효율적 관리를 위한 위험물 분류체계 및 액체 혼합물의 인화점 예측에 관한 연구", 세명대 박사, 2017

김창섭, "재난에 대비한 화학물질 사고처리체계에 관한 연구", 경희대 석사, 2002

김창섭, "소방방재청 특수재난대응국 설치방안", 소방방재청 신규 소방사무 연구, 2013

김주석, "생활 속 위험물... '알코올 세정제와 소독제' ", 소방방재신문 보도자료, 2020.5.20.

윤성근, "위험물질 사고 대응능력 향상방안 연구", 경기소방학교, 2013

이창섭 · 김창섭, "위험물 분류의 국제화에 관한 연구", 국립소방연구원 연구보고서, 2021

황웅재, "국내 화생방테러 현장지휘체계에 관한 연구", 서울시립대 석사, 2007

<국내 법령>

「위험물안전관리법」, 법률 제20315호, 2024. 2. 20., 일부개정

「위험물안전관리법 시행령」, 대통령령 제35188호, 2025. 1. 7., 일부개정

「위험물안전관리법 시행규칙」, 행정안전부령 제482호, 2024. 5. 20., 일부개정

「위험물안전관리에 관한 세부기준」, 소방청고시 제2024-52호, 2024. 11. 11., 일부개정

「소방의 화재조사에 관한 법률」, 법률 제18204호, 2021. 6. 8., 제정

「화학물질관리법」, 법률 제20231호, 2024. 2. 6., 일부개정

「석유 및 석유대체연료 사업법」, 법률 제20201호, 2024. 2. 6., 일부개정

「주세법」, 법률 제20618호, 2024. 12. 31., 일부개정

「석유제품의 품질기준과 검사방법 및 검사수수료에 관한 고시」, 산업통상자원부고시 제2024-70호, 2024. 4. 29., 일부개정

「석유대체연료의 품질기준과 검사방법 및 검사수수료에 관한 고시」, 산업통상자원부고시 제2019-35호, 2019. 3. 7., 일부개정

「신규화학물질의 유해성·위험성 조사 등에 관한 고시」, 고용노동부고시 제2024-84호, 2024. 12. 30., 일부개정

<해외 문헌>

UN, Globally Harmonized System of Classification and Labelling of Chemicals(GHS), Tenth revised edition, 2023

UN, Recommendations on the TRANSPORT OF DANGEROUS GOODS, Model Regulations, 23th revised edition, 2023

UN, Manual of Tests and Criteria, Eighth revised edition, 2023

Meyer, R., Köhler, J., Homberg, A., Explosives, 6판, 2007

NFPA 30 Flammable and Combustible Liquids Code(2008 edition)

NFPA 472 Standard for Competence of Responders to Hazardous Materials/Weapons of Mass Destruction Incidents, 2008

NFPA 49 Hazardous Chemicals Data(1994 edition)

NFPA 325 Fire hazard properties of flammable liquids, gases and volatile solids

NFPA 408 Magnesium storage and handling

NFPA 482 Zirconium production and processing

NFPA 485 Lithium metal storage, handling, processing and use

NFPA 651 Aluminum and aluminum powders

NFPA, Fire protection handbook , section 3, chapter 13

29 CFR Chapter XVII - 1910.57(6)

Sigma-Aldrich Library of Chemical Safety Data

Dangerous Properties of Industrial Materials - Sax/Lewis

Regulation No.1272/2008 on Classification, Labelling and Packaging of substances and mixtures

〈참고 사이트〉

중앙소방학교, https://www.nfa.go.kr/nfsa ⇒ 소방학교 표준교제
국가위험물통합정보시스템, https://hazmat.nfa.go.kr/material.do ⇒ 위험물 정보 검색
CAMEO Chemicals, https://cameochemicals.noaa.gov/search/simple ⇒ 화학물질 정보 검색
대한화학회, https://new.kcsnet.or.kr ⇒ 화학물질 정보 검색
한국과학창의재단 사이언스올, 과학백과사전, https://www.scienceall.com ⇒ 과학상식 검색
한국화학물질관리협회, www.kcma.or.kr ⇒ 화학물질 배출량 및 유통량
한국산업안전보건공단, www.kosha.net ⇒ KOSHA Guide 검색
e-나라표준인증, www.standard.go.kr ⇒ 한국산업규격(KS) 검색
화학물질안전원, https://nics.me.go.kr ⇒ 화학물질 정보 검색
한국화학산업협회, https://kcia.kr ⇒ 화학산업이야기(화학산업 상식 검색)
대한석유협회, https://www.petroleum.or.kr ⇒ 석유상식 검색
한국석유공사, https://www.knoc.co.kr ⇒ 석유이야기(석유상식 검색)
S오일7, https://www.s-oil7.com ⇒ 윤활유 정보 검색
위키백과, https://ko.wikipedia.org
두산백과, https://www.doopedia.co.kr
네이버 지식백과, https://terms.naver.com
안전보건공단 에플리케이션 “MSDS” ⇒ 화학물질 정보 검색
국립국어원 표준국어대사전, https://stdict.korean.go.kr ⇒ 표준말 검색
법제처 국가법령정보센터, https://stdict.korean.go.kr ⇒ 법령 검색
MERK, https://www.sigmaaldrich.com/KR/ko ⇒ 화학제품 정보 검색
UNECE, https://unece.org ⇒ GHS, RTDG 등 국제규정 검색
NFPA, https://www.nfpa.org ⇒ NFPA Code 검색

위험물 찾아보기

●●● 위험물 찾아보기 ●●●

●●● 위험물 찾아보기 ●●●

위험물 전문분야의 필독서

위험물각론(제4판)

발 행 일 | 2025년 2월 3일

저　　자 | 김 창 섭

발 행 인 | 정 기 덕

발 행 처 | 토파민출판

서울특별시 중랑구 용마산로118길 109, 1층

TEL 02-495-0014 / FAX 02-438-4338

http://www.topamin.co.kr

ISBN 979-11-985395-2-6

의견 · 질문 · 비평 환영 (저자 김 창 섭 ☎ 010-4007-9119)

정 가: 28,000원